VOYAGES EN ORIENT

PAR

LE R. P. DE DAMAS

DE LA COMPAGNIE DE JÉSUS

SINAÏ ET JUDÉE

*

PARIS

LIBRAIRIE SAINT-GERMAIN-DES-PRÉS

PUTOIS-CRETTÉ, LIBRAIRE-ÉDITEUR

39, RUE BONAPARTE, 39

VOYAGES EN ORIENT

SINAÏ ET JUDÉE

Arras. — Typ. Rousseau-Leroy, rue Saint-Maurice, 26.

VOYAGES EN ORIENT

PAR

LE R. P. DE DAMAS

DE LA COMPAGNIE DE JÉSUS

SINAI ET JUDÉE

*

PARIS

LIBRAIRIE SAINT-GERMAIN-DES-PRÉS

PUTOIS-CRETTÉ, LIBRAIRE-ÉDITEUR

39, RUE BONAPARTE, 39

1866

PRÉFACE

Un jour le patriarche de Jérusalem, Siméon, vieillard vénérable, au front dépouillé, à la figure austère, à la longue barbe blanche, exhalait sa douleur devant les rares pèlerins de la Ville sainte.

« Hélas! s'écriait-il, l'Asie est au pouvoir des musulmans ; « tout l'Orient est tombé dans la servitude ; Jérusalem est « profanée. Est-ce que Dieu, touché de nos misères, n'amol- « lira pas le cœur des chrétiens de l'Occident, et ne les en- « verra pas à notre secours ? »

A ces mots, on vit se lever un pèlerin nommé Pierre, qui jura d'être l'interprète des chrétiens de l'Orient, et d'armer l'Occident pour leur défense.

Une dernière fois il se prosterna devant le saint Sépulcre, ensuite il quitta la Palestine, traversa les mers, débarqua sur les côtes de la Romagne, sollicita la bénédiction du pape Urbain II, traversa l'Italie, passa les Alpes, parcourut la France, et visita une partie de l'Europe.

Il voyageait monté sur une mule, un crucifix à la main, les pieds nus, la tête découverte, le corps ceint d'une corde noueuse, couvert d'un long froc et d'un manteau d'ermite de l'étoffe la plus grossière.

Il allait de ville en ville, de province en province, racontant les douleurs de Sion.

Et tous ceux qui le voyaient ou l'entendaient, s'écriaient : Il faut sauver Jérusalem !

Sur ces entrefaites, le pape Urbain II provoqua un Concile pour traiter les intérêts de l'Orient.

La ville de Clermont-Ferrand, désignée pour la sainte réunion, put à peine recevoir dans ses murs tous les princes, les ambassadeurs, les prélats, qui s'étaient rendus au Concile, tant l'enthousiasme était grand. Le concours fut tel, dit un vieux chroniqueur, « que, vers le milieu du mois de « novembre, les villes et les villages des environs se trou-« vèrent remplis de peuple, et furent plusieurs fois contraints « de faire dresser leurs tentes et pavillons au milieu des « champs et des prairies, encore que la saison et le pays « fussent pleins d'extrême froidure ».

Le Concile tint sa dixième séance dans la grande place de Clermont, qui se remplit bientôt d'une foule immense.

Environné de ses cardinaux, le Pape était assis sur un trône.

Il se leva devant la multitude attentive, et parla des Lieux saints profanés par la domination des infidèles.

« La terre consacrée par la présence du Sauveur, la mon-« tagne où il expia nos péchés par ses souffrances, cette « tombe où il daigna s'enfermer comme une victime de la « mort, étaient devenues l'héritage des impies. Les autels des « faux prophètes s'élevaient dans ces murs qui avaient ren-« fermé l'auguste assemblée des Apôtres. L'Orient, berceau « de la religion chrétienne, ne voyait plus que des pompes « sacriléges, l'impiété avait répandu ses ténèbres sur les plus « riches contrées de l'Asie. Antioche, Éphèse, Nicée, étaient « devenues des cités musulmanes. Les Turcs avaient porté

« leurs ravages et leur odieuse domination jusqu'au détroit « de l'Hellespont... »

Le souverain Pontife adressait ces paroles à toutes les nations représentées dans le Concile :

« Vous délivrerez l'Asie, s'écria-t-il ; vous sauverez la cité « de Jésus-Christ, cette Jérusalem que s'était choisie le Sei- « gneur, et d'où la loi nous est venue. »

Lorsque le Pape racontait les malheurs de Jérusalem, toute l'assemblée fondait en larmes ; lorsqu'il rappelait la tyrannie et la persécution des infidèles, les guerriers qui l'écoutaient, portaient la main sur leur épée, et juraient dans leur cœur de venger la cause des chrétiens en Orient.

Enfin, lorsqu'il eut cessé de parler, l'assemblée se leva tout entière, et lui répondit par un cri unanime : *Dieu le veut ! Dieu le veut !*

« Oui, *Dieu le veut*, répliqua le Pape, c'est lui qui vous a « dicté ces paroles ; qu'elles soient votre cri de guerre ! »

En achevant ces mots, le Pontife montra un crucifix à l'assemblée :

« C'est Jésus-Christ lui-même, dit-il, qui sort de son tom- « beau et vous présente sa croix ; portez-la sur vos épaules, « et sur votre poitrine ; qu'elle brille sur vos armes et sur « vos étendards ; elle deviendra pour vous le gage de la vic- « toire, ou la palme du martyre ; elle vous rappellera sans « cesse que Jésus-Christ est mort pour vous, et que vous « devez mourir pour lui. »

De vives acclamations se firent encore entendre.

Les barons et les chevaliers, les petits comme les grands, les prêtres comme les guerriers, s'engagèrent par serment à venger la cause de Jésus-Christ. En témoignage de sa résolution, chacun de ceux qui avaient donné leur parole, décora son habit d'une croix rouge.

Dès lors, ceux qui s'obligeaient à défendre l'Orient furent appelés les *Croisés ;* et la guerre sainte prit le nom de *Croisade.*

On sait le reste.

On sait les exploits de nos glorieux ancêtres, leurs luttes, leurs efforts, leur mort héroïque pour le défense du saint Tombeau.

L'eussions-nous oublié, les annales de notre grande histoire, l'héritage de leurs glorieux blasons et de leurs nobles couronnes nous le rappelleraient assez.

Aujourd'hui le même problème se présente à résoudre.

Même ignorance, même impiété, même profanation du sépulcre et du berceau de Jésus-Christ, dans les pays d'outre-mer, et l'ange de l'Orient appelle le secours des chrétiens d'Occident.

Grâce à Dieu, cette voix a retenti au cœur des fils des Croisés ; et, de nos jours, comme dans les vieux siècles, des âmes nobles et généreuses se préoccupent des douleurs de l'Église d'Orient. Sur tous les points de l'Europe, des associations s'établissent, des dévouements se manifestent, des œuvres se fondent. Et lorsque les cris des dix mille victimes de 1860 se sont élevés du Liban vers le trône de Dieu, l'Europe qui les a entendus de l'autre côté de la grande mer, s'est levée en masse, et, tandis que la France envoyait ses soldats, les pères et les mères de famille prodiguaient leurs trésors ; et, grâce à la charité de l'Europe, nous avons pu arracher à la mort des multitudes de veuves et d'orphelins, relever les courages abattus, aider les familles à se reconstituer, sauver le peuple chrétien d'une ruine imminente.

Plus que bien d'autres, l'auteur de ce livre a été à même de constater ces dispositions généreuses des fidèles de l'Occident. Il a parcouru la France, l'Autriche, la Prusse, la Belgique, la Hollande, l'Angleterre, l'Écosse et l'Irlande, l'Espagne, une partie de l'Italie et du Portugal; partout il a trouvé des cœurs jaloux de s'associer à la magnifique entreprise des compagnons de Godefroy de Bouillon. Appelé fréquemment en Orient par une disposition particulière de la Providence, il a cru de son devoir de ne pas jouir seul du fruit de ses voyages, et il offre aux amis et aux bienfaiteurs des chrétiens du Levant, le tribut de ses observations.

Ce livre est le premier d'une série destinée à paraître à des époques assez rapprochées. Chaque volume fera un tout complet, et se vendra séparément; mais tous formeront un ensemble coordonné de manière à composer un seul et même ouvrage.

Le lecteur suivra, peut-être, avec quelque plaisir, le recit de cette visite à tous les pays témoins de l'héroïsme des soldats de la Croix. Avant toute chose, il marchera vers le Sinaï. Cette montagne sacrée n'est-elle pas le point de départ de toute loi écrite, le berceau de la religion révélée, la source du grand fleuve auquel viennent et viendront successivement s'abreuver toutes les nations civilisées? Il parcourra ensuite la Judée, verra Bethléem et les rivages de la mer Morte, et le Jourdain et ses bords enchantés. Et puis nous le convierons à faire une halte sur le mont Sion, à Jérusalem, près du saint Tombeau. Alors, traversant la Samarie et la Galilée, recueillant les souvenirs des rois d'Israël, nous agenouillant à Nazareth et au pied du Carmel, nous monterons vers Beyrouth, par Saint-Jean d'Acre, Tyr et Sidon. Plus tard, s'il plaît à Dieu, le Liban nous apparaîtra avec ses sommets couverts de neiges éternelles et ses vallées fleuries; nous y rencontrerons cette nation Maronite invariablement fidèle à la foi, et la jeune Église grecque catholique, et la plupart des illustres patriarches de l'Orient. Nous visiterons Damas, la ville que Mahomet ne voulut pas voir, « de peur que ses charmes ne lui fissent négliger ceux du paradis ». Nous nous enfoncerons dans le désert jusqu'à Palmyre. Nous nous asseoirons sous la tente noire du Bédouin ; nous admirerons les ruines qui redisent aux siècles modernes la majesté d'un passé presque féerique ; nous demanderons quelques jours de repos aux cités de Homs et de Hama, limitrophes du désert : Alep et Antioche nous accueilleront successivement dans leurs murs ; et les flots de la mer nous porteront doucement à Chypre, à Rhodes, à Smyrne, à Constantinople. Enfin, du côté de la Macédoine, nous irons demander au mont Athos le secret des moines de l'Église schismatique ; nous aborderons les principales îles de l'Archipel ; le navire nous descendra au Pirée ; Athènes et son acropole, et les souvenirs d'Argos et de Corinthe nous retiendront quelque temps ; et, doublant le cap Matapan, nous longerons les côtes occidentales de la Grèce, nous toucherons terre dans les principales îles Ioniennes, et nous débarquerons à Venise pour remercier Dieu, dans l'église Saint-Marc, de notre heureux pèlerinage.

Oh ! quel bonheur si nos récits de l'Orient pouvaient réchauffer les cœurs, attirer les volontés, provoquer les dévouements.

Qu'est-ce donc que l'Orient ! ou plutôt que n'est-il pas, que ne doit-il pas être pour les chrétiens de l'Occident ? Écoutons Mgr d'Orléans, dans l'imposante assemblée des évêques du monde en 1862, énumérer les titres innombrables de cette terre bénie.

« Ah ! qu'ils furent beaux, s'écrie l'éloquent prélat, qu'ils furent beaux les pieds de ces hommes, qui, des montagnes de l'Orient, des sommets sacrés du Sinaï, du Carmel, du Thabor, du Calvaire, sont venus nous évangéliser la paix et tous les biens ! *Quam pulchri super montes pedes evangelizantium pacem !* (Is., LII, 7.)

« Quel jour ce fut dans l'histoire du monde, que celui où au fond de l'Orient, sur les bords de cette mer célèbre et enchantée, une bouche divine adressa à douze pauvres Orientaux ces immortelles paroles : *Ite, docete omnes gentes !* (Matt., XXVIII, 19.) Et la parole de Dieu, selon l'expression de l'Apôtre, se mit à courir la terre, *currit sermo Dei* (Thes., III, 1), portant partout la lumière et la vie, plus puissante que la première parole qui avait dit : Que le jour soit, et le jour fut !... Oh ! que l'Orient sera beau à voir, quand les divines clartés qu'il a perdues retourneront vers lui, quand le soleil de la foi, descendant glorieux à l'Occident, renverra ses suprêmes et plus brillantes splendeurs vers les cimes du Sinaï, du Calvaire, de l'Ararat, vers tous les sommets sacrés de l'univers, éclairant de là toutes les plages, tous les déserts, toutes les rives de l'Afrique, de l'Asie, et des îles inconnues !

« L'Orient ! l'Orient ! berceau de toutes les grandes choses de l'humanité ! berceau des races, berceau des langues, berceau des vieilles traditions et de la foi sacrée des peuples !

« Mystérieux et fatidique Orient, où la Sagesse divine a rendu ses oracles ! où la sagesse humaine allait chercher les vieux souvenirs, les primitives croyances, et cette science blanchie par le temps dont parlait le prêtre égyptien au philosophe de la Grèce !

« L'Orient ! antique foyer de toute civilisation, de toute lumière sacrée et profane.

« L'Orient ! centre, pendant quatre mille ans, de toutes les affaires divines et humaines ! Oui, pendant quarante siècles, tous les regards de l'humanité, toutes ses espérances, tous ses soupirs furent tournés vers l'Orient !

« Là, les premiers hommes, les premiers ancêtres de l'humanité, entendirent la voix de Dieu !

« Là, fut le mystérieux et douloureux Éden ; au temps de la primitive innocence, là, sur le bord de ces quatre fleuves fameux, qui, de l'Éden coulaient vers les quatre points de l'horizon, l'humanité connut un jour le bonheur, trop tôt suivi, hélas ! d'un coup de foudre et d'une affreuse nuit ! Là, tout en nous, un moment fut pur, noble, saint... et bientôt, hélas ! tout fut troublé, abaissé, flétri !

« Là fut rendu le premier châtiment, puis aussitôt après donnée la première promesse, la première espérance : oracles sacrés, répétés de siècle en siècle par tous les prophètes. Oui, toutes les promesses, toutes les bénédictions de Dieu ont été là.

« C'est là que Dieu ne tint pas sa miséricorde enchaînée dans sa colère, et ne voulut pas être un seul jour oublieux de ses bontés !

« C'est là, pour montrer qu'il n'avait pas rompu avec l'humanité, malgré sa chute, qu'il eut ses premiers amis parmi les enfants d'Adam : Abraham, Isaac, Jacob, dont il aime à se nommer le Dieu, comme s'il voulait s'unir par son nom à la famille des hommes. Lui qui s'appelle « le Roi immortel des siècles, l'Ancien des jours, Celui qui est »; il s'appelle aussi le Dieu d'Abraham, d'Isaac et de Jacob, et Jésus-Christ se plaît dans l'Évangile à répéter ces noms de l'amitié divine.

« C'est là qu'il refit solennellement alliance avec notre nature, et qu'il y eut un Peuple de Dieu sur la terre.

« C'est là que toutes les figures du sacrifice qui devait sauver le monde furent montrées aux hommes.

« Là parurent tous les hommes divins ! non-seulement les vieux patriarches, mais ce Melchisedech, tout à la fois roi et pontife, *rex et sacerdos :* image, par le pontificat et la royauté, — royauté de justice et de paix, — image du Vicaire de Jésus-Christ.

« Moïse et Aaron : Moïse, libérateur du peuple de Dieu, et figure du grand Libérateur du monde ; Moïse, qui, sur le Sinaï fumant, vit Dieu face à face, et redescendit apportant de là au monde cette incorruptible lumière de la loi qui devait illuminer tous les siècles : *Incorruptum legis tamen incipiebat sæcula dari.* (Sapient.)

« Là tous les prophètes ont chanté : David, Isaïe, Jérémie ; ils chantaient la gloire et les douleurs du Christ, la joie et les tristesses de son Église ; car toujours, dans les chants sacrés, comme dans les œuvres divines, la joie est unie à la douleur, et le cantique de la victoire précède les gémissements de l'épreuve.

« Et en même temps que les prophètes chantaient, Dieu faisait, dans les entrailles de l'Orient, au fond des races humaines, cette lointaine et mystérieuse préparation à l'accomplissement de tous les oracles.

« Là passaient les uns après les autres, sous la main de Dieu, ces grands empires que Daniel a vus, préparant le grand empire romain qui les absorba tous, pour faire place lui-même, dans un empire plus grand, à une unité plus haute, terme de toutes les pensées divines.

« Et cet empire sans armes, fondé par la foi et par l'amour, ce dernier et souverain empire, où devaient aboutir tous les mouvements des peuples, et se résumer toute l'histoire, cet empire immortel du Christ, c'était toi encore, ô Rome ! qui devais en être la capitale, toi que le travail de l'Orient et du vieux monde pendant quarante siècles enfantait, toi que ta mystérieuse destinée appelait à être deux fois reine du monde.

> Roma, caput mundi, quidquid non possidet armis,
> Religione tenet !

« Et ainsi tout a commencé en Orient, tout est venu de l'Orient : les plus grands noms, les plus grandes choses de l'humanité, Moïse, Élie, Jésus-Christ ; la Loi, la Prophétie, l'Évangile.

« C'est là, sous ce beau ciel, à l'ombre de ces palmiers et de ces térébinthes dont parle l'Évangile, au pied de ces montagnes qui bordent l'horizon, dans ces lieux nommés des noms les plus chers et les plus saints : Bethléem, Nazareth, le Thabor, le Calvaire, qu'apparut un jour le plus doux et le plus beau des enfants des hommes, fils d'une pure Vierge, fruit merveilleux de la plus belle fleur de l'humanité, fils de l'homme et fils de Dieu, portant le premier nom avec prédilection, afin de converser plus doucement avec nous et de mieux voiler sa gloire : Jésus-Christ, notre Seigneur, petit enfant de l'Orient, dont les paroles ont éclairé la terre, renversé la sagesse antique, rendu des entrailles au genre humain, ressuscité les morts, dans le court passage de Bethléem au Calvaire. *In terris visus est, et cum hominibus conversatus est.* (Baruch., III, 38.)

« Dans les bourgades, dans les villes, au bord des lacs, dans les déserts, sur les montagnes, les peuples le suivaient en foule ; et, ouvrant sa bouche divine, il révélait aux hommes les choses du ciel !

O Orient ! O Emmanuel ! O Soleil de justice, que disiez-vous donc ? qu'apportiez-vous ?

« Il apportait l'illumination des hommes et la rédemption par son sang : car son sang a coulé là, et a consacré à jamais cette terre. Son apostolat divin, c'était, par la Croix, l'apostolat de l'amour et de la lumière. A la terre froide et glacée, et endormie dans les ténèbres, il apportait le réveil dans la vérité pure et la céleste charité. Il venait ouvrir au monde ces horizons inconnus, infinis, dont le poëte immortel de l'Italie, a dit « qu'ils n'ont pour confins que la lumière et « l'amour » ;

Che solo amore e luce ha per confine.

« A cette irradiation nouvelle venue de l'Orient, tous les peuples du monde devaient se relever et tressaillir. La voilà, la voilà, cette lumière attendue et annoncée par les oracles sacrés et profanes, par toutes les grandes voix elles-mêmes, ô Rome! Voici que s'ouvre cet ordre nouveau de grands siècles, qu'avec toutes les sybilles, ton Virgile a chanté : *Magnus ab integro sæclorum nascitur Ordo*. Voici ces mystérieux conquérants, que les peuples, — tes graves historiens, ton Tacite, ton Suétone en sont témoins, — attendaient de l'Orient : *Venturos ab Oriente qui rerum potirentur*.

« Ils viennent, les voilà !

« Quel est, au pied du Capitole, cet homme venu de l'Orient qui tient sur son cœur, cachée sous sa robe de juif, une croix de bois? Il est là, dans la foule agitée : il voit peut-être passer Néron qui s'en va à sa maison d'or, et qui bientôt le fera crucifier : c'est lui qui doit succéder aux Césars; car c'est lui, un jour, sous le ciel d'Orient, qui a dit à un autre homme : « Vous êtes le Christ, fils du Dieu « vivant; » *Tu es Christus, filius Dei vivi!* et c'est à lui que cet homme, fils du Dieu vivant, a répondu : « Simon, fils « de Jean, ce n'est ni la chair ni le sang qui te l'ont « révélé, mais mon Père céleste; et moi je te le dis : Tu es « Pierre, et sur cette pierre je bâtirai mon Église ».

« Quel est cet autre oriental, qui arrive par cette voie Appienne où a passé tout le vieux monde ? Le voyez-vous, à Pouzzoles, debout sur la poupe du navire, portant avec lui l'Évangile et la fortune du monde, jetant de là un regard impatient sur l'Italie ? Il s'avance jusqu'à ce *forum Appii* et ces *tres tabernas* qui sont là encore : là il rencontre les chrétiens de Rome venus au-devant de lui, et consolé, fortifié par leur affection, — car dans sa poitrine d'apôtre il portait un cœur d'homme, et le texte sacré remarque que son cœur avait besoin de confiance, — il en prit, *accepit fiduciam*, et, remerciant Dieu, *gratias agens Deo*, il marche en avant, à travers ces fastueux tombeaux que nous voyons encore et les temples des faux dieux, vers cette grande Rome qu'il venait conquérir à Jésus-Christ : c'est Paul, l'apôtre des nations, qui vient finir à Rome, par le martyre, cette grande carrière apostolique commencée à Damas.

Ah ! quand je songe à ces deux hommes, à ce batelier de la Galilée, à cet autre, faiseur de tentes, marchant contre le colosse romain, eux seuls, je suis saisi !

« Mais après les apôtres, voici venir d'Orient les hommes apostoliques.

« Où va, poussée par les vents et les flots, cette barque sur laquelle sont montés, et voguent s'abandonnant à la Providence, le ressuscité de Béthanie, Marthe et Marie ses sœurs ? C'est dans la vieille terre des Gaules, au doux rivage de Marseille, que les dépose la main de Dieu ; et la ville phocéenne, berceau de la lumière et de la civilisation dans notre pays, recevra par eux une lumière et une civilisation plus haute.

« Et vous, qui avez vu l'apôtre saint Jean, et vous, disciple de son disciple Polycarpe, ô Pothin, ô Irénée, quittez la riante Ionie, et venez donner à la jeune Lugdunum les glorieuses prémices de la foi chrétienne et du martyre.

« Et vous qui avez entendu saint Paul à l'Aréopage, et qui de ce sénat fameux êtes passé à l'école de ce barbare, vous, grand saint Denys, c'est jusqu'à Paris, cette ville réservée à de si grandes destinées, encore inconnues, que l'Esprit de Dieu vous pousse.

« O Dieu ! de quel éclat brillait alors la foi dans cet Orient, qui en envoyait la radieuse splendeur aux plus lointaines extrémités du monde occidental !

« Là étaient les grandes Églises patriarcales, Jérusalem, Antioche, Alexandrie, Constantinople, et tant d'autres Églises fameuses.

« O Églises de l'Orient, Églises de Jérusalem, d'Antioche, d'Alexandrie, d'Éphèse, d'Athènes, de Corinthe, de Césarée, de Thessalonique, d'Édesse, de Nicée, de Constantinople ! Quels évêques ! quels saints ! quels docteurs vous avez vus sur vos siéges illustres ! Là parurent les premiers apologistes ; là se tinrent, à Nicée, à Constantinople, à Éphèse, à Chalcédoine, ces grands conciles où furent définis à jamais les dogmes chrétiens, et que la foi d'un saint Grégoire le Grand révérait à l'égal des quatre Évangiles.

« A cet Orient d'ailleurs, depuis la conquête d'Alexandre, avait été donnée pour servir aux secrets desseins de Dieu dans la propagation de l'Évangile, une langue merveilleuse, cette langue grecque d'une richesse, d'une précision, d'une harmonie incomparable, la langue des philosophes, des poëtes, des orateurs, si bien faite, comme le remarquait déjà saint Basile dans son panégyrique de saint Athanase, pour préciser la rigueur de nos dogmes, et en développer la magnificence. Ce furent les Pères orientaux qui soutinrent l'éclat des lettres grecques, et en perpétuèrent la gloire.

« Voyez se lever de toutes ces Églises de l'Orient, pendant cinq siècles, ces grandes lumières, ces Pères de notre foi, apologistes, exégètes, théologiens, orateurs; voyez ces glorieuses pléiades du ciel de la Grèce, saint Justin le Philosophe, Miltiade, Quadrat, Méliton, Athénagore, Tatien, Clément, Origène, Eusèbe, saint Basile, surnommé le Platon chrétien, saint Chrysostome, la bouche d'or, saint Grégoire de Nazianze, l'harmonieux poëte et le divin théologien, saint Athanase, l'invincible controversiste, et tant d'autres noms glorieux, qui entourent encore les chrétientés d'Orient d'une immortelle auréole. La science, l'éloquence, la sainteté, toutes les gloires divines et humaines à la fois étaient là. Quelle fécondité ! quel éclat ! quelle vie ! quelle puissance !

« Mais hélas ! hélas ! ô Constantinople, c'est toi qui as tout perdu, lorsque dans un jour d'égarement tu as voulu t'élever, et dominer dans ton orgueil ! Ce n'est pas à toi, c'est à Rome, qu'a été donnée la Primauté dans l'Église,... mais tu l'as convoîtée, et pour l'obtenir, hélas ! hélas ! tu t'es livrée, tu t'es faite esclave ! Tu as voulu conquérir les gloires mondaines, et ton triomphe a été la source de toutes les misères, et l'origine de ce monstrueux empire, despotique et abject, que les nations de l'Europe se fatiguent à soutenir ! Et ton patriarche avili, abaissé, n'a plus été qu'un vil jouet dans les mains de tes despotes couronnés !

« Le schisme livra donc misérablement l'Église au pouvoir, et les peuples à l'Islam ; car, bon gré mal gré, la liberté des peuples est toujours solidaire de la liberté de l'Église ! Constantinople, tombée enfin sous le cimeterre de Mahomet, fut, et reste aux yeux du monde, le plus lamentable exemple de ce qu'il en coûte aux peuples pour rompre l'unité.

« Et c'est ainsi que, depuis tant de siècles, ces belles contrées, les plus florissantes de l'ancien monde, gémissent sous le joug abrutissant des Turcs. Que sont devenues toutes ces grandes et illustres Églises que nous énumérions tout à l'heure avec orgueil ? C'est à vous, pieux évêques de l'Orient, c'est à vous plutôt qu'à moi qu'il appartiendrait de redire ici les maux de vos Églises, leur asservissement, leur pauvreté, leur détresse, et la terreur de mort que le fanatisme musulman suspend incessamment sur elles ! Mais que dis-je ? Les derniers éclats de ce sanglant fanatisme n'ont-ils pas récemment épouvanté le monde par des horreurs telles que le soleil n'en avait jamais éclairé de pareilles ? Les plus terribles fléaux de Dieu avaient-ils jamais montré au monde rien qui approchât des abominables massacres de Saïda, d'Asbeia, de Rachaya, de Der-el-Kamar, de Damas ?

« L'avenir étonné se demandera peut-être comment ce despotisme et cette barbarie subsistent encore. « Ah ! disait « autrefois Bossuet, la politique soutient cet empire dé« crépit qui menace ruine ; elle fait autour de lui des bar« rières pour l'empêcher de tomber ! » De même encore aujourd'hui, rongé jusque dans ses entrailles, et miné sur sa base chancelante, ce n'est plus que par l'étrange accord des puissances chrétiennes qu'il demeure là... On l'empêche de tomber sans pouvoir l'empêcher de mourir, et, en mourant, d'opprimer, de diviser, d'affaiblir encore les restes de nos Églises d'Orient. Et cependant des millions de chrétiens gémissent sous son joug, livrés presque sans défense à sa merci, et à sa haine.

« Mais laissons ces choses, et ne nous occupons que des

âmes, — quoique le sort des âmes soit bien attaché certes à ces choses, — et à travers le fer, le feu, le sang, les horreurs, allons aux âmes, cherchons les âmes !

« Grâce à Dieu, l'ombre de l'épaisse nuit qui enveloppe depuis tant de siècles le triste Orient commence à s'éclairer, et des signes consolants apparaissent. La double tyrannie de l'Islam et du schisme, qui pèse sur ces malheureuses chrétientés a déjà reçu de profondes atteintes, et elle va s'usant chaque jour.

« Quoi que fasse la politique, la décomposition de l'empire musulman est visible, et sous ses ruines, quand il tombera, apparaîtront ces nationalités que la sève chrétienne y a conservées, opprimées, mais vivantes. Car il est remarquable que l'islamisme n'a pas pu tout absorber dans l'empire turc, et qu'il y a encore en Orient, grâce au christianisme, des peuples distincts, des Arméniens, des Maronites, des Bulgares, et d'autres, pour qui la question nationale se confond avec la question catholique : c'est, avec la grâce de Dieu, pour l'avenir de la foi dans ces pays une sérieuse espérance.

« Le schisme aussi paraît frappé mortellement. Il est devenu trop évident par l'histoire, que, séparant les peuples du foyer des lumières et de la vie chrétienne, et livrant l'Église au pouvoir, le schisme traîne après lui deux inévitables fléaux : l'ignorance, et l'asservissement des consciences.

« Ah ! pourquoi l'Orient tarde-t-il tant à le reconnaître ? Que ne l'a-t-il compris le jour où nous lui tendions si loyalement la main, aux conciles de Lyon et de Florence ! Depuis ce temps, il n'y a point de difficultés doctrinales entre l'Orient et nous. Pourquoi l'union si facile, si désirable, ne s'est-elle pas consommée ? Du moins alors un grand pas a été fait, et depuis ces conciles, si l'on veut me permettre d'emprunter à la langue diplomatique une expression pleine de justesse, il y a pour l'union un protocole ouvert, et chaque Église orientale peut, quand elle le voudra, y apposer sa signature.

« Il y a plus, et on peut dire que la question d'Orient vient d'être posée solennellement de nouveau dans l'Église catholique.

« O Père commun de toutes les Églises, ô Pasteur des agneaux et des brebis, ô Pasteur des pasteurs, malgré les périls qui vous environnent et les soins universels qui vous accablent, que de fois, oubliant vos propres douleurs, vous avez tourné vos regards et votre cœur vers les douleurs de vos fils en Jésus-Christ, les chrétiens de l'Orient, appelant sur eux les sympathies et les prières du monde chrétien et les appelant eux-mêmes à vous avec le plus tendre et le plus paternel amour !

« Quand je songe à ce que l'Orient a fait pour nous en nous donnant la foi, et que je vois cet Orient plongé dans ces ténèbres où nous serions nous-mêmes, si Pierre et Paul n'étaient venus, et courbé sous ce despotisme brutal qui l'opprime et le déshonore, et que je viens à me dire : Mais nous pourrions porter à ces peuples la liberté chrétienne et la lumière, et nous ne le faisons pas... je ne puis m'empêcher d'appeler cette indifférence une coupable et odieuse ingratitude. Oui, nous avons entre nos mains la régénération morale et la liberté de l'Orient; car le christianisme, en affranchissant les âmes, délivre et relève les peuples. Il est le père de la vraie liberté, non de celle que prépare le mensonge, mais de celle qui est garantie par la vertu : il est le père de la vraie grandeur des nations : en quelque sens qu'on veuille l'entendre, il est le salut et la vie des sociétés.

« Donc, si vous aimez la liberté et la dignité humaine, pensez à l'Orient; si vous aimez la reconnaissance, pensez à l'Orient; si vous aimez les âmes, pensez à l'Orient; si vous aimez Jésus-Christ, pensez à l'Orient. Ah! quand je songe que c'est l'Orient qui nous a donné Jésus-Christ... En retour, pouvons-nous lui refuser quelque chose? Si vous aimez la sainte Vierge, pensez à l'Orient... Je n'ai jamais pu voir une femme juive sans penser à la sainte Vierge, sans me dire avec émotion que Marie était de son sang et de son peuple! Enfin, si vous aimez l'Église, songez à relever ces Églises qui languissent et à rapprocher du foyer des lumières et de la vie chrétienne celles que le schisme a désolées. En un mot, c'est de l'Orient que nous avons reçu tous nos biens. Eh bien, mesurons l'étendue de nos genérosités à l'étendue de ses anciens bienfaits et de ses misères présentes. »

Oh! oui, préoccupons-nous de l'Orient, faisons-le avec d'autant plus d'ardeur que la croisade du XIXe siècle est une guerre toute pacifique. Il n'est plus question d'envahir la Turquie, l'Asie Mineure, la Syrie, l'Égypte, avec le fer et le feu. Descendants des Croisés, tandis que nos pères engageaient jusqu'à leurs manoirs, afin d'obtenir l'honneur de combattre et de mourir pour la délivrance du saint Sépulcre, on nous demande seulement d'envoyer quelques missionnaires, et de les aider par le sacrifice de quelques oboles. Et le fruit de nos efforts sera la conversion de ces peuples immenses qui habitent le Levant.

Nulle raison ne saurait nous arrêter.

Serait-ce le malheur des temps? Mais remontez à l'époque des premières Croisades, et voyez. Alors, comme aujourd'hui, le monde occidental était saisi de préocupations fort graves. L'Angleterre était ébranlée par la conquête récente des Normands, l'Italie agitée par les factions, l'Espagne occupée à repousser les Sarrazins de son propre territoire, l'Allemagne cruellement éprouvée ; et cependant toutes les nations oubliaient en quelque sorte l'objet de leurs alarmes, pour défendre l'héritage de Jésus-Christ. Les enfants de l'Occident semblaient n'avoir plus d'autre patrie que la Terre-Sainte ; ils lui faisaient le sacrifice de leur repos, de leurs biens et de leurs vies. Tout l'Occident retentissait de cette parole : « Celui qui ne porte pas sa croix et ne me suit pas « au Calvaire, n'est pas digne de moi ».

Ah ! c'est que nos pères avaient l'intelligence de tout ce qu'il y a de grand, de noble, de sublime ; et, alors ils comprenaient que nul intérêt n'a le droit de faire oublier ceux de la Syrie et de la Terre-Sainte. C'est que Jésus-Christ n'a pas choisi lui-même d'autres pays que la Syrie et la Palestine pour être les témoins de sa naissance, de sa vie et de sa mort. C'est que Nazareth, Bethléem, le Thabor, le Calvaire, la montagne de l'Ascension, ne sont pas ailleurs que là. C'est que, dans ces pays, se trouvent nos vrais souvenirs de famille, à nous enfants de l'Église ; c'est qu'en venant à leur secours, nous travaillons à conserver et à embellir le berceau et le sépulcre de notre Père.

Passons donc en Orient à la suite de nos glorieux ancêtres. N'épargnons ni peine, ni or, ni argent, ni sacrifice d'aucune sorte pour y procurer le triomphe de Jésus-Christ ; c'est l'esprit du christianisme ; c'est celui de l'Église.

« Depuis la perte lamentable de Jérusalem, disait le pape « Urbain III aux nations chrétiennes de son temps, le Saint-« Siége n'a cessé de crier vers le ciel, et d'exhorter les fidèles « à venger l'injure faite à Jésus-Christ, banni de son héritage.

« Autrefois, Urie ne voulait point entrer dans sa maison,

« ni voir sa femme, tandis que l'arche du Seigneur était « dans le camp ; et maintenant nos princes, en cette calamité « publique, s'abandonnent à des amours illégitimes, se « plongent dans les délices, abusent des biens que le ciel « leur a donnés, et se poursuivent mutuellement par des « haines implacables ; ne songeant qu'à venger leurs injures « personnelles, ils ne considèrent pas que nos ennemis nous « insultent en disant :

« Où est votre Dieu qui ne peut se délivrer lui-même de nos « mains ? Nous avons profané votre sanctuaire, et les lieux où « vous prétendez que votre superstition a pris naissance ; nous « avons brisé les armes des Français, des Anglais, des Allemands, « et dompté une seconde fois les fiers Espagnols ; que nous reste- « t-il donc à faire, si ce n'est de chasser ceux que vous avez laissés « en Syrie... pour effacer à jamais votre nom et votre mémoire ?

« Les mahométans parlent ainsi.

« Princes et peuples chrétiens, montrez que vous n'avez « point perdu votre courage ; prodiguez pour la cause de « Dieu tout ce que vous avez reçu de lui.

« Si, dans une occasion si pressante, vous refusiez de « servir Jésus-Christ, quelle excuse pourriez-vous porter à « son terrible tribunal ? Si Dieu est mort pour l'homme, « l'homme craindra-t-il de mourir pour son Dieu ? Refu- « sera-t-il de donner sa vie passagère et les biens périssables « de ce monde, à celui qui nous ouvre les trésors de la vie « éternelle ? »

VOYAGE AU SINAÏ

I.

PROJET DE VOYAGE.

La campagne d'Orient était finie. Depuis un an déjà, Sébastopol était tombé sous les efforts de notre vaillante armée. Une seconde année de luttes avait enfin disposé les puissances continentales à la paix. La majeure partie de nos troupes avait repris successivement la route de France. Kamiesch seul et le quartier général étaient encore occupés. Nous attendions à notre tour le signal du départ

A la fin de juin, je reçus de S. Exc. le Maréchal commandant en chef, la dépêche suivante :

« Monsieur l'Aumônier supérieur,

« J'ai l'honneur de vous informer que j'ai fixé l'évacuation définitive de la Crimée au 5 juillet. En conséquence, vous voudrez bien prendre les mesures nécessaires à l'exécution de mes ordres pour ce qui concerne votre service et celui de MM. les Aumôniers. »

Le 1er juillet, une seconde dépêche de Son Excellence m'autorisait à m'embarquer sur l'*Amsterdam* avec mes ordonnances.

J'étais donc rendu à ma liberté. Mes services n'étaient plus nécessaires à personne : j'allais revoir la France. Mais la route directe de Sébastopol à Marseille ne m'offrait aucun attrait. Trois fois j'avais traversé la Méditerranée. Les côtes de la Corse et de la Sardaigne, Messine, Malte, les promontoires de la Grèce, Athènes et le Pirée, Cérigo, Syra, Smyrne et Mételin m'étaient connus. N'était-il pas possible de côtoyer l'Asie Mineure, de voir la Syrie, la Palestine et l'Égypte, d'aller jusqu'à Jérusalem, de m'agenouiller au tombeau du Sauveur, et de suivre les traces des Croisés au retour d'une guerre entreprise pour la cause des Lieux Saints.

Telle était la pensée qui me préoccupait pendant la traversée de la mer Noire.

A peine débarqué à Constantinople, je me hâtai de prendre les renseignements nécessaires à la réalisation de mon projet. La bienveillance de M. le comte de Ségur, premier secrétaire de l'ambassade de France et celle de M. le directeur des Messageries impériales aplanirent tous les obstacles. La dépense ne dépassait pas les modestes ressources du religieux, et cinquante jours suffisaient au voyage.

Mon parti fut bientôt pris. Je dis adieu à mes nobles commensaux du navire, officiers, généraux et supérieurs, parmi lesquels je regrettai surtout mon aimable compagnon de cabine, le colonel Pélissier, frère de l'illustre maréchal. Je fis débarquer mes bagages. Je me logeai près du couvent Saint-Benoît, ancien asile de nos Pères, et j'attendis le départ du paquebot de Palestine.

Telle fut l'origine de mon premier voyage en Terre-Sainte.

Depuis cette époque, la Providence a voulu m'y ramener plusieurs fois. J'ai revu ces lieux bénis où les Patriarches et les Prophètes préparèrent pendant quatre mille ans le berceau du Sauveur, où Jésus-Christ daigna prendre un corps semblable au nôtre, vivre de notre vie mortelle et mourir pour nous.

C'est le récit de mes différentes excursions que je me propose de raconter dans cet ouvrage.

Dès le premier jour, j'ai voulu noter exactement mes impressions de voyage; d'abord, pour mon instruction particulière, et aussi pour la satisfaction de plusieurs. C'est un si grand bonheur de ne pas vivre d'égoïsme et d'acquérir toujours pour être plus en état de donner! Le vrai charme de la vie ne consiste-t-il pas dans l'exercice de la charité fraternelle?

Un autre but encore m'animait à recueillir mes souvenirs pour les communiquer. C'est le bien de la Terre-Sainte. C'est le triomphe de la question religieuse en Palestine.

Jérusalem et les pays qui l'entourent sont le berceau du christianisme. Le Calvaire est au milieu du monde le point culminant qui attire le mieux et le plus légitimement les sympathies chrétiennes. Mais Jérusalem, mais le Calvaire sont bien loin! Mais bien peu de personnes ont le bonheur de les visiter, et bien peu sont en état de se rendre compte des besoins de leur Église désolée.

Autrefois, les pèlerins, à leur retour de Terre-Sainte, traversaient l'Europe le bourdon à la main et la pèlerine de coquillage sur les épaules. Alors on les arrêtait successivement dans les maisons patriarcales; on leur servait le repas de l'hospitalité, et puis, le soir, toute la famille réunie autour du foyer qui pétillait, écoutait, attentive, les pieux récits d'outre-mer. Alors les cœurs s'échauffaient, les larmes coulaient des yeux, et plusieurs fois il arriva que l'impression produite par les paroles des pèlerins excita une émotion capable d'arracher l'Europe à ses fondements, de la transporter au delà des mers et de lui faire faire d'héroïques efforts, de sublimes Croisades.

Aujourd'hui les mœurs ont changé. Les relations des familles et des pèlerins ne sont plus les mêmes. Mais ce que le récit verbal ne saurait faire, la plume le supplée abondamment.

Je ne prétends point raconter des choses bien nouvelles ; encore moins me suis-je proposé de faire un ouvrage savant, il s'agit d'un simple récit.

Les années se succèdent et amènent des révolutions nouvelles dans tous les pays du monde. Jérusalem, comme les autres contrées, a ses phases plus ou moins heureuses. Il importe à la catholicité de les suivre à mesure qu'elles s'accomplissent, pour remercier Dieu de la gloire de Sion, ou pour compatir à ses douleurs, et aussi pour lui donner le secours de ses prières, celui de ses aumônes, celui de son talent ou de ses forces, selon que les circonstances le demandent.

Cette publication tirera son intérêt de la circonstance du moment. C'est une page de plus ajoutée au journal de la Terre-Sainte. C'est la voix du pèlerin de nos dernières années qui rend compte à ses frères de l'état actuel du Saint-Sépulcre.

Puisse Notre-Seigneur mort pour nous au Calvaire en tirer sa gloire !

II.

MARSEILLE ET LA PROVENCE.

Tout veut un commencement, et vraiment j'éprouve un grand embarras à fixer celui de mes pèlerinages.

Je ne raconte pas un seul voyage. Je réunis sous un seul titre plusieurs excursions en Orient. Les unes avaient le nord pour point de départ, les autres commençaient au midi. A quelle ligne donner la préférence?

J'hésitais encore lorsque la gracieuse préface du père Lacordaire sur la vie de sainte Madeleine est venue me déterminer à partir de la Provence et de Marseille.

L'ingénieux écrivain a imaginé de relier Marseille à l'Orient par l'illustre famille de Lazare, de Marthe et de Madeleine, qui vinrent lui demander l'asile de leurs derniers jours. Il nous représente la Provence comme le vestibule des sanctuaires vénérés où s'accomplirent les mystères de notre foi, et il la dépeint ainsi :

« Lorsque le voyageur descend les pentes du Rhône, à un certain moment sur la gauche, les montagnes s'écartent, l'horizon s'élargit, le ciel devient plus pur, la terre plus somptueuse, l'air plus doux! c'est la Provence. Adossée aux Alpes, elle les quitte lentement par des vallées qui perdent peu à peu l'âpreté des hautes cîmes, et elle s'avance, comme un promontoire de la Grèce et de l'Italie, vers cette mer qui baigne tous les rivages fameux. La Méditerranée lui fait, après le Rhône et les Alpes, sa troisième ceinture, et un fleuve, qui est le sien, la Durance, lui jette dans ses gorges et ses plaines la rapidité fougueuse d'un torrent qui ne meurt pas. On ne peut regarder cette terre sans y reconnaître bien vite une parenté de nature et d'histoire avec les plus célèbres contrées de l'antiquité. Des colonies grecques lui apportèrent de bonne heure le souffle de l'Orient, et Rome, qui lui donna son nom, y a laissé des racines dignes de cette puissance qui ne refusait à personne une part de ses grandeurs, parce qu'elle en avait assez pour l'univers. Quand le monde ancien fut tari, longtemps la Provence, riche de ses souvenirs, plus riche encore d'elle-même, conserva, dans le démembrement des choses, sa personnalité. Elle eut sa langue, sa poésie, ses mœurs, sa nationalité, sa gloire, tous ces dons qui, en de certaines conjonctures, font d'un petit pays une grande terre. Puis, quand les empires modernes eurent pris leur forme et dessiné leur territoire, la Provence, trop faible pour se soutenir contre la destinée, échut à la France, comme un présent de Dieu ; et, après avoir été pour les anciens l'occident de la beauté, elle devint pour nous le premier port où notre imagination rencontre l'Italie, la Grèce, l'Asie, tous les lieux qui enchantent la mémoire et tous les noms qui émeuvent le cœur.

« Mais si la nature et l'histoire ont fait beaucoup pour la Provence, la religion, peut-être, a fait plus encore pour elle. Il y a des lieux bénis par une prédestination qui se perd dans le secret de l'éternité. L'Égypte vit naître Moïse, l'Arabie fume encore des éclairs du Sinaï, et le sable de ses déserts a gardé la trace du peuple de Dieu ; le Jourdain s'ouvrit devant ce même peuple, et des cèdres du Liban aux palmiers de Jéricho, la Palestine devait entendre et voir des choses qui seraient l'éternel entretien de l'humanité. Le Fils de Dieu naquit sur ces rivages, sa parole y enseigna le monde, et son sang y coula pour le sauver. Rome à son tour, Rome, l'héritière de tout, reçut dans ses murs la succession du Christ, et son capitole étonné se prêta aux chastes pompes de l'amour victorieux, après avoir longtemps servi aux sanglants triomphes de la guerre. Ce sont là, entre tous les lieux qu'a consacrés la religion, les lieux saints, ceux que l'on pourrait croire appartenir au ciel plutôt qu'à la terre. Et cependant une part était réservée à la Provence dans cette distribution des grâces divines attachées au sol, une part unique, et comme la dernière empreinte de la vie de Jésus-Christ parmi nous...

« O Marseille !... tu vis descendre d'une barque la frêle créature qui t'apportait la seconde visite de l'Orient. La première t'avait donné ton port, tes murailles, ton nom, ton existence même ; la seconde te donna mieux encore, elle te confia les reliques vivantes de la vie de Jèsus-Christ, les âmes qu'il avait le plus tendrement aimées sur la terre, et pour ainsi dire le testament suprême de l'amitié d'un Dieu. C'était du haut de sa croix que Jésus-Christ avait légué sa Mère à Jean l'apôtre ; pour toi, ce fut du haut de sa résurrection, entre les ombres écartées de la mort et les lumières blanchissantes de l'éternelle vie, que Jésus te choisit pour l'asile éprouvé de ses amis les plus chers. Faut-il te les nommer? Faut-il te dire quels ils étaient ?

Non, ta mémoire leur fut fidèle toujours, ton histoire te parle d'eux, tes murs en ont mêlé la tradition aux souvenirs de ta première foi, et l'aube sacrée de ton christianisme est le tombeau même où tu vénères dans tes apôtres les amis de Jésus.

« C'était Lazare, le ressuscité de Béthanie ; c'était Marthe, sa sœur, qui l'avait vu sortir du sépulcre, et qui avait cru à la puissance du Fils de l'homme avant qu'elle éclatât ; c'était une autre femme, sœur de l'un et de l'autre, plus illustre encore, plus aimée, plus digne de l'être, celle à laquelle il avait été dit : Beaucoup de péchés lui sont remis, parce qu'elle a beaucoup aimé; celle qui la première vit et toucha Jésus au matin de sa pâque, parce qu'elle était la première dans ce cœur blessé pourtant d'un amour qui embrassait toutes les âmes jusqu'à la mort. »

C'est donc bien de la Provence, c'est du tombeau de Lazare, de Marthe et de Madeleine, qu'il faut dater son départ pour le saint voyage.

D'ailleurs, au point de vue de la géographie, Marseille n'est-elle point le centre des voies de communication entre l'Orient et l'Europe occidentale ? Londres, Paris, Berlin, Vienne, s'y rattachent par des chemins de fer presque directs, les navires de toutes les nations affluent dans son port, et la reine des mers, la Grande-Bretagne elle-même, lui demande d'accueillir son courrier des Indes et de la Chine.

Quiconque s'est promené un instant sur les magnifiques jetées de la Joliette, n'a pas tardé à distinguer à travers une forêt de mâts, de vergues, de cordages, les pavillons du monde entier ; il a vu des milliers d'hommes occupés, leur vie durant, à charger et à décharger les marchandises qui affluent de tous les points de l'univers ; et, s'il a causé avec l'un des nombreux marins qui circulent sur les jetées, il a appris que, toutes les semaines, partent régulièrement de ces rivages des navires pour l'Italie, la Grèce, Constantinople, Smyrne, Beyrouth, l'Égypte, Malte, Oran, Alger, Philippeville, Gibraltar et Barcelone.

A ce titre encore, Marseille mérite d'être choisie pour le point de départ du pèlerinage de Palestine.

Aussi les caravanes parisiennes, qui vont périodiquement adorer le saint Tombeau, ont-elles soin de s'y donner rendez-vous. La veille de l'embarquement, je montai un jour avec les pèlerins au sanctuaire vénéré de Notre-Dame de la Garde. Un prêtre récita les belles prières de l'itinéraire. Au nom de tous, il demanda une heureuse navigation, un temps calme, une mer tranquille, au Dieu qui fit traverser aux Hébreux les flots de la mer Rouge, à Celui qui, du fond de la Mésopotamie et des bords de la mer Caspienne, conduisit à Bethléem les Mages avertis par l'étoile ; il adressa une prière à la Vierge protectrice des navigateurs, tous répondirent *amen*, et puis chacun vint au pied de l'autel recevoir une petite croix d'argent en souvenir des nobles Croisades d'autrefois. On fit ensuite une dernière invocation à Notre-Dame de la Garde, on redescendit à la ville, on prit en commun le repas du soir, et chacun se retira pour vaquer aux derniers soins du voyage.

III.

LA MER.

J'ai souvent traversé la Méditerranée en des sens divers. Quelquefois elle fut calme à la façon des lacs; d'autres fois, sous l'action des vents d'automne ou des frimats de l'hiver, elle se mutinait sous nos pieds, frappait en flanc notre navire comme pour le briser, l'élevait perpendiculairement vers le ciel ou semblait le précipiter du haut de la vague dans un abîme sans fond. J'ai vu le soleil briller sur nos têtes et commander à l'élément perfide le calme de l'immobilité. J'ai vu les étoiles scintiller autour du disque argenté de la lune, tandis que le vaisseau glissait sur l'onde presque endormie. J'ai éprouvé la violence des rafales dangereuses, j'ai vu les matelots replier les voiles trop faibles devant l'orage, j'ai entendu le tonnerre gronder avec furie contre notre frêle demeure; et, grâce à la bonté divine, jamais ce que le langage humain appelle un malheur n'a signalé nos courses maritimes.

Dans l'intérieur du navire, différentes impressions se sont partagé mon âme, selon les voyageurs avec lesquels je me suis trouvé. Les plus fortes sans contredit furent celles de mes périgrinations au temps de la guerre de Crimée. Alors je montais des vaisseaux chargés de nos officiers et de nos soldats, cruellement mutilés à la guerre ; j'étais le triste confident de leurs douleurs, et souvent je recevais leur dernier soupir avant d'arriver au port. De telles émotions ne s'oublient jamais.

Cependant d'autres voyages m'ont aussi laissé des souvenirs. Je me rappelle avec plaisir une traversée d'Égypte à Marseille. Le temps était superbe. Les premières places se trouvaient occupées par des familles européennes. De jeunes femmes, après plusieurs années de mariage, retournaient pour la première fois à Marseille, leur patrie. La société était gaie, aimable. Pendant le jour, on s'abritait le mieux possible de la chaleur, et on conversait ensemble. Le soir, sous la voûte azurée du ciel, on faisait de la musique, on jouait du piano et on chantait. Alors le bateau paraissait comme un point au milieu de l'immensité des eaux. Nul écho ne recueillait nos chants. La lune et les étoiles étaient nos seuls témoins. Il y avait un charme indéfinissable à penser que nous, si petits en présence de cette nature immense, nous en étions cependant le centre et la vie. Seuls intelligents au milieu de ces créatures inanimées, nous étions seuls dignes d'attirer les regards de Dieu.

Quelle différence entre cette partie du voyage et celle qui avait précédé !

Le capitaine avait consenti à prendre à son bord soixante bachis-bouzoucks. Ces malheureux avaient bien été désarmés ; mais leurs armes n'avaient pas été cachées sans doute avec assez de précaution, et, un jour, au moment où on s'y attendait le moins, tous ces hommes se trouvèrent réunis sur l'avant du navire, l'arme au poing et le fusil en joue. Grand fut l'embarras du capitaine. Il donna l'ordre aux passagers et aux matelots de se masser à l'arrière. Un moment de silence succéda à ce mouvement : il fut solennel. On était entre la vie et la mort. L'équipage se voyait sans défense. On essaya bien de dévisser quelques barres de fer attachées aux flancs du navire ; mais que pouvaient de telles armes contre celles qui tuent à distance ?

« Rendez-vous ! » crièrent les révoltés. Le second du vaisseau était seul armé. Avec une intrépidité sans égale, il s'avança vers les insurgés tenant un pistolet dans chaque main et menaçant de la mort le premier qui tirerait. Sa démarche fut le salut de l'équipage. Elle fit gagner un moment précieux. Tout à coup, des soupiraux de la machine, quatre chauffeurs noircis par la fumée, portant dans leurs mains d'immenses pinces de fer rougies au feu, ont surgi au milieu des rebelles, et, sans perdre un instant ils frappent autour d'eux. Plusieurs bachis-bouzoucks tombent mortellement blessés. Les matelots se précipitent, et malgré leurs cris ils les jettent à la mer. Ceux qui ne sont pas blessés se refoulent à l'avant en demandant grâce, ils jettent leurs armes ; on les lie, on les garotte, et le navire est sauvé.

Une autre fois, je fus témoin d'un événement dont le souvenir renouvelle en mon âme je ne sais quelle tristesse mélancolique.

Par un temps magnifique, sur les onze heures, vers la fin du déjeûner, un officier vint m'appeler précipitamment. Je descendis à l'entre-pont, j'y trouvai un jeune homme de dix-sept ans qui se mourait.

Le pauvre enfant avait dû quitter sa mère pour aller chercher fortune sur les rivages de l'Asie. Le mal du pays l'avait saisi bientôt. Il etait pâle et défait. Son jeune front, desséché par les ardeurs du soleil de l'Orient, s'inclinait vers la tombe. Le second de notre navire, son compatriote, l'ayant rencontré en cet état du côté d'Alexandrette, l'avait emmené pour le rendre à sa mère. Malheureusement la maladie venait arrêter le cours de la bonne œuvre. L'enfant mourut. Le soir, vers les dix heures, entouré de l'équipage qui portait des flambeaux, je bénis les tristes restes, et puis les marins les firent glisser dans les flots. Pauvre mère, au lieu des joies du retour, nous allions lui apporter les tristesses de la mort !

J'ai assisté à la fin de beaucoup d'hommes sur les navires.

Dans les traversées de la mer Noire, lorsque nous ramenions les blessés de Sébastopol à Constantinople, nous étions quelquefois obligés de confier jusqu'à cinquante cadavres au gouffre qui en a tant englouti. L'habitude de ces tristes spectacles n'a pas affaibli en mon âme les ressorts de la sensibilité, et, devant les dépouilles de ce frêle enfant moissonné par la mort, je me suis trouvé ému comme au premier jour.

Dans la traversée de la caravane de Pâques 1859, nous n'avons eu aucun accident à déplorer. La mer fut presque uniformément belle. La joie était grande. Une foule de jeunes hommes, à peine entrés dans la vie, quittaient pour la première fois les rivages de la France. Le voyage avait pour eux l'attrait de la nouveauté. Leur âme n'était point tourmentée par le regret de l'exilé qui n'ose prévoir le retour. En partant, ils songeaient à retrouver dans deux mois leurs parents joyeux, à leur raconter les péripéties d'une course aventureuse, à leur rapporter les bénédictions recueillies au Saint-Sépulcre.

Nos journées commencèrent plusieurs fois par une messe célébrée au salon des premières, converti en chapelle. Elles s'écoulèrent toujours en des conversations joyeuses et chastes. Elles se terminaient invariablement par la prière commune. Le soir, lorsque le soleil avait entièrement disparu sous les flots, lorsque l'ombre diaphane des nuits d'Orient répandait à bord et sur la mer ce calme qui porte à la méditation, nous récitions en chœur le *Pater*, la salutation angélique, le symbole et le *Confiteor*. Ensuite nos jeunes gens entonnaient un cantique à la divine Étoile de la mer.

Le Seigneur exauça nos vœux. De cinquante-sept que nous étions, pas un ne rencontra la mort au pays d'outre-mer, tous revinrent s'asseoir au foyer paternel.

Bienheureux le voyageur qui s'expose aux périls des courses lointaines avec une âme pure et sans remords. Au sein de la tempête, au plus fort de l'ouragan, Celui qui commande aux flots en courroux produit en son âme un calme et une assurance qui défient le danger.

IV.

LES DEUX VOIES.

Il y a deux manières d'organiser sa marche vers la Terre-Sainte.

La première, la plus simple des deux, est de s'embarquer directement pour Alexandrie et Jaffa, en touchant seulement à Malte. Cette route est plus monotone, mais elle est de beaucoup la moins fatigante et la plus commode. On se jette résolûment à la mer pour huit jours et huit nuits, sans autre relâche qu'une station à Malte. En cas de mauvais temps, c'est un apprentissage un peu sévère de la vie maritime, mais on se console en songeant qu'on arrivera plus vite. Lorsque le temps est calme, au contraire, si quelques personnes bien élevées ont pris leur place à bord, le navigateur novice trouve mille raisons de s'applaudir de son nouveau mode de voyage. Si étroite que soit sa cabine, elle lui offre cependant l'avantage de se retirer chez lui et de trouver, chaque soir, une couchette pour le repos de la nuit. Un joli salon, une table bien servie, des domestiques adroits et polis, une petite bibliothèque, un piano même offrent les éléments d'un confortable qu'on ne s'était même pas permis d'espérer. Une soirée sur le pont, en bonne compagnie, avec des chants, l'harmonie du piano ou le son du cor, m'ont souvent dédommagé de bien des fatigues. En de telles conditions, les quatorze jours de voyage s'écoulent assez vite, d'autant qu'après tout la route elle-même n'est pas sans quelques distractions. Dans l'espace des soixante-douze premières heures, le vapeur longe d'assez près les rivages escarpés de la Corse, il entre dans les bouches de Bonifacio où l'on jouit de plusieurs spectacles curieux, il suit la côte orientale de la Sardaigne et ne se jette dans la haute mer que pour contourner la Sicile et parvenir à Malte. Ensuite, après quatre jours d'une traversée sans relâche entre le ciel et l'eau, il touche Alexandrie et cette belle terre d'Égypte si fertile en souvenirs, et il arrive enfin à Joppé, après avoir longé les côtes méridionales de la Palestine. Ainsi tout n'est pas sacrifice dans ce voyage; on en retire quelque profit pour son instruction, on n'y souffre point sans compensation.

Si cependant on ne connaît point l'Italie, si des circonstances impérieuses font prévoir la chance de ne la visiter jamais, on peut, sans craindre d'allonger beaucoup sa route, essayer de faire une connaissance rapide avec les rivages de la terre classique de la beauté, de la gloire, de la grandeur profanes et sacrées.

J'ai dû suivre cette ligne, et je serais ingrat de ne pas mentionner les nobles impressions de ce beau voyage. Je pris ma place pour Gênes la Superbe; je partis de Marseille vers le soir, et, le surlendemain au matin, nous entrions dans le port d'où s'élançaient les flottes de Doria. Je profitai d'une journée entière de station pour visiter la ville aux palais de marbre, ses églises dorées, les demeures royales de sa noblesse, ses chefs-d'œuvre de peinture, ses académies et ses hôpitaux magnifiques. L'espace d'une nuit suffit à me conduire à Livourne, où j'arrivai de grand matin. Le chemin de fer était prêt à partir. Je pus aller à Florence, la ville des beaux-arts, et visiter, à Pise, ce baptistaire, ce campo-santo, cette tour penchée, qui font l'éternel honneur des Diotisalvi, des Pisani, des Giotto, des Bonnano et des Guglielmo. Sur le soir, je repris le bateau, et, vers l'aurore, je saluais les fortifications de Civita-Vecchia, construites par Michel-Ange. Je stationnai quelques heures dans la Ville pontificale. Naples se présenta dans la matinée du jour suivant, avec la magie de son panorama, la beauté sans égale de son climat, son Vésuve, ses souvenirs de Pompeï et d'Herculanum. Je passai plus tard auprès des îles Éoliennes, où de jolies maisons blanches, entourées de mille bouquets de verdure, s'échelonnent d'étage en étage avec une grâce merveilleuse, le long des roches noires et volcaniques échappées du sein des eaux. Je vis le célèbre pic de Strombolie, toujours incandescent, jeter des gerbes de flamme au milieu des profondeurs de la nuit. J'affrontai en souriant Charybde et Scylla, si fameux dans l'antiquité par l'histoire des naufrages ; et, glissant avec rapidité entre les dernières campagnes de l'Italie et les rivages poétiques de la Sicile, je parvins dans cette rade de Messine qui donnerait asile aux flottes les plus nombreuses. J'admirai les belles vues, les élégantes maisons, les riches églises de la ville royale à demi couchée au milieu de la verdure, sur le flanc des erniers contre-forts de l'Etna ; je pus jouir, pendant une nuit obscure, des feux échappés du volcan ; et, sans peine et sans effort, j'arrivai à Malte, si bien nommée le premier boulevard de l'Europe contre l'Afrique et l'Asie infidèles.

Ce voyage fut délicieux, mais alors je connaissais déjà l'Orient. Les voies ordinaires de communication avaient épuisé pour moi le secret de leurs charmes dans dix voyages consécutifs, et je pouvais sans crainte me livrer à de nouvelles émotions. Je ne conseillerais pas cette route à celui qui se dirige vers l'Orient pour la première fois. Les faciles jouissances que présente l'Italie, la profusion de ses trésors de peinture et d'architecture, la trop grande aisance du voyage risqueraient de rendre le pèlerin peu sensible aux mâles beautés de la terre des Patriarches et des Prophètes, aux saintes horreurs du Calvaire et de Gethsémani. Et puis, l'âme s'émousse à force d'admirer, l'esprit s'épuise à étudier et à retenir ; arrive un jour où la satiété, jointe à la fatigue, produit une lassitude insurmontable ; on regarde vite ou l'on ne regarde plus ; on voit sans avoir le courage de coordonner ses souvenirs, et le saint pèlerinage, qui devait laisser d'éternelles impressions, se termine par une sorte de fuite qui ressemble à la déroute.

Pour voyager en Orient, il faut négliger tout souvenir étranger ; il importe aussi de s'armer d'un certain courage. Les dangers y sont moindres, il est vrai, qu'ils ne l'ont jamais été ; les fatigues ne ressemblent point à celles de nos devanciers, mais il y a bien loin encore de nos modes faciles de transport, de nos auberges les plus vulgaires, du plus modeste de nos ordinaires, aux longues courses à cheval à travers des chemins pierreux, aux gîtes inhospitaliers, à la chère monotone et frugale du pèlerin. Des mécomptes sans fin attendent le voyageur fatigué. Il trouve la profanation dans les sanctuaires où il est venu honorer les plus saints mystères. Rarement il aperçoit des visages amis. L'ironie et le mépris se lisent fréquemment dans les regards de ceux qu'il rencontre. Partout on blasphème ses pieuses croyances. Tout cela dégoûte et décourage. Si facile qu'il soit devenu, le pèlerinage de la Terre-Sainte reste donc une sorte de croisade. Avant de l'entreprendre, il faut consulter ses forces physiques et morales ; et, comme l'Israélite à la veille de la sortie d'Égypte, ceindre ses reins, saisir d'une main ferme le bâton du voyage et ne pas craindre d'affronter, au nom de Dieu, les aridités d'une course pénible au désert.

V.

MALTE.

La première station du vapeur direct entre Marseille et Jaffa est le fameux rocher de Malte, l'asile célèbre d'où les religieux militaires firent trembler si longtemps les maîtres de Constantinople.

Lorsque la mer est calme, lorsque le soleil embrase l'air et donne à l'atmosphère une de ces teintes de feu qui confondent en quelque sorte le ciel et la mer en un vaste foyer lumineux, rien n'est beau comme de voir ce rocher d'une blancheur éclatante s'élever au milieu de l'immensité. Sur les confins de l'Afrique et de l'Europe, l'île de Malte m'apparaît imposante comme la reine de la Méditerranée. Une ville célèbre en occupe le point culminant; elle porte un nom cher à l'histoire ; c'est La Valette. Une ligne admirable de fortifications l'enveloppe d'une enceinte crénelée; de nombreux canons disposés sur ses murs lui forment une couronne guerrière au-dessus de laquelle s'élancent gracieuses les flèches symboliques de ses églises. Rendez-vous général de l'Europe, de l'Afrique et de l'Asie, entrepôt d'une partie du commerce du Levant, elle voit chaque jour des navires de toutes nations chercher un abri dans ses criques profondes. Les hautes mâtures des bâtiments de guerre atteignent à peine à son pied hardiment posé sur le roc. Elle domine ; elle semble commander à la mer. En face de la ville souveraine, laissant à part les souvenirs qui s'emparent de mon âme, je me réjouis, je regarde, j'admire, et je crois voir un des tableaux les plus saisissants de mon voyage d'Orient.

A peine avons-nous jeté l'ancre, et déjà mille embarcations élégantes, peintes de vives couleurs, se groupent aux flancs du navire. Des Maltais aux jambes nues, aux larges culottes bouffantes, au bonnet rouge terminé par un gland de soie bleu, se dressent sur leur barque, et, par des paroles inintelligibles, accompagnées heureusement d'une pantomime expressive, s'efforcent d'attirer mes préférences. Cette première apparition du peuple de l'Orient ne me paraît point sans grâce. Je me livre avec un certain charme à la conduite de ces habitants d'une autre terre, je descends sur leurs barques, et ils me transportent gaiement au pied de l'escalier qui mène à la ville.

Mes premiers pas dans les rues furent singulièrement égayés par un spectacle nouveau. Je me voyais au milieu de toutes les nations à la fois. Je marchais parmi des hommes au teint varié de toutes les nuances, entre la blancheur de l'Anglais et le noir d'ébène de l'Éthiopien. Pas un ne se ressemblait. L'Algérien nouvellement arrivé de La Mecque, l'Arménien des bords de la mer Noire, le Turc de Stamboul, le Grec d'Athènes, le Syrien de Damas, le soldat de Sa Majesté Britannique, portaient chacun leur costume spécial ; et les amples vêtements de l'Orient aux teintes vives et variées flottaient et s'étalaient au soleil, comme une condamnation éclatante des formes étriquées des bords de la Tamise. Tous allaient et venaient en sens divers ; c'était un incroyable mouvement de nationalités qui se mêlaient sans se confondre. Je voyais l'Égyptien, l'Arabe, l'Indien, se croiser dans leur course vers Marseille, avec l'Espagnol ou l'Italien pressé d'aller chercher fortune à Beyrouth ou à Smyrne. Et, ce qui n'est pas moins étrange, tandis que mille étrangers déployaient sur ce rocher immobile une activité sans égale, je rencontrais à chaque pas un Maltais indolent couché à l'ombre d'une maison, satisfait d'avoir gagné sa vie jusqu'au soir, sans le moindre souci du lendemain. J'ai beaucoup joui de ce spectacle ; et, pendant assez longtemps, je négligeai souvenirs et monuments pour le naïf plaisir de regarder les passants.

Et cependant il me restait beaucoup à voir, beaucoup à admirer.

La cité capitale de l'île est un tout composé de cinq villes parfaitement distinctes. La Valette en est le chef-lieu ; elle est flanquée de quatre faubourgs également importants ; on les appelle Borgo ou Citta-Vittoriosa, la Sangle ou Isola, Biermola, Conspicua et Floriana.

La Valette s'élève sur la longue presqu'île qui sépare le grand port de celui de la Quarantaine. Elle est divisée en vingt-deux rues. Dix longues artères la traversent parallèlement dans sa longueur, et douze autres coupent les premières à angle droit. La monotonie de cette forme régulière n'y est point aussi sensible que dans certaines villes de l'Europe, parce que les différences du niveau brisent la trop grande uniformité des lignes. Dans les parties basses, l'œil se repose sur de belles files de maisons en pierre de taille, d'une architecture un peu lourde peut-être, mais gracieusement corrigée par des corniches ornées d'élégants balcons et de nombreuses statues; à mesure qu'on s'élève, on aperçoit aux deux extrémités de la rue l'immensité de la mer et du ciel. La propreté de la ville contribue merveilleusement à la rendre agréable et coquette. Malte est vraiment digne de sa réputation. Pour m'en former une idée complète, je me suis promené souvent dans les jardins de la Floriana, entre les deux enceintes de fortifications; j'aimais cette vue d'ensemble sur la mer, la ville, les faubourgs, les bastions, l'île entière; je m'y rendais un compte exact de la situation des cinq ports; les forts s'y montraient à mes yeux dans toute leur hardiesse ; je mesurais de l'œil ces fossés profonds creusés dans le roc vif; j'étudiais sans peine le jeu si merveilleusement combiné des feux du fort Saint-Elme, des forts Tigne et Ricasoli, du château Saint-Ange et des ouvrages de la Sangle. Plus j'ai vu ces choses, plus j'ai admiré l'art merveilleux des chevaliers qui surent tirer un si beau parti d'un rocher perdu au sein des flots.

Cependant, je dois le dire, préféré entre tous, un monument a toujours fixé mes premiers regards, provoqué mes premières visites, c'est l'église des chevaliers, consacrée à saint Jean-Baptiste. Sa façade est modeste ; elle est presque pauvre. Mais, sous une large voûte, ornée par les fresques du Calabrèse, l'église abrite des cendres glorieuses. Son pavé est une mosaïque sans rivale au monde. Les chevaliers furent successivement couchés sous les dalles du sanctuaire après avoir épuisé leur vie pour la défense du christianisme. Quatre cents soldats du Christ y reposent en paix. Sur la tombe de chacun d'eux, les marbres les plus précieux, le lapis-lazzuli, le vert antique, le porphyre, symétriquement assemblés, reproduisent les armoiries des défunts, leur devise, leur épitaphe, leur cri de guerre. Je n'ai jamais vu plus noble souvenir consacré à la valeur.

A droite du sanctuaire, sous la chapelle de la langue de France, une crypte renferme les monuments des principaux grands-maîtres, à la tête desquels je vois figurer nos La Valette, nos Vignacourt, nos l'Isle-Adam, si chers au cœur français.

Il faudrait des jours pour lire les inscriptions de toutes les tombes, étudier sur les peintures de la voûte les principaux traits de la vie de saint Jean-Baptiste, suivre le détail de cette profusion de monuments élevés au génie, à la gloire, à la sainteté. Après les avoir fréquemment visités, j'aime à les revoir encore ; souvent, dans mes haltes sur le chemin de la Terre-Sainte, je me retire dans la chapelle de la langue de France d'où je puis contempler à la fois la châsse d'argent où reposent les reliques de saint Jean, et le groupe immense où le baptême de Notre-Seigneur est représenté en marbre de Carare au-dessus du maître-autel. Assis à l'ombre du sanctuaire vénéré, je me plais à repasser dans le silence les souvenirs héroïques d'un temps qui n'est plus.

On sait l'origine des chevaliers de Malte. Gérard, natif des Martigues, en Provence, était venu accomplir un vœu à Jérusalem. Dégoûté du monde, il renonce à sa patrie et se fait le serviteur des pauvres, dans l'hospice fondé par des marchands d'Amalfi au pied du Calvaire. Il vit d'abord sous la conduite d'un abbé, puis il invite des volontaires à se réunir en congrégation avec lui, et fait vœu de pauvreté, de chasteté et d'obéissance, entre les mains du patriarche de Jérusalem, qui lui impose le manteau noir avec la croix blanche. En 1113, le pape Pascal II approuve le nouvel institut, nomme Gérard prévôt de Saint-Jean, et constitue l'ordre des Hospitaliers.

Cependant Raymond du Puy, gentilhomme du Dauphiné, a suivi Godefroy à la conquête du Saint-Sépulcre. Gravement blessé, il est guéri à l'hôpital de Gérard et prend l'habit des Hospitaliers. Devenu grand-maître à son tour, cet homme né dans les camps, élevé au bruit des armes, sent battre un cœur guerrier sous sa robe de bure. Par un sentiment de foi, mêlé peut-être à un souvenir de gloire, il propose aux Hospitaliers de joindre à leurs trois vœux celui de combattre les Infidèles. C'était noblement penser. Par là, sans négliger les pèlerins malades, on protégeait les chrétiens valides menacés de l'oppression ; en soulageant les membres vivants de Jésus-Christ, on défendait en même temps son tombeau.

Les vieux soldats, devenus moines, en accueillirent l'idée avec transport.

L'ordre fut classé en trois divisions : les prêtres ou aumôniers ; les frères servants, qui devaient demeurer auprès des malades ; enfin les chevaliers, tous de noble extraction, tous preux guerriers, tous ceignant l'épée et la cotte de maille sur le froc du religieux.

Dans un portrait, conservé par Bosio, Raymond est représenté une épée à la ceinture, le chapelet dans une main et le crucifix dans l'autre. C'est la personnification de ces religieux si bien définis par ces paroles de saint Bernard sur les Templiers dans leurs jours de ferveur : « Ils vivent dans une société agréable, mais frugale, sans épouse, sans enfants, sans avoir rien en propre, pas même leur volonté ; ils ne sont jamais oisifs, ni répandus au dehors ; et, quand ils ne marchent point en campagne ou contre les Infidèles, ils s'occupent à raccommoder leurs armes ou les harnais de leurs chevaux, ou bien ils se livrent à de pieux exercices d'après les ordres de leur chef. Une parole insolente, un ris immodéré, le moindre murmure ne demeurent point sans une sévère correction. Ils détestent les jeux de hasard ; ils ne se permettent ni la chasse, ni les plaisirs inutiles ; ils rejettent avec horreur les spectacles, les bouffons, les discours ou les chansons trop libres ; ile se baignent rarement ; ils ont un extérieur presque négligé, le visage brûlé par les ardeurs du soleil, mais le regard fier et sévère. A l'approche du combat, ils s'arment de foi au dedans et de fer au dehors, sans ornements, ni sur leurs habits, ni sur les housses de leurs chevaux. Leurs armes sont leur unique parure ; ils s'en servent avec courage dans les plus grands périls, sans craindre ni le nombre ni la force des barbares. Toute leur confiance est dans le Dieu des armées, et, en combattant pour sa cause, ils cherchent une victoire certaine ou une mort sainte et honorable.

Ce fut le 26 octobre de l'année 1530, que le grand-maître l'Isle-Adam, expulsé de Rhodes avec ses chevaliers, vint prendre possession de Malte que lui cédait Charles-Quint. Depuis cette époque jusqu'à la honteuse capitulation de 1798, vingt-huit grands-maîtres se succédèrent dans le gouvernement de l'ordre des chevaliers de Saint-Jean. Je veux ici rappeler leurs noms :

Villiers de l'Isle-Adam, 1530-1534 ;
Périn du Pont, 1535 ;
Didier de Saint-Jaille, 1536 ;
Jean de Homédès, 1553 ;
Claude de la Sangle, 1557 ;
Jean de la Valette de Parisot, 1568 ;
Pierre Guidalotti de Monte, 1572 ;

Jean l'Évêque de la Cassière, 1581 ;
Hugues de Loubens de Verdale, 1595 ;
Martin de Garzès, 1601 ;
Adolphe de Vignacourt, 1622 ;
Louis Mendez de Vasconcellos, 1623 ;
Antoine de Paule, 1636 ;
Paul de Vintimille-Lascaris, 1657 ;
Martin de Réding, 1660 ;
Annet de Clermont-Châtres, 1662 ;
Raphaël Cotoner, 1663 ;
Nicolas Cotoner, 1680 ;
Grégoire Caraffa, 1690 ;
Adrien de Vignacourt, 1697 ;
Raymond Perellos de Rocafull, 1720 ;
Marc-Antoine Zondodari, 1722 ;
Antoine Mancel de Viléna, 1736 :
Rémond Despuig, 1741 ;
Emmanuel Pinto, 1773 ;
François Ximénès, 1775 ;
Emmanuel de Rohan, 1797 ;
Ferdinand de Hompesch, 1798.

Un missionnaire de la Compagnie de Jésus, qui eut le bonheur de séjourner à Malte, il y a cent cinquante ans, consignait en ces termes son admiration pour ces grands hommes et les religieux qu'ils gouvernaient :

« Après avoir vu tout ce qui mérite de l'être dans la ville et à la campagne, rien ne me paraît plus digne d'admiration et de louange que la sagesse du gouvernement qui règne dans l'île ; le grand ordre qui s'observe partout ; la noble et édifiante conduite des chevaliers, jointe à leur extrême politesse pour tout le monde, et surtout pour les étrangers.

« Le grand-maître commande en souverain pour le peuple, et en supérieur pour tous ceux de l'Ordre. Il a continuellement à sa cour un grand nombre de chevaliers des plus illustres maisons de toutes les nations chrétiennes; car on sait qu'il n'y en a aucune qui ne se fasse un très-grand honneur d'avoir des chevaliers de Malte.

« Quoique cet ordre soit militaire, il ne laisse pas d'être un ordre de religieux hospitaliers. Aussi a-t-il conservé précieusement cette fin de son établissement. Pendant que les chevaliers ont toujours les armes à la main pour combattre les ennemis de la religion, ils sont toujours prêts à exercer la charité envers les malades de leur hôpital ; et, afin que tous la puissent pratiquer, chaque auberge ou prieuré a son jour marqué. Les chevaliers de l'auberge de Provence ont le lundi ; l'auberge de France, le mardi ; l'auberge d'Auvergne, le mercredi ; l'auberge d'Italie, le samedi ; et celle d'Allemagne le dimanche. Les malades sont servis en vaisselle d'argent.

« Le grand-maître, suivi des grands-croix, vient tous les matins, quelquefois aussi l'après-dînée, visiter l'hôpital pour connaître par lui-même si les commandeurs font leur devoir auprès des malades, si les infirmes sont bien soignés et ne manquent de rien. Lorsque des chevaliers se trouvent parmi les malades, le grand-maître les sert lui-même.

« Je ne crois pas qu'on puisse rien voir de plus édifiant que l'ordre de cet hôpital. La charité des chevaliers va si loin qu'on en voit parmi eux pratiquer des actes d'une vertu comparable à celle que nous admirons dans les plus grands saints. »

Ainsi s'exprime le missionnaire du siècle dernier.

Moins heureux que lui, nous ne retrouvons de tant de

merveilles que des souvenirs. Agenouillé sur les tombes de l'église Saint-Jean, combien de fois j'ai conjuré le Seigneur de nous donner une seconde génération de ces héros qui défendirent si vaillamment les droits de Dieu !

Attenant à l'église, le palais des grands-maîtres est aussi à visiter. Il est vaste et sans architecture. J'y ai surtout remarqué une précieuse collection d'armes du moyen-âge. Sa bibliothèque m'a paru fort belle.

En me promenant dans les rues, j'ai eu soin de me faire indiquer les principaux couvents des religieux, actuellement convertis en habitations particulières. Il y en avait huit ainsi gouvernés :

L'auberge de Provence, dont le supérieur prenait le titre de grand-commandeur, de président du conseil du trésor, de gouverneur de l'arsenal, de chef du personnel de l'église Saint-Jean et de l'infirmerie ;

L'auberge d'Auvergne, gouvernée par le grand-maréchal, investi du commandement des troupes de l'ordre, à l'exclusion cependant des grands-croix, de leurs lieutenants, du chapelain et des autres personnes de la maison du grand-maître ;

L'auberge d'Italie, à laquelle présidait le grand-amiral, qui commandait aussi les troupes de terre en l'absence du grand-maréchal ;

L'auberge de Castille, gouvernée par le grand chancelier ;

L'auberge de France, sous la direction du grand-hospitalier ;

L'auberge d'Aragon, régie par le grand-conservateur, chargé de l'entretien des fortifications et de l'intendance des troupes et des hôpitaux.

L'auberge d'Angleterre et des Anglo-Bavarois, dont le

supérieur, appelé Turcopolier, était investi du commandement de la cavalerie et des gardiens stationnés sur les côtes ;

L'auberge d'Allemagne, enfin, qui obéissait au grand bailli de l'Ordre.

L'auberge de Castille et celle de Provence méritent seules d'être considérées plus spécialement. Celle d'Allemagne a été détruite pour faire place au nouveau temple protestant.

Malte a souvent changé de nom, elle s'est appelée Impéria sous les Phéaciens, Ogygie sous les Phéniciens, Mélita sous les Grecs. Les vieux historiens y font débarquer Didon l'an du monde 3121, lorsqu'elle fuyait Tyr pour aller fonder Carthage. Mais quelles que soient ses traditions antiques, nulle de ses gloires n'est comparable à celle de ses chevaliers. Elle cessa d'être célèbre le jour où le faible successeur d'Emmanuel de Rohan capitula devant l'armée de Bonaparte, le 13 juin 1798. Depuis lors, cette reine de la mer dut renoncer à son diadème et à son sceptre. D'abord tributaire de la République, elle passa aux mains des Anglais en 1799, pour n'en plus sortir. Aujourd'hui l'habit rouge des soldats de la Grande-Bretagne couvre ses remparts, et le trône de l'héritière d'Henri VIII se dresse dans le sanctuaire de l'église des chevaliers en face de celui du prélat, évêque catholique de Malte et archevêque de Rhodes.

Le catholicisme n'a pas discontinué d'être la religion dominante de l'île, il y jouit d'une pleine liberté. Ses églises y sont nombreuses et richement ornées. Les Domicains, les Augustins, les Carmes, les Franciscains et les Frères-Mineurs y vivent à l'ombre du drapeau britannique. L'ancienne église des Jésuites présente encore sur sa façade et à ses quatre angles les belles statues de saint Ignace foudroyant l'hérésie, de saint François-Xavier, de saint François de Borgia, de saint Louis de Gonzague et de saint Stanislas Kostka. Mais elle est convertie en paroisse, et le collége attenant est devenu l'université. J'y ai vu, encore scellés dans le mur des classes, les bancs où s'asseyaient les élèves des anciens Jésuites. Un vieillard, témoin oculaire des usages d'autrefois, me les montra en essuyant une larme. Aujourd'hui, d'autres élèves y reçoivent d'autres leçons.

Lorsqu'on a visité la ville, tout est vu, ou à peu près, dans l'île de Malte. Mais le chrétien ne manque pas, s'il en a le temps, d'aller vénérer la grotte de saint Paul, à quelque distance de là.

En 1860, nous y fîmes une pieuse et joyeuse excursion. J'étais avec une caravane de cinquante-sept pèlerins, en route pour la Terre-Sainte, sous la présidence du duc de Lorges.

Nos jeunes gens, ravis de se retrouver sur la terre ferme, après quatre jours de navigation, ne se possédaient plus de joie en voyant de jolis chevaux attendre au coin des rues les promeneurs fatigués. En un clin d'œil, une sorte d'escadron de cavalerie fut formé. Je montai dans une voiture découverte avec le duc de Lorges et deux autres amis; nous sortîmes tous ensemble par la porte des Bombes, et nous prîmes la route de Civita-Vecchia.

Autant sont beaux les jardins particuliers, autant l'aspect général du pays est triste et désolé. Des montagnes sans arbres, un sol sans verdure, des pierres blanches qui reflétaient le soleil brûlant, une campagne poudreuse où les pieds des chevaux soulevaient une poussière étouffante, nous parurent insipides. Aucun oiseau ne se montra à nous paré du plumage varié des pays lointains ; et l'un de nos compagnons nous égaya, je m'en souviens, par les éclats fréquents de son impatience contre les moineaux vulgaires que nous retrouvions partout comme en Europe.

Le sol est coupé par un nombre infini de petites clôtures en pierres sèches. La terre végétale y manquerait sans l'industrie des Maltais qui vont la chercher jusqu'en Sicile et la ménagent avec un soin extrême. Grâce à ce prodige de patience et de travail, le blé, l'orge, l'avoine, le cumin, le trèfle, la luzerne, le coton, les légumes et les meilleurs fruits croissent en abondance sur un stérile rocher. Cependant Malte reste incapable de subvenir à l'entretien de ses nombreux habitants. Dans un périmètre de huit lieues de longueur sur quatre de large et vingt de circuit, elle compte 103,240 personnes, sans y comprendre la garnison anglaise qui s'élève à 2,500 hommes en temps de paix. Aussi est-elle obligée de demander beaucoup à l'importation et d'envoyer des multitudes de ses habitants gagner leur vie dans tous les ports de la Méditerranée. Sa température est celle de l'Afrique. Elle varie pendant l'été entre trente et trente-cinq degrés centigrades. En hiver, elle se maintient ordinairement au-dessus de dix ; mais des changements fréquents et brusques la rendent souvent incommode. Le vent d'Afrique y amène, pendant les mois de juillet et d'août, les inconvénients si connus du sirocco, et fait soupirer après les brises du nord et du nord-ouest, qui produisent une agréable fraîcheur.

Un séjour trop prolongé dans cette île me paraît devoir être chose triste. Les distractions y sont rares et les buts de promenade forcément restreints. Les nouvelles de l'Europe y parviennent à des époques éloignées. On n'y appartient en quelque sorte à aucun pays. Il faut y vivre un peu comme dans l'exil.

Si l'argent et le bien-être pouvaient compenser l'absence des relations sociales auxquelles nous habitue l'Europe, il y aurait cependant moyen de se créer ici une existence agréable. Chemin faisant, nous visitâmes les jardins de San-Antonio, propriété du gouverneur. Ils sont délicieux, nous nous y assîmes sous les orangers ; et, pour quelques sous, le jardinier nous apporta les fruits les plus variés de l'Afrique et de l'Asie. Mais qu'est-ce que l'abondance matérielle pour le bonheur de la vie ?

Nous continuâmes notre route entre deux murs échauffés par le soleil, et nous fûmes bientôt devant la cathédrale de la vieille cité, monument qui ne mériterait pas une visite, s'il ne conduisait à la grotte de saint Paul.

L'an 58 après Jésus-Christ, l'apôtre fit naufrage, et les flots le portèrent sur le rocher de Malte. La Providence le conduisit dans une caverne où il trouva des habitants à demi sauvages ; que lui fût-il advenu sans un miracle du ciel ? les Actes n'en disent rien ; mais tandis qu'il réchauffait ses membres devant un feu de broussailles, une vipère s'élança et s'enroula autour de son bras ; Paul, avec tranquillité, secoua la main et se défit ainsi de l'animal venimeux. Les païens virent dans ce prodige le jugement de Dieu, ils vénérèrent l'Apôtre et reçurent l'Évangile. Depuis lors saint Paul n'a cessé d'être honoré parmi les Maltais.

La grotte célèbre est au-dessous du sanctuaire de la cathédrale ; elle communique avec de vastes catacombes où furent enterrés les premiers chrétiens ; elle contient un autel avec la statue de saint Paul. Les voyageurs ne manquent pas de recueillir quelques parcelles arrachées à ses parois. Les habitants du pays font même une espèce de commerce de cette pierre à laquelle on attribue des qualités fébrifuges ; or les guides font remarquer que, toujours creusée, la grotte ne s'agrandit jamais. Qu'en est-il de ce fait singulier? Je ne saurais le dire, car le point de comparaison avec les temps anciens nous manque absolument. Toujours est-il que la grotte est relativement petite. Assurément, la pierre calcaire de Malte offre des phénomènes particuliers. Ainsi, d'après Houël, elle aurait la propriété de condenser les vapeurs atmosphériques et de les laisser filtrer par leurs parties inférieures pour former des sources. Peut-être celle qui nous occupe a-t-elle aussi une spécialité physique; peut-être est-elle l'objet d'un miracle. L'un et l'autre sont possibles.

Sans préjuger des secrets de Dieu, comme sans mépris pour les droits d'ailleurs limités de la science, nous nous agenouillâmes devant l'image de saint Paul; nous adressâmes notre prière à l'Apôtre des nations, et, reprenant la direction de la mer, nous nous hâtâmes vers le navire qui allait nous transporter aux rivages de l'Égypte.

VI.

LA TEMPÊTE DEVANT LE PORT.

Jusqu'à ce jour, la traversée avait été magnifique; mais voilà qu'au sortir de Malte, la mer devint houleuse. Dès lors, les chants cessèrent de se faire entendre. Le pont, si animé jusque-là, resta silencieux. Chacun rentra dans sa cabine. Heureusement Dieu mesura les jours de l'épreuve aux pèlerins de son tombeau. Le vent tomba, le soleil reparut, le calme revint, et, avec lui, la santé et la joie.

Dieu nous préserve des dangers de la mauvaise mer devant Alexandrie, car, si le port est sûr, l'accès en est souvent impossible. D'énormes blocs de rochers ont été précipités à son entrée contre une invasion ennemie; d'où résultent pour les amis des inconvénients fort graves. Souvent, au fort de la tempête, un navire en danger, n'osant se risquer dans la passe derrière laquelle se trouve l'anse du salut, reste forcément exposé à la fureur des flots. Quarante-huit heures s'écoulent ainsi dans les angoisses, et le port ne s'ouvre enfin qu'après des avaries cruelles: et pour quelques navires il n'est plus temps.

Cette difficulté d'abordage est le défaut saillant des côtes de la Syrie, comme de l'Égypte. Partout des écueils ! Fatigués par les secousses de la grosse mer, vous arrivez près de la terre ; la confiance devrait renaître, ce semble, en face du sol dont le calme contraste si bien avec l'élément qui s'agite sous vos pieds, se soulève et s'entr'ouvre comme pour vous engloutir ; et cependant la terre est votre plus grand danger. Fuyez la côte inhospitalière ; la vague furieuse vous sera moins funeste. Si vous cherchiez à gagner le rivage, peut-être, dans l'espace des cinquante brasses qui vous en séparent, la mort se dresserait pour vous sous la forme d'un écueil inévitable.

Une fois, l'accès du port d'Alexandrie nous fut perfide. Le capitaine s'aventura dans la passe sans le pilote. On entendit sous le navire comme un grincement de l'enfer. En même temps, notre frêle habitation tremblait de ce mouvement saccadé, convulsif, violent, qui présage une catastrophe, et des craquements aigus partirent de tous les points. En semblables circonstances, les vaisseaux se fendent quelquefois et s'abîment sous les flots. Cependant, comme la Providence n'avait pas marqué pour ce jour-là notre dernière heure, le navire tint bon ; il résista à l'épreuve.

J'ai rencontré une autre fois sur le bateau que je montais, des hommes qui venaient d'échapper à toutes les horreurs d'un naufrage devant Alexandrie. Parmi eux, il y avait un jeune comte Zaluski, chambellan de l'empereur d'Autriche. Je le fis souvent causer de ses aventures, d'autant que ses récits, exempts de prétention et d'emphase, étaient d'un vrai à charmer. Le jeune voyageur s'était risqué sur un bâtiment turc. Il était en aussi bonne compagnie qu'on peut l'être en pays musulman. Un pacha lui-même avait pris sa place à bord, traînant avec lui son harem et de nombreux officiers et serviteurs. Lorsque le vent souffla, lorsque la mer devint furieuse, lorsque les flots se soulevèrent impétueux et mutinés, on fut douloureusement surpris de se trouver à la merci d'un capitaine sans expérience et sans boussole. Le pilote inexpérimenté n'osait ou ne savait donner au gouvernail un mouvement précis. Le hasard tout seul présidait aux destinées du navire. Bientôt la route fut perdue. On s'en allait flottant à l'aventure, lorsque, tout à coup, une nouvelle sinistre jeta la consternation dans l'équipage. Une voie d'eau s'était déclarée. Tout le monde fut appelé sur le pont à donner son concours. Tandis que les femmes éplorées poussaient des cris inutiles, les hommes se mirent aux pompes avec la vigueur qu'inspire le désespoir. Une première journée s'écoula dans les angoisses. Le soir, lorsque la nuit, couvrant la mer de ses ombres, menaçait d'ajouter ses terreurs lugubres aux horreurs de la journée, une lueur d'espérance releva un moment les cœurs abattus. La vigie signalait dans le lointain un vaisseau arabe. Mais quelle ne fut pas la consternation lorsque le capitaine, au lieu de cingler vers lui, se mit à gouverner en sens inverse. Le monstre, préoccupé de sauver sa felouque, calculait qu'en s'approchant de celle de l'Arabe, il perdrait ses passagers, et que, les bras lui manquant, il devrait renoncer à son bien. Alors, peu touché de la responsabilité de tant de vies, il prenait le seul moyen de retenir tout le monde par la force. On parlementa avec cette bête féroce. Il le fallait bien, car le jeter à la mer eût été une vengeance sans profit. Si novice qu'il fût dans l'art nautique, il en savait plus que les passagers étrangers à la marine ; et il restait nécessaire. On essaya d'un compromis. Il exigea de l'argent ; on lui en donna. Alors il pointa vers l'autre navire, fit attacher son bâtiment à la poupe de celui de l'Arabe, exigeant que les hommes restassent pour la manœuvre, et permettant aux femmes de se faire transborder. L'opération s'effectua à la satisfaction des pauvres femmes surtout, et la nuit se fit sombre et obscure comme aux plus mauvais temps. Si pressant que soit un danger, il est toujours supportable lorsqu'il n'est pas accompagné d'un désespoir complet. La moindre planche de salut fait germer au cœur du naufragé le sentiment de bonheur toujours uni à l'espérance. Aussi les hommes condamnés à sauver la fortune du capitaine, subirent-ils d'abord assez bien leur sort. Ils se sentaient traînés vers un but certain, et si le navire devait absolument périr, ils avaient tout près d'eux le moyen d'échapper à la mort.

Cependant, vers minuit, on s'aperçut que la marche devenait moins assurée, que le navire semblait de nouveau livré aux caprices de la mer. On courut aux informations, et on découvrit que la corde fatale était rompue. A la faveur des ténèbres, le pacha s'était fait porter sur l'autre bateau. Avec un sang-froid digne de la brutalité musulmane, celui qui se moquait de la vie de ses semblables avait pris toutes ses précautions pour ne rien perdre de son bagage, pas même les pastèques dont il avait une abondante provision pour la route. Ensuite, se voyant en sûreté, et craignant que le bateau arabe ne courût quelque risque à traîner le turc à sa remorque, il avait donné l'ordre de couper la corde. J'ignore ce qu'il put y avoir de malédictions prononcées contre cet infâme par les malheureux ainsi trahis. Je sais seulement qu'ils se crurent à leur dernier moment. Ils s'embrassaient dans une sorte de délire, et toute distinction de rang et de fortune s'effaçant devant la mort, on s'appelait mon frère. Le généreux Zaluski allait de l'un à l'autre, encourageant les travailleurs et prévenant le découragement.

Dieu cependant ne voulait pas laisser périr tout l'équipage. Il paraît que le bateau arabe, faisant une fausse manœuvre à son tour, se retrouva dans le cours de la journée en face du vaisseau naufragé ; il arriva même assez près pour qu'on pût le gagner à la nage. Aussitôt, comme par un mouvement électrique, les naufragés se précipitent à la mer; ils luttent contre les flots et s'efforcent d'atteindre l'autre bord. Mais, ô comble de l'infamie ! le reïès arabe et le pacha turc, craignant les représailles de ceux qu'ils avaient lâchement trahis, ordonnent qu'ils soient inhumainement repoussés. Armés de cordes et d'avirons, les hommes de l'équipage frappent sur les infortunés nageurs. Le plus grand nombre d'entre ces malheureux, blessés à mort ou étourdis, coulèrent au fond de la mer. Quelques-uns, parmi lesquels le jeune comte Zaluski, parvinrent cependant à grimper sur le navire avec des efforts inouïs. Il était temps; car, à peine revenus de leur émotion, ils virent leur vaisseau se cabrer une dernière fois, l'affreux capitaine tomber à la mer dans ce mouvement subit, et tout disparaître au milieu des flots irrités.

Quel sort terrible que de périr ainsi, presque à la vue d'un port inhospitalier, où l'on eût trouvé un abri certain, si l'administration égyptienne en eût fait l'entrée moins difficile !

Une autre contrariété d'un genre moins grave menace le voyageur devant Alexandrie. C'est l'inflexible quarantaine, trop souvent nécessitée par les maladies contagieuses de l'Orient.

Une menace de peste s'est-elle manifestée quelque part, on est condamné à rester à bord sans pouvoir poser le pied sur cette terre d'Égypte, si longtemps rêvée, si impatiemment attendue. Nous en fîmes la dure épreuve pendant le pèlerinage de 1859. Il fallut passer deux mortelles journées dans notre prison flottante, exposés aux ardeurs d'un soleil tropical, regardant le rivage comme autrefois Moïse contemplait la Terre promise, où il ne devait pas entrer. Mes compagnons en étaient à leur premier voyage. Cette occasion manquée, c'en était fait pour leur vie ; aussi leurs regrets étaient-ils plus vifs.

Je veux signaler, à propos de cette quarantaine, une marque touchante d'intérêt qui me fut donnée par un ancien élève du collége de Gazir, au mont Liban.

Comme j'étais assis sur le pont avec quelques amis, cherchant à tromper l'ennui, je m'entendis appeler par une voix étrangère qui articulait parfaitement mon nom. Je descendis l'escalier mobile suspendu aux flancs du navire, et j'aperçus un jeune Égyptien qui me faisait des signes d'amitié et de respect. L'enfant, au tarbouche élégant, au surtout vert, à la ceinture rouge, au large pantalon flottant, se tenait à distance dans une petite barque agitée par la vague. Nous causâmes pourtant, confiant notre parole aux flots. Il me raconta son histoire. A la fin de ses études, il avait quitté Gazir et ses jardins, et ses belles eaux, et ses montagnes, pour venir chercher une place à Alexandrie. On l'employait dans les bureaux de la douane. Il avait vu mon nom sur la liste des passagers ; il ne me connaissait pas ; mais j'étais Jésuite, cela suffisait pour qu'il voulût offrir ses services au frère de ses anciens maîtres.

Cet épisode vint me distraire agréablement des ennuis de la quarantaine.

Heureusement je n'eus à souffrir qu'une fois de la rigueur des mesures sanitaires qui prohibent l'entrée de l'Égypte. Ordinairement, j'ai pu débarquer et séjourner à terre.

VII.

ALEXANDRIE.

La traversée touche à sa fin. Voici dans le lointain, sur la côte africaine, la tour de Ptolémée Philadelphe, le célèbre Pharos, élevé en faveur des matelots égarés, cette merveille du monde à laquelle nos phares ont emprunté leur nom.

Le rivage, d'abord indéterminé, semble se dessiner de plus en plus nettement à nos yeux, et le port d'Alexandrie va se déployer dans toute sa magnificence.

Salut à vous, terre des Ptolémées ! Salut, mère des sciences et des arts ! Salut, noble patrie de Moïse ! Magnifique théâtre des exploits de saint Louis, séjour momentané de la sainte Famille, je m'incline et vous révère.

Ce fut toujours pour moi un agréable moment que celui où je revis l'Égypte. Son histoire est si belle, elle captive si bien les heures d'étude de notre enfance ; elle laisse un si beau souvenir de sagesse, de science et de grandeur, qu'on s'estime heureux d'y aborder. Et puis, n'est-elle pas, en quelque sorte, le vestibule de la Palestine ? C'est en

Égypte que Moïse fut sauvé des eaux; c'est en Égypte que domina Joseph; c'est encore en Égypte que se multiplia la postérité de Jacob, au point de former un grand peuple, le Peuple de Dieu. Le Tout-Puissant opéra douze prodiges fameux pour toucher le cœur des Égyptiens. Notre-Seigneur, fuyant la persécution d'Hérode, vint chercher un asile au milieu d'eux. Saint Marc y établit la seconde chaire patriarcale de l'Orient. Que de titres illustres réunis pour la gloire d'un seul pays!

Il était à peine huit heures du matin lorsque j'arrivai à Alexandrie pour la première fois. Cette heure est la plus belle dans les journées de l'Orient. Plus tôt, les ombres sont encore trop fortes; elles accentuent le tableau d'une manière un peu dure. A midi, l'éclat de la lumière éblouit au point de troubler la jouissance de la contemplation. Le soir, les crépuscules sont comme insensibles, et la nuit succède au jour avec une rapidité inconnue de l'Occident. Huit heures était donc le moment favorable entre tous.

A travers une forêt de mâts pavoisés aux couleurs de toutes les nations, nous distinguâmes les chantiers, les arsenaux, les maisons consulaires, les dômes et les minarets de la cité. Le temps était splendide. La nature se montrait dans l'éclat gracieux du matin d'un beau jour. Les maisons étincelaient sous l'action du soleil. Un bois de palmiers d'une hauteur prodigieuse encadrait vers la droite ce tableau féerique.

Au moment où je mis le pied sur la terre, je me vis assailli par les cris d'une foule d'âniers. Chacun d'eux, sans doute, faisait l'éloge de sa monture; mais, la langue égyptienne m'étant inconnue, je ne comprenais rien à ce ramage; j'eus recours aux signes; je louai trois ânes. A peine les eûmes-nous enjambés que ces petits quadrupèdes, hauts seulement comme de grands chiens, se mirent au galop. Mon équipage eût produit de l'effet dans une ville d'Europe. Je courais seul en avant, avec ma soutane française, une longue barbe orientale et mes insignes d'aumônier de l'armée. Derrière moi, mes deux soldats d'ordonnance, l'un en uniforme de cavalerie, l'autre en costume d'infanterie, galopaient sur la même ligne. Nous traversions ainsi les rues d'une ville inconnue. L'ânier croyait sans doute que je connaissais mon chemin, mais assurément j'étais loin de guider ma monture, je tenais la bride pour la forme ; maître Aliboron était le vrai conducteur de la bande. Fier sans doute de ma confiance, il tourna et retourna à droite, et puis à gauche, enfin il me conduisit à la grande place où il s'arrêta. C'était une preuve d'intelligence. En regardant autour de moi, je vis flotter bien haut sur des mâts les pavillons des divers consulats. J'avisai celui de la France au-dessus d'un bel édifice ; j'allai demander mon chemin à un portier parlant français, il m'indiqua le couvent Sainte-Catherine ; et, très-satisfait des allures vives et douces de ma monture, je me remis au galop dans la direction indiquée.

Comme architecture, Alexandrie est une ville presque européenne. Ses rues larges et droites, sa place publique grande et régulière, ses magasins anglais, français et italiens, lui ôtent tout cachet oriental. On estime à 104,000 âmes le total de ses habitants. La nation franque figure pour un chiffre de 15,000 dans ce recensement. Les soldats, les marins et leurs familles forment une population flottante de 60,000 personnes.

Nulle part, peut-être, en Asie comme en Afrique, je n'ai vu se multiplier des contrastes plus frappants. Malte est une sorte de promenade publique où l'on se divertit à regarder les costumes et les figures. A Alexandrie, on fait une étude de mœurs. Les usages asiatiques et les façons européennes semblent avoir pris rendez-vous dans cet assemblage confus de huttes et de palais. J'ai visité les demeures du vice-roi. Peu surpris de leur extérieur maussade si commun en pays turc, j'espérais, comme dédommagement, jouir à l'intérieur de la magnificence du luxe oriental; or des soldats et des employés s'efforçaient au contraire de me faire remarquer sur les meubles l'adresse de leur fabricant à Paris. La ville entière présente les mêmes anomalies. Ici, vous vous sentez agité par le tourbillon des affaires et des plaisirs; faites quelques pas, et vous rencontrerez la solitude et le silence. Voici, côte à côte, un homme couvert de vêtements tissus d'or et un malheureux en guenilles. Près de là, une voiture anglaise escortée de domestiques galonnés, traverse, emportée par quatre chevaux superbes, une file de chameaux conduits par de pauvres gens dans le costume primitif du désert; plus loin la parure élégante des dames parfumées tranche avec le sarrau bleu de ces femmes qui vont nu-pieds, le visage couvert d'un linge malpropre fendu à la hauteur des yeux. Tandis qu'autour d'un banquet splendide, des Européens boivent à la liberté,sous leurs fenêtres des hommes robustes se voient maltraités à coups de bâton, et de pauvres enfants de douze ans se sentent traînés la chaîne au cou chez l'enrôleur qui les fera malgré eux soldats ou marins. Si vous avez rencontré tout à l'heure un habile architecte occupé à construire un monument plein de grâce, ne vous étonnez pas de trouver plus loin des ouvriers qui brisent des chapiteaux, des tronçons de colonnes, des statues antiques pour fournir des pierres brutes à l'échoppe voisine. Ainsi la barbarie marche ici d'égal avec la civilisation.

L'histoire d'Alexandrie rend cette ville chère à tout ami

des lettres, des sciences et des arts. Alexandre lui-même en traça le plan. Il en confia la réalisation à Dinocrate, l'immortel architecte du temple brûlé par Érostrate. Au centre de la ville, une place immense était desservie par de grandes rues de cent pieds de large qui aboutissaient aux deux ports, de sorte que, du cœur même de la cité, on jouissait de l'aspect de la mer et des vaisseaux. Il y avait à profusion des fontaines, des canaux, des aqueducs, des citernes, des bains, des théâtres, des places, des enceintes pour les jeux, des palais, des temples, et tout ce qui peut contribuer à la magnificence et à l'agrément. Le Nil, la mer Rouge et la Méditerranée y amenaient aisément les productions de tous les pays. Aussi la nouvelle ville fut-elle promptement peuplée. Après la mort du conquérant, elle devint la capitale de l'Égypte, et fut pendant trois siècles, la résidence des Ptolémées Lagides. Son Muséum servit de modèle à toutes les académies qui se formèrent depuis. Ptolémée y commença une bibliothèque dont les volumes s'élevèrent jusqu'au nombre de sept cent mille. Il voulut que le Pentateuque y figurât avec honneur ; il le fit traduire de l'hébreu en grec par les soixante-douze interprètes dont le travail est connu sous le nom de Bible des Septante.

Malheureusement les querelles des princes devaient commencer la ruine de cet édifice auquel le mahométisme était destiné à porter le dernier coup. Quarante-sept ans avant Jésus-Christ, les Alexandrins s'obstinent à ne pas reconnaître Jules César comme tuteur de Ptolémée. Le fer et le feu sont la brutale réponse du fier Romain. L'incendie ayant étendu ses ravages de la flotte sur la ville, atteignit le quartier Bruchion, le palais du roi, et aussi la bibliothèque dont il consuma quatre cent mille volumes. Dix-sept ans plus tard, Antoine était maître de l'Égypte; Octavius César lui en disputait la possession, et, grâce à la trahison de Cléopâtre, l'heureux César entrait dans la place pour en arracher les immenses trésors amassés par les Ptolémées. Ainsi, en moins de vingt ans, la science et la prospérité matérielle avaient reçu la plus cruelle atteinte dans la capitale de l'Égypte.

Cependant Alexandrie restait encore la seconde sinon la première ville de l'univers, au moment où saint Marc vint y établir son siége patriarcal en l'an 60 de l'ère chrétienne. Sa population s'élevait alors à sept cent mille âmes. Les Bactriens, les Scythes, les Perses, les Indiens y affluaient, attirés par l'intérêt du commerce. Malgré les erreurs monstrueuses apportées par ces hommes de pays si divers, elle accueillit avec enthousiasme la lumière de l'Évangile. La religion naissante entreprit d'y opposer une école de philosophie chrétienne aux savants de l'idolâtrie. D'intrépides joûteurs entrèrent heureusement en lice. Les Panthènes, les Clément d'Alexandrie, les Origène, et une foule d'autres y jetèrent sur la question religieuse une clarté qui resplendit encore au milieu de notre monde civilisé ; et une femme même, une vierge, la jeune princesse connue sous le nom de sainte Catherine, prouva dans une assemblée imposante ce que peuvent la foi et la doctrine chrétienne pour le développement de l'intelligence et de la raison. Avant peu de temps, Alexandrie devint la plus célèbre et la première des églises patriarcales de l'Orient.

Elle resta glorieuse, malgré des péripéties cruelles, jusqu'aux jours du calife Omar. A cette époque, elle était encore dans l'univers comme un flambeau plus brillant mille fois que son phare estimé l'une des sept merveilles du monde ; mais la conquête musulmane la précipita sans retour dans les ténèbres de l'ignorance. En vain s'efforça-t-elle de fléchir le farouche vainqueur ; elle dut subir la flétrissure honteuse. Jean le Grammairien se fit inutilement le défenseur de la science auprès d'Amrou, lieutenant d'Omar. Il demanda la conservation de la bibliothèque. Amrou consulta le calife qui rendit cette réponse sauvage : « Si ces livres ne contiennent que le Coran, ils sont inutiles; s'ils renferment autre chose, ils sont dangereux : qu'on les brûle. » — Alors, pendant six mois, les bains publics furent chauffés avec les plus beaux ouvrages de science, d'art, de philosophie et d'histoire. Une fois le trône de la science renversé, les monuments, les édifices publics, les temples, les murailles même se dégradèrent et disparurent. A l'exception de quelques pans de murs, de quelques tours, de deux obélisques appelés les aiguilles de Cléopâtre, de la colonne de Pompée, et d'un très-petit nombre d'autres objets, la barbarie et le temps ont tout dévoré.

Aujourd'hui, cette ville prodigieuse reprend un nouvel essor. Méhémet-Aly lui a imprimé un mouvement ascensionnel qui ne s'arrête pas. Une activité remarquable, un commerce immense, des relations toujours plus étendues, une quantité de richesses apportées de tous pays en font un des points importants du monde. Puisse la religion rentrer une seconde fois triomphante dans une cité où fleurirent tant de docteurs, où se rassemblèrent tant d'illustres conciles ! Puissions-nous voir l'Église de saint Marc sortir de son veuvage ! Déjà le patriarcat de Jérusalem est rétabli. Pourquoi la même faveur n'atteindrait-elle pas le siége d'Alexandrie ? Fasse le ciel que l'Égypte d'où nous tirons une si grande abondance de pain matériel, reçoive de nous la nourriture vivifiante qui donne le bonheur sans limites !

J'ai trouvé peu de souvenirs chrétiens à Alexandrie. Une croix élevée au milieu de la ville indique la place où l'apôtre saint Marc fut décapité, et l'on a recueilli dans l'église Sainte-Catherine une petite colonne de marbre sur laquelle tomba sa tête. Le corps du martyr fut religieusement conservé dans l'église cophte qui porte son nom, jusqu'au jour où les Vénitiens s'en emparèrent pour le transporter chez eux. Messieurs les Lazaristes ont ici une belle maison et une église que j'ai visitées avec intérêt. Près d'eux, les sœurs de Saint-Vincent de Paul dirigent avec leur succès accoutumé, des classes de petites filles. Un peu plus loin, s'élève un hôpital de fondation récente, dont la bonne tenue et l'élégance m'ont frappé. Le couvent des pères de Saint-François est vraiment beau. Du milieu des palmiers de leur jardin, on voit s'élever une coupole et de blancs campaniles de l'effet le plus pittoresque. La façade de l'église regarde la place publique à travers une longue avenue. De grands bâtiments construits sur la droite servent de logement aux religieux. L'aile gauche est habitée par les frères des Écoles chrétiennes et leurs nombreux élèves.

La demeure de l'évêque est plus modeste, mais elle est convenable et merveilleusement propre. Elle communique avec le couvent par une porte qui donne sur le jardin. L'église Sainte-Catherine sert au prélat de chapelle domestique et de cathédrale.

L'intérieur de la ville n'est point à visiter. La merveille du pays est la place des Consuls, immense carré long bordé d'hôtels européens dont l'architecture serait italienne si elle avait un caractère mieux défini. Sans lignes d'arcades, sans abri d'aucune sorte, ce rendez-vous est une zone torride où le soleil darde ses feux sur un sable incandescent. A ses deux extrémités, de belles fontaines font jaillir leurs eaux, qui scintillent en retombant comme une pluie de diamants. On y a récemment planté des arbres ; s'ils réussissent, ils donneront de l'ombre, et cette ombre et la fraîcheur des eaux changeront complétement la physionomie de la place. Son caractère le plus original est dans la population qui s'y agite en tout sens. De distance en distance, des groupes d'ânes tout sellés attendent les promeneurs. La calèche élégante de Londres est précédée, dans sa course rapide, d'un says ou coureur, qui, les jambes nues, le turban sur la tête, armé d'une lanterne, si c'est la nuit, les bras pendants, s'il fait jour, court devant les chevaux pour écarter la foule, en criant de toutes ses forces : *O â, ragel;* « gare, homme ! » *O â, ya bent, da rack!* « gare, ma fille, ton dos ! » et mille autres choses de ce genre. Des troupes en jaquettes blanches, en tarbouchs rouges, la traversent plusieurs fois par jour au son du fifre et du tambour. C'est là que j'ai vu pour la première fois, des fenêtres du consulat de France, le spectacle d'un régiment de cavalerie monté sur des chameaux. Sur la bosse des lourds quadrupèdes une sorte de bât recouvert d'un tapis de Turquie donnait place à deux cavaliers armés de toutes pièces. Les officiers étaient seuls sur leur monture. Une musique orientale ouvrait la marche. Harmonieuse à peu près comme le cri des chameaux, elle paraissait produire un effet magique sur les auditeurs africains. J'aurais donné tout au monde pour transporter ce spectacle au Carrousel.

J'ai essayé de tous les moyens de locomotion dans Alexandrie. Une marche à pied un peu soutenue est pénible au milieu du sable sous le poids de la chaleur; les voitures de place, d'ailleurs fort chères, ont l'inconvénient de ne pouvoir circuler dans une foule de rues trop étroites. Je ne connais rien de préférable au modeste baudet. Il glisse plutôt qu'il ne marche, à travers la foule; ses allures sont douces et ses mouvements presque insensibles. Inutile de stimuler son ardeur; son propriétaire le suit armé d'un bâton; il frappe à temps et à contre-temps, siffle entre ses dents, et semble posséder un langage comminatoire parfaitement intelligible pour le pauvre âne, qui reconnaît sans doute à la voix de son maître l'annonce d'un coup de bâton et part au galop sans se faire prier.

Un soir, je fis le tour de la ville en cet équipage. Je m'arrêtai devant cette colonne de Pompée, immense monolithe d'un granit rouge, dont la destination est un mystère. Elle repose sur un massif de débris pharaoniques, mais son chapiteau corinthien accuse une origine beaucoup plus moderne. Je visitai le jardin que les guides représentent comme une merveille. J'y trouvai peu de chose à admirer, je l'avoue. Des allées bordées de petit buis taillé à la française, des bosquets poudreux, beaucoup de chaleur et très-peu d'ombre me parurent en résumer l'ensemble. Je me hâtai de gagner les bords du canal Mahmoudieh, où les étrangers construisent de préférence leurs maisons de campagne. Ce canal, ouvrage de Méhémet-Ali, est infiniment utile au commerce, parce qu'il relie Alexandrie au Nil et, par conséquent, au Caire et à la mer Rouge. La fraîcheur et la verdure de ses bords y attirent de nombreux promeneurs. En dehors de cela, mes souvenirs ne me rappellent rien d'intéressant. Il est donc temps de dire adieu à Alexandrie.

En quittant la cité bâtie par le grand conquérant, je me demande toujours si je la retrouverai digne de la majesté de son fondateur. Un grand problème se dresse aujourd'hui devant elle; il la menace d'une solution fatale à sa prospérité. Les travaux du percement de l'isthme de Suez sont commencés. Une entreprise aussi hardie changera la face du monde oriental. Peut-on supposer qu'alors les navires se détourneront de leur route naturelle pour continuer à porter leur tribut à la cité du héros macédonien ? Et, s'ils ne le font pas, quel sera le sort d'une ville qui vit exclusivement de son commerce ? L'avenir dénouera bientôt le problème si hardiment posé par l'initiative d'un homme de cœur et d'énergie.

VIII.

A TRAVERS L'ÉGYPTE.

Le bateau des messageries qui transporte le pèlerin de Terre-Sainte à Jaffa stationne deux jours entiers à Alexandrie, et donne ainsi plus que le temps de la visiter en tous sens ; mais il va démarrer, et si nous devions le suivre en esclave, il faudrait nous rembarquer maintenant et partir sans avoir autrement connu l'Égypte. Or, puisque Dieu le veut bien, nous dirons un adieu momentané à la Méditerranée, nous irons visiter le Caire, et Suez, et la mer Rouge, et les fontaines de Moïse ; nous organiserons même une caravane à travers l'Arabie Pétrée, et, avant de contempler le berceau et le sépulcre du Rédempteur, nous verrons cette montagne du Sinaï, d'où le Seigneur proclama ses commandements au milieu des foudres et des éclairs.

Par une exception que Smyrne partage à peine avec l'Égypte dans tout l'empire ottoman, nous serons aujourd'hui délivrés des ennuis du voyage en caravane. Depuis 1855, le Caire communique avec Alexandrie et Suez par une double ligne de voies ferrées. Méhémet-Ali entreprit ce travail avec la conviction qu'il imposait une charge au Trésor. Le transit des voyageurs anglais et de leurs marchandises des Indes lui semblait être l'unique source de profits possible. Aujourd'hui, son calcul est heureusement renversé. Les pauvres Fellahs, payant dix francs aux troisièmes places, constituent le plus net des revenus. Dès la première année, la recette fut de trois millions sept cent cinquante mille francs ; la seconde, elle monta à quatre millions quatre cent mille francs. Aujourd'hui, le chemin de fer est une riche exploitation pour l'État. Entrons dans un de ces wagons auxquels il a fallu faire un double impérial à cause de l'extrême ardeur du soleil, et nous glisserons avec rapidité vers la capitale de l'Égypte.

Nous longerons d'abord le lac Maréotis. Rempli d'eau douce, il fut jadis une ressource pour Alexandrie à cause de ses nombreux poissons; mais, en 1801, lorsque le mauvais génie de l'Angleterre, soufflant sur l'Égypte, introduisit les eaux salées de la mer dans le lac aux ondes pures, il le convertit en un marais infect. Nous le traverserons vers l'Orient, sur une chaussée pratiquée au milieu des eaux, et nous entrerons ensuite dans les vastes campagnes arrosées par le Nil.

Le paysage est peu varié le long du chemin. L'horizon s'étend avec une monotonie désespérante sur une plaine de sable à perte de vue. Çà et là, quelques misérables villages apparaissent, semblables aux repaires des animaux industrieux. De leurs maisons, construites en boue à la façon des fours, on voit sortir de malheureuses femmes en haillons, des enfants courant au soleil tout nus et la tête découverte, de pauvres fellahs qui se rendent à leur travail. Quelquefois une petite ville s'élève bâtie en pierres, avec ses anciennes fortifications, le dôme de ses mosquées et ses minarets. C'est ainsi que nous rencontrons Damanhour, gros village sans importance; Kafr-Zayard, qui marque la moitié du trajet entre Alexandrie et le Caire; Tantah, ville riche et commerçante dont les marchés et les foires attirent les représentants des grandes maisons d'Alexandrie, de Marseille, de Trieste et d'Angleterre; Bena-el-Assal, où s'élève le palais massif d'Abbas-Pacha; mais là encore se retrouve le spectacle de la misère et de la malpropreté.

Si je cours aussi vite à travers l'Égypte, si je me contente d'un coup d'œil rapide sur le pays, si je demande à la vapeur d'accélérer mes pas, si je me hâte vers le Caire pour l'abandonner lui-même bientôt aussi, ce n'est assurément pas l'effet d'un caprice ou le manque d'intérêt. Il me faut, pour en agir ainsi, une raison majeure et toutes les exigences du devoir. A l'exception des saints Lieux, en effet, quel pays est plus digne que l'Égypte de l'attention, j'allais presque dire de l'admiration des hommes.

C'est une contrée unique dans le monde par ses dispositions topographiques; c'est une des plus riches en productions variées; ce fut le berceau d'un peuple célèbre par la sagesse et la science.

Le Calife Omar ayant demandé à son serviteur Amrou de lui en faire *une peinture assez exacte et assez vive pour qu'il pût s'imaginer la voir de ses propres yeux*, Amrou écrivit au calife vers l'an 642 :

« O prince des fidèles! peins-toi un désert aride et une campagne magnifique au milieu de deux montagnes, voilà l'Égypte. Toutes ses productions et toutes ses richesses, depuis Assouân jusqu'à Manchâ, sont les bienfaits d'un fleuve béni qui coule avec majesté au milieu du pays. Le moment de la crue et de la retraite de ses eaux est réglé par le soleil et la lune ; il y a une époque fixe de l'année où toutes les sources de l'univers viennent payer à ce roi des fleuves le tribut auquel la Providence les a soumises envers lui. Alors les eaux augmentent, sortent de son lit et couvrent la face de l'Égypte pour y déposer un limon productif. Il n'y a dès lors de communication d'un village à l'autre que par des barques légères aussi nombreuses que les feuilles de palmier. Lorsqu'arrive ensuite le moment où ses eaux cessent d'être nécessaires à la fertilité du sol, le fleuve docile rentre dans les bornes prescrites par le destin, pour laisser recueillir le trésor qu'il a caché dans le sein de la terre.

« Un peuple protégé du ciel, et qui, semblable à l'abeille, ne paraît destiné qu'à travailler pour les autres sans profiter lui-même du fruit de ses sueurs, ouvre légèrement les entrailles de la terre, il y dépose des semences et attend la fécondité du bienfait de Celui qui fait croître et mûrir les moissons. Le germe se développe, la tige s'élève, l'épi se forme par le secours d'une rosée qui supplée aux pluies et qui entretient l'humidité féconde dont le sol est pénétré ; puis, à la plus abondante récolte succède de nouveau la stérilité.

« C'est ainsi, ô prince des fidèles ! que l'Égypte offre tour à tour l'image d'un désert poudreux, d'une plaine liquide et argentée, d'un marécage noir et limoneux, d'une ondoyante et verte prairie, d'un parterre orné de fleurs et d'un guéret couvert de moissons dorées. Béni soit le Créateur de tant de merveilles ! Salut. »

En vérité, c'est bien ainsi que l'Égypte se présente à mes yeux étonnés : une plaine immense de sable, merveilleusement fécondée par les débordements du Nil et la rosée des nuits. C'est, je le répète, une situation sans terme de comparaison dans le monde entier, et l'éloge d'Amrou n'a rien d'exagéré.

En Égypte, dit le *Mémorial de Saint-Hélène*, la terre produit sans engrais, sans pluie, sans charrue. L'inondation du Nil et son limon les remplacent.

On couvre même de limon, comme en Europe de fumier, les terres que l'inondation n'atteint pas et on les arrose par des moyens artificiels.

Or quelle abondance ne donne pas cet engrais limoneux, puisqu'il fournit trois récoltes par année! La première, qui est la principale, provient indistinctement des terres inondées qui s'appellent bayady ou râïji, ou des terres arrosées artificiellement qui s'appellent nabary ou chavaki; les deux autres sont exclusivement dues à des moyens artificiels.

On cultive dans les terres inondées ou bayady le blé, l'orge, les fèves, les lentilles, les pois-chiches, les pois-lupins, le trèfle, le fenu grec, le guilban, le lin, le carthame. Au mois de novembre ou de décembre, aussitôt que les eaux, rentrées dans leurs voies naturelles, laissent la terre découverte, mais encore à l'état de boue, le cultivateur sème, et le poids de la semence suffit à l'enfoncer dans la vase. De cette époque aux mois de février, mars et avril, la moisson germe, pousse, croît, mûrit et devient en état d'être récoltée. Un feddan de terre, c'est-à-dire un 6/10 d'hectare environ, reçoit un demi-ardeb de blé, un ardeb d'orge, un ardeb de fèves, un demi-ardeb de lentilles, un demi-ardeb de pois-chiches. Or, l'ardeb est égal à 180 litres...... Un feddan produit jusqu'à 560 rotles de lin, et le rotle équivaut à 445 grammes. Un feddan rend encore trois quintaux de safranum, et trois ardebs de semence; quelle fertilité!

Le blé se recueille en mars. La terre a conservé assez

d'humidité par l'inondation pour n'avoir pas besoin d'irrigation, et d'ailleurs les rosées de la nuit y suppléent par leur abondance. Le trèfle se coupe trente jours après la semaille; les deuxième et troisième coupes ont lieu chacune à vingt jours de distance. Le fenu grec s'arrache au bout de soixante-dix jours; le guilban, après soixante jours. Le lin s'arrache en mars. La récolte du safranum commence en avril; elle dure un mois. Le safranum, qui est indigène de l'Égypte, sert à la teinture. On fait de l'huile avec les graines de lin, de carthame, de colza, de laitue. Le guilban sert à la nourriture du bœuf.

Les terres arrosées artificiellement produisent le dourah, le maïs, le riz, la canne à sucre, l'indigotier, le cotonnier, le henneh. Le dourah donne deux cent quarante pour un, le riz dix-huit pour un.

Tandis que les récoltes sur les terres inondées sont terminées en mars et en avril, dans celles qui sont arrosées artificiellement, on obtient, par la continuité des irrigations, une seconde et même une troisième récolte. La seconde donne du dourah, du maïs; la troisième, des concombres, des fourrages, des plantes potagères.

Le palmier abonde en Égypte. Il commence à être productif à quatre ans. Sa floraison a lieu en avril. Indépendamment de la valeur de son bois, très-employé pour les constructions, sa feuille sert à faire des paniers et des coffres; et son fruit est une excellente nourriture. Le sycomore devient très-beau; le mûrier prospère; l'acacia est d'une espèce distinguée. Les orangers et les oliviers seraient aussi d'une belle venue s'ils étaient soignés; mais ici tous les arbres sont rares, hormis le palmier. C'est que « l'on coupe et l'on ne plante pas; on étaye des ruines, et l'on ne les répare jamais ». Enfin, la soie, la cochenille et la vigne prospèreraient merveilleusement dans ces terres privilégiées sous une administration intelligente.

Tout homme qui a les premières notions de l'agriculture, peut juger par cet aperçu de la fertilité prodigieuse du pays que nous parcourons ainsi rapidement.

Le climat est également sain dans ces contrées, si j'en excepte le Saïd, où la température est trop élevée pour les Européens. Sans doute les mois qui suivent immédiatement l'inondation n'offrent pas le degré de salubrité du reste de l'année ; cependant les eaux croupissantes, les marais du littoral, les terres détrempées par le Nil, n'ont pas, ici, à beaucoup près, les mêmes inconvénients que sous un ciel moins chaud et moins sec. Assurément encore la chaleur est forte. Au Caire, par exemple, elle monte, en été, jusqu'à trente-cinq et trente-huit degrés ; mais elle est généralement tempérée par une brise de mer et l'extrême sécheresse de l'air. Les maladies contagieuses y sont aussi moins fréquentes qu'on ne se l'imaginerait ; la terrible peste semble entièrement disparaître ; et les ophthalmies, si communes parmi le peuple, ne sont guère à craindre si on les prévient par les soins et la propreté. Les poitrines délicates, au contraire, trouvent souvent ici la santé qu'elles avaient inutilement cherchée sous d'autres cieux.

S'il faut maintenant parler de ce que renferme l'Egypte en fait de monuments anciens, il suffit de nommer Thèbes, Memphis et Philé ; c'est assez dire que de rappeler les pyramides et les noms des grands rois qui étonnèrent le monde par leurs gigantesques travaux. On l'a dit, il est vrai, l'Égypte fut la mère des sciences et des arts ; et l'Écriture sainte elle-même lui rend hommage, lorsque, voulant donner un éloge à Moïse, elle dit de lui qu'il avait été élevé dans la sagesse des Égyptiens.

Un voyage en Égypte est donc l'un des plus beaux qu'un homme instruit puisse se proposer; et, disons-le aussi, c'est l'un des plus faciles que présente l'Orient. Les paquebots, les chemins de fer, tous les fruits de la civilisation européenne nouvellement implantée, la manière douce et confortable de remonter le Nil, offrent des avantages incontestables à celui que pourrait effrayer une course à travers la Syrie, l'Asie Mineure et la Grèce. La vue du Delta, couvert de prairies verdoyantes après les inondations, est merveilleuse. Le Caire, avec son architecture arabe et sa population si pittoresque, mêlée de toutes les races de l'Afrique, frappe et étonne plus encore peut-être que Constantinople. Enfin, les pyramides et les temples de la haute Égypte reportent la pensée dans les profondeurs les plus reculées de l'histoire.

Faut-il le dire? Au milieu de ces splendeurs du présent et du passé, la population égyptienne, c'est-à-dire la partie vivante du pays, est précisément ce qui attire le moins les sympathies. Elle se compose de Cophtes, d'Arabes, de Levantins et de Turcs.

Les Cophtes sont les vrais et légitimes enfants du sol. Leur nom même de *Koubt* serait, dit-on, dans le langage indigène, une contraction arabe du mot *aigouptios*, égyptien. Ils sont de race évidemment asiatique. Vainement la science a-t-elle essayé de prouver que la nation sage et savante de l'antiquité était remontée de l'Éthiopie en Égypte; cette opinion ne paraît plus admissible aujourd'hui; les premiers Égyptiens, tels qu'on les voit représentés sur les anciens monuments, ou mieux encore, tels qu'on les retrouve dans les momies, tiennent de près aux populations berbères, comme l'indique la Bible; et la civilisation vient à l'Égypte par le nord et non par le midi.

Or, tandis que la masse des habitants de leur pays se laissait absorber par l'élément arabe, au moment de la conquête, les Cophtes, fidèles au christianisme, se préservèrent du mélange en gardant leur foi chrétienne, et perpétuèrent ainsi la vieille nationalité pharaonique, en même temps que la langue et le nom de la race.

Malheureusement, à l'exception d'un très-petit nombre de catholiques, les Cophtes sont chrétiens jacobites et professent les erreurs d'Eutychès sur l'unité de nature en Jésus-Christ. Les anciens Jésuites essayèrent de les ramener à la vraie foi, et le célèbre P. Sicard avait pris cette œuvre à cœur avec une merveilleuse intelligence. Mais les Pères furent emportés dans la tourmente du siècle dernier, et, depuis lors, on n'a plus rien tenté de sérieux à cet égard. Plongés dans l'ignorance, ces pauvres hérétiques s'amoindrissent de plus en plus au physique et au moral. Ils sont généralement d'un caractère sombre, très-avares, dissimulés, rampants ou insolents selon la fortune; et ils donneraient une singulière idée de leurs ancêtres ; si une pareille disposition morale n'était chez eux l'inévitable résultat d'un régime d'oppression et d'abaissement. Cependant, en Égypte comme dans le reste de la Turquie, le christianisme, si défiguré qu'il soit, maintient ses droits et ses tendances ; et c'est encore parmi les Cophtes chrétiens qu'il faut chercher ici les éléments de la science ; c'est à eux que l'on confie de gré ou de force, les places d'hommes d'affaires, de receveurs et d'écrivains, toutes celles qui demandent un peu d'intelligence et de savoir.

On trouve chez le Cophte les mêmes nuances de teint que chez le Musulman; selon les différentes latitudes il passe du jaunâtre pâle au bronze et au brun. Son œil, toujours noir, est généralement grand et allongé, l'angle extérieur légèrement relevé ; il a le nez droit, arrondi à l'extrémité, les narines dilatées, les lèvres fortes, les cheveux noirs et bouclés. Sa taille est communément au-dessous de la moyenne, comme chez les anciens Égyptiens, à en juger d'après les momies.

On m'assure que la plupart de ces pauvres gens font circoncire leurs fils, coutume bien extraordinaire, même chez des schismatiques et qui montre assez leur ignorance.

Tels sont les chrétiens de l'Égypte !

Et si maintenant nous passons des disciples de l'Évangile aux serviteurs de Mahomet, nous trouverons encore moins à louer et à applaudir.

La masse des Musulmans est, ici, de race arabe. On y rencontre bien dix ou douze mille Turcs, mais c'est une population essentiellement mobile et transitoire, amenée par des intérêts politiques. Jamais les Turcs ne se sont mêlés aux indigènes qu'ils méprisent et dont ils sont détestés ; ils restent cantonnés dans les emplois civils et militaires, sans influence aucune. Aux Arabes donc la suprématie réelle et l'importance. Ces Arabes sont les descendants de ceux qui s'emparèrent du pays sous la conduite d'Amrou en l'année 640, ou vinrent après la conquête, attirés par la beauté de cette riche contrée, qualifiée par le lieutenant d'Omar de pays béni. Telle fut la multitude des colons musulmans qui, semblables à une inondation immense, se répandirent alors sur toute la vallée du Nil, que le fonds ancien, le fonds national de la population en fut, on peut le dire, recouvert et submergé. Ce que n'avaient pu ni la conquête perse, ni l'établissement grec après Alexandre, ni la domination romaine, ni la possession byzantine, fut accompli par l'invasion musulmane. Il y eut une fusion rapide entre la race envahissante et l'immense majorité de la nation conquise. Cette fusion dut être d'autant plus complète, que là très-grande partie des vaincus adoptèrent, par force ou persuasion, la religion des conquérants, et que dès lors rien ne s'opposa au mélange des deux peuples. Toutefois, l'élément nouveau resta dominant. Avec ses institutions, ses mœurs et ses usages, il imposa sa langue ; et, s'il ne transforma pas complétement le type égyptien, il y imprima en général le cachet plus noble du type arabe.

Les Arabes d'Égypte se divisent en deux catégories, ceux des villes, et ceux des campagnes ou fellahs. Les premiers ont perdu, sous l'influence d'une vie plus régulière et aussi par le fréquent mélange du sang des esclaves abyssines, ce que le type primordial a de plus âpre et de plus rude. Chez eux le teint est plus clair et l'épiderme plus doux que dans la classe des paysans. On en compte jusqu'à deux cent mille au Caire. Les fellahs, au contraire, ont un caractère plus tranché, en même temps qu'une expression de physionomie plus grossière. En réalité leur nom de *fellah* ne devrait désigner que des *laboureurs*, mais on l'applique généralement aux artisans et au bas peuple des villes. Le *fellah* est assez communément d'une taille moyenne, mais élancé et musculeux. Sa peau devient de plus en plus foncée à mesure qu'il habite le sud ; jaunâtre et seulement brunie dans le nord, elle est presque noire vers la Nubie. Sa tête est d'un bel ovale, son front large et saillant, son œil noir enfoncé, brillant, son sourcil noir comme sa barbe, qui est frisée et médiocrement fournie ; son nez droit et assez fort, sa bouche bien taillée, ses dents belles, ses lèvres trop marquées. Une chemise de coton et un simple caleçon forment tout son costume. Les moins pauvres se couvrent la tête d'un tarbouch, les autres se contentent d'une simple calotte blanche ou grise, nommée taki. Les femmes des fellahs portent, comme les hommes, un caleçon et une chemise ; mais elles y ajoutent en public une longue pièce de coton qui tombe de leur tête jusqu'aux talons, et dont les pointes, retenues entre leurs dents, leur cachent la figure. Les enfants des deux sexes vont nus jusqu'à l'âge de puberté. Dégradé par l'esclavage, le fellah reste soumis à toutes les mauvaises passions. Il se lève et se couche avec le soleil et ne travaille que par nécessité absolue. La paresse est pour lui une sorte de divinité. Le repos fait sa plus grande jouissance. Comme trois galettes de dourah suffisent à sa nourriture quotidienne, et qu'il se croit à un festin de roi s'il peut y ajouter une pastèque, ou un concombre, ou un peu de chicorée, ou quelques dattes, ou des oignons, ou des lentilles rouges, sa nourriture n'exige pas plus d'une quinzaine de francs par année, et il les gagne sans efforts. Aussi profite-t-il de la situation pour ne rien faire ; et son oisiveté le conduit, hélas ! aux plus grands désordres. Hâtons-nous d'ajouter toutefois cette réflexion consolante ; elle est d'un homme en possession de la faire avec connaissance de cause : « Sous la rudesse qui est le fait de leur ignorance, sous leur « apathie qui provient de la misère et de l'oppression, il y « a dans les fellahs un germe d'amélioration facile à déve-« lopper. L'étincelle d'une noble race peut jaillir encore de « ces natures abruties. » Tels sont les Arabes d'Égypte.

J'aurai tout dit sur l'ensemble de la population, lorsque j'aurai ajouté une parole sur les Levantins, les Francs et les Juifs.

Les Levantins sont les chrétiens de l'Égypte qui n'appartiennent pas à la nation cophte. Les uns se rattachent à des familles établies de temps immémorial dans le pays ; les autres, venus à des époques plus ou moins récentes, comptent parmi eux beaucoup de Syriens, d'Arméniens et de Grecs. La plupart sont adonnés au commerce et font la banque. Je ne répondrais pas qu'il soit toujours honorable pour le christianisme d'être ainsi représenté.

Les Juifs font aussi le commerce. Ils habitent le Caire pour la plupart. Beaucoup sont riches; tous poursuivent exclusivement la fortune.

Les Francs, enfin, sont les Européens qui, sans perdre leur nationalité, habitent cependant l'Égypte pour des intérêts divers. Considérablement multipliés depuis Méhémet-Ali, ils occupent les principales fonctions dans les travaux publics et la direction de l'enseignement scientifique.

Pour compléter ce que j'ai pu dire des hommes qui peuplent l'Égypte, je donnerai ici le chiffre approximatif de leurs nationalités respectives. A défaut de renseignements officiels qui n'existent pas, je prends la statistique dressée par Clot-Bey, français longtemps au service du vice-roi. D'après lui, il y aurait deux millions six cent mille fellahs et autres Arabes d'Égypte, douze mille Turcs, cent cinquante mille Cophtes, cinq mille Barâbra, sept mille juifs, dix mille Levantins, sept mille Francs, vingt mille esclaves nègres, cinq mille esclaves abyssins, cinq mille esclaves tcherkesses, soixante-dix mille bédouins errants; en tout: deux millions huit cent quatre-vingt-onze mille habitants.

Que d'autres, en parcourant ce pays des merveilles, regrettent de n'avoir pu remonter le Nil pour visiter les ruines splendides des anciens temps; je comprends leurs regrets, et je les partage dans une proportion convenable. Pour moi, j'emporterai de ma course trop rapide une pensée amère qui domine toute autre impression. Quoi! la nature a tout fait pour cette contrée rivale! Les plus grands hommes l'ont gouvernée; de vastes et puissants génies la mirent à la tête des nations anciennes; l'Évangile y opéra des merveilles.

Et si, pendant une trop longue période de siècles, l'islamisme la plongea dans une obscurité fatale, il ne put y détruire l'œuvre de la nature, ni étouffer l'étincelle du christianisme vivificateur. Or, aujourd'hui que s'ouvre pour l'Égypte une ère de prospérité matérielle, nul ne semble se préoccuper de son bien moral. Faut-il qu'elle soit ainsi abandonnée au prince des ténèbres? N'est-ce plus une de ces terres bibliques dignes d'exciter le zèle de tout ami de Dieu? N'est-ce pas en Égypte que Dieu bénit la postérité de Jacob au point d'en faire un grand peuple, son peuple privilégié, celui auquel il destinait la Terre promise? N'est-ce pas en Égypte qu'il fit naître Moïse et multiplia les prodiges sous ses pas? N'est-ce pas là que Joseph, l'une des plus douces figures de Jésus-Christ, fut sauvé de l'injustice, combla de bienfaits ses frères ingrats et cruels envers lui, et reçut de Pharaon, avec l'exercice de la puissance souveraine, le nom mystérieux de *Sauveur du monde.*

N'est-ce pas en Égypte que, sur l'ordre formel de l'ange du Seigneur, Joseph et Marie allèrent cacher l'Enfant Jésus pour le soustraire à la fureur d'Hérode? N'est-ce pas en Égypte que saint Marc établit l'un des plus grands siéges patriarcaux du monde? Dieu n'aurait-il comblé cette terre de faveurs de tous genres que pour la marquer du signe de la réprobation? Je ne puis le croire, et j'appelle de tous mes vœux le jour où nous verrons de zélés missionnaires répandre la semence du bon grain parmi les malheureux qui se meurent dans l'ignorance et la corruption, parce que personne ne leur distribue le pain de la parole évangélique.

IX.

LE CAIRE.

Voici que la machine a sifflé, que le mouvement s'est ralenti, que nous sommes arrivés dans une vraie gare d'Europe.

En descendant de mon wagon, je suis frappé de voir s'étendre à ma droite et à ma gauche de belles et régulières avenues plantées d'arbres. Méhémet-Ali, le premier, transporta de l'autre côté de la mer cet ornement de nos grandes villes et de nos châteaux. Malheureusement, d'autres n'ont pas suivi son exemple, et le Caire reste seul en possession de ce bienfait.

Il y avait, en dehors de la gare, des calèches à deux chevaux, et les ânes classiques de l'Égypte. On ne va pas en Orient pour voyager en calèche ; je donnai la préférence au véhicule indigène, et me laissai doucement emporter à ce galop incomparable, avec lequel j'avais fait connaissance à

Alexandrie. Je traversai la belle place de l'Es-Békieh, où de nombreux cafés, encadrés dans la verdure, attirent les promeneurs élégants ; je pénétrai ensuite dans la rue tout européenne du Mouski, la plus célèbre des voies du Caire, celle qui traverse le quartier franc dans toute sa longueur ; je passai au travers de la foule immense qui s'y presse comme au milieu de Paris, et j'allai descendre à l'enseigne du *Nil*. Rien ne manque ici en fait de confortable. De beaux hôtels offrent aux riches voyageurs le service luxueux de l'Europe ; et, plus loin, des auberges de seconde classe fournissent à des prix moins élevés, les éléments d'un bien-être fort suffisant.

Décidément, l'aspect de la capitale de l'Égypte nous dédommagera des mécomptes d'Alexandrie. Sans doute, cette grande cité de quatre cent mille habitants, a pris quelque teinte de notre civilisation moderne ; mais les Égyptiens ont eu le bon goût de lui conserver sa physionomie locale. Le Caire est une ville d'Orient, avec ses nombreux défauts, sans doute, mais aussi avec tout son prestige féerique.

Dès le lendemain de mon arrivée, après avoir célébré la messe au couvent des Franciscains, je me fis conduire à la citadelle. Là sont les plus beaux monuments, là aussi on peut jouir du magnifique panorama que présente la ville, et se rendre compte de son ensemble. Je restai longtemps à contempler une des vues les plus admirables de l'Égypte. A mes pieds, la place de Roumeïleh et la mosquée du sultan Assan, et l'ancien harem d'Abbas-Pacha, et la mosquée de Touloun, et la grande place Karameïdan, bordée de casernes ; au delà de ce premier plan, l'immense ville se déploie toute hérissée de minarets ; et puis commence la verdure du milieu de laquelle se détachent de grands palais blancs. Après la verdure, le Nil m'apparaît ; il coule lentement dans son lit si large et va se perdre dans les plaines du Delta, enfin, tout au bout de l'horizon, sur la limite qui sépare le sable d'avec le ciel, à la distance de quatre lieues, s'élèvent majestueuses les pyramides de Giseh, d'Abousir et de Sakkarah. Et encore, en reportant mes regards du côté du Mokatan, presque auprès de moi, j'aperçois le vieux Caire, le grand aqueduc qui vient à la citadelle à travers l'immense champ de décombres de l'ancienne Fostat, le nécropole de l'iman Chafey, avec des coupoles et des minarets nombreux ; enfin, la forteresse qui couvre le sommet du Djebel-Giauchi et commande la citadelle elle-même. J'ai rarement joui en Orient d'un coup-d'œil qui m'offrît plus de grandiose et d'intérêt local.

Mais, indépendamment de son point de vue, la citadelle mérite d'être visitée. Un hôtel de monnaies, une imprimerie, une fonderie de canons, un arsenal de construction, une manufacture d'armes, divers ateliers d'équipement militaire et un palais pour le vice-roi, sont renfermés dans ses murailles.

Un monument l'emporte sur tous par sa magnificence; c'est la mosquée de Méhémet-Ali. Elle domine la ville entière et présente à tous les yeux sa façade et ses minarets élancés. Peu remarquable pour le style, elle frappe par sa grandeur, par la richesse de ses matériaux, et surtout par la profusion de ce bel albâtre oriental dont la transparence et la teinte ambrée ont le chatoiement de l'opale. Le célèbre vice-roi y avait marqué sa sépulture, et il y repose, en effet, sous une coupole auprès de la porte d'entrée. Libre accès nous fut ouvert ; même on nous dispensa d'ôter nos chaussures. Des gardiens indulgents ont trouvé le moyen d'éluder, sans scandale apparent, la loi mahométane en faveur des Européens. Ils nous offrirent, moyennant une piastre, de mauvais sacs en étoffe dans lesquels nous glissâmes nos bottes, et nous entrâmes comme des hommes déchaussés.

Bien autrement curieux et mieux empreint de la couleur locale, le puits de Joseph s'offre à nos regards. Je n'ai encore rien vu de semblable. Destiné à fournir de l'eau à la citadelle, il est taillé dans le roc vif à une profondeur de quatre-vingts mètres ; peut-être descend-il jusqu'au niveau du Nil. Autour, un corridor serpente en spirale jusqu'à fleur d'eau, et reçoit le jour par des ouvertures pratiquées sur le puits. Il est si large qu'il donne passage à une paire de bœufs sous le joug. Vers la moitié de sa hauteur, il s'élargit en forme de palier ; un manége, desservi par deux bœufs, fait monter l'eau jusqu'à ce palier, d'où un second manége, établi à l'orifice, la conduit en haut. On ignore d'où vient à ce beau travail le nom de puits de Joseph. Une tradition populaire l'attribue, sans doute, au onzième fils de Jacob ; mais l'histoire lui assigne une origine moins ancienne. Youssef Saladin passe pour l'avoir creusé. Peut-être cependant ne fit-il que le déblayer.

Non loin de là, auprès du palais du vice-roi, mon drogman me fit voir le rocher du haut duquel s'élancèrent les deux mameloucks échappés au massacre de leur milice redoutable. Cet épisode sanglant eut trop d'influence sur le nouveau gouvernement de l'Égypte pour être passé sous silence. Plusieurs fois, au début de son règne, Méhémet-Ali avait essayé de dompter ces hommes turbulents par la la force; mais ce moyen n'ayant pas réussi, il conçut l'effroyable projet d'un massacre général. Un jour, il invita le corps entier à une fête en l'honneur du départ de Toussoun-Pacha pour la Mecque. Le 1er mars 1811, époque fixée pour la solennité, le pacha reçut lui-même ses invités avec un luxe royal et une cordialité faite pour dissiper les soupçons, si les mamelouckS en avaient conçu. La fête se passa dans la splendeur. Lorsqu'elle fut terminée, on fixa l'ordre du départ et on donna le signal. Or, comme le palais est construit sur le roc, il fallait pour en sortir, suivre un chemin à pic. A peine les mamelouckS, sans défiance, se furent-ils engagés dans le défilé, que Saleh-Rook, chef des Albanais, commanda de tirer sur eux. Aussitôt, mille soldats embusqués se démasquèrent et commencèrent un carnage d'autant plus affreux que la défense était impossible. Ainsi après avoir résisté aux plus vaillants soldats du monde, après tant de faits d'armes célèbres, les mamelouckS, en cette extrémité fatale, se virent condamnés à recevoir une mort obscure, sans gloire et sans vengeance. Quelques-uns jetèrent leurs manteaux, et, le sabre à la main, essayèrent vainement de frapper les Albanais postés sur le rocher; ceux-là, du moins, périrent en combattant, mais rien n'eût pu les sauver. Chanyn-Bey tomba devant la porte du palais, et son corps fut traîné dans les rues par la soldatesque. Soleïman-Bey, demi-nu et couvert de blessures, parvint jusqu'aux terrasses du harem, où il implora vainement protection; il fut saisi et décapité. Mais Hassan-Bey, préférant aller au-devant de la mort, lança son cheval au galop, franchit le parapet sur lequel nous sommes appuyés, et tomba tout meurtri au pied des murailles. Un autre mamelouck imita son exemple. On les crut morts; cependant des Arabes les relevèrent durant la nuit et favorisèrent leur fuite.

Pendant que cet horrible drame se passait au Caire, des scènes analogues complétaient la catastrophe dans les diverses provinces. Presque tous les autres périrent; et ce corps célèbre fut ainsi anéanti en un même jour. Leurs luttes si longues, la série de leurs combats, de leurs vengeances et de leurs représailles fut couronnée par un immense forfait.

De telles scènes de barbarie ne sont pas rares dans l'histoire de l'islamisme, et le voyageur d'Orient doit s'attendre à rencontrer à chaque pas un témoin, peut-être même une victime, de quelque grand acte de cruauté.

Quittons ces lieux souillés de sang, et descendons vers la ville que nous avons seulement aperçue. Elle nous présentera peu de monuments remarquables, mais l'animation des rues, la diversité des costumes, la richesse des bazars lui donnent un charme qui ne produit pas la satiété. Aussi, des multitudes d'Anglais viennent-ils y passer des hivers charmants et jeter à profusion l'or de la Grande-Bretagne parmi la population des malheureux fellahs qui vivent de leurs prodigalités.

J'ai visité au Caire des établissements qui dénotent des aspirations meilleures que celles du reste de l'empire ottoman ; j'ai vu des écoles de médecine, d'artillerie, de cavalerie, un commencement de musée et de bibliothèque publique. Malheureusement tous ces dehors et cet étalage n'ont point été inspirés par un véritable désir du bien. L'égoïsme fut le premier, peut-être l'unique objet de ces fondations. Je n'entrerai pas dans de longs détails au sujet du régime qui préside aux destinées de l'Égypte. L'Europe est édifiée sur son état civil, politique et financier. Un seul homme y résume en lui-même le pouvoir, la fortune publique, le pays tout entier. On a beaucoup vanté les systèmes introduits par le vice-roi, chef de la nouvelle dynastie. On a dit qu'ils amèneraient le bonheur des peuples soumis à son sceptre. On s'est trompé. Méhémet-Ali était musulman, et il a dû gouverner à la façon des princes du Coran; il a confisqué la fortune à son profit, aux dépens de la nation tout entière. Un personnage haut placé m'assurait que les agents du fisc apportaient annuellement au pacha d'Égypte cent soixante millions de francs. Or les dépenses administratives et celles de l'armée s'élèvent à peu près à cinquante-cinq millions, et l'impôt à payer au Sultan est de huit millions; restent donc quatre-vingt-dix-sept millions dont le pacha ne doit compte à personne. Qu'on juge par conséquent de son immense fortune. J'avais donc raison de le dire, c'est pour la satisfaction d'un seul qu'on pressure les malheureuses populations de l'Egypte et qu'on les maltraite de la manière que tout le monde sait. Le vice-roi gouverne en maître absolu et ne souffre pas de contrôle. La prospérité de la nation est pour lui un vain mot. Ici, comme dans tout l'empire ottoman, le peuple est fait pour souffrir et le maître pour jouir. Sans doute, il y a actuellement en Égypte des fortunes commerciales, des industries particulières, du luxe, de la richesse, un certain bien-être dans quelques familles; mais il n'y a pas de vie, de mouvement, de spontanéité dans les masses, en un mot, il n'y a pas de peuple égyptien. A quoi pourrais-je comparer ce pays autrefois si glorieux et aujourd'hui si misérable? Sa destinée est semblable à celle de l'un de ses anciens rois. Un jour, dit l'histoire, un roi vainqueur, fatigué de ses victoires et fier de ses triomphes, regagnait sa capitale. C'était Sésostris, le fameux Ramsès III, Osymandias, l'Apollon guerrier. Sur son chemin, de Sardes à Smyrne, d'Ephèse à Phocée, il avait placé ses glorieuses statues, monuments de ses triomphes. Sur le piédestal, on lisait ces mots : « C'est moi que ces puissantes épaules ont rendu maître de tant de pays ! » Cependant, ajoute l'histoire, un chancre affreux dévorait les épaules du grand roi, et il fallait tous les jours lui donner en pâture la chaire succulente de plusieurs animaux inoffensifs. Ainsi en est-il de la magnificence factice de la vice-royauté musulmane en Égypte. Il n'y a de civilisation et de richesse qu'à l'extérieur.

Quant aux mœurs du Caire, la corruption est à son comble. Les crimes les plus abominables se commettent à la face du soleil et sans honte. Comme je remarquais un jour le contraste étonnant que produisait sur la masse d'un peuple déguenillé, le luxe de certains hommes qui traversaient les rues sur des chevaux pompeusement couverts de velours et d'or, mon drogman m'apprit que ces hommes étaient des eunuques. A ce propos, il me cita ce proverbe nouvellement introduit dans la langue arabe : En France, on devient officier ou grand seigneur à force de bravoure ou de dévouement; en Angleterre on obtient des grades par l'argent ; en Turquie, on arrive à la fortune par la lubricité.

Il semblerait cependant que le peuple égyptien fût susceptible de culture morale. Mgr l'évêque d'Alexandrie me disait que la prédication de l'Évangile serait bien accueillie, et qu'on pourrait en espérer de grands fruits. Fasse le ciel qu'il arrive de nombreux ouvriers pour travailler au défrichement de cette portion trop négligée de la vigne du Seigneur !

Les pères Franciscains ont un couvent et une église au Caire. Ils sont pour la plupart Italiens ou Espagnols. Les Dames du Bon-Pasteur d'Angers tiennent depuis quinze ans un pensionnat pour les petites filles des classes aisées et un orphelinat pour abriter une multitude de pauvres enfants abandonnés. Les Frères des écoles chrétiennes ont obtenu du vice-roi un beau terrain et une somme d'argent pour bâtir un pensionnat florissant à l'heure où j'écris. Tout cela est un heureux germe, destiné, il faut le croire, à produire un grand bien. Mais ces premiers éléments du royaume de Jésus-Christ sont bien peu de chose, si l'on songe que les schismatiques de diverses communions ont une trentaine d'églises ou chapelles au Caire ; que les Juifs y ont dix synagogues, que les Musulmans y possèdent trois à quatre cents mosquées, dont deux cent cinquante surmontées de minarets répètent dans un langage muet le triomphe de l'imposture.

De telles observations attristent le cœur de l'homme sincère qui recherche dans un pays les éléments du bien et ceux de la prospérité matérielle et morale de ses habitants.

A part cela, un séjour quelque peu prolongé au Caire m'a semblé vraiment devoir être agréable. Les plantations magnifiques, les avenues qui rayonnent à partir de l'Es-Békieh, offrent des promenades charmantes. On peut se proposer pour but de ses excursions le village de Boulak, où M. Mariette réunit les éléments de son musée égyptien, où le vice-roi Méhémet-Ali fonda une imprimerie arabe et turque, d'où le regard s'étend sur la vaste plaine témoin de la bataille des Pyramides ; le palais de Choubra, avec ses fleurs si rares en Orient, ses bassins, ses jets d'eau et ses kiosques, offre également un rendez-vous agréable ; mais sans quitter l'enceinte de la ville, on trouve encore à se distraire utilement. Le Caire est une grande cité où toutes les populations de l'Egypte ont leurs représentants. Elle donne asile à deux cent soixante mille Musulmans, à douze mille Cophtes, à neuf mille Européens au moins, à quatre mille Juifs, à deux mille Grecs et à autant d'Arméniens. Quelle variété de types, de costumes, d'allures à observer dans les grandes rues où tout ce monde se presse autour des boutiques ! On m'assure que la ville renferme treize cents khans où les caravanes déposent leurs marchandises, plus de trois cents fontaines ou citernes, et soixante-dix bains publics. A part le mauvais goût de ses palais, bâtis dans le style italien, l'architecture de ses maisons, presque entièrement sarrasine, est digne d'être observée : le style arabe y est bien moins mélangé de bysantin et de syrien qu'à Damas et à Alep ; il date des premiers temps de l'Islam. Plusieurs mosquées aussi, celles de Touloun, du sultan Hassan et de Gâm-a-el-Azhar en particulier sont des modèles de genre à étudier.

Il ne faudrait cependant pas s'embarquer imprudemment dans les carrefours si on voulait éviter les mécomptes. Il y a ici huit rues principales, dont trois dans le sens de la longueur, et cinq transversales. A part cela, il ne reste plus qu'impasses et ruelles infectes. La plupart de ces petites rues intérieures sont terminées, à leurs deux extrémités, par deux grandes portes qu'un gardien spécial ferme chaque nuit ; d'autres n'ont qu'un seul débouché sur une grande rue commune. Elles ont leur clôture pour la nuit au bout de la grande artère et forment ce qu'on appelle un haret, ou sorte de quartier. Sans parler de l'obscurité et de la malpropreté de ces voies sinueuses, je dois avouer que les grandes voies elles-mêmes sont bien loin de la tenue de nos villes européennes. Comme elles ne sont point pavées, elles restent toujours boueuses ou remplies d'une couche énorme de poussière. Elles sont bordées de maisons ou de mosquées dont un grand nombre offrent un aspect délabré; on y marche sans cesse dans une demi-obscurité à cause des toiles et des nattes qu'on suspend d'un mur à l'autre pour intercepter le soleil. Enfin, on y est souvent incommodé par le pêle-mêle d'une populace sans égards et sans le moindre sentiment des convenances. Au milieu de la foule, une longue file de chameaux, pesamment chargés, s'ouvre un passage difficile et arrête pendant plusieurs minutes la communication d'une porte à l'autre. Une multitude de petits ânes circulent en tous sens, portant les Levantins à leur comptoirs, ou les femmes aux bains publics. Enfin des saïs criards, une verge à la main, courent devant les voitures, toujours prêts à frapper ceux qui ne se rangent point assez vite. Tout cela, je l'avoue, serait odieux à l'homme pressé de se rendre à ses affaires. Mais pour le voyageur qui a son temps et qui est bien aise de faire une étude de mœurs, je crois que le Caire est une des villes de l'Orient qui lui laissera le meilleur souvenir.

Je me suis souvent égayé en visitant les bazars. Ils n'ont pas la perfection extérieure de ceux de Constantinople, mais certaines boutiques renferment vraiment des choses curieuses. Dans une échoppe, où l'on vendrait à peine de vieux souliers en Europe, j'ai vu des tabatières d'or émaillées et couvertes de diamants. Le marchand tirait une de ces boîtes précieuses d'un mauvais coffre de bois, détachait la guenille dans laquelle il la tenait enveloppée, et me disait avec calme : — Six mille francs ! — Je lui faisais un signe négatif. Il renouait le chiffon avec le même flegme, et tout était dit. J'ai souvent admiré de belles broderies d'or, de riches étoffes, des armes superbes, dans des boutiques de la plus pauvre apparence. Et puis, il y a tant de monde dans ces petites rues, tant de simplicité, de laisser-aller, et de calme relatif dans ce pêle-mêle d'Orientaux de tous âges et de toutes conditions qu'on s'asseoit volontiers au bord d'une boutique pour les regarder passer.

Un jour, j'ai voulu me donner le plaisir de visiter un bain turc. Je choisis le soir, où les étuves sont réservées aux hommes. Comme le pavé est toujours couvert d'eau, je mis sous mes bottes de grands patins de bois, qui me tenaient élevé de vingt centimètres au-dessus de terre ; je donnai une étrenne au garçon, et j'entrai. La chaleur n'était vraiment pas forte, car, avec tous mes vêtements, je la supportais assez bien. Plusieurs hommes étaient dans l'étuve. La salle était vaste et suffisamment éclairée par le haut. Un bassin d'eau tiède occupait le milieu. Autour régnait des bancs de pierre, assez larges pour recevoir des hommes étendus tout de leur long. Les Turcs, en costume de bain, faisaient la conversation ; les uns debout, les autres assis. Ils étaient dans un état de moiteur très-satisfaisant. Je leur demandai depuis combien de temps ils se tenaient là. Quelques-uns étaient entrés à midi. Or, il était quatre heures du soir. Personne ne semblait disposé à quitter de sitôt. Je tenais beaucoup à voir les opérations du massage et du craquement des os ; mais ce n'était pas le moment, à ce qu'il paraît, et je serais parti sans avoir joui du spectacle qui m'intéressait le plus, si je n'eusse prononcé le mot magique de bakchès. Pour une piastre, un homme s'étendit sur la pierre ; pour une autre piastre, le baigneur consentit à le masser. Il frotta longtemps avec un gant armé de je ne sais quoi dans la paume de la main. Et puis, il se mit à faire craquer les articulations des genoux, des coudes, des pieds, des mains, des épaules. Enfin il mit son genou contre les reins du patient, lui imprima je ne sais quel mouvement, et fit craquer l'épine dorsale elle-même. Le jeu me parut périlleux. Et cependant il se pratique tous les jours, sans qu'on entende jamais parler d'accident.

Je me suis plusieurs fois aussi accordé la triste satisfaction d'assister aux séances des derviches. Elles ont quelque chose de repoussant ; mais je voulais me convaincre, par mes yeux, des extravagances dont les hommes sont capables, en matière religieuse, lorsqu'ils ont le malheur de vivre dans l'erreur.

Une grande salle était disposée, couverte de tapis. Une

enceinte réservée, de la forme d'un manége à peu près, était entourée de balustrades à hauteur d'appui. Je pris place auprès de la balustrade en dehors de l'enceinte sacrée. La multitude attendait en silence. Tout à coup la porte s'ouvrit. Le chef des derviches s'avança gravement, suivi de tous les derviches qui marchaient un à un. Ils avaient une première robe de laine blanche serrée à la taille par une ceinture de cuir. Un manteau également blanc leur couvrait les épaules. Sur leur tête s'élevait le bonnet cylindrique que tout le monde connaît. On marchait à pas lents. Le chef s'assit sur des tapis dans une espèce de niche pratiquée vers l'Orient. Les autres continuèrent leur marche circulaire dans l'enceinte, comme des chevaux qu'on prépare à l'exercice de la haute école. Après quelques tours, on se rangea en plusieurs files devant le saint accroupi dans sa niche. On se prosterna, on se releva, on se prosterna encore. Le magot restait impassible. Bientôt il fit entendre un grognement sourd. C'était le signal. Un murmure cadencé sortit de toutes les bouches. Alors les files de derviches commencèrent la pantomime. On s'inclinait en avant et puis on se redressait, sans que les pieds fissent le moindre mouvement. Et le murmure devenait de plus en plus sensible. Bientôt on changea de direction, et le mouvement se prononça de gauche à droite. Le murmure fut remplacé par de vrais grognements. Le spectacle devint alors fatigant à voir. A force de se mouvoir de droite à gauche, en avant et en arrière, à force de grogner, il se produisit je ne sais quelle agitation nerveuse parmi tous ces hommes. Leurs traits devinrent féroces. Les yeux leur sortaient de la tête. L'écume s'amoncelait autour de leurs lèvres. Quel honneur Mahomet devait-il retirer de ces momeries repoussantes? je l'ignore. Toujours est-il que lorsqu'ils furent hors d'eux-mêmes, ces hommes tombèrent d'épuisement, un peu comme dans les accidents du mal caduc. Ceux-ci s'appelaient les moines hurleurs.

Après eux vinrent les tourneurs. Mêmes simagrées au début. Procession solennelle, ou plutôt manége autour de l'enceinte. Ensuite on s'écarta de manière à ne pas se gêner mutuellement ; et puis, on commença à tourner sur le pied gauche, en se servant du pied droit comme d'une palette pour frapper légèrement la terre et produire le mouvement de rotation. Le corps immobile, les yeux noyés dans je ne sais quelle extase, les derviches tournaient avec une immobilité surprenante. Les débuts furent gracieux. Mais lorsque le délire et les convulsions arrivèrent, ce ne fut plus tenable. Les tourneurs commencèrent à tomber de lassitude les uns après les autres ; et nous passâmes à d'autres exercices.

Depuis quelque temps, des femmes se tenaient près de la porte avec leurs petits enfants. Une sorte de maître des cérémonies s'approcha de l'une d'elles, prit son enfant et s'en alla le déposer au pied du chef des jongleurs. Alors le derviche se leva gravement, appuya ses deux mains sur les épaules de deux de ses disciples placés à sa droite et à sa gauche, mit les pieds sur la petite créature et se tint de la sorte pendant quelques secondes. L'enfant pouvait avoir de huit à dix mois. Il ne poussa pas un cri. On en présenta d'autres. La même chose se fit. Pas un enfant ne pleura. Alors des hommes de tous âges vinrent se coucher tout de leur long à la place des enfants. Il y en avait sept ou huit à côté l'un de l'autre. Ils étaient placés de telle sorte que le premier avait la tête de son voisin près de ses pieds, et les pieds du même voisin près de sa tête. Le troisième était dans le sens du premier ; le quatrième dans le sens du second, de manière que, des deux côtés, on vît toujours des têtes et des pieds s'alternant. Les uns se couchaient sur le dos, les autres en sens inverse. Le grand derviche marcha gravement sur ce tapis de corps humains. On apercevait qu'il ménageait ses pas, mais il mettait ses pieds sur la poitrine, sur le ventre, sur les jambes, sur les reins des patients. Personne ne tressaillait. Il allait jusqu'au bout, et puis revenait. D'autres hommes se succédèrent remplaçant les premiers. L'opération dura tant qu'il y eut du monde disposé à se prêter à cette cérémonie bizarre.

Depuis le commencement de la séance, je tournais de temps en temps mes yeux vers une quantité de sabres, de haches, d'instruments de fer de toutes espèces, suspendus à la muraille autour de la niche du chef suprême. Je me demandais ce que cela voulait dire, et j'avais hâte d'en savoir l'explication. Elle me fut donnée en ce moment. L'enceinte se vida entièrement ; le chef seul resta sur son tapis ; alors deux derviches entrèrent dépouillés comme pour un bain. L'un d'eux était un petit vieillard, sec et leste; l'autre, encore jeune, avait des membres forts et bien pris. Tous deux saluèrent leur maître, détachèrent chacun un sabre du mur, et tout à coup je vis le petit vieillard s'élancer d'un bond à l'autre bout de l'enceinte. Il tenait les deux extrémités du sabre dans ses mains. En retombant à terre, il s'en donna un grand coup sur l'estomac avec le tranchant, et il nous regarda. Il n'avait pas la moindre écorchure. Le second s'élança à son tour. Il était évidemment moins habile. Après chaque épreuve, on voyait une trace rouge sur sa chair. Il crachait dans ses mains et se frottait vivement l'estomac pour faire disparaître les marques de sang. Cette danse singulière dura quelque temps. Alors le jeune homme se retira. Le petit vieillard, mieux au fait, jeta son sabre, et décrocha un instrument singulier : c'était une boule de bois dans laquelle on avait enfoncé un fer de lance très-pointu. A la boule étaient attachées une multitude de petites chaînes de fer, qui pendaient en couronne. Le petit vieillard fit tourner le fer de lance dans ses deux mains étendues, avec une volubilité prodigieuse, la pointe en bas, la boule en haut. Toutes les chaînes emportées par la rotation eurent bientôt pris la forme horizontale. Tout à coup, le vieillard lance en l'air son instrument qui continue à tourner. Il incline la tête, et la pointe de la lance lui tombe sur la joue de la hauteur du plafond, alourdie par la boule de bois et les chaînes qui pèsent en dessus. Le fer aigu tourne plusieurs fois sur cette joue immobile. Le jeu cesse ; le vieillard lève la tête: la peau de sa joue était lisse comme un gant neuf. J'ignore par quels procédés, les derviches font toutes ces jongleries ; c'est rebutant à voir, je le répète, mais c'est curieux. A certaines grandes époques de l'année, un derviche passe à cheval, sur une file d'hommes étendus. J'aurais désiré être témoin du spectacle ; mais je ne me suis jamais trouvé au Caire aux époques voulues.

Je n'ai pas vu non plus d'enchanteurs de serpents, et je le regrette.

A part ces choses, je ne me souviens pas d'autres incidents parmi mes séjours au Caire. Je ne vois plus rien à mentionner, et je m'éloigne avec le regret de n'avoir à raconter aucun triomphe de l'Évangile dans cette immense population, moitié païenne, et peu soucieuse malheureusement de tout ce qui dépasse les limites de la vie matérielle et sensible.

X

MÉHÉMET-ALI.

Je vais sortir du Caire, et je n'ai encore rien dit des événements qui, de nos jours, ont changé les destinées de l'Égypte. Cependant, toute rapide qu'elle est, mon esquisse, privée de ce trait, demeurerait imparfaite; d'autant que la révolution de 1811 n'a pas seulement modifié les conditions d'existence du royaume des Pharaons; j'y vois tout un enseignement pour l'avenir de la Turquie, le principe du démembrement de l'empire, et le premier présage de la chute du trône des sultans.

Or, au nom de l'Égypte du XIXe siècle, la grande figure de Méhémet-Ali se lève majestueuse et imposante. L'histoire de cet homme extraordinaire est le résumé de celle du pays qu'arrose le Nil, dans les jours que nous vivons. Il l'a conquis, il l'a possédé, il en a dirigé le mouvement politique, accéléré ou suspendu à son gré le développement social, réglé l'importance industrielle, commerciale et agricole ; il en a été le nerf, le cœur, la vie ; ce qui se passe en 1863 n'est que le résultat de sa première impulsion ; et, c'est pour cela que je donne son nom à ce chapitre.

Trop longtemps esclave des sultans, l'Égypte, je me garderai bien de l'oublier, dut son premier affranchissement aux armes françaises. Mais l'impéritie du successeur des Bonaparte, des Desaix et des Kléber compromit, nous sommes forcés de l'avouer, cette glorieuse conquête. Bonaparte traversa le pays comme un météore ; il le soumit et ne le conserva point. Méhémet-Ali, au contraire, arracha une magnifique province à l'empire ottoman ; et, si la politique étrangère l'empêcha de lui assurer une indépendance complète, il lui créa du moins une vice-royauté héréditaire, et disposa les choses de telle sorte qu'au moindre tremblement de terre sur les rives du Bosphore, la séparation se fera complète et sans secousse. C'est donc bien à Méhémet-Ali, ce semble, qu'il convient d'attribuer les changements opérés dans l'Égypte moderne.

Cet homme, dont le nom occupa si souvent les organes de la politique dans la première moitié de ce siècle, était de taille moyenne ; il avait le front saillant et découvert, les arcades sourcilières très-prononcées, les yeux noirs et enfoncés dans leurs orbites, la bouche petite et souriante, le nez gros et coloré. Ses traits, quelque peu communs, étaient singulièrement relevés par la mobilité de leur expression, par je ne sais quel harmonieux mélange de finesse et d'amabilité, et, dans sa vieillesse, par une belle barbe blanche extrêmement soignée, qui ajoutait à la majesté de son visage. D'une constitution vigoureuse, avec une tournure élégante et des allures fières et fermes, il savait prendre des manières dignes et bienveillantes comme celles d'un gentilhomme de vieille souche.

Il avait dix-huit ans à l'époque où le général Menou commandait au Caire pour la France ; et rien dans l'enfance ni dans la jeunesse du fameux vice-roi ne faisait présager alors sa grandeur future. Né en 1768, à Cavala, petite ville maritime de la Macédoine, d'un simple garde de sûreté des routes, il avait passé, très-jeune orphelin, aux soins de Toussoum Agha, son oncle, qui ne tarda pas à mourir étranglé, et s'était vu enfin recueilli par un ami de son père, à titre d'adoption. Devenu l'époux d'une personne qui possédait un peu de bien, il se livrait à un petit négoce, lorsqu'une levée en masse, ordonnée de Constantinople, vint tout à coup le surprendre pour le jeter dans la vie des aventures. Il quitta son commerce, partit pour l'Égypte à la tête d'une troupe de trois cents hommes, et vit le feu pour la première fois à Aboukir. Successivement nommé bymbachi ou chef de mille hommes, capiboulouk-bachi, ou chef de la police du palais, il devint bientôt serchimé et chargé de commander à quatre mille Albanais. Encouragé par le succès, il sentit l'ambition naître et grandir en lui ; et, comprenant d'intuition la faiblesse des maîtres de l'empire et les chances d'un homme d'énergie, il résolut de monter au premier poste.

Son jeu fut des plus habiles. Les troupes du sultan et les mamelouks se disputaient la domination. Méhémet-Ali fit d'abord alliance avec les plus forts. Il aida les mamelouks, leur ouvrit les portes du Caire, et leur fournit le moyen de renverser le gouvernement turc. La puissance ottomane ainsi compromise, l'habile conspirateur songea alors à se défaire des mamelouks eux-mêmes. Malheureusement divisés par les factions, ces rudes jouteurs prêtaient le flanc à ses coups, en prenant parti pour deux chefs opposés. Méhémet-Ali continua son premier jeu. Il offrit son appui à l'un des deux chefs pour renverser son rival; et, lorsqu'il n'eut plus affaire qu'à un seul homme, il le perdit sans retour. Arrivé dès lors au souverain pouvoir, il feignit d'en redouter l'exercice. C'était le calcul d'un homme qui sait attendre pour mieux dominer. Deux partis, en effet, restaient encore en présence, l'armée turque et les mamelouks. Investi de l'autorité suprême, Méhémet-Ali aurait dû se déclarer pour l'un et se faire de l'autre un ennemi. Ce n'eût point été son affaire : il avait besoin de rester neutre, afin de saper plus librement ce double obstacle à sa puissance. Il fit adroitement confier la vice-royauté à Kourschid-Pacha, gouverneur d'Alexandrie, se réservant les modestes fonctions de kaïmakan ou de lieutenant, que la Porte lui assura en 1804. Dans cette position secondaire, il conspira facilement dans l'ombre. Flatteur pour les uns, haut avec les autres, caressant les ambitions, fomentant les haines, il amena les choses à ce point, qu'au mois de mars 1805, il faisait chasser le vice-roi par une révolution populaire, se faisait acclamer lui-même comme pacha par le peuple, et forçait la Porte à lui délivrer un firman d'investiture. Alors les mamelouks restant seuls capables de compromettre son autorité, il n'hésita plus à s'en défaire par l'affreux massacre dont nous avons parlé; et, à dater de ce moment, le pouvoir du vice-roi et l'indépendance de l'Égypte furent assurés.

Il serait trop long de suivre le nouveau pacha dans ses démêlés avec la Porte. Beaucoup moins raconterais-je ses merveilleux succès en Syrie et dans l'Asie Mineure. Méhémet-Ali rêva un moment la conquête de Byzance. Son fils Ibrahim parut destiné à lui en ouvrir les portes. Mais la Providence l'arrêta sur la rive asiatique du Bosphore. Ce fut un bonheur, je le crois. Si les succès d'Ibrahim fussent restés constants, l'empire, changeant de maître, eût peut-être été raffermi ; et, musulman pour musulman, qu'aurait gagné la civilisation chrétienne à ce changement? L'expédition d'Ibrahim, au contraire, eut pour résultat de prouver jusqu'à l'évidence la faiblesse des sultans et la prochaine dissolution de leur empire. Elle leur fit perdre à peu près l'Égypte, comme ils devaient forcément renoncer à la Grèce. Le principe de l'intégrité se trouva gravement compromis ; et l'espoir nous reste pour une régénération de cet immense pays par le christianisme.

Nous l'avons déjà laissé entrevoir cependant, et il faut l'avouer encore, la civilisation vraie a peu gagné à cette révolution. Tout reste à faire à cet égard. Les portes sont ouvertes à l'Évangile ; le premier obstacle est renversé, mais rien de plus. L'Europe a porté sur Méhémet-Ali et ses actes les jugements les plus contraires. Tantôt elle a vu en lui un Ptolémée Philadelphe, un héros civilisateur, un génie bienfaisant ; tantot elle en a fait un habile aventurier avide de pouvoir et cupide à l'excès. Aujourd'hui, que l'homme a passé et son prestige avec lui, en présence des faits et de la triste réalité, il est difficile de méconnaître le principe vicieux qui dirigea le réformateur. Méhémet-Ali fut un homme remarquable sans doute ; mais il mit au service d'une mauvaise cause une grande force de conception, une persévérance rare, un esprit de conduite parfaitement entendu, un tact profond et une puissante énergie. Pour régénérer l'Égypte, au lieu de la faire conquérante, il fallait la rendre religieuse, commerçante, agricole, inspirer à ses habitants l'amour de l'ordre et du bien public, leur faire estimer d'abord, aimer ensuite, et puis accepter des innovations utiles ; s'occuper du peuple, l'élever, l'encourager, l'aider à réaliser ces petites fortunes particulières dont l'ensemble compose la grande richesse d'un pays. Rien de tout cela n'a été fait. Au contraire, Méhémet-Ali, devenu conquérant, eut besoin de soldats; et, pour s'en procurer, il dépeupla son royaume et arracha mille bras utiles à l'agriculture. Les malheureux fellahs, effrayés du service militaire, essayèrent de mille moyens pour s'y soustraire. Ils opposèrent la force d'inertie, s'exposèrent à de rudes bastonnades, se mutilèrent cruellement; et, désespérant enfin d'échapper aux poursuites, des familles entières et des multitudes d'hommes quittèrent le pays pour toujours.

L'agriculture et le commerce reçurent, il est vrai, une impulsion nouvelle; on vit s'élever des manufactures, des arsenaux et des écoles; les capitaux de l'Europe affluèrent au port d'Alexandrie; mais à qui en devait revenir le profit? Le vice-roi se déclara maître de la terre, et le fellah ne fut plus devant lui qu'un métayer à gages. A cet accaparement du sol il joignit le monopole de l'industrie et du commerce; il devint l'unique propriétaire, l'unique manufacturier, l'unique marchand; et de cet immense pouvoir il n'est sorti qu'une splendeur personnelle sans utilité pour les masses. A grands frais, le pacha appela de l'Europe des ouvriers pour faire marcher ses manufactures, construire ses vaisseaux, organiser les industries, il ne s'occupa jamais d'apprendre à son peuple à les imiter afin de s'en passer un jour. Dans toutes ses institutions matérielles, on retrouve le cachet de l'homme désireux d'augmenter sa fortune, et jamais la trace de la main bienfaisante préparant un bien destiné à lui survivre.

La terre classique de la sagesse, des sciences et des arts, est aujourd'hui une vaste ferme que l'on exploite sans égard pour les cultivateurs. On parle beaucoup de l'esprit libéral des vice-rois, des facilités accordées au commerce européen, de je ne sais quel esprit de tolérance indulgente : on oppose tout cela à l'exclusivisme des sultans, on s'en fait un argument en faveur du gouvernement égyptien, mais on ne prend pas garde aux abus engendrés par ce système. Les faveurs accordées à des étrangers constituent une sorte d'aristocratie intruse, dont les priviléges et les caprices ajoutent à l'oppression des faibles. Ces étrangers, enrichis aux dépens de la race indigène, sont l'objet d'une haine profonde. Au lieu d'exciter l'émulation parmi le peuple, ils l'écrasent; loin de l'entraîner au travail avec l'espoir de la liberté, ils l'y contraignent par la force brutale; au lieu de créer des hommes, ils aident à effacer les derniers vestiges de l'image de Dieu parmi les fellahs.

En résumé l'Égypte n'est point heureuse. Un pouvoir despotique lui fait rapporter des millions et n'y forme pas un seul homme. Ses habitants ne sont point un peuple ; ses souverains ne sont point des chefs de famille, mais des conducteurs d'esclaves ; la vie n'y circule pas, et l'amour y est inconnu. Méhémet-Ali, en s'affranchissant de Constantinople, a donné un coup à l'édifice oriental, mais, égoïste avant tout, il y a cherché son profit. Ramassant à la hâte quelques pierres tombées du palais du sultan, il en a bâti un sérail pour lui-même et ses fils. Celui qui rendra l'Égypte digne de sa gloire passée, le régénérateur qui s'occupera de la justice, qui formera des citoyens aux travaux bienfaisants de la paix, aussi bien qu'aux redoutables exercices de la guerre, qui leur inculquera le sentiment de l'honneur et leur fera aimer la patrie, n'a pas encore paru.

Mais la porte est du moins ouverte au bien ; et c'est une grande chose ! Espérons que l'Église, en fondant ici une puissante mission catholique, amènera l'ère de régénération que Méhémet-Ali fut chargé de préparer !

XI

LES PYRAMIDES.

Le seul nom des pyramides ressemble à un talisman ; il est, en quelque sorte, identifié avec celui de l'Égypte ; et pas un touriste ne manquerait son pèlerinage vers ces masses imposantes, témoins immobiles de la marche des siècles. J'ai failli, je l'avoue, commencer la liste des voyageurs malheureux et, sans une circonstance fortuite, venue de bien loin, j'aurais été privé d'un spectacle dont les pauvres fellahs jouissent tous les jours sans le chercher.

Mon temps était limité : on m'attendait à Beyrouth pour une époque fixe. Et puis la semaine sainte approchait avec les tristesses de ses grands jours et la solennité finale de la Résurrection. Je craignais d'avoir à voyager à cette époque, si je me retardais en route ; et j'avais fixé mon départ pour le Sinaï avant d'avoir contemplé ces géants qui se montraient de loin comme une tentation. Mais la négligence des employés du chemin de fer me fit, tout à coup, des loisirs inattendus. Il était cinq heures du matin ; je m'étais levé de bonne heure ; j'avais dit la messe chez les Franciscains; j'étais dans la salle d'attente ; je tenais mon billet du chemin de fer, lorsque mon drogman vint m'annoncer que je n'irais point à Suez ce jour-là. Le train n'était pas entré en gare; il était parti sans siffler, et les employés avaient négligé de m'avertir. Or il n'y avait qu'un départ par jour, force m'était donc d'attendre au lendemain.

Je louai aussitôt une monture. Moyennant quarante sous pour la journée, un ânier me céda sa bête et se mit lui-même à mon service ; je donnai encore deux francs pour l'âne et l'ânier de mon drogman, et nous partîmes d'abord pour Fostat où nous devions traverser le Nil, et puis pour les Pyramides

Fostat justifie son surnom de Vieux-Caire ; et c'est, en effet, la partie la plus ancienne de l'Égypte. Pour mieux dire, c'est la vieille capitale elle-même, car elle fut fondée par Amrou, lieutenant d'Omar, six cent quarante ans après Jésus-Christ, tandis que le Caire dut son origine à Gower, général des sultans Fatimites, en 969.

Le nom de Fostat veut dire *tente* en langue du pays. Amrou aurait, dit-on, dressé ses pavillons en cet endroit pendant qu'il assiégeait un petit château des environs, appelé Babylon, et il y aurait bâti une ville en souvenir de l'événement. Gower paraît avoir voulu interrompre la tradition de cette gloire en y substituant la mémoire de ses propres faits d'armes. Après avoir conquis l'Egypte au nom d'El-Moïez, il fit élever un peu au-dessus de Fostat une nouvelle cité qu'il nomma El-Kahirah ou la Victorieuse ; et, trois ans après, le Caire était déjà le séjour et la capitale des Fatimites. Dépouillé de son titre et de ses priviléges, Fostat n'en resta pas moins grand jusqu'en 1168. Mais, à cette époque, les croisés ayant fait irruption dans la basse Égypte, les Sarrasins livrèrent aux flammes la ville témoin de leurs anciennes gloires. L'incendie se prolongea durant cinquante-quatre jours ; et Fostat ne se releva jamais. Sa population d'aujourd'hui ne dépasse pas trois mille âmes ; elle est surtout habitée par des Cophtes.

Rien n'est pittoresque comme son port. Des multitudes s'y pressent pour s'embarquer et traverser le fleuve. Des chalands, lourds et difficiles à gouverner, attendent la foule près de la rive. Des femmes, couvertes de leur sarrau bleu, des enfants nus, des fellahs en chemise enjambent tant bien que mal et vont s'accroupir sur l'avant du bateau. L'âne sémillant saute au milieu de la compagnie. Le chameau pesant fait mille façons, il grogne de ce cri sauvage qui lui est particulier ; il pose maladroitement ses gros pieds, trébuche et finit par aller s'étendre au milieu des femmes et des enfants. Je me jetai au milieu de ce pêle-mêle ; on embarqua mes ânes et mes âniers ; et, pour la première fois de ma vie, je me trouvai voguant sur les eaux du Nil.

Le fleuve est très-large en cet endroit. Ses eaux bourbeuses sont chargées de limon. Le Tibre, dit-on, fut appelé le fleuve d'Or, par une flatterie des poètes jaloux de dissimuler la malpropreté des ondes où s'abreuvait le peuple-roi. Assurément, le Nil mérite la préférence. Je me demandai si j'étais dans l'eau ou dans la boue. Mais, en réfléchissant, je compris qu'il fallait pardonner à ce limon qui fait la fortune de l'Égypte. D'ailleurs, les eaux du Nil sont réputées légères et agréables au goût. Elles sont excellentes pour la cuisine et pour toutes préparations chimiques.

Mon bateau va lentement, poussé par une brise imperceptible qui gonfle une voile latine. Comme le vent est favorable, un quart-d'heure suffira pour la traversée. Mais si le temps était calme, s'il était besoin de recourir à l'aviron, il faudrait deux heures à ce bateau informe, chargé de monde, de bêtes et de marchandises, pour fendre les eaux épaisses d'une rive à l'autre.

En quittant Fostat, nous passons devant la pointe de l'île de Roudah, où nous rencontrons un monument peu curieux en lui-même, et toutefois important. Le Nilomètre est une sorte de puits carré, au milieu duquel s'élève une colonne graduée. Cette colonne divisée en coudées de cinquante-et-un centimètres, sert à constater les progrès des inondations périodiques. Pour être profitable, le débordement doit monter à dix-huit coudées ; s'il atteint la vingt-deuxième, il remplit tous les canaux et promet les plus belles récoltes. Au dessus de cette mesure, il serait nuisible. Lors de la crue du fleuve, trois fois par jour, des crieurs publics proclament son degré d'augmentation. La joie est extrême lorsqu'ils annoncent le maintien des eaux à vingt-deux coudées, et c'est une fête générale. Hélas ! en pays chrétien, des multitudes de fidèles se presseraient alors dans les églises pour rendre grâces à l'Auteur de tous biens : ici, la croyance au fatalisme étouffe la reconnaissance ; on témoigne sa joie par des chants bachiques dans de petits cafés en plein air.

Je m'estime favorisé pour avoir pu assister une fois au spectacle de cette inondation unique dans le monde. Les malheurs de nos dernières années nous ont tristement initiés au secret du débordement. Dans nos pays occidentaux, un tel événement porte le caractère exclusif de la violence. Un fleuve se soulève avec furie. En quelques heures il a franchi ses digues. Le flot se répand sur les campagnes effrayées.

Dans son cours impétueux, il entraîne les meules de paille, couche à terre les haies épineuses, engloutit le bétail; et, franchissant le seuil des maisons, envahit la demeure paisible du villageois. Il renverse les murailles; il porte au loin la terreur; alors les cris de détresse, les angoisses de ceux qui fuient, les alarmes de leurs amis refoulent dans les âmes tout autre sentiment que celui de la crainte.

En Égypte il n'en est point ainsi. L'inondation est périodique. On l'attend; on la désire même.

Vers le 20 juin, époque invariable, ou à peu près, le fleuve commence à croître et il continue à monter graduellement jusqu'au commencement d'octobre. L'eau perd d'abord peu à peu sa transparence; on y remarque ensuite de légères oscillations. Quelques jours après, elle prend une teinte verdâtre, et la crue devient sensible. Plus tard, la couleur passe au rouge foncé, la vitesse du courant augmente, et les eaux charrient des quantités de mousse. Le mouvement a lieu sans trouble, sans agitation, sans produire aucun bouleversement. Au jour donné, l'Égypte toute entière se trouve submergée, et l'on ne voit plus dans la vaste étendue qu'une plaine liquide au-dessus de laquelle surnagent les têtes arrondies de l'oranger et quelques habitations construites, comme des nids aériens, sur de longues poutres verticalement enfoncées dans la terre. Des barques cependant sillonnent la plaine liquide, et vont, de maison en maison, porter l'abondance et la vie.

Le Nil, par ses débordements merveilleux, fait de l'Égypte un pays exceptionnel où la bonne et la mauvaise administration influent plus que nulle part sur sa prospérité. J'en trouve la remarque judicieuse dans le *Mémorial de Sainte-Hélène*. En effet, que peut le gouvernement français, par exemple, sur la pluie ou la neige qui tombent dans la Beauce, ou dans la Brie? Mais, en Égypte, le chef du pouvoir a une influence immédiate sur l'inondation, qui tient lieu de pluie. Si l'administration est bonne, les canaux seront bien creusés, bien entretenus, les règlements pour l'irrigation seront exécutés avec justice ; l'inondation sera plus étendue. Mais si l'administration est mauvaise, vicieuse, ou faible, les canaux seront obstrués de vase, les digues mal entretenues, les règlements de l'irrigation transgressés, les principes du système d'inondation contrariés par la sédition et les intérêts particuliers des individus et des localités.... C'est ce qui fait la différence de l'Égypte administrée sous les Ptolémées, avec l'Égypte déjà en décadence sous les Romains et ruinée sous les Turcs. Quel fleuve et quel pays!

Mais les seules vertus du Nil ne se traduisent point par des bienfaits généraux; il est encore profitable de plus d'une sorte aux particuliers : ses bords sont enchanteurs; et, tous les jours, des familles riches viennent lui demander une distraction instructive. Des barques élégantes sont disposées pour un voyage facile ; sur l'arrière, une cabine assez vaste sert d'abri aux voyageurs. Elle se divise en un salon et une chambre à coucher. On y jouit de tout le confortable qu'on désire. On emmène un drogman, un cuisinier, un domestique. On remonte le Nil jusqu'à la première ou la seconde cataracte. On visite successivement les principales ruines des temps anciens. Le voyage dure deux mois et n'est pas très-coûteux. Quinze cents francs est le prix ordinaire pour un voyageur seul. Lorsqu'on est plusieurs les frais diminuent.

Quelquefois, ce ne sont point des voyageurs curieux, ce sont de pauvres malades qui viennent demander au Nil un climat plus chaud et un allégement à leurs douleurs. Les poitrinaires arrivent au Caire à la fin de septembre, et s'y installent jusqu'aux derniers jours d'octobre. Alors ils équipent un bateau et remontent du côté de Saksa, où ils séjournent jusqu'à la fin d'avril. Très-souvent ils obtiennent une complète guérison, ou du moins un soulagement notable qui prolonge leur existence.

Cependant un souvenir occupe mon âme et donne à ma navigation un charme inexprimable. Le Nil, un jour, porta sur ses ondes le libérateur du peuple de Dieu, Moïse, l'une des plus belles figures du Sauveur des hommes.

Joseph était mort, et les enfants de Jacob n'avaient plus de protecteur. Pharaon, effrayé de leur multiplication prodigieuse, craignit de les voir augmenter en force et s'emparer de l'Égypte. Alors il ordonna de tuer sans pitié tous les enfants mâles des Hébreux et de les précipiter dans le fleuve.

« En ce temps-là, une femme de la tribu de Lévi eut un « fils. Et, voyant qu'il était beau, elle le cacha durant trois « mois ; mais, ne pouvant le dérober plus longtemps, elle « prit une corbeille de jonc, et, l'ayant enduite de bitume « et de poix, elle y plaça l'enfant et l'exposa parmi les « roseaux de la rive du fleuve. La sœur de l'enfant se te- « nait au loin et considérait ce qui allait arriver.

« Or, voilà que la fille de Pharaon descendait pour se « baigner dans le fleuve, et ses compagnes marchaient avec « elle sur le bord de l'eau ; et, quand elle eut vu la cor- « beille parmi les roseaux, elle envoya une de ses femmes « pour la prendre. Et, ouvrant la corbeille qu'on lui ap- « portait, et voyant l'enfant qui pleurait, elle eut pitié de « lui, et dit : C'est un enfant des Hébreux. La sœur de

« l'enfant s'approcha. — Voulez-vous, dit-elle, que j'aille « chercher une femme des Hébreux qui puisse nourrir « ce petit enfant? — Et elle lui répondit : Va. — La jeune « fille alla et appela sa mère. La fille de Pharaon dit à la « mère : Prends cet enfant, et nourris-le moi, et je te don- « nerai un salaire. — La femme reçut l'enfant et le nourrit. « Et quand l'enfant fut grand, elle l'amena à la fille de « Pharaon qui l'adopta pour son fils, et lui donna le nom « de Moïse, disant : C'est parce que je l'ai sauvé des « eaux! »

On sait ce que devint Moïse. Nous le rencontrerons bientôt au bord de la mer Rouge, emmenant avec lui un peuple entier qu'il arrache à la captivité.

Cette merveilleuse histoire suffirait toute seule à immortaliser le fleuve égyptien.

Mais voici que nous sommes parvenus à l'autre rive, et qu'il nous faut livrer une véritable bataille pour obtenir la permission de débarquer. Notre batelier ne serait pas arabe s'il négligeait l'occasion de voler un Européen. Pendant que la multitude des fellahs s'écoule tranquillement payant une obole modeste, je me sens impitoyablement arrêté, quoique je donne le double. Le maître de la barque hausse ses prétentions bien au delà du prix convenu. Que faire? Heureusement la Providence avait pourvu mon jeune drogman d'une force musculaire peu commune. Lorsqu'il fut à bout de raisonnement, il se jeta, sans plus de façon, sur son adversaire et l'accabla de coups. Le batelier, tout saignant, évite de prolonger une lutte qui devait forcément tourner à son désavantage, et va se plaindre à je ne sais quel agent de police. Il voulait un dédommagement pour des coups si bien appliqués. Mon drogman ne perd pas son sang-froid, il se plaint à son tour, menace, et prétend avoir le droit de battre encore. La force était pour lui ; il devait avoir raison, d'après le système d'équilibre turc. Le policeman déclara que chacun avait son compte, et nous partîmes.

Je n'avais ni le temps ni la volonté de visiter les soixante pyramides encore existantes. Obligé de choisir, je me dirigeai naturellement vers celles de Giseh qui sont moins loin et mieux conservées que celles de Sakara.

La première partie du chemin, sur la rive orientale du Nil, se présenta verte et bien cultivée. Je marchais au milieu des palmiers, presque sur le gazon ou parmi des champs de blé. Mais tout à coup une ligne de démarcation, tracée comme par la main d'un homme qui détermine arbitrairement les bornes de son domaine, m'indiqua le commencement du désert. Alors il fallut cheminer dans le sable, exposé à l'action d'un soleil brûlant.

Les pyramides de Giseh prennent leur nom du petit village qu'il faut traverser, pour arriver jusqu'à elles. Elles occupent une vaste esplanade de rochers calcaires, nivelée par la main des hommes.

Tout le monde connaît aujourd'hui leurs proportions colossales. Je me rappelle avoir vu en Écosse, à Glascow, je crois, une cheminée haute comme la coupole de Saint-Pierre de Rome. Un Écossais original l'avait fait élever par une vanité digne de la nation excentrique par excellence. Il s'est trompé de terme de comparaison. S'il fût monté de cinq mètres encore, il dépassait Saint-Pierre, et la gloire de ses fourneaux et de ses fumées eût atteint le sommet de la plus haute des pyramides. On attribue généralement à Khéops cette œuvre prodigieuse. Sur une base carrée dont chacun des côtés mesure deux cent vingt-sept mètres, ce roi d'Égypte éleva son futur tombeau à une hauteur de cent trente-sept mètres. Il n'existe point au monde une masse de constructions compactes aussi considérable.

Je m'arrêtai saisi d'admiration devant ces ébauches sublimes. Elles me ramenaient aux jours où les hommes firent leurs premiers essais d'architecture. La tour de Babel, en effet, n'ayant pu subsister par un dessein particulier de la Providence, il faut demander à ces constructions, les plus vieilles du monde historique, les secrets de l'enfance de l'art. Leur aspect général n'accuse pas, à première vue, le génie de l'invention, c'est un entassement de blocs superposés. L'homme n'a pas encore médité les beautés de la nature. Il cherche à imiter les montagnes dans la majesté de leurs proportions, et voilà tout. Plus tard, seulement, nous le verrons se perfectionner et bâtir, le long du Nil, des temples, massifs encore, mais d'un style simple et noble, remarquable par la pureté de leurs lignes droites et le jeu des divers plans ; actuellement il se contente de viser à l'effet par le grandiose. Toutefois, ce travail de géant n'a pas le seul mérite d'étonner par sa masse. Il suppose, d'abord, l'emploi de forces mécaniques surprenantes pour le soulèvement et la mise en place de blocs énormes à des hauteurs prodigieuses. Et puis, les couloirs de la grande pyramide sont un mode d'appareillage que M. de Rougé dit n'avoir pas encore été surpassé ; enfin l'ensemble témoigne d'une remarquable habileté dans la taille des pierres et l'ajustement des détails. L'œuvre est réellement admirable. Aussi, quelque chose s'empara de mon âme et produisit en elle une impression inconnue à l'aspect de ces premiers travaux du genre humain. Quelle reconstruction de lieu et quel tableau saisissant, lorsqu'on se dit : Je touche ces masses énormes que des hommes élevèrent comme des montagnes trois mille cinq cents ans au moins avant Jésus-

Christ! — Le voyageur se réjouit lorsqu'il aperçoit de loin le clocher de son village; car, tout près de là, il retrouvera son berceau et le charme de ces souvenirs d'enfance qui ne s'effacent jamais. Il y avait quelque chose de cela dans le sentiment que produisit en moi la vue des pyramides; je croyais toucher au berceau de nos premiers pères.

La disproportion entre la hauteur et la largeur de la base de ces monuments m'étonna d'abord; mais je trouvai dans les réponses de la science moderne une explication parfaitement vraisemblable. Les rois d'Égypte commençaient leur tombeau dès les premiers jours de leur règne, leçon pleine de morale qui n'étonne pas chez le peuple réputé le plus sage des anciens temps. Or, pour être plus sûrs de l'avoir terminé à temps, ils lui donnaient d'abord des proportions médiocres; et puis, si la vie leur était mesurée en plus grande abondance, ils ajoutaient au premier travail une couche de six mètres d'épaisseur. La même opération se renouvelait aussi longtemps qu'il plaisait à Dieu de laisser le souverain parmi ses sujets. Et, lorsque le roi était mort, son successeur revêtait la pyramide d'une couche de pierres dures qui la garantissait contre les ravages du temps. Ainsi s'explique à la fois et la disproportion de la hauteur d'avec la base, et la différence d'élévation des pyramides entre elles.

Je ne décrirai ni les chambres funéraires, ni les corridors nombreux, pratiqués à l'intérieur de ces temples de la mort. Le lecteur y trouverait sans doute peu d'intérêt. Je ne parlerai pas d'avantage de mon ascension sur le tombeau de Khéops. Il suffira de dire qu'il n'y a point d'escalier et qu'il serait impossible de gravir cette montagne factice, si son revêtement extérieur, aujourd'hui dégradé, présentait encore une surface dure et polie. On grimpe de bloc en bloc, sans danger, mais non sans fatigue. On met le pied sur un angle saillant, on s'accroche par les mains à la pierre supérieure; il y a souvent à faire d'énormes enjambées, et l'on s'en tirerait difficilement sans le secours des naturels du pays qui vous poussent et vous tirent dans tous les sens, se font un plaisir malin de vous presser pour jouir de votre essoufflement, crient, s'appellent entre eux, rient à vos dépens, et surtout réclament un bon salaire.

Dès mon arrivée, je me vis entouré de ces enfants d'Ismaël, vrais détrousseurs de grands chemins, qui aiment l'argent par-dessus tout, et le trouvent infiniment plus précieux lorsqu'il est le fruit du vol et de la rapine. Je fis semblant de ne pas prendre garde à eux, et, sans répondre à leurs questions, je m'assis à l'ombre de la pyramide, et j'ordonnai à mon drogman de préparer le déjeuner. Les Arabes restèrent d'abord en silence. Mais, comme il leur fallait entrer en conversation avec moi, sous peine de ne rien gagner, les plus fins imaginèrent de me séduire par quelques mots français appris au contact des voyageurs. L'un d'eux se leva, et, drapant sa chemise de son mieux, me dit théâtralement : « Quarante années te regardent de « là-haut ! » Cette parodie dut faire tressaillir l'ombre du général et celle de tous les soldats de la grande armée. L'Arabe, de bonne foi, pensait avoir fait merveille. Ses camarades applaudirent en chœur. Ils me crurent enthousiasmé. Pauvres gens, ils ne savaient pas combien le ridicule est près du sublime !

Quand j'eus fini mon déjeuner, les Bédouins, à bout de persuasion, me demandèrent catégoriquement un *bachich*. — Mais, coquins, vous ne m'avez rendu aucun service, leur dis-je ; pourquoi voulez-vous que je vous récompense? Je les vis prêts à me répondre qu'ils m'avaient fait l'honneur d'assister à mon déjeuner, et que cela valait bien une étrenne ; je ne sais comment se serait terminé le procès, lorsque mon guide imagina le vrai moyen de se défaire de leurs importunités. Il dit à l'un d'eux de placer son bonnet à quarante pas. — Je te donnerai cinq shellings, ajouta-t-il, si je ne touche pas le bonnet du premier coup; mais, en revanche, les Arabes me promettront de ne plus rien demander si je parviens à l'atteindre. Le marché conclu, mon homme chargea son fusil, tira et réussit. — Les Arabes s'avouèrent vaincus.

Il fallait cependant qu'ils se procurassent de l'argent à tout prix. — Je me mettrai à la place du bonnet, dit un Bédouin. Tu tireras. Si tu m'attrapes, je te compterai cinq livres sterlings ; si tu ne me touches pas, tu me donneras les cinq livres. — Mais je suis sûr de t'attraper, répondit le drogman. — N'importe, cria le Bédouin, je parie toujours. — Et si tu meurs, à quoi te serviront les cinq livres ? ajouta Dybès. — Ma famille les mangera, répondit le stoïque marchand d'argent. J'aurais bien voulu avoir du gros sel pour lui en faire tirer une charge dans les jambes ; mais je ne pouvais autoriser mon drogman à se servir du plomb ; il y avait trop de chance de tuer un homme. Alors un troisième Bédouin me promit, si je voulais lui donner cent sous, de monter en cinq minutes au haut de la pyramide de Khéops et d'en redescendre en aussi peu de temps. Je lui offris trois francs. Il accepta, et vraiment il tint parole. Lorsqu'il vint réclamer le prix de la gageure, il était hors de lui, suffoqué, à force de transpiration et d'essoufflement. C'est la seule fois de ma vie que j'ai vu un Bédouin se fatiguer. Ces hommes ont des muscles d'acier.

Après ce jeu d'enfant, j'allai voir le Sphinx. On sait que la seule figure de l'animal a neuf mètres de hauteur depuis le menton jusqu'au sommet du front, et que la longueur du colosse est de cinquante-sept mètres de l'extrémité des pattes de devant à la naissance de la queue ; mais, par malheur, on ne peut en jouir complétement, parce que la partie inférieure des membres reste enfouie dans le sable. Profitant de mon admiration, un Arabe chercha de nouveau à l'exploiter ; au sommet de la tête du Sphinx, il y a une ouverture pratiquée selon les lois de l'acoustique. C'est là que se cachaient autrefois les bouffons chargés de rendre les oracles sacrés. Lorsqu'une voix humaine s'y fait entendre, elle grossit de beaucoup son volume, et semble sortir de la pierre elle-même. L'Arabe proposa de monter jusqu'à l'orifice, en grimpant le long de la face de l'animal, et de me faire juger de l'effet de la voix humaine dans cette tête montrueuse. Je lui promis quarante sous ; et vraiment il les gagna bien. Un chat ne monterait pas, ce semble, le long de cette pierre lisse et dure comme l'est le granit. Mais les Bédouins ont si bien calculé la position et la distance des anfractuosités du visage, qu'ils s'élancent et parviennent au but avec une prestesse sans exemple.

Après le Sphinx, je visitai encore les ruines d'un temple aux trois quarts enfoui dans le sable, et je repris le chemin du Caire. De nouveau je traversai le Nil ; et, lorsque j'arrivai à Fostat, je profitai des dernières lueurs du jour pour voir ce que l'on dit avoir été la maison de la sainte Vierge.

On me conduisit à l'extrémité de Fostat, dans le faubourg des Cophtes, appelé Kasrech-Chemmâ, ou plus communément Der-el-Nasarah, le couvent des chrétiens. Je franchis son enceinte, de construction romaine, qui a dû être celle de *Babylon*. Je pénétrai dans une église dédiée à saint Georges, et un moine me conduisit dans une chapelle souterraine où la sainte Vierge et saint Joseph abritèrent quelque temps, dit-on, l'Enfant Jésus, lors de leur fuite en Égypte.

De là, je pris le chemin de la mosquée où sont les tombeaux d'Ibrahim-Pacha et de toute sa famille. Je traversai l'immense champ des morts qui le précède. Je vis les tristes débris de la gloire de celui qui fit trembler le sultan sur son trône et que la politique humaine empêcha de détruire l'empire vermoulu de Constantinople.

Je demandai aussi à visiter un de ces fours où les Égyptiens font éclore des poulets par des moyens artificiels; mais je ne pus l'obtenir pour un motif que j'ai oublié.

Le soleil baissait. La journée était bien remplie. Je rentrai à l'hôtel du *Nil*, où je refis mes derniers préparatifs de départ pour le grand voyage du mont Sinaï.

XII

LE DÉSERT.

Autrefois, le voyage du Sinaï, avec ses péripéties et ses fatigues, commençait au Caire. On y montait sur des chameaux et on marchait pendant trois mortelles journées jusqu'aux frontières d'Égypte. Aujourd'hui, le chemin de fer de Suez m'épargne ce premier ennui.

Le Caire n'en reste pas moins cependant mon vrai point de départ. C'est là qu'il importe de faire mes provisions, de louer mes chameaux, de tout organiser enfin ; car Suez n'offre aucune ressource. A part une auberge anglaise où l'on paye à la façon de la Grande-Bretagne, c'est-à-dire, des prix exorbitants, on n'y trouve absolument rien ; on y achète même un verre d'eau.

Ma première préoccupation fut de me munir d'une lettre de l'archevêque du Sinaï, espèce de passeport sans lequel on ne serait point admis au couvent de la sainte montagne. En droit, ce n'est pas ici, c'est au désert que j'aurais dû trouver le prélat schismatique. Mais un trône dans la solitude lui sourit peu. Il juge plus à propos de dépenser au Caire les immenses revenus de son couvent ; prélève sur ses trésors le nécessaire pour l'entretien des religieux confinés au pied de la montagne biblique, et fait du reste un emploi de convention. Je demandai à lui parler. Il me reçut poliment dans un beau divan, m'offrit la pipe et les sorbets d'usage, m'exprima son regret de ce que les Français entreprissent trop rarement le pèlerinage du Sinaï, et me montra la fameuse lettre du général Bonaparte qui exempte le couvent de toute imposition, non pas certes en l'honneur de Dieu, mais à cause de Moïse qui écrivit le plus ancien livre du monde. Cette lettre est conservée dans un écrin d'argent de la forme d'un portefeuille.

Je présentai à l'archevêque le Bédouin destiné à me servir de conducteur. Il l'interrogea sur ses garanties de moralité et finit par l'agréer.

Cet homme auquel j'allais me livrer sans défense au milieu du désert, était un petit cheik de l'une des rares tribus errantes de l'Arabie Pétrée. Il s'engageait à me servir de guide, à me procurer l'escorte et les chameaux nécessaires, à me protéger au besoin contre les tribus ennemies. Ce n'était, après tout, qu'un chef de voleurs qui promettait sa protection contre d'autres brigands. Il reçut de l'archevêque son certificat d'honnête détrousseur de grands chemins, le serra dans un pli de sa chemise, et me suivit chez le consul. Alors commencèrent des débats interminables sur les conditions du voyage, sur la quantité de chameaux à fournir, le nombre de jours de marche, la somme à payer. Rien n'est long comme pour tomber d'accord avec un arabe. Tant qu'il n'a pas perdu l'espoir de voler un dernier sou, il crie, il jure par sa tête et par sa barbe, il est intraitable. Nous convînmes enfin du jour et de l'heure du départ. Le cheik obtint que, si j'étais content, j'ajouterais à la somme promise, le don d'une robe rouge pour ses jours de fête. Il apposa sur le papier officiel le cachet qui sert de signature à ceux qui ne savent pas écrire. Mon drogman signa de son côté. Le consul menaça le brigand de lui couper la tête, s'il ne remplissait pas ses obligations ; et le lendemain matin, ma caravane partit. Pour moi, grâce au chemin de fer, je passai encore trois jours au Caire, et lorsque le soleil se leva pour la quatrième fois, je me jetai dans le wagon qui devait, en cinq heures, me transporter au bord de la mer Rouge.

L'aspect du pays jusqu'à Suez est triste et monotone. Herbes parfumées, caravanes de Bédouins, campements, pâturages, troupeaux, qui égayez d'autres déserts, je vous cherche en vain dans ces plaines immenses où des torrents de feu venus d'en haut et la réverbération de la terre produisent l'effet d'une fournaise qui dessèché et calcine. Cependant l'aridité du sol me préoccupe bien peu. Ne suis-je pas dans ce désert qui confine aux montagnes de Moab, et dont mon imagination d'enfant parcourut si souvent les vastes solitudes ? Jamais terre, peut-être, ne fut foulée par plus d'hommes illustres et des armées plus nombreuses. Sur ce chemin de l'Asie à l'Afrique que j'appellerais volontiers la route royale de la gloire, il me semble assister aux émigrations étonnantes des rois et des peuples anciens, j'y rencontre, en quelque sorte, tous les héros de l'antiquité profane et sacrée, je les salue, et je converse avec eux.

Voici au commencement des âges, Abraham, le père des croyants ! Averti par Dieu même, il était venu du fond de la Mésopotamie, planter sa tente au pays de Chanaan. Mais, la famine l'ayant surpris, il quitte la vallée de Mambré et ses pâturages, et ses chênes séculaires ; et il s'achemine vers l'Égypte, accompagné de Sara, et suivi de nombreux serviteurs qui mènent ses troupeaux.

Un peu plus tard, c'est Jacob, le père des tribus d'Israël. Il a appris que Joseph vivait encore et gouvernait en Égypte, et il a dit : J'irai, et je verrai mon enfant avant de descendre au tombeau. Et il vient ; et le fils de Rachel accourt au-devant de son père. Et le vieillard pleure de joie en revoyant ce fils qu'on lui avait dit être la proie d'une bête féroce.

Et puis, lorsque les tristes jours de l'esclavage ont cessé d'éprouver les enfants d'Israël ; lorsque, vaincu par les douze plaies fameuses, Pharaon a consenti à leur départ, je vois la nombreuse postérité des douze patriarches, semblable à un peuple en marche, fuir vers la Terre promise. Et le nuage mystérieux qui les précède, leur prête son ombre contre les feux du soleil, ou s'illumine d'une clarté merveilleuse au sein de la nuit.

Mais un bruit d'armes et de chevaux succède à ces caravanes pacifiques.

Sésostris, le Sésac de l'Écriture, est allé châtier Jérusalem. Il revient en vainqueur. Soixante mille chevaux et quatre cent mille hommes de pied l'accompagnent, pendant que, derrière lui, douze cents chariots traînent les immenses richesses accumulées par Salomon.

Après Sésostris, viendra Nabuchodonosor. « Le Seigneur « a parlé, s'écrie Jérémie. Il a dit : Je vais visiter dans ma « colère le tumulte d'Alexandrie, Pharaon et l'Égypte, ses « dieux et ses rois. Je livrerai l'Égypte entre les mains de « Nabuchodonosor, roi de Babylone. L'Égypte est comme « une génisse belle et agréable. Celui qui doit la piquer « avec l'aiguillon viendra des pays du Nord. O filles de « l'Égypte ! préparez ce qui doit vous servir dans votre

« captivité, parce que Memphis sera réduite en un désert; « elle sera abandonnée, et elle deviendra inhabitable ! » En effet, Nabuchodonosor a vaincu Necchao sur l'Euphrate. Il marche contre Péluse.

Mais quel est ce monstre ? Cambyse, le meurtrier de son frère, l'époux incestueux de ses deux sœurs, l'assassin de l'une d'elles, celui qui met sa joie à insulter Dieu et prêtres, se fait guider en ce désert par un Grec d'Halicarnasse, nommé Phanès, qu'il récompensera en faisant tuer son fils sous ses propres yeux.

Regardez encore ! La terre se tait, selon l'expression de l'Écriture. Le monde entier contemple avec stupeur : c'est Alexandre le Grand qui passe ! Il vient de détruire Gaza. En sept jours, il arrive à Péluse. Des vaisseaux nombreux l'y rejoignent, chargés de vivres et d'armes. Il jette en courant les fondements d'Alexandrie, et va se faire proclamer le fils de Jupiter au temple d'Ammon.

Voyez paraître, à son tour, la voluptueuse Cléopâtre, la brillante reine d'Égypte, dont les charmes subjuguent les héros de Rome. Elle marche vers l'Euphrate avec Antoine qui va faire la guerre aux Parthes, et revient escortée par Hérode le Grand, dont elle reçoit les hommages et les présents.

Écoutez aussi les pas des Romains. Chaque empreinte de leurs pieds est la marque d'une victoire.

Octavien était à Rhodes. Après la bataille d'Actium, Hérode, créé roi par Antoine, s'est présenté devant lui. Sa couronne à la main, un genou en terre, il lui a dit : « Mon trône est renversé par la fortune d'Antoine ; je me présente devant son rival sans autre garantie que ma vertu. Vous considérerez, j'espère, quel ami je suis ; et non qui j'ai servi ! » — Et Octavien a remis la couronne sur la tête d'Hérode, et le fils d'Antipater accompagne son nouveau maître jusque sur les bords du Nil; et, grâce au roi de Judée, l'armée romaine, dans sa marche à travers le désert, trouve de l'eau et même du vin en abondance.

Il faudrait rappeler les princes du Bas-Empire, et les lieutenants de Mahomet, de Saladin, de Noureddin, de Kélavien, qui traînaient après eux d'innombrables cohortes. Mais voici mieux que cela ! J'ai aperçu la bannière des soldats de la Croix. Hélas ! la mort les accompagne. « Ici, dit Albert « d'Aix, l'homme issu du plus noble sang de la Lorraine, « terre de sa naissance, le roi comblé de gloire et toujours « victorieux, inébranlable dans la foi du Christ, le vigou- « reux athlète de Dieu, Baudouin, revenant de l'Égypte, « rendit le dernier soupir, purifié par la confession du Sei- « gneur, fortifié par la communion du corps et du sang de « Celui pour lequel il avait tant combattu. » — Son corps fut transporté à Jérusalem; mais on déposa dans le sable ses entrailles, et longtemps après, on appelait cette station les *sables de Baudouin*.

Six siècles plus tard, les armées françaises devaient encore fouler ce même sol.

Ah ! laissons de côté tous ces souvenirs héroïques. Une vision sublime a passé devant mes yeux. Les habitants du ciel eux-mêmes sont descendus dans ce désert. Un jour, sous l'action brûlante d'un ciel de feu, exposée au simoun qui tue, tourmentée par la faim, la soif, et les privations de tous genres, une jeune femme s'avançait portant un enfant dans ses bras. Et cet enfant était Dieu. Et la jeune femme était la divine Mère de Jésus. Et celui qui avait l'insigne honneur de conduire la Vierge, s'appelait Joseph, le père nourricier du Seigneur. Jésus était venu parmi les hommes, et les hommes l'avaient méconnu ; et il fuyait la colère d'Hérode; et sa divine Mère le portait en Egypte, où elle le cacha sept ans. Oh! qui me donnera de baiser leurs traces divines!

Terre bénie du désert, ta solitude fut sanctifiée du jour où le Sauveur du monde voulut apprendre à connaître tes saintes horreurs. Dès lors, ton silence, ta pauvreté, tes rigueurs furent préférés aux richesses du monde. Des hommes élevés dans la pourpre quittèrent les palais des rois pour te demander un asile, et tes repaires de bêtes sauvages parurent une demeure trop délicate à tes pieux anachorètes!

Sur ma droite, j'entends les échos du mont Colzim répéter les noms des Paul, des Antoine, des Pacôme, des Ammon, des Macaire, et de cette famille illustre de solitaires si bien appelés les Pères des déserts. A peine la vapeur qui m'entraîne me permet de regarder leur foule glorieuse; et, malgré cette marche rapide, je me sens frappé de la majesté de leurs traits.

« Jeune, riche, noble, Antoine, à vingt ans, entend lire dans une église le texte de l'Évangile : *Si vous voulez être parfait, vendez ce que vous avez, donnez-le aux pauvres et suivez-moi.* Et il se l'applique. Il vend ses trois cents arpents de bonnes terres, en donne le prix aux pauvres, s'enfonce dans le désert pour y chercher Dieu et son salut. Il y vit d'abord seul dans une lutte formidable et incessante contre les tentations du démon et de la chair. Il éteint enfin l'ardeur sensuelle de sa jeunesse par le jeûne, par les macérations, par la prière surtout, « cette prière aussi longue « que la nuit, dit Bossuet, et qui absorbait ses nuits au « point de lui faire redouter le jour. . . . . »

A vingt ans la bataille est gagnée. En domptant son corps, il a conquis la liberté de l'âme. Il traverse le Nil et remonte plus haut encore dans les déserts les plus inconnus. Il y passe vingt autres années dans les ruines d'un vieux château.... Cependant de nombreux disciples accourent autour de lui ; les solitaires voisins viennent lui demander les secrets de la science de Dieu. Des pèlerins de toutes les nations lui présentent leurs infirmités à guérir, leurs consciences à purifier ; les philosophes néo-platoniciens lui apportent leurs doutes et leurs objections, et trouvent en lui un apologiste subtil et vigoureux, ingénieux et éloquent des mystères de la Rédemption. On se groupe, on s'établit près de lui ; il devient le père et le chef de tous les anachorètes de la Thébaïde, qu'il transforme en cénobites ; et il obtient, sans la chercher, la gloire singulière d'être le premier des abbés et, comme Abraham, le père d'un grand peuple aussi nombreux que les grains de sable de la mer, aussi éclatant que les étoiles du firmament. »

Il ne sortira plus de son désert que pour combattre le paganisme et l'hérésie. Pendant les persécutions de Maximien, il va à Alexandrie pour y encourager les chrétiens et pour y chercher lui-même le martyre. Plus tard il y retourne à la tête d'une armée de moines, pour y prêcher sur la place publique contre les Ariens et rendre témoignage à la divinité du Christ. Après avoir ainsi combattu la corruption païenne et l'hérésie, après avoir bravé les magistrats, impériaux, affronté leurs soldats, réfuté leurs arguments il mérite d'avoir pour hôte, pour ami, pour élève, pour biographe, l'immortel Athanase, le grand évêque, l'éloquent docteur, celui qui, au prix de tant de souffrances, fit triompher les décrets du Concile de Nicée. L'empereur Constantin et ses fils lui écrivent humblement comme à leur père, pour lui recommander les destinées de la nouvelle Rome. Il est proclamé le boulevard de l'orthodoxie, la lumière du monde. L'enthousiasme des populations éclate partout à sa vue ; les païens, et jusqu'aux prêtres des idoles, accourent sur ses pas et s'écrient : « Laissez-nous voir l'homme de Dieu ! » Mais il a hâte de rentrer dans sa Thébaïde : « Les poissons meurent, dit-il, quand on les tire à « terre, et les moines s'énervent dans les villes ; rentrons « vite dans nos montagnes, comme les poissons dans l'eau. » Il y achève sa vie au milieu d'une affluence toujours croissante de disciples et de pèlerins qui recueillaient ses instructions en langue égyptienne, et qui admiraient en lui jusqu'à la beauté inaltérable de ses traits, que l'âge ne parvenait pas à détruire, et surtout sa gaieté, sa joyeuse et avenante affabilité, marque infaillible d'une âme qui plane dans les régions sereines. Il laisse à ses frères, dans un discours mémorable, le récit de ses longues batailles avec le démon, en même temps que le code des vertus et des grâces qui sont nécessaires à la vie solitaire. Il meurt enfin, plus que centenaire, après avoir fondé par son exemple, par son immense popularité, l'influence et la grandeur de la vie religieuse.

« Auprès de lui, voici Paul qui l'avait devancé de vingt ans dans le désert ; Paul, le plus illustre et le plus constant des anachorètes, qui passe pour l'instituteur de cette vie érémitique que le grand Antoine devait adopter, transformer et remplacer par la vie cénobitique. Découvert par Antoine dans sa caverne, à l'ombre du palmier qui lui fournissait de quoi se nourrir et se vêtir, il lui offre cette hospitalité que l'histoire et la poésie ont célébrée à l'envi, et meurt en lui léguant la tunique de feuilles de palmier dont Antoine se revêt aux jours solennels de Pâques et de la Pentecôte, comme de l'armure d'un héros mort au sein de la victoire.

« Voici Pacôme, plus jeune de quarante ans que saint

Antoine, mais mort avant lui; né païen, soldat sous Constantin avant d'être moine, il pratique dans la solitude une discipline cent fois plus austère que celle des camps; pendant quinze ans, il ne se couche pas et ne dort que debout, appuyé contre un mur ou à peine assis sur un banc de pierre, après deux journées qu'il a remplies par les travaux les plus rudes, comme charpentier, maçon, cureur de puits. Il donne une règle écrite, complète et minutieuse, et dont le texte lui fut apporté du ciel par un ange, aux cénobites qu'Antoine avait régis par son enseignement oral et son exemple. Il fonde sur le Nil, à Tabenne, dans la Haute-Thébaïde, le premier monastère proprement dit, ou plutôt une congrégation de huit monastères, gouvernés chacun par un abbé, mais unis par un lien étroit et soumis au même supérieur général. Plusieurs milliers de religieux les peuplent; et quand Athanase, déjà célèbre par son zèle contre l'arianisme, par ses glorieuses luttes avec l'empereur Constance, sort d'Alexandrie et remonte le Nil pour aller visiter, jusque dans la Haute-Thébaïde, ces nombreuses communautés dont la fidélité lui semblait le principal boulevard de l'orthodoxie, Pacôme mène au-devant de lui une immense troupe de moines, parmi lesquels il dissimule par humilité sa propre présence, tous chantant des hymnes, tous enflammés de l'esprit qui devait vaincre et enterrer toutes les hérésies.

« Après Pacôme, en qui on s'accorde à reconnaître le premier régulateur de la vie religieuse, voici Ammon, l'ami de jeunesse d'Antoine, riche comme lui, mais de plus marié; il vit pendant dix-huit ans avec sa femme comme avec une sœur, puis se retire au désert et fonde le premier une communauté sur la célèbre montagne de Nitrie, aux confins de la Lybie, où plus de cinq mille moines viennent bientôt établir une sorte de république religieuse afin d'y vivre dans le travail et la liberté.

« Après Ammon, nous rencontrons les deux Macaire, l'un dit l'Égyptien ou l'Ancien, qui s'établit le premier dans le vaste désert de Scété, entre le mont Nitrie et le Nil; l'autre, dit l'Alexandrin, qui, parmi de si nombreux pénitents, se signale par l'incroyable rigueur de ses austérités. Pour dompter la révolte de sa chair, il se condamne à rester pendant six mois dans un marais et à exposer son corps nu aux piqûres de ces moucherons d'Afrique, dont le dard peut traverser jusqu'au cuir des sangliers. Lui aussi écrit une règle à l'usage des solitaires qui vivaient en foule autour de lui.

« Ces deux patriarches des déserts occidentaux de l'Égypte sont exilés ensemble par les ariens, qui redoutaient leur zèle pour l'orthodoxie. Ils traversent le Nil sur un ponton lorsqu'ils y font la rencontre de deux tribuns militaires, avec un grand appareil de chevaux à brides dorées, d'équipages, de soldats, de pages couverts de bijoux. Les officiers regardent longtemps ces deux moines couverts de vieux habits et humblement assis dans un coin de la barque. Il y avait de quoi considérer, en effet, car sur cette barque se trouvaient en présence deux mondes : l'antique Rome, dégradée par les empereurs, et la nouvelle république chrétienne, dont les moines étaient les précurseurs. Comme on approchait du bord, un des tribuns dit aux cénobites : « Vous « êtes heureux, car vous vous moquez du monde. — C'est « vrai, répondit l'Alexandrin, nous nous moquons du monde, « tandis qus le monde se moque de vous, et vous avez dit « plus vrai que vous ne le pensez ; nous sommes heureux « de fait et de nom, car nous nous appelons Macaire, c'est- « à-dire, *heureux* (Μακαριος), » — Le tribun ne dit plus rien; mais rentré chez lui il renonce à ses richesses, à son état, et va chercher le bonheur dans la solitude. »

Tels sont les grands hommes qui transformèrent en un vaste sanctuaire, à l'honneur de Dieu, le désert que je parcours, les deux Thébaïdes et toutes les solitudes de l'Égypte.

Ajoutons, avec M. de Montalembert, auquel j'emprunte ces détails, que rien dans leur prodigieuse histoire, n'est incroyable comme le nombre de héros qu'ils firent surgir autour d'eux.

« C'était une sorte d'émigration des villes au désert, de la civilisation à la simplicité, du bruit au silence, de la corruption à l'innocence. Une fois le courant établi, des flots d'hommes, de femmes, d'enfants s'y précipitent, et y coulent pendant un siècle avec une force irrésistible. Citons quelques chiffres. Pacôme, mort à cinquante-six ans, compte trois mille moines sous sa règle ; ses monastères de Tabenne en renfermèrent bientôt sept mille, et saint Jérôme affirme qu'on en vit jusqu'à cinquante mille à la réunion annuelle de la congrégation générale des monastères qui suivaient sa règle.

« On en comptait, comme nous venons de le dire, cinq mille sur la seule montagne de Nitrie. Rien n'était plus fréquent que de voir deux cents, trois cents, cinq cents moines sous un seul abbé. Près d'Arsinoé (aujourd'hui Suez), l'abbé Sérapion en gouvernait dix mille, qui, au temps de la moisson, se répandaient dans la campagne pour scier les blés et gagner ainsi de quoi vivre et faire l'aumône. On va jusqu'à affirmer qu'il y avait en Égypte autant de moines au désert que d'habitants dans les villes. Les villes mêmes en étaient comme inondées, puisqu'en 356 un voyageur trouva dans la seule ville d'Oxyrynchus, sur le Nil, dix mille moines et vingt mille vierges consacrés à Dieu.

. . . .

« Ambitieux à la fois de réduire en servitude leur chair révoltée, et de pénétrer les secrets de la lumière céleste, ces cénobites unissaient dès lors la vie active à la vie contemplative. On connaît les travaux variés et incessants qui remplissaient leurs journées. Dans les grandes fresques du Campo-Santo de Pise....... on les voit dans leurs grossiers vêtements noirs et bruns, le capuchon sur la tête, quelquefois le manteau de poil de chèvres sur les épaules, occupés à défoncer le sol, à abattre des arbres, à prêcher dans le Nil, à traire leurs chèvres, à recueillir les dattes qui leur servaient de nourriture, à tresser des nattes sur lesquelles ils devaient mourir. D'autres sont absorbés par la lecture ou la méditation des saintes Écritures. Ainsi que le dit un saint, les cellules réunies dans le désert étaient comme une ruche d'abeilles. Chacun y avait dans ses mains la cire du travail, dans sa bouche le miel des psaumes et des oraisons. Les journées se partageaient entre l'oraison et le travail. Le travail se partageait entre le labourage et l'exercice de divers métiers, surtout la fabrication de ces nattes, dont l'usage est encore si universel dans les pays du Midi. Il y avait aussi parmi ces religieux des familles entières de tisserands, de charpentiers, de corroyeurs, de tailleurs, de foulons; chez tous le labeur était doublé par la rigueur d'un jeûne presque continuel. Toutes les règles des patriarches du désert prescrivent l'obligation du travail, et toutes ces saintes vies l'imposaient encore bien mieux par leur exemple. On ne cite, on ne découvre aucune exception à ce précepte; les supérieurs étaient les premiers à la peine. Quand Macaire l'Ancien vint visiter le grand Antoine, ils se mirent aussitôt à faire des nattes ensemble, tout en conférant de choses utiles aux âmes; et Antoine fut si édifié du zèle de son hôte, qu'il lui baisa les mains en disant : « Que de vertus il sort de ces mains! »

« Chaque monastère était donc une grande école de travail, et en même temps une grande école de charité. Ils pratiquaient cette charité, non-seulement les uns à l'égard des autres, et envers les pauvres habitants des contrées voisines, mais surtout à l'égard des voyageurs que les besoins du commerce ou du service public appelaient sur les rives du Nil, et des pèlerins nombreux que leur renommée croissante attirait au désert. Jamais on n'avait vu exercer une hospitalité plus généreuse, ni fleurir à ce point cette miséricorde universelle que le christianisme avait introduite dans le monde. Mille traits de leur histoire révèlent la plus tendre sollicitude pour les misères du pauvre. Leurs prodigieuses abstinences, leurs macérations cruelles, cette pénitence héroïque qui constituait comme le fond de leur vie, rien de tout cela n'étouffait en eux la conscience de la faiblesse et des besoins d'autrui. Tout au contraire, ils avaient appris les secrets de l'amour du prochain dans cette lutte de tous les jours contre l'ardeur sensuelle de leur jeunesse, contre les insurrections toujours renaissantes de la chair, contre les souvenirs et les tentations du monde. Le Xenodochium, c'est-à-dire l'asile des pauvres et des étrangers, formait dès lors un appendice essentiel de tout monastère. On rencontre dans leur histoire les combinaisons les plus ingénieuses et les plus gracieuses inspirations de la charité. Il y avait tel monastère qui servait d'hôpital aux enfants malades, et devançait ainsi une des touchantes créations de la bienfaisance moderne ; tel autre, dont le fondateur, après avoir été lapidaire dans sa jeunesse, avait transformé sa maison en hospice pour les lépreux et les estropiés des deux sexes. « Voilà, disait-il, « en montrant aux dames d'Alexandrie l'étage supérieur « réservé aux femmes, voilà mes jacinthes ; » puis, en les conduisant à l'étage en bas, où étaient les hommes : « Voici « mes émeraudes ».

« Ils n'étaient durs qu'à leur propre endroit. Ils l'étaient avec cette imperturbable confiance qui donne la victoire. Et cette victoire, ils la remportèrent complète et immortelle dans les conditions les plus défavorables. Sous un ciel de feu, dans un climat qui a toujours semblé la cause ou l'excuse du vice, dans une contrée livrée de tous temps à tous les relâchements, à toutes les dépravations, il y eut des milliers d'hommes qui, pendant deux siècles, surent s'interdire jusqu'à l'ombre d'une satisfaction sensuelle, et se faire de la plus rigoureuse mortification une règle universelle, comme une seconde nature.

« Aux travaux purement manuels, aux exercices de la pénitence la plus austère, aux soins de l'hospitalité et de la charité, ils savaient mêler la culture de l'esprit, l'étude des saintes Lettres. Il y avait à Tabenne une famille spéciale de lettrés qui savaient le grec. La règle de saint Pacôme faisait de la lecture de diverses parties de la Bible une obligation stricte. Tout religieux devait d'ailleurs savoir lire et écrire. Se mettre en état de lire l'Écriture était le premier devoir imposé aux novices.

« Parmi eux, on comptait beaucoup de savants, de philosophes, nourris dans la science antique des écoles d'Alexandrie, et qui avaient dû porter au désert un trésor de connaissances diverses. La solitude leur apprenait à les purifier au creuset de la foi. Elle doublait la force de leur esprit. Nulle part, la science nouvelle, la théologie, n'avait des adeptes plus profonds, plus convaincus, plus éloquents. Aussi ne redoutaient-ils aucune polémique avec leurs anciens compagnons d'étude ou de plaisir; et, quand ils avaient réfuté et confondu les sophistes hérétiques, ils ouvraient avec bonheur leurs bras et leurs cœurs aux évêques et aux confesseurs orthodoxes qui venaient chercher auprès d'eux un abri.....

« Lorsque vers le soir, à l'heure de none, après une journée étouffante, tous les travaux s'interrompaient, et que du milieu des sables, du fond des cavernes, des hyogées, des temples païens dépeuplés de leurs idoles, et de tous ces vastes tombeaux d'un peuple mort, le cri d'un peuple vivant montait au ciel ; lorsque partout et tout à coup l'air retentissait des hymnes, des prières, des chants pieux et graves, tendres et joyeux, de ces champions de l'âme, de ces conquérants du désert, célébrant dans la langue de David la louange du Dieu vivant, les actions de grâces de l'âme affranchie, les hommages de la nature vaincue, alors le voyageur, le pèlerin, le nouveau chrétien surtout s'arrêtait éperdu ; et, ravi aux sons de ce concert sublime, il s'écriait : « Voilà donc le paradis ! »

« Allez, disait dès lors le plus éloquent des docteurs de l'Église, allez dans la Thébaïde, vous y trouverez une solitude plus belle encore que le paradis, mille chœurs d'anges, sous une forme humaine, des peuples de martyrs, des armées de vierges, le tyran diabolique enchaîné et le Christ triomphant et glorifié ! »

Quelle merveilleuse légende que celle du désert ! Que de leçons à recueillir, — et quels enseignements !

Ainsi l'Égypte, cet antique et mystérieux berceau de l'histoire, fut encore choisie pour être la mère d'un monde nouveau créé par la foi et la vertu chrétiennes. La vie monastique et religieuse y fut inaugurée : « les grands capi« taines de la guerre de l'âme contre la chair » y firent leurs premiers exploits ; et les Athanase, les Éphrem, et les Jérôme, en racontant les vertus de ses héros, immortalisèrent sa Thébaïde parmi le peuple chrétien.

J'ai toujours envié le bonheur de l'un de nos anciens missionnaires, le P. Sicard. Attaché à notre maison du Caire, il fut chargé par ses supérieurs de visiter l'Égypte, afin de préparer un plan général de mission; il vit les monastères de Saint-Paul, celui de Saint-Antoine, et les principales laures de la Thébaïde. Que ne puis-je avoir la même fortune? Mais l'obéissance m'appelle ailleurs. Il faut que je passe sans m'arrêter, et je marche toujours vers Suez. La locomotive m'entraîne sur une surface plate et sablonneuse, solidifiée par les pluies et balayée par le vent.

De loin en loin, de larges sillons m'indiquent le passage des torrents de l'hiver. Partout la stérilité m'entoure, et, sauf le bruit de la machine, partout le silence formidable du désert. Le vent soulève la poussière; j'ai beau fermer les vasistas, elle pénètre à travers les moindres fissures, et le wagon en est rempli. A moitié chemin, nous rencontrons une baraque en planches. Un homme qui parle français y vend des liqueurs, des gâteaux et de l'eau que lui apportent les wagons. Nous y stationnons dix minutes, et nous reprenons notre élan. Enfin nous atteignons les montagnes Altaka, et nous arrivons à Suez, au bord de la mer Rouge.

Pauvre ville, à peine habitée par quinze cents habitants, Suez ne possède pas même une fontaine. Tous les jours, le chemin de fer lui apporte le tribut du Nil au moyen de wagons citernes, dont la partie inférieure reçoit l'eau en venant, et la partie supérieure des marchandises, au retour.

Je m'étais bien promis de ne pas séjourner longtemps dans ce lieu presque maudit. Mon cheik et mes chameliers m'attendaient depuis la veille, sur le sable, en plein soleil, comme d'autres s'étendraient à l'ombre sur un gazon verdoyant. Je leur donnai l'ordre de charger aussitôt. L'opération ne se fit pas sans des cris tumultueux et des disputes interminables. Cependant, après une heure, j'étais installé sur la bosse de mon chameau, et je donnais le signal du départ. Il était quatre heures du soir. J'avais décidé que nous irions coucher aux Fontaines de Moïse.

XIII.

LA CARAVANE.

Entre deux golfes étroits formés par la mer Rouge, une presqu'île s'avance au milieu des flots. Elle forme un triangle dont la base part de Suez pour aller finir à soixante lieues, près du village de Kalaat-el-Akabah, et dont les côtés inégaux mesurent soixante-quinze lieues de Suez, et cinquante seulement de Kalaat jusqu'à son sommet, appelé Ras-Mohammed.

Comme pittoresque et gracieux, c'est la dernière des régions du globe. Sables brûlants, rochers abruptes et sans verdure, absence presque entière d'eau potable, chaleur étouffante, tout ce qui constitue le désert dans son horreur, est le triste apanage de cette presqu'île. Mais, dans les annales du monde, les traditions bibliques lui assurent une prééminence que Jérusalem seule est capable de lui disputer.

Le Sinaï lui a donné son nom. C'est là que Moïse vit une

apparition du Très-Haut dans le buisson ardent; là qu'il reçut une mission sublime. C'est là que les Israélites se réunirent au pied de la montagne de Dieu, après la sortie d'Égypte. C'est là qu'au sein des nuées étincelantes, au bruit des tonnerres, à la lueur des éclairs, au son de la trompette des anges, le Seigneur révéla ses lois au monde.

Malgré les horreurs du désert, nous nous mettrons en route sous la conduite des anges, et nous irons jusqu'à la montagne où Dieu a parlé aux hommes, et nous verrons les merveilles de la droite du Très-Haut.

Quatre mille Bédouins à peu près, divisés par tribus, s'en vont errants dans ces solitudes, dressant ou repliant leurs tentes selon le temps ou les saisons : à part cette population nomade, il n'y a d'êtres vivants que des serpents à l'haleine dévorante, des scorpions et des vipères, qui menacent l'étranger voyageur, comme ils épouvantaient les Juifs coupables. Je pars, seul Européen, pour un voyage de seize jours à travers cette contrée pleine d'horreurs, « dont « les sables et les rochers semblent avoir gardé je ne sais « quelle stupeur, depuis la sublime entrevue de Moïse avec « Jéhovah. » Nous marcherons avec précaution, évitant la rencontre des hommes plus encore que celle des animaux féroces, car les Bédouins vivent de pillage et de rapine.

J'ai dû modifier mon costume pour me garantir d'un soleil trop ardent. De larges souliers rouges à la bédouine, un manteau blanc en étoffe du pays, un bonnet de poil de chameau, un *keffié* ou voile aux couleurs jaunes et rouges, m'enveloppent des pieds à la tête, et font de moi une sorte de paquet informe fixé sur la bosse d'un dromadaire.

J'emmène un jeune Maronite, appelé Daybès, qui m'accompagne depuis Beyrouth; avec lui, un vieil Égyptien, à la barbe grise, aux yeux chassieux, marche sans bas ni souliers, vêtu d'une robe bleue, et la tête couverte d'un turban de calicot blanc. Daybès est drogman, guide, major-dome, chef du service ; l'Égyptien s'intitule cuisinier.

Viennent ensuite les Bédouins. Un petit homme fortement cuivré, maigre, sec, et sans apparence de santé, est celui qui a passé le contrat avec Daybès. Il est de race patricienne parmi les tribus du désert. On l'appelle le cheik, c'est-à-dire le chef, le maître, le seigneur auquel tous doivent obéir. Son cousin Mouça marche à côté de lui. Mouça est plus que bronzé, il est à peu près noir. Ses yeux sont méchants. Ses grosses lèvres rouges ont l'air ensanglantées par le carnage. Il était derrière le cheik au moment où nous débattions, chez le consul de France, les conditions du contrat, et il le poussait à la résistance. Son aspect m'inspira, dès l'abord, des soupçons malheureusement trop fondés. Après le cheik et Mouça, il n'y avait plus que les chameliers sans importance, uniformément vêtus d'une simple chemise, serrée autour des reins avec une courroie. Un mauvais bonnet de laine abritait si peu leur tête, que, dans la forte chaleur, ils étaient contraints de relever leur chemise en guise de voile.

Le cheik, sans prétentions d'ailleurs, avait emporté sa robe de soie rouge pour les occasions solennelles. Quelquefois, il la laissait avec les bagages ; d'autrefois, il la portait sur lui, mais ordinairement il avait soin de mettre sa chemise par-dessus de peur de la gâter. J'avoue que je n'envisageais pas sans un certaine appréhension la perspective d'un assez long voyage au désert en pareille compagnie. Mais il faut savoir prendre son parti. Si on se laisse aller à penser au danger de la solitude, à celui des voleurs et des assassins, à la possibilité d'une maladie sans secours et sans médecin, tout est perdu. Le voyage est impraticable, d'autant qu'il ne faut compter sur aucune distraction. On est livré exclusivement à soi-même, et il n'y a de conversation possible qu'entre son âme et Dieu. Cela suffit assurément, je le sais par une douce expérience. Saint Jérôme ne se trouvait jamais moins seul que dans la solitude ; ainsi en peut-il être pour tous les voyageurs du désert, mais encore faut-il connaître la précieuse recette ; autrement, je regarde comme téméraire une expédition au Sinaï dans les conditions où je me suis trouvé. La possibilité de tomber entre les mains des Bédouins est peut-être moins redoutable que celle de devenir victime d'une folle imagination.

Le voyage à cheval serait le plus prompt, le moins fatiguant, le plus propre à distraire. Dans ces plaines immenses on dévorerait l'espace ; et la seule faculté de changer d'allures couperait la monotonie de la marche ; mais le manque d'eau potable rend cette combinaison difficile et coûteuse. Le vice-roi d'Égypte, sans doute, a pu arriver au Sinaï dans un char à quatre chevaux : lorsqu'on dispose d'un revenu de quatre-vingts millions, rien n'empêche d'envoyer d'avance des caravanes, de poster de loin en loin des pourvoyeurs avec des provisions de toute espèce, de faire dresser des tentes de distance en distance, préparer des mets royaux, étendre des tapis, disposer des sophas et des lits de repos ; mais la masse des voyageurs, les missionnaires surtout, doivent renoncer à de tels moyens. Le chameau qui supporte aisément la soif, ignore la fatigue, et se nourrit à peine d'autre chose que d'air et de soleil, le chameau est le vrai moyen de transport. On l'a bien nommé le navire du désert.

Ma caravane comprenait deux espèces de chameaux parfaitement distinctes. En Europe, on croit volontiers que le nombre des bosses fait la principale différence de cette race d'animaux ; mais les Bédouins m'apprirent à les distinguer tout autrement. Il m'offrirent un hedjin pour monture, et chargèrent mes bagages sur un djémel ; or, l'un et l'autre n'avaient qu'une bosse.

Le djémel est pesant. Toujours au pas, il fournit une lieue seulement à l'heure. Le hedjin, au contraire, est mince et léger. Si vous lui imposiez la charge du djémel, il entrerait en fureur, courrait à s'emporter, rejetterait le fardeau, et deviendrait indomptable. C'est le cheval de selle : son allure saccadée brise et disloque les membres délicats, mais il accélère le voyage, et dévore l'espace de trois lieues en une heure.

S'établir sur cette énorme monture n'est pas chose facile pour la première fois. L'escalader debout serait vouloir enjamber une montagne. On force donc l'animal à se coucher pour recevoir ou déposer son cavalier. Lorsqu'on est dessus, il relève à demi son arrière-train avec une énorme secousse, qui vous jette rudement sur son cou. Un second soulèvement d'avant en arrière vous renvoie sur sa croupe, et l'animal se balance un instant sur ses quatre genoux. Alors, par deux autres mouvements semblables aux premiers, il parvient à se dresser sur ses pieds. Habile doit être la gymnastique du voyageur novice, s'il veut garder son équilibre. Heureusement, les bourreliers arabes ont l'ingénieuse précaution de fixer à l'avant et à l'arrière du bât une tige de bois perpendiculaire. On se cramponne à celle de derrière si le chameau s'agenouille, à celle de devant lorsqu'il se relève ; ainsi, l'on évite de glisser sur la queue ou sur les oreilles de son dromadaire. Avec un peu d'habitude, l'opération devient fort simple. Ce qui demande une plus grande dextérité, c'est la manière de conduire sa monture. Impatient du mors, le chameau ne supporte qu'une simple corde passée autour de son cou. Or, le difficile est de faire bon usage de la corde ; selon la manière dont elle est agitée, le hedjin se couche, se lève, marche, court, s'arrête. On conçoit le danger d'un faux mouvement avec des animaux trop vifs. Un malheureux brisé par le trot, veut-il s'arrêter ; il tire la corde fatale. Mais l'animal de prendre le change, de s'imaginer qu'on lui dit d'aller plus vite, de presser le trot, et d'augmenter indéfiniment les douleurs de l'infortuné qui se demande avec effroi si ses membres resteront unis, ou si, fendu jusqu'à la tête, il ne sèmera pas à droite et à gauche les deux moitiés de sa personne.

Mon jeune dromadaire, à peu près blanc, orné de tout son poil, pouvait presque viser à l'élégance. Celui de mon guide était noir, et ne faisait que grogner. Quatre chameaux portaient nos provisions : l'un d'entre eux était chargé d'eau. Deux tonneaux, cerclés de fer, pendaient le long de sa bosse. Ils étaient fermés avec un cadenas : précaution nécessaire contre nos Bédouins, qui auraient bu notre eau sans s'inquiéter autrement s'ils nous exposaient à mourir de soif. Une tente verte, ornée de festons rouges, un tabouret pliant, une table également pliante, un petit lit de campement formaient la charge du second chameau. Le troisième portait le cuisinier égyptien avec son charbon et sa modeste batterie de cuisine. Le quatrième, avec la petite ration de maïs nécessaire à ses compagnons et à lui, était chargé de nos provisions de bouche : riz, pâtes, figues, dattes, oranges et farine pour faire du pain. Huit poules, enfermées dans une cage de palmier, se tenaient fièrement sur sa bosse, criant, picorant comme elles pouvaient parmi les provisions, et surtout nous faisant des œufs avec une persévérance digne d'éloge.

Je les avais emportées exclusivement pour les manger. Elles voulurent me rendre un autre genre de service, et vraiment c'était fort à propos, car mon Égyptien avait bien fait au Caire une petite caisse de soixante œufs ; mais, dès le premier jour, une discussion s'était élevée parmi les Arabes sur la manière de charger. Chacun voulant épargner son chameau sans pitié pour celui du voisin, on avait jeté les bagages par terre, on se les était renvoyés de l'un à l'autre, si bien qu'après la dispute, l'omelette se trouvait complète, et nous avions une ressource de moins.

Mais six heures se sont écoulées depuis notre départ de Suez, six mortelles heures ! Nous avons contourné la pointe de mer qui s'avance dans les sables au-dessus de Suez, assujettis à ce mouvement d'avant en arrière que produit le pas du chameau ; il est temps de songer au repos, la nuit est venue. Le silence est complet autour de nous. Nous sommes heureusement *aux Fontaines de Moïse.* Je fais agenouiller mon chameau. Je m'étends à terre sur mon tapis. Mes Arabes dressent ma tente. Mon vieux cuisinier allume son charbon et dispose ses casseroles. Nous souperons ici, nous y dormirons, et demain nous repartirons de bonne heure.

XIV

L'ARABIE PÉTRÉE.

Les *Fontaines de Moïse* au bord desquelles j'ai dressé ma tente, sont un rendez-vous célèbre : cachées dans la verdure, elles offrent de l'ombre et de la fraîcheur, trésor inappréciable au désert; mais surtout elles rappellent un des faits les plus extraordinaires de l'histoire du monde.

Après que « Moïse, âgé de quatre-vingts ans, se fut présenté douze fois devant Pharaon pour lui commander, de la part de Dieu, de laisser sortir les enfants d'Israël de la terre d'Égypte »;

Après qu'il eut « changé en serpent la verge que son frère Aaron tenait dans sa main »;

Après qu'il eut « étendu sa droite sur les eaux de l'Égypte, et sur les fleuves, et sur les ruisseaux, et sur les marais, et sur tous les lacs, et qu'il les eût changés en sang, de sorte que les poissons mourussent, et les Égyptiens ne pussent boire de l'eau, parce qu'il n'y avait que du sang sur la terre d'Égypte » ;

Après qu'il eut fait « monter des rivières et des marais une multitude de grenouilles qui entrèrent jusque dans le palais du roi et en la chambre où il couchait, et envahirent son lit, et pénétrèrent dans la maison de ses serviteurs et dans les demeures de son peuple, au point de les rendre inhabitables » ;

Après qu'il eut « frappé la poussière de la terre pour la convertir en moucherons qui s'attachaient aux hommes et aux bêtes » ;

Après qu'il « eut envoyé contre Pharaon et contre ses serviteurs, et contre son peuple, et en ses maisons, une nuée de mouches, jusqu'à ce que les demeures des Égyptiens en fussent remplies, tandis qu'il n'y en avait point dans la terre de Gessen, parmi les Hébreux » ;

Et quand il eut « étendu la main sur les champs, sur les chevaux, sur les ânes, sur les chameaux, sur les brebis et sur les bœufs des Égyptiens, comme une terrible contagion; et que tous les troupeaux des Égyptiens furent morts, sans qu'aucun animal des troupeaux des enfants d'Israël mourût » ;

Et quand « ayant rempli ses mains de la cendre du foyer, il l'eut jetée vers le ciel en présence de Pharaon, et que cette cendre s'étant répandue sur toute la terre d'Égypte, des ulcères et des tumeurs se formèrent sur les hommes et sur les bêtes dans tout le royaume » ;

Et quand il eut « frappé le roi et son peuple de la peste » ;

Et quand il eut « étendu la main vers le ciel pour que le Seigneur envoyât la grêle, le tonnerre et les éclairs ; et que la grêle et le feu furent tombés ensemble ; et que la grêle fut si forte que jamais on n'en avait vu de pareille dans toute la terre d'Égypte depuis qu'elle avait été habitée, et qu'elle frappa tout ce qui était dans les champs, depuis les hommes jusqu'aux animaux, et qu'elle détruisit toute l'herbe des champs, et brisa tous les arbres de la contrée, en épargnant toutefois la terre de Gessen, où étaient les enfants d'Israël » ;

Et lorsqu'il eut « encore étendu sa verge sur la terre d'Égypte, afin qu'un vent brûlant du jour et de la nuit amenât des multitudes de sauterelles, qui se répandirent en si grand nombre dans toutes les provinces qu'il n'y en avait jamais eu de semblables auparavant et qu'il n'y en aura jamais à l'avenir, et qu'elles couvrirent toute la surface de la terre, et que toute l'herbe fut dévorée avec les fruits des arbres que la grêle avait épargnés, de sorte qu'il ne resta rien de vert sur les arbres ni dans les champs » ;

Et lorsque, « durant trois jours, il eut couvert l'Égypte de ténèbres si horribles que nul ne vit son frère, et nul ne put quitter le lieu où il était, tandis que la lumière était partout où habitaient les enfants d'Israël » ;

Et lorsqu'enfin « l'ange exterminateur eut frappé tous les premiers-nés, depuis le premier-né de Pharaon, qui était assis sur son trône, jusqu'au premier-né de la femme esclave qui était en prison, et tous les premiers-nés des animaux ; épargnant les Hébreux dont les portes étaient marquées du sang de l'agneau pascal » ;

« Pharaon s'était levé dans la nuit, et avec lui tous ses ses serviteurs et toute l'Égypte ; et un grand cri s'était élevé de tous les points du royaume, car il n'y avait pas de maison où il n'y eût un mort » ; et le cœur de Pharaon avait enfin fléchi, et il avait permis aux enfants de Jacob de s'en aller au désert, et ils étaient partis.

« Et l'on vint dire au roi des Égyptiens que le peuple « s'enfuyait ; et le cœur de Pharaon et de ses serviteurs « fut changé à l'égard de ce peuple, et ils dirent : « Qu'avons-nous fait en laissant aller Israël afin qu'il ne « nous serve plus ? — Il fit donc atteler son char, et prit « tout son peuple avec lui. Et il emmena six cents chariots « d'élite et tous les chars de l'Égypte, et les chefs de toute « l'armée. Et le Seigneur endurcit le cœur de Pharaon, « roi d'Égypte ; et Pharaon poursuivit les enfants d'Israël ; « mais ils étaient sortis par la puissance du bras de Dieu !

« Et comme les Égyptiens les suivaient de près, ils « les trouvèrent campés sur les bords de la mer.

. . . .

« Et quand Pharaon se fut approché, les enfants d'Is- « raël, levant les yeux, virent les Égyptiens derrière eux, « et ils furent dans l'effroi, et ils crièrent vers le Seigneur. « Et ils dirent à Moïse : Il n'y avait peut-être pas de tom- « beaux en Égypte : c'est pourquoi tu nousa as menés, afin « que nous mourions dans le désert. Pourquoi as-tu voulu « nous tirer de l'Égypte ? . . . . — Et Moïse répondit au « peuple : Ne craignez point, arrêtez-vous ; et considérez « les merveilles que le Seigneur fera aujourd'hui ; car les « Égyptiens que vous voyez à présent, vous ne les verrez « plus jamais. Et le Seigneur combattra pour vous, et vous « demeurerez dans le silence.

« Et le Seigneur dit à Moïse : Pourquoi cries-tu vers « moi ? Dis aux enfants d'Israël qu'ils marchent. Et toi, « élève la verge ; et étends ta main sur la mer, et divise-la, « afin que les enfants d'Israël marchent au milieu de la « mer à pied sec, et j'endurcirai le cœur des Égyptiens, afin « qu'ils vous poursuivent ; et je serai glorifié en Pharaon « et en toute son armée, et en ses chars, et en ses cava-

« liers; et les Égyptiens connaîtront que je suis le Seigneur, « quand je serai glorifié en Pharaon, et en ses chars, et « en sa cavalerie.

« Or, l'ange de Dieu, qui marchait devant le camp d'Is- « raël, alla derrière eux, et, avec lui, la colonne de nuée « qui était devant, parut derrière. Elle s'établit entre « l'armée des Égyptiens et l'armée d'Israël ; et la nuée « était ténébreuse du côté des Égyptiens, et elle éclairait « la nuit du côté des Hébreux, de manière que les deux « armées ne purent approcher l'une de l'autre pendant « toute la nuit.

« Et lorsque Moïse eut étendu la main sur la mer, le « Seigneur divisa les eaux par un vent impétueux et brû- « lant, qui souffla toute la nuit, et il mit la mer à sec, et « l'eau fut partagée. Et les enfants d'Israël entrèrent au « milieu de la mer à pied sec, et les eaux s'élevèrent « comme une muraille à droite et à gauche. Les Égyptiens « les poursuivant, entrèrent après eux au milieu de la mer, « et toute la cavalerie de Pharaon, et ses chars, et ses ca- « valiers entrèrent.

« Et le matin étant venu, voilà que le Seigneur, regar- « dant à travers la colonne de feu et de nuée le camp des « Égyptiens, détruisit leur armée, et il renversa les roues « des chars, et ils furent entraînés au fond de la mer. Les « Égyptiens, dirent donc : Fuyons Israël, car le Seigneur « combat pour eux contre nous. — Et le Seigneur dit à « Moïse : Etends ta main sur la mer, afin que les eaux re- « tournent sur les Égyptiens, et sur leurs chars, et sur « leurs cavaliers. — Et lorsque Moïse eut étendu la main « sur la mer, la mer retourna, dès le matin, en son pre- « mier lieu; et les eaux vinrent à la rencontre des Égyp- « tiens qui s'enfuyaient ; et le Seigneur les enveloppa au

« milieu des flots. Et les eaux retournèrent, et elles cou-
« vrirent les chars et les cavaliers de toute l'armée de Pha-
« raon, qui, en poursuivant Israël, étaient entrés dans la
« mer ; et il n'en resta pas un seul.

« Mais les enfants d'Israël s'avancèrent au milieu de la
« mer, et les eaux étaient comme une muraille à droite et
« à gauche. Et, en ce our-là, le Seigneur sauva Israël de
« la main des Égyptiens. »

C'est du lieu même où je suis campé, que les Hébreux virent l'effroyable catastrophe de Pharaon. Ma première nuit se passa douce et tranquille dans ce port du salut. Le lendemain, dimanche des Rameaux, il me fut permis de célébrer la messe, grâce à ma petite chapelle de missionnaire. Au milieu d'une plaine sans fin l'autel était dressé. Les premières lueurs du jour commençaient à paraître : nul bruit, nul souffle du zéphir ; mes Bédouins et leurs chameaux dormaient couchés sur le sable, ma voix seule animait la solitude. Je disais : « Hosanna au fils de « David ! béni soit celui qui vient au nom du Seigneur ! » J'admirais la miséricorde de Jésus-Christ qui voulait bien descendre au désert pour moi seul et mon jeune drogman. En action de grâces, je récitai avec un pieux enthousiasme le cantique de Moïse, celui qu'il fit chanter après le passage merveilleux de la mer Rouge ; et, vers six heures du matin, je me remis en route.

La chaleur fut bientôt accablante, début sévère, qui promettait de longues heures de souffrance. Sans ardeur, marchant uniquement pour gagner du terrain, j'avançais lentement sur un sol graveleux parsemé çà et là de grosses pierres. Rien n'est monotone comme l'allure du chameau dans ces plaines immenses. Je la comparais au mouvement d'une pendule. Le matin, une fois le premier pas, c'en était fait pour douze ou quinze heures; chacune des secondes de mon existence allait être invariablement marquée par ce mouvement d'avant en arrière particulier au chameau, jusqu'à l'instant où mon hedjin s'agenouillerait pour le repos de la nuit. Autour de moi, le silence le plus solennel : aucun animal vivant, pas même un oiseau égaré pour produire un effet nouveau. Nulle conversation n'était possible avec mes stupides Bédouins. Je restais silencieux : de loin en loin, une carcasse de chameau me donnait une leçon sévère ; elle me rappelait qu'au désert, il n'y a pas de soulagement possible. Le jour où la maladie vous prend, supportez-la sans remède ; si elle augmente, il faut mourir.

A part moi, j'avais réglé que je couperais les vingt-quatre heures par deux haltes, l'une au milieu de la nuit, et l'autre au fort de la chaleur. Les Bédouins mirent à l'encontre de mes projets la crainte des voleurs ou des bêtes féroces. A tort ou à raison, je dus leur céder. Au fait, si l'on veut s'en faire protéger, n'est-il pas naturel de se soumettre aux précautions qu'ils disent nécessaires. Je fis donc mes quatorze heures d'affilée. Au moins, si de temps en temps le pays m'eût présenté des cavernes ou quelque ombrage pour léger qu'il fût, j'aurais laissé marcher les Arabes devant moi, je me fusse reposé une heure ou deux avec mon drogman, et puis, lançant au trop mon hedjin, j'eusse rejoint la caravane. Mais, sans ombre, comment stationner sur un sable brûlant? mieux valait me résigner et marcher toujours. Une fois, j'essayai de quelques pas à pied pour faire de la variété ; mais le remède était pire que le mal. En contact immédiat avec le sable, j'en éprouvais la réverbération semblable aux émanations d'une fournaise. Perché, au contraire, sur la bosse de mon chameau, l'atmosphère me semblait moins brûlante, et j'étouffais moins. J'acquis bientôt la conviction que le meilleur était de me faire machine, ballot, paquet, de rester sur ma bête comme un colis sans volonté, et de ne plus chercher d'adoucissement à mon sort.

La dernière partie de la journée faillit m'être funeste. Nous étions à l'époque du Ramadan : pendant cette espèce de carême, les Musulmans ne peuvent ni boire, ni manger, ni même fumer depuis le lever du soleil jusqu'à son coucher. Or, mes Bédouins faisaient le Ramadan. Lorsque les derniers feux du jour eurent cessé de briller à l'horizon, ils se rappelèrent qu'ils avaient l'estomac vide depuis le matin, et ils voulurent s'arrêter, dresser ma tente et préparer leur souper sans retard ; mais j'étais résolu à marcher quatorze heures par jour ; je ne voulus rien entendre. Les Arabes murmurèrent. Bientôt mon drogman m'avertit qu'on tramait un complot, et que mon vieux cuisinier lui-même était de la partie. Je répondis en poussant mon chameau et marchant à la tête de la caravane comme pour l'entraîner. Cependant j'entendis les voix s'élever tumultueuses derrière moi. Celle de Mouça dominait toutes les autres : on criait, on se disputait, et mon pauvre drogman tenait tête à l'orage. Lorsque la nuit fut bien sombre, lorsque ma montre indiqua précisément l'heure déterminée pour la halte, je fis agenouiller mon chameau, et j'ordonnai de dresser ma tente. La fureur des Arabes était à son paroxysme. Mouça et le cheik lui-même, leur fusil sur l'épaule, déclarèrent qu'ils allaient partir et m'abandonner. En effet, ils attachaient leurs chameaux à la file les uns des autres comme pour les emmener.

J'étais peu rassuré sur l'issue de cette affaire. Seul contre sept, quel avantage espérer d'une lutte corps à corps : s'ils voulaient me faire un mauvais parti, rien ne les en empêchait. Je résolus de les dominer par le sang-froid. Les dompteurs de bêtes féroces imposent aux tigres et aux lions par le regard, et par ce je ne sais quoi d'énergique et de grand qu'une âme créée à l'image de Dieu communique à nos faibles corps. Le dirai-je? C'est ordinairement par de tels moyens que l'Européen commande la soumission aux Bédouins. Impassible, je m'étendis à terre sur mon tapis, et je fis semblant de prendre mes notes de voyage : qu'aurais-je pu écrire? je n'avais rien vu de la journée, et d'ailleurs il faisait nuit. N'importe, les yeux fixés sur du papier, je barbouillais je ne sais quoi avec mon crayon pour me donner une contenance. Mon jeune drogman grinçait des dents; il me disait à demi-voix : Mon fusil est chargé, s'ils s'enfuient, je leur promets à chacun une balle dans le dos; ils iront trouver Mahomet plutôt qu'ils ne le pensaient. — Cependant, comme l'insolence de ces coquins allait toujours croissant, je pris un parti désespéré : me relevant à demi sur mon coussin, le bras tendu, l'index en avant, le regard terrible, je dis à mon drogman, avec un air de dignité sévère, de prendre un nerf de bœuf et de frapper sans pitié. Les Arabes, nous l'avons dit, ne portaient d'autres vêtements que leur chemise, et Daybès avait le bras vigoureux; les coups tombèrent drus sur l'échine de Mouça, du cheik et de quiconque se trouva près de l'exécuteur de mes justices. Les Bédouins demandèrent grâce; Daybès me regarda, et je lui fis signe de suspendre ses coups : les rebelles se mirent alors à dresser ma tente; l'Égyptien alluma son feu. Mon petit mobilier fut mis en ordre : je me levai nonchalamment, et j'entrai sous mon pavillon. Je n'étais pas encore vainqueur, j'avais seulement gagné du temps, car les Bédouins avaient dit qu'ils remettraient leur départ à minuit. Je me fis servir à dîner, paraissant toujours calme, et vraiment fort inquiet; mon ange gardien vint heureusement à mon secours. Pendant mon repas, je vis les Bédouins parler à Daybès avec mystère; et celui-ci m'avertit qu'ils demandaient à parlementer. Je répondis avec une fierté méprisante qu'ils n'en étaient pas dignes. Sur leurs instances, je les admis cependant. Le cheik s'approcha de moi : « Pardonne, maître, pardonne aux Arabes », me dit-il. Et il voulut me prendre la main pour la baiser; je la retirai avec une feinte colère. Le Bédouin s'humilia davantage. « Le diable m'a tenté, reprit-il, je ne le ferai plus. — Si le diable t'a tenté, répondis-je, ce n'est pas à ta vertu que je dois ton repentir, c'est à la cravache de mon drogman : tu ne mérites pas le pardon. — Pardonne, maître, répétait le cheik; nous ne le ferons plus. » Enfin je donnai ma main; mais le cheik seulement eut l'honneur de la baiser. Mouça ne fut pas jugé digne d'une telle faveur. — Voilà comment il faut traiter les Arabes. Moitié brutes, moitié sauvages, ils ne respectent que la force. Si on paraît faiblir, ils deviennent intraitables; mais, il faut l'avouer, on court grand risque à ce jeu sauvage : si mes Bédouins avaient eu la pensée, qu'après tout, le nombre et la force étaient pour eux, je ne sais comment les choses auraient tourné. Enfin, j'étais quitte pour cette fois. J'achevai mon repas, je fis mes prières et m'endormis.

Mais le lendemain matin, nouvel embarras. Je voulais partir avant le jour; or, on sentait encore le froid de la nuit, et les Arabes le redoutent comme nous les chaleurs tropicales : tandis que nous cherchons l'ombre contre les ardeurs du midi, un Bédouin, vêtu d'une simple chemise, va s'étendre voluptueusement en plein champ et s'endort au soleil comme sur un lit de roses fraîches. Cette nuit, mes hommes s'étaient littéralement blottis dans le sable comme des tortues, dans un long fossé circulaire, autour d'un grand feu, ils s'étaient couchés à la file, de sorte que les pieds de l'un touchassent la tête de l'autre, et ils avaient étendu leurs chemises au-dessus d'eux contre la rosée. Je dis à Daybès de leur signifier l'ordre de se lever. Pas un mouvement. — Nouvelle intimation sur un ton plus impérieux. — Maître, dit alors une voix sortie de dessous terre, les Arabes ont froid; ils marcheront ce soir aussi longtemps que tu voudras; mais, ce matin, ce n'est pas possible. — Si les Arabes ont froid, lui dis-je, je vais les réchauffer. — En même temps, écartant d'un coup de pied le petit échafaudage de chemises, je frappe sur la peau noire de Mouça et de ses compagnons rebelles avec mon nerf de bœuf. En un instant, tout le monde est debout, courant après les chemises éparses et promettant de marcher.

Ma ligne, je n'en doute pas, est exactement celle que suivirent les enfants d'Israël. Sur ma droite, la mer Rouge; à gauche, les montagnes de Rahah, qui courent parallèlement à la mer; devant moi, invisible encore, le Sinaï! Si j'en crois les voyageurs, je suis dans la zone la plus redoutée de toute la presqu'île sinaïtique. « Les indigènes eux-mêmes, dit M. Lepsius, la traversent à la hâte pour gagner les vallées intérieures, qui renferment quelques maigres pâturages, des dattes et le fruit du *nébek,* puis çà et là de rares filets d'eau, et au moins l'ombre des rochers.» J'y cherchai vainement les poules du désert, ces cailles de la Bible, que Dieu multiplia pour nourrir les Hébreux : de graves historiens prétendent les y avoir vues, mais je ne les rencontrai pas.

Vers les trois heures, nous atteignîmes le Wadi-Garandel, sorte de vallée qui produit quelques chênes verts et de petits palmiers. Pline a connu son existence; et les anciens navigateurs l'avaient assez remarqué pour que le haut du golfe de Suez, où il débouche, en reçût le nom et s'appelât *Sinus Garandra*. Il faut connaître le désert, pour apprécier cette chétive verdure. Devant une broussaille, on se retrouve comme en pays de connaissance; l'effet d'un arbuste est celui d'un visage ami. On le regarde, on compte ses feuilles; il semble qu'on doive entrer en conversation avec lui.

Un peu avant cette bonne fortune, nous en avions déjà rencontré une autre, c'était la source nommée par les Arabes Aïn-Hawarah, dans laquelle on s'accorde généralement à reconnaître la fontaine de Marah purifiée par Moïse.

« Or, Moïse sauva Israël de la mer Rouge, et ils en-« trèrent au désert de Sur ; et ils marchèrent trois jours « dans la solitude; et ils ne trouvèrent point d'eau, et ils « revinrent à Marah ; et ils ne pouvaient boire de ses eaux « parce qu'elles étaient amères. C'est pourquoi Moïse donna « un nom conforme à ce lieu en l'appelant Marah, c'est-« à-dire, amertume. Et le peuple murmura contre Moïse, « disant : Que boirons-nous ? Or, Moïse cria vers le Sei-« gneur, qui lui montra du bois ; et quand il l'eut jeté dans « les eaux, elles furent adoucies. »

J'aime à me figurer que le bois indiqué par le Seigneur fut trouvé au Wadi-Garandel. Les saints Pères nous apprennent à reconnaître dans Moïse la figure de Jésus-Christ, et dans le bois miraculeux l'image de sa croix qui adoucit l'amertume des eaux de la tribulation pour celui qui a le bonheur d'en connaître les secrètes vertus.

J'ai nommé le Wadi-Garandel. Je ne le quitterai pas sans une explication sur ce mot wadi et sur son importance topographique. Un wadi est un ravin, une dépression, une vallée, d'aspects et de proportions diverses, que les eaux envahissent aux temps des pluies et convertissent en torrents pendant des semaines et des mois, mais qui reste à sec la plus grande partie de l'année. Ordinairement d'une nudité absolue, ces wadis développent en quelques endroits une faible végétation, grâce au peu d'humidité qu'ils viennent à bout de conserver. Ils jouent le principal rôle dans la géographie du désert, si toutefois on peut décorer de ce nom les appréciations instinctives des Arabes. Négligeant les montagnes arides dont ils ne retirent aucune utilité, les Bédouins ne se donnent souvent pas la peine de leur attribuer une dénomination propre. Le Sinaï, par exemple, s'appelle tout simplement pour eux Thor, ou la montagne. Ils aiment mieux demander aux wadis les limites du désert, un terme de comparaison pour mesurer les distances, aussi bien que leurs moyens de communication. En cela, leur instinct les met d'accord avec l'Europe, où nos rivières et nos fleuves déterminent les bassins, et servent de limites aux États en même temps que de liens entre les peuples. Le wadi reçoit ordinairement son nom de la légère végétation qui le distingue ; ainsi le Wadi-Abou-Hamad doit sa qualification de *Père-des-Figuiers* à un vieil arbre de cette espèce ; le Wadi-Sidri, à ses buissons d'épines sauvages ; le Wadi-Sayal, à l'acacia ; le Wadi-Tayibah, à son *bonne* eau et à sa *belle* végétation. Trois wadis se distinguent entre tous dans la presqu'île sinaïtique ; ceux-là ne sont pas seulement le lit des torrents d'hiver, mais ils possèdent de petites sources vives. Trop faibles pour couler à la surface, les filets d'eau échappés de ces sources se distinguent seulement par une ligne de mousse, une bordure de roseaux, un palmier solitaire, ou quelques acacias, et cependant leur rareté en fait une vraie fortune, et partout où on les rencontre, on peut affirmer que ce lieu fut, dans tous les temps, une station pour les tribus errantes. Le plus remarquable de ces trois wadis se trouve précisément au pied du Djebel-Mouça, dont il fait le point principal de réunion des Bédouins durant les chaleurs de l'été. Après lui viennent les palmiers d'El-Wadi, près de Tor, sur le golfe de Suez, et le Wadi-Feyran au nord du mont Serbal.

Tels sont les wadis, dont il est si souvent question au désert. On comprend leur importance. Toute la vie s'y concentre. En dehors d'eux, il n'y a plus que désolation, tristesse et mort.

En quittant le Wadi-Garandel, j'aurais dû suivre le peuple de Dieu jusqu'à Elim, « où il y avait douze fontaines d'eau et soixante-dix palmiers ». Ces fontaines existent encore, et les soixante-dix palmiers sont devenus une forêt, au dire des voyageurs. Je leur eusse volontiers demandé l'ombre et la fraîcheur ; mais, pour abréger, je quitterai aujourd'hui même les bords de la mer, pour me jeter dans le Debbet-er-Ramleh, zone de sable qui sépare le Djebel-el-Tih du massif montagneux appelé Sinaï. J'entre résolûment dans un défilé, que nous suivrons pendant la journée de demain tout entière, et, après une ou deux heures de marche, la nuit venue, je fais dresser ma tente.

Ce soir, il y avait autour de la lune, un cercle de nuages de très-mauvais augure. Nos Arabes annoncèrent la pluie. Nous eussions été bien malheureux s'ils avaient prophétisé vrai. Lorsqu'une fois les torrents sont formés dans ces déserts, rien n'arrête leur fougue. Ils sont larges, profonds, rapides ; et le voyageur est quelquefois obligé d'attendre deux et trois jours le moment de les franchir. Je m'endormis avec la crainte d'un événement désagréable. Sur les deux heures du matin, je fus réveillé par un vent terrible, qui dissipait les nuages, mais nous menaçait d'un autre inconvénient. Il soufflait à tout renverser. Rappelant mes habitudes de Crimée, je sortis de ma tente pour visiter les piquets et consolider les cordes. Le cuisinier, qui veillait auprès de son feu, aperçut un fantôme autour de mon pavillon. Ne me reconnaissant pas dans l'obscurité, il croit à la présence d'un assassin. Il jette le cri d'alarme. Les Arabes ne bougent pas, bien entendu. Il n'y avait que moi de menacé, que leur importait? Cependant le cuisinier fit preuve de courage. Armé de son couteau, il s'élança et bientôt il recula, pétrifié et confondu, en reconnaissant son maître. Je rentrai dans ma tente, avec plus d'estime pour mon vieil Égyptien, et le calme se rétablit pour un temps.

Or, voilà qu'à cinq heures du matin, je déjeûnais pour partir, lorsqu'un violent coup de vent frappe ma tente, arrache mes piquets et emporte à distance tente, lit, table, cantines, provisions. Nous eûmes beaucoup de peine à ramasser nos objets épars; ils étaient couverts de poussière.

La journée fut insupportable. Elle était froide et agaçante. Le vent ne discontinuait pas. Sur la bosse de mon chameau, j'étais comme un homme qu'on aurait attaché au faîte d'une maison par un ouragan. Une nuit plus mauvaise que la précédente nous menaçait, et cependant nous avions grand besoin de repos. Par malheur, au déclin du jour, nous sortions de la vallée et nous quittions le terrain solide pour entrer dans le Debbet-er-Ramleh. Cette zone, élevée de cinq cents mètres à peu près au-dessus du niveau de la mer, est le seul terrain sablonneux que renferme la presqu'île. Notre mauvaise fortune nous y conduisit au moment même où nous avions le plus besoin d'un sol ferme pour fixer la tente. Cependant, à une heure de là, j'avais aperçu de grosses pierres. J'expédiai aussitôt deux Bédouins et un chameau pour les chercher. Je les fis rouler sur l'extrémité des cordes, et j'attendis l'événement. Nos anges gardiens nous protégèrent. Le vent se déchaîna sans profit contre ma frêle habitation. Elle résista aux coups les plus terribles.

Le jour du lendemain fut aussi mauvais ; mais la route devint plus variée. Elle eût été d'un intérêt immense si, au lieu de laisser sur ma droite le Wadi-Pharan et le mont Serbal, j'avais eu le temps de passer de l'autre côté à travers le Wadi-Mokatteb. Comme l'indique son nom, le Wadi-Mokatteb, ou vallée écrite, est remarquable par la multitude de ses inscriptions sinaïtiques. C'est un grand livre ouvert où les savants trouveront le dernier mot de leurs énigmes lorsqu'ils seront parvenus à déchiffrer le mystérieux langage imprimé sur les rochers. En le quittant pour entrer dans le Wadi-Pharan, on se trouve presque subitement dans une vallée où le chemin serpente à travers les frais ombrages de véritables fourrés de tamarins (*tamarix mannifera*, en arabe *tarfa*), et bientôt après au milieu d'un bois de palmiers qui s'étend à perte de vue. D'énormes dépôts de terre jaunâtre, argileuse, qui s'appuient des deux côtés contre les parois gigantesques de la vallée à une hauteur de vingt à trente mètres, ont fait penser à M. Lepsius que ce bassin formait jadis un lac, dont les eaux, avant de s'être ouvert un passage, avaient formé ces immenses alluvions. Un ruisseau limpide coule à travers les buissons ; on voit de petites maisons, des champs cultivés, et des troupeaux de moutons et de chèvres. On est au milieu d'une véritable oasis.... Aussi est-ce là que s'était élevée la ville de Pharan, la seule qu'ait jamais eue l'intérieur de la péninsule... Sur un rocher de trente mètres de haut, on voit les ruines du monastère de Pharan, qu'on trouve cité dès la fin du IVe siècle, comme siége épiscopal, et qui ne perdit ce nom qu'après la construction du grand couvent de Justinien, au milieu du VIe siècle. Au pied du mamelon gisent les débris de l'église. La ville s'étageait sur la pente opposée. Une centaine d'habitations en pierres, qui existent encore aujourd'hui, servent aux Arabes de hangars et de resserres pour leurs récoltes. Des blocs taillés, des tronçons de colonnes...., que l'on peut reconnaître dans la maçonnerie des murailles, prouvent que cette ville, qui est celle des pèlerins des XIIe, XIIIe et XIVe siècles, s'était elle-même formée des débris d'une plus ancienne.

Mais je ne verrai point ces choses, le devoir m'appelle. Avançons bravement dans le sable sous le poids de la chaleur. Demain, il faut que j'arrive au couvent Sainte-Catherine. J'admire, tout en marchant, l'aspect majestueux du mont Serbal. C'est une longue base surmontée de cinq pics. Burckhard gravit le pic oriental, qu'il croyait le plus élevé; mais le docteur Rüppel prouve que le pic occidental est le vrai point culminant. Il en a déterminé la hauteur par ses observations barométriques, à deux mille soixante mètres au-dessus du golfe de Suez. C'est un grand piton de granit, du haut duquel le regard embrasse toute la péninsule: à l'ouest, le golfe de Suez et les montagnes d'Égypte; au sud-ouest, la plaine d'El-Kaa, le port de Tor; à l'est, le massif général du Sinaï, où l'on distingue surtout le Djebel-Katharin et l'Oum-Chômer; vers l'est-nord-ouest, le vaste circuit du Wadi-Ech-Cheik, et tous les wadis dans la direction du Djebel-el-Tih. Le sommet du nord, qui est le plus bas, conserve les restes d'un bâtiment d'une époque inconnue, construit en bloc de granit et portant trois inscriptions sinaïtiques. Un savant a voulu trouver dans le Serbal la montagne où Dieu proclama sa loi. D'après lui, les premiers chrétiens l'auraient vénéré comme tel. Sans entrer dans la discussion, je me permets de n'être point du même avis. A quinze cents ans de distance, les traditions étant oblitérées, les premiers chrétiens, dont la critique n'était pas sûre, ont pu se tromper aisément. Et d'ailleurs, l'ont-ils réellement fait? Le plus fort argument serait dans les inscriptions sinaïtiques multipliées en cet endroit. Or, le Wadi-Solaf, le Wadi-Sedja et la base du Safsafeh nous en présentent de semblables; et, après tout, la reconstruction des lieux indiqués par Moïse est comme impossible si l'on prend le Serbal pour centre et point de départ. J'aime mieux m'en rapporter à la tradition commune, et je continue mon chemin vers le Wadi-Solaf, vraisemblablement indiqué par les auteurs comme le théâtre du triomphe de Moïse sur Amalec.

« Or, Amalec vint et combattit contre Israël en Ra-
« phihim.

« Et Moïse dit à Josué : Choisis des guerriers; sors, et
« combats contre Amalec. Demain, je serai au sommet de
« la colline, ayant la verge de Dieu dans ma main. Josué
« fit comme Moïse lui avait dit; et il combattit contre
« Amalec.

« Or, Moïse, Aaron et Hur montèrent sur la montagne.
« Et quand Moïse élevait les mains vers Dieu, Israël triom-
« phait; mais, quand il les baissait, Amalec l'emportait.
« Or, les mains de Moïse s'appesantissaient. Ses compa-
« gnons prirent donc une pierre et la mirent sous lui; il
« s'assit; et Aaron et Hur soutenaient ses mains des deux
« côtés, et il arriva que ses mains ne se lassèrent point
« jusqu'au soleil couché.

« Et Josué mit en fuite Amalec et son peuple par le
« tranchant du glaive. »

Belle image de la prière ! En vain l'homme forme des projets, amasse une fortune, construit des palais, réunit des armées, s'il n'appelle Dieu à son secours par la prière, l'ennemi vient et renverse tous ses projets. Mais « si Dieu est pour nous, qui sera contre nous ? »

Nous approchions des montagnes saintes ; et nous commencions à rencontrer des troupeaux de chèvres et des campements de Bédouins. Comme cette partie du pays est la plus approvisionnée de sources d'eau vive, elle produit aussi plus de verdure, nous l'avons déjà dit, et les tribus errantes y viennent plus volontiers chercher des pâturages pour leurs troupeaux.

J'ordonnai de dresser ma tente près d'un campement, et je me fis apporter du lait aigri, régal favori de tout ce qui porte le nom d'Arabe. Après le dîner, j appelai mon cheik, et je l'interrogeai sur les cinq tribus que l'on m'avait dit se partager l'empire du désert. Lorsque je lui nommai les Sawalihah, les Aleikates, les Mézeïni, les Oualed-Soleïman et les Béni-Wasel, il parut tout surpris de mon savoir. Mais, lorsque je lui déclinai les noms des subdivisions de la grande tribu des Sawalihah, lorsque je parlai des Oualed-Saïd, des Douheïris, des Saydyehs, des Awarimehs, des Harrachis, et des Bahamis, il me crut sorcier. Comment pouvais-je être si bien au courant du désert ? Il appela ses compagnons et me fit répéter ma litanie. Je déclarai alors que ces noms étaient venus en Europe par delà la mer, que je les avais connus dans mon enfance, et que tout jeune Français bien élevé les apprenait en étudiant l'histoire de la religion : le visage de mes Bédouins s'épanouit ; ils se regardèrent avec un air satisfait, et parurent se croire plus grands, puisque le nom de leurs tribus avait traversé les mers. Je les interrogeai sur leur nombre. Volontiers ils se fussent appelés légion. La précision n'est pas le fort des Arabes. Leur imagination les porte à grossir toutes choses, et, l'orgueil s'en mêlant, ils se font bientôt les plus forts, les plus grands, les plus habiles du monde. D'après MM. Robinson et Burckhaudt, leur nombre total ne dépasse pas quatre mille. Les Sawalihah sont les plus nombreux ; ils campent généralement à l'ouest et au nord-est du Sinaï. Viennent ensuite les Aleïkates, dont le principal rendez-vous est à l'ouest entre le Wadi-Nasb et le Wadi-Garandel; les Mézeïni, sur le golfe d'El-Akabah ; les Oualed-Soleïman, seulement composés de quelques familles aux environs de Tor ; et les Béni-Wasal, également peu nombreux, sur la côte orientale, vers la pointe sud de la péninsule. Ils sont tous mahométans sans trop s'en rendre compte. Religieux par instinct, ils suivent volontiers les préceptes d'une loi qui ne les contrarie dans aucune de leurs passions. Mahomet, le Mercure des âges chrétiens, mérita d'être le prophète de ces hommes de rapine.

Après avoir conversé avec mes guides, je leur souhaitai le bonsoir ; je passai quelque temps à remercier Dieu qui m'avait conduit sain et sauf si près du sanctuaire que lui-même voulut se construire au centre du monde, et je m'endormis dans cette pensée de reconnaissance.

Le lendemain matin mon cheik avait arboré sa robe rouge. C'était comme son drapeau à lui et le signal d'un événement. Nous étions, en effet, près des campements de sa tribu ; il voulait paraître, aux yeux des siens, dans tous ses avantages ; et d'ailleurs, pour les Bédouins, comme pour nous, le Djebel-Mouça, ou Montagne de Moïse, est un lieu saint et vénérable. Nous marchâmes quelque temps par un chemin facile, et bientôt nous arrivâmes à l'entrée de ce défilé dont la nature, de ses mains habiles, a fait comme les portes sublimes du plus beau temple élevé au vrai Dieu. Les Arabes l'appellent le Nakb-Hawâ, ou le passage des vents. Je ne me souviens pas d'en avoir franchi un plus difficile dans les Alpes. C'est un ravin compris entre des falaises verticales, hautes de deux à trois cents mètres. Les eaux de l'hiver y ont creusé un lit profond, en partie comblé par des rocs éboulés. Il fallut ralentir notre marche. Autant le chameau est solide au milieu de la plaine, autant il est maladroit dans les pierres. Nous suivions des sentiers escarpés et rocheux. Nos chameliers se tenaient derrière nous, poussant le cri d'encouragement convenu entre l'Arabe et son chameau : Hotti ! hotti ! — Et chaque pas était un danger. L'âme remplie d'une sainte horreur, j'avançais avec peine vers l'inconnu, lorsque, au bout de trois heures, je vis enfin la vallée s'élargir souriante. Le sol m'apparaissait couvert d'un léger gazon. Les montagnes s'élevaient plus majestueuses ; nous allions arriver au couvent Sainte-Catherine !

XV.

LE COUVENT SAINTE-CATHERINE.

Je n'oublierai jamais le panorama que m'offrit l'aspect des saintes montagnes.

Après trois heures d'une marche pénible, le long d'un ravin pierreux, tout à coup, je vis la vallée s'élargir. Deux chaînes de hauts rochers volcaniques se prolongeaient parallèlement sur la droite et sur la gauche, jusqu'à ce que, parvenues à une certaine distance, elles se refermassent en une sorte d'amphithéâtre qui me parut sans issue. Entre les montagnes, une plaine large, unie et verdoyante s'en allait en montant jusqu'au fond de l'amphithéâtre, semblable à ces pelouses qui ornent souvent le milieu des avenues d'un château royal.

A l'extrémité de la plaine, sur la droite, au pied du Djebel-Mouça un couvent s'élevait comme une forteresse. Je gravis avec émotion l'espace qui me restait à franchir, et je me trouvai bientôt en face du couvent Sainte-Catherine.

Ce château du désert forme un carré irrégulier d'une longueur de deux cent quarante-cinq pieds, sur une largeur de soixante-quinze mètres. Son mur d'enceinte est construit en pierres de taille massives. Il peut avoir quarante pieds d'élévation ; et les contre-forts épais qui le soutiennent, lui donnent l'apparence d'une muraille flanquée de tours et de bastions.

Lorsque mes chameaux s'agenouillèrent au pied de la citadelle, je cherchai, un moment, la porte d'entrée. Enfin, j'entendis s'ouvrir au haut de la muraille, une petite fenêtre à travers laquelle parut la tête d'un moine. Le religieux me salua de la main, m'adressa quelques paroles en arabe, et me fit signe que nous allions entrer en rapports plus immédiats. En même temps, il laissa couler le long d'une poulie une corde à l'extrémité de laquelle penchait un crochet de fer. Je fixai au crochet la lettre de l'archevêque du Sinaï. La corde s'agita de nouveau : la lettre monta jusqu'au moine qui la prit. Un quart-d'heure s'écoula sans réponse. Enfin, la petite fenêtre s'ouvrit de nouveau, le moine reparut, la corde descendit, et je reçus avis de suspendre mes bagages au crochet qui avait emporté ma lettre. Lorsque mes ballots eurent disparu successivement, je m'attendais à faire à mon tour l'ascension périlleuse ; mais, surprise agréable, je vis tout à coup près de moi un petit moine aux yeux bleus, qui avait l'air de sortir de dessous terre. Il était vêtu comme tous les moines schismatiques grecs, d'une tunique bleue fixée par une ceinture de cuir autour de ses reins. Il portait les longs cheveux et le bonnet cylindrique et plat des caloyers. Il paraît que la lettre de l'archevêque me recommandait comme un personnage considérable. On voulait me rendre les honneurs dus à ma dignité, et j'allais être admis comme le sont les grands seigneurs. Le petit moine ôta son bonnet, s'inclina, et m'engagea à le suivre : nous fîmes un détour entre deux murailles, et nous nous trouvâmes en face d'une petite porte de fer. Elle était basse, étroite, et tellement dissimulée qu'on l'eût prise pour l'orifice d'un égoût. Le petit moine l'ouvrit avec une clef qui grinçait comme pour m'affirmer qu'elle servait rarement. Derrière cette porte, il y avait une façon de corridor. J'y entrai en me pliant en deux, et je marchai quelque temps dans une demi-obscurité. J'allais en zig-zag, montant, descendant, tournant à droite et puis à gauche, me frappant contre les parois du rocher dans lequel ce chemin était creusé. Vraiment, il n'y aurait pas de danger à laisser entrer tout le monde par ce corridor. Il est tellement fait qu'un seul homme suffirait à en garder l'entrée contre dix mille.

Lorsque je revis le jour, j'étais dans une cour intérieure. Rien n'est bizarre comme l'assemblage des constructions accumulées dans l'enceinte du couvent. Ce sont de petites chambres étagées les unes sur les autres sans régularité aucune. Des corridors étroits, des galeries ouvertes, des ponts, de petits escaliers ou plutôt des échelles en plein air, mettent les chambres en communication. Les fenêtres percées sans symétrie, ont à peine trois pieds de hauteur, et sont fermées par des carreaux de papiers, des fonds de bouteille, et toute sorte de choses semblables. Les toits en terre sont mal entretenus; les balustrades des galeries et des escaliers restent à moitié brisées. La malpropreté règne partout en souveraine : c'est dommage; car cet ensemble original présenterait un coup d'œil unique si les détails en étaient soignés, si les vignes qui poussent dans les cours étaient soutenues et rattachées le long des murs, s'il y avait, en un mot, quelque tenue dans ce pêle-mêle informe.

L'église seule est construite d'une manière un peu régulière, elle est couverte en zinc et proprement blanchie à la chaux. A côté de l'église s'élève une mosquée, dont le minaret domine tous les édifices, singulier ornement pour un couvent chrétien. Les moines sont obligés de l'accepter sous peine de se voir dépouillés de leur monastère. Il est vrai qu'ils en prennent à leur aise de cet acte de complaisance pour le pouvoir. La mosquée leur sert de salle pour sécher leur blé : le minaret est converti en pigeonnier, et les habitants de cet édifice aérien se perchent irrévérencieusement sur le croissant dont ils ne devinent pas le symbolisme. Cependant aux quatre angles du couvent de hautes tiges s'élèvent; une croix de fer les surmonte, et du piedde la croix de longs cordons soutiennent, flottant au vent, un étendard bleu, c'est la double bannière de l'Agneau et de la Croix.

Lorsqu'on arrive du désert, lorsqu'on sort de cet océan de lumière éclatante et sans ombre, dans lequel on est comme plongé depuis plusieurs jours, on sent je ne sais quelle tristesse au milieu de ces murs froids et silencieux. Le soleil pénètre rarement dans leur enceinte à cause des montagnes qui les dominent. Aussi les religieux ont-ils à souffrir du froid sur cette terre classique de la chaleur, et leur vêtement de dessus a besoin d'être garni de fourrures. Ils habitent à quinze cent trente-sept mètres au-dessus du niveau de la mer, suivant Schubert, et à seize cent soixante et un mètres, selon Russéger.

Après m'avoir donné le temps de jeter un coup d'œil général sur le monastère, le petit moine me conduisit à l'appartement des étrangers par un escalier en bois ; j'arrivai à un corridor aérien, d'où je pouvais assez bien dominer l'ensemble du couvent. On m'introduisit alors dans un divan carré d'assez bonne apparence. La chambre d'à côté était une cuisine vide : j'y trouvai mon Égyptien occupé à s'installer; on l'avait hissé par la corde aux bagages pendant que je faisais mes circuits dans le passage souterrain, et il était arrivé avant moi. Dans ma chambre, il n'y avait ni table, ni chaises, mais un large divan, couvert d'indienne, qui régnait de trois côtés : ma fenêtre donnait sur la vallée; elle était élevée de trente-cinq pieds au-dessus du sol. Et dans le mur, sous le châssis de la croisée, il y avait une large meurtrière d'où l'on apercevait l'abîme et par laquelle, au besoin, on pouvait, sans être vu, jeter des pierres et de l'eau bouillante sur la tête des assaillants. Je dressai ma table, mon pliant et mes petits meubles de campement dans ma chambre; mon installation fut promptement faite; et dix minutes après, je me déclarai en état de recevoir un des religieux qui m'apportait du café et une sorte d'eau-de-vie faite avec des dattes. Le religieux s'assit près de moi, et nous entrâmes en conversation par truchement. Après les compliments d'usage, lorsque nous eûmes porté notre main droite sur notre front, sur nos lèvres et sur notre cœur pour nous témoigner à la manière orientale que notre esprit, nos affections et nos paroles étaient concentrés l'un sur l'autre, je demandai au prêtre schismatique plusieurs détails sur sa vie et celle de ses confrères. J'appris de lui qu'ils étaient six prêtres et dix-huit frères convers en résidence au couvent Sainte-Catherine. Les prêtres paraissent n'avoir fait à peu près aucune étude; à part l'écriture, la lecture et le calcul, ils savent peu de chose. Deux fois par jour, ils vont psalmodier l'office au chœur ; le reste du temps, ils sont libres. Le silence n'est pas de rigueur parmi eux :

à toute heure, ils ont la liberté de s'entretenir ensemble ; mais que peuvent-ils se dire, eux qui ne voient rien au delà des murs de leur monastère et qui n'étudient pas ? Les frères convers ne sont point tenus à la récitation de l'office : ils sont chargés des différentes surveillances du service intérieur : l'un préside à la boulangerie, l'autre veille à la sacristie ; pas un d'eux ne travaille. Les hommes de peine du couvent sont des Bédouins sédentaires, qui habitent les environs du Djébel-Mouça. On les regarde comme des vassaux, et ils en portent le nom : on les appelle Djebelyéh. Lorsqu'on n'a pas besoin d'eux, ils vivent sous la tente avec leur famille ; à mesure que leurs services deviennent nécessaires, on les hisse par la poulie, on les happe par la fenêtre, et ils restent captifs jusqu'à ce qu'on les rende à la liberté par la même voie. Le religieux qui me donne ces détails, habite le monastère depuis huit ans : il a été au Caire deux fois depuis cette époque. Sa seule distraction est de visiter les étrangers qui font leur pèlerinage aux saintes montagnes. Lorsque nous eûmes longuement causé, je le priai de me conduire chez le supérieur. Ce religieux m'accueillit avec politesse, il se félicita beaucoup de voir un Français, car ils sont rares, me dit-il, et ne viennent presque jamais au désert. Je voulus obtenir de lui quelques renseignements scientifiques et topographiques, mais je dus y renoncer. Vraisemblablement, les religieux un peu hors ligne se font appeler au Caire dans le palais de l'archevêque, et l'on exile au Sinaï les hommes privés d'initiative. Le pauvre supérieur n'a aucun droit dans son couvent ; son procureur est une sorte de surveillant placé à côté de lui pour arrêter toute dépense. On lui envoie régulièrement, du Caire, les provisions strictement nécessaires à l'entretien des moines, et rien de plus. Aussi à peine eut-il essayé le tabac de mon drogman qu'il tomba presque à genoux pour en obtenir une petite provision. Plus tard, la réputation de ce tabac de Djébaïl se répandit dans toute la maison, et chacun s'efforça d'en avoir un peu. Quelle étrange situation ! le couvent possède cependant des biens considérables dans les îles de Chypre et de Crète, en Valachie et en Russie ; mais l'archevêque en est l'administrateur ! Pauvres schismatiques !

Il me fut donné d'explorer le monastère dans tous ses détails. Avant tout, je me dirigeai vers l'église ; elle me parut bien tenue, c'est même la seule partie de l'édifice à laquelle on semble donner quelques soins. Ses parois sont de marbre, ses murs couverts d'une multitude de petits tableaux juxtaposés sans ordre ni symétrie ; les voûtes de l'abside ornées d'une transfiguration en mosaïque, du portrait de Justinien et de celui de l'impératrice Théodora, sa femme, également en mosaïque. Près du maître-autel, un sarcophage en marbre gris renferme, *dit-on*, les reliques de sainte Catherine, enterrée par les anges sur le mont Sinaï.

Une tradition vénérable se rattache à un petit sanctuaire réservé, derrière le chœur.

« Or, Moïse paissait les brebis de Jéthro, son beau-père, « prêtre de Madian ; et, un jour qu'il avait conduit les « troupeaux dans le fond du désert, il vint à la montagne de « Dieu en Horeb ; et le Seigneur lui apparut dans la flamme « d'un feu qui sortait du milieu d'un buisson ; et Moïse « voyait que le buisson brûlait et ne se consumait pas. « Moïse dit donc : « J'irai et je verrai cette grande vision, « pourquoi le buisson ne se consume pas ». Mais le Sei- « gneur, voyant qu'il venait pour regarder, l'appela du mi- « lieu du buisson et dit : « Moïse ! Moïse ! » — Et celui-ci « répondit : « Me voici ! » — Et le Seigneur : « N'ap-

« proche pas d'ici : ôte ta chaussure, car la terre sur laquelle tu marches est une terre sainte ». — Et il dit : « Je « suis le Dieu de ton père, le Dieu d'Abraham, le Dieu « d'Isaac et le Dieu de Jacob ». — Moïse cacha sa face, « car il n'osait regarder Dieu. Et le Seigneur dit : « J'ai vu « l'affliction de mon peuple en Égypte, et j'ai entendu ses « cris à cause de la dureté de ceux qui président à ses travaux. Et connaissant sa douleur, je suis descendu pour « le délivrer des mains des Égyptiens, et pour le conduire « de cette terre en une terre fertile et spacieuse, en ma « terre où coulent le lait et le miel, dans les régions des « Chananéens, des Héthéens, des Amorrhéens, des Phérézéens, des Hévéens et des Jébuzéens. Le cri des enfants « d'Israël est venu jusqu'à moi, et j'ai vu l'affliction dont « l'accablent les Égyptiens ; mais, viens, et je t'enverrai « vers Pharaon, afin que tu fasses sortir de l'Égypte mon « peuple, c'est-à-dire les enfants d'Israël ». Et Moïse répondit à Dieu : « Qui suis-je pour aller vers Pharaon et « faire sortir les enfants d'Israël de l'Égypte ? » — Le Seigneur lui dit : « Je serai avec toi ; et ceci sera le signe « que je t'ai envoyé. Quand tu auras emmené mon peuple « hors d'Égypte, tu offriras un sacrifice à Dieu sur cette « montagne. »

On sait le résultat de cette mission divine. Nous avons déjà vu le peuple de Dieu traverser la mer Rouge sous la conduite de Moïse.

J'ôtai ma chaussure par respect pour le souvenir du buisson ardent. Je priai longtemps en cet endroit, mais je ne pus obtenir d'y célébrer le saint sacrifice ; les schismatiques auraient cru voir souiller leur sanctuaire !

Je désirai visiter le trésor de la sacristie : j'en parlai au supérieur, qui me conduisit lui-même à l'église où les moines chantaient l'office. Il s'approcha de la stalle du sacristain, et le pria de venir avec nous. Le moine répondit par un grognement suivi d'un refus formel. Le pauvre supérieur n'osa insister, et nous en restâmes là. Après l'office il vint me faire des excuses, me dit que ce vieillard était une mauvaise tête; mais qu'il fallait le subir, que la plupart des moines refusaient d'échanger leur vie du Caire contre celle du Sinaï, et que force lui était de se contenter du rebut.

De l'église on me conduisit au caveau des morts, c'est un ossuaire mal tenu et dégoûtant. A mesure que les religieux passent à une autre vie, on enterre leur corps au fond du jardin. Au bout de deux ans on les en retire pour les porter dans ce caveau. Je heurtai, en effet, près de la porte un cadavre récemment exhumé. Des bras, des jambes et d'autres ossements avec des lambeaux de chair étaient pêle-mêle dans un panier; on n'avait pas encore pris la peine de les nettoyer et de les placer décemment le long des murs. Les vieux ossements étaient entassés avec ordre, tibias avec tibias, bras avec bras, crânes avec crânes. Dans un coin, on voyait un squelette accroupi, vêtu d'une robe de soie blanche et d'un bonnet de velours violet. On me dit que c'étaient les restes d'un ancien archevêque du Sinaï auquel une dame russe avait fait présent de cette dernière parure de mort.

Du caveau je passai au jardin; même cérémonie pour y parvenir que pour entrer au couvent. Il est bien entouré de hautes murailles; mais parce que sa clôture est moins forte que celle du monastère, il était prudent de prévenir toute surprise de ce côté. Je me courbai en deux, je me glissai dans ces labyrinthes dont je ne saurais donner la description, car j'y voyais à peine; et puis, lorsque j'eus suivi mon guide aveuglément, j'entendis grincer une serrure, je vis le jour à travers une poterne, et je me trouvai en plein air. Quelques arbres fruitiers, un certain nombre de plans de vigne, un ou deux carrés de salade sont à peu près tout le trésor de ce potager.

Je ne comprends pas que les moines n'aient point songé à égayer leur solitude profonde par les distractions et les ressources du jardinage. Leurs prédécesseurs de Scéthé et de la Thébaïde tressaient des nattes, et travaillaient en tous genres pour se préserver de l'oisiveté, châtier leur corps et prévenir les tentations. En visitant leur jardin si mal tenu, je les excusais dans la pensée que, peut-être, les prêtres se livraient à ces labeurs de l'intelligence, gloire des Ordres religieux catholiques, et que les frères étaient absorbés par les travaux manuels de première nécessité. Mais je me trompais encore. Je demandai à voir leur bibliothèque célèbre. On fut longtemps à en trouver la clef. Enfin, le supérieur, le procureur et le bibliothécaire vinrent m'ouvrir le précieux sanctuaire. Les livres étaient exactement rangés dans des armoires vitrées, mais, pour le coup, ils étaient trop en ordre. Couchés, à la façon des marchandises d'un magasin, ils formaient des piles dont la tranche paraissait au dehors et le titre se cachait contre le mur. Je demandai l'explication de cette bizarrerie au moins incommode, et on me démontra comment elle rendait plus faciles les soins de la propreté. — Mais, repris-je, lorsqu'on a besoin d'un livre pour l'étude, où le prendre? — Le bibliothécaire me répondit en souriant : Est-ce que nous en avons besoin? — Alors je gardai le silence ; j'avais la mesure de mes hommes. Je m'informai vainement du manuscrit de Théodose, célébré par les voyageurs anciens. On ne sut pas ou on ne voulut pas me l'indiquer.

Mon premier rêve, le plus caressé de tous, avait été de trouver dans l'enceinte du monastère un modèle de l'activité laborieuse de nos villes jointe à l'ordre, au silence et au recueillement de la vie religieuse. Je croyais y rencontrer des ateliers de tailleurs, de cordonniers, de charpentiers, de menuisiers, de ferblantiers, pour la fabrication des choses nécessaires à l'entretien. Mais la cuisine, le moulin et le pressoir sont les seules officines en activité. On apporte du Caire les choses toutes faites. Lorsque je m'en aperçus, ma dernière illusion se dissipa. La vie religieuse, avec ses labeurs inséparables de la prière, n'existe point ici, il n'en reste que l'apparence. Les moines du Sinaï ne ressemblent plus à leurs glorieux prédécesseurs, ces hommes robustes formés par les Antoine et les Pacôme; je les comparerais volontiers à ces gardiens d'un château que le roi n'habite plus. Et cependant quel lieu prêterait davantage à l'exercice de la vie solitaire dans sa perfection. Le silence, la solitude, l'aspect majestueux des saintes montagnes, les souvenirs de l'Horeb et du Sinaï, tout y porte vers Dieu, jusqu'à la disposition du couvent où chaque pas conduit en quelque sorte vers un sanctuaire, car j'y comptai jusqu'à vingt-deux petites chapelles, éparses çà et là dans ce labyrinthe. Mais la vie pourrait-elle subsister dans une branche anciennement séparée du tronc?

De quelle date est ce couvent? Je m'aperçois que les religieux destinés à honorer le Dieu du Sinaï ne demeurèrent pas toujours en cet endroit. Autrefois, le plus célèbre monastère de la péninsule était celui du Wadi-Pharan. On le trouve mentionné comme siége épiscopal depuis le Ve siècle. Aussi les montagnes qui l'environnaient sont-elles plus chargées d'inscriptions sinaïtiques. Quelques voyageurs ont prétendu inférer de là, nous l'avons dit, que le mont Serbal était, à cette époque, vénéré comme le trône de Dieu. Mais la preuve n'est pas suffisante. Les moines n'étaient pas nécessairement obligés de demeurer sur le flanc même de l'Horeb. Ils avaient dû choisir aux environs le site le plus favorable, et l'histoire même de la fondation du couvent Sainte-Catherine le fait supposer. Elle dit que les Bédouins jaloux vexaient continuellement les religieux de Pharan, pour les forcer à leur céder la place ; que l'empereur Justinien, en 527, consentit à leur bâtir un autre couvent sur les ruines d'une ancienne tour construite par sainte Hélène, et que la sécurité de la nouvelle demeure fit, peu à peu, totalement oublier l'ancienne.

J'ignore par quelle suite d'événements le catholicisme fut expulsé de ces lieux. Il n'en reste plus aucune trace aujourd'hui ; et, pendant tout mon séjour, il a fallu célébrer la messe dans ma chambre et comme furtivement.

J'ai vécu au monastère Sainte-Catherine comme un exilé, sans avoir à qui livrer mes impressions, avec qui échanger mes pensées. Mais la solitude n'est point à charge au pied de la montagne de Dieu. Je venais pour étudier les premiers âges du monde à l'endroit où Moïse écrivit la Genèse, où Dieu donna sa loi, où le code de la morale écrite fut publié pour la première fois. Je lisais la Bible avec délices, et rien ne me manquait.

XVI

LE PREMIER AGE DU MONDE.

Le Sinaï, où nous sommes enfin parvenus avec la grâce de Dieu, est un massif montagneux qui surgit du centre même de la péninsule et la domine tout entière, sauf la bande littorale que nous avons parcourue le long du golfe de Suez, et notre zone étroite du Debbet-er-Ramleh, dont le lecteur se souvient assurément. Il se compose de deux formations principales, le calcaire et le granit. Sa partie granitique, noyau de tout le massif, se divise en trois groupes dont chacun se rattache à un pic central. Le plus remarquable, peut-être, de ces pics, est le mont Serbal. Il s'élève au-dessus du groupe nord-ouest à une hauteur de 2059 mètres. Le point culminant du second groupe, dans la direction de l'est, est la montagne Sainte-Catherine, qui mesure 2723 mètres. Enfin, le troisième groupe, placé au sud-est, a pour sommet principal l'Oum-Chomer, d'une élévation de 2832 mètres. Une complication infinie de pics dentelés et de pentes accidentées fait de l'ensemble un labyrinthe inextricable ; elle empêche de saisir aisément le détail ; et, jusqu'ici, les plus habiles voyageurs n'ont pu nous donner deux descriptions qui s'accordent pleinement. J'admire comment la nature s'est plu à entourer de mystères le trône où devait reposer la majesté de Dieu.

Sinaï est un nom collectif pour désigner l'ensemble du massif. Son étymologie pourrait être le seneh ou l'acacia, si l'on en juge par analogie. Ainsi, aujourd'hui, la plus haute de ces montagnes porte le nom trivial d'Oum-Chomer, la Mère du fenouil, d'après la plante caractéristique de la péninsule ; le Rassassafeh est la Tête du saule, à cause d'un groupe de deux ou trois saules qui a ses racines dans ses flancs ; le Serbal paraît ainsi nommé d'après le *ser* (la myrrhe), qui croît depuis sa base jusqu'à son extrême sommet. Les premiers habitants du désert, comme actuellement les Bédouins, tiraient, sans doute, de la nature même, les noms dont ils désignaient les choses. Et ils auront appelé leur presqu'île montagneuse Sinaï ou Seneh à cause des acacias qu'on sait y avoir existé autrefois en grande abondance.

Pourquoi ce lieu fut-il choisi de préférence pour la révélation de la loi ? Je ne saurais le dire. Et cependant plusieurs raisons apparentes peuvent expliquer à nos yeux la désignation faite par le Très-Haut. Pour rendre le peuple attentif à ses mystères, Dieu l'appelle ordinairement dans la solitude. Et certes l'Arabie Pétrée est forcément et sera toujours l'un des pays les moins habités du monde ; et la presqu'île sinaïtique en particulier, entourée de deux côtés sur trois par la mer, occupée par des arêtes rocheuses à jamais stériles, fermée vers le continent par le Djebel-el-Tih, semble plus isolée encore que le reste du désert. Et puis, le

Sinaï n'est-il pas au centre des trois portions les plus considérables du monde ? Aujourd'hui encore, les deux golfes qui enveloppent la presqu'île sinaïtique en devenant alternativement la route du commerce de l'Inde, et, en resserrant par le commerce les liens des diverses parties de l'Asie, n'assurent-ils pas à cette contrée aride de la haute Arabie, une place éminente parmi les intérêts du monde ? Et combien plus grand sera son rôle lorsque le canal de Suez aura mis en communication la mer Rouge et la Méditerranée?

Mais ne discutons point des systèmes, lorsque tant de réalités vénérables réclament notre attention tout entière. Je suis venu pour étudier ici les mystères de Dieu. Avant de gravir les saintes hauteurs, je veux me rendre compte des événements qui les firent célèbres. Depuis le commencement du voyage, mon esprit et mon cœur sont préoccupés de ces choses. Je venais au Sinaï pour entendre la proclamation de la loi éternelle, j'avais besoin de me demander pourquoi cette proclamation fut nécessaire. Aussi avais-je suspendu à la selle de mon chameau une sacoche dans laquelle, parmi des livres de voyage et d'histoire, la Bible occupait le premier rang. J'ouvrais bien souvent et je lisais avec amour sa Genèse sacrée, et je réfléchissais à ce qu'elle renferme de mystérieux et de grand sur les destinées des hommes et des siècles. Je me recueille, en ce moment solennel, et je résume ces méditations préliminaires.

Lorsque, par sa toute-puissante volonté, Dieu eut tiré du néant le ciel et la terre; lorsqu'il eut commandé à la lumière de naître; lorsqu'il eut séparé le jour d'avec la nuit et parsemé le firmament d'étoiles; et donné à la mer ses flots sans nombre et son mouvement sans repos, et couvert la terre de verdure et de fleurs, de fruits et de moissons, de prairies et de forêts ; et lorsqu'il eut fixé l'ordre des saisons, et peuplé les airs d'oiseaux, et la mer de poissons, et la terre d'une innombrable variété d'animaux, il dit : *Faisons l'homme à notre image et à notre ressemblance !*

Et l'homme sortit pur des mains de Dieu ; et par une admirable économie providentielle, il avait un corps qui le rendait citoyen de la terre, et une âme qui lui permettait de s'élever jusqu'aux régions supérieures du ciel. Et, comme « il n'était pas bon que l'homme fût seul », Dieu avait fait descendre un doux sommeil sur ses paupières, et il avait formé la femme de l'une de ses côtes ; et, le réveillant, il la lui avait présentée en lui disant : « Voici l'os de tes os, et la chair de ta chair ! » Et il leur avait ordonné de s'aimer l'un et l'autre d'un amour éternel.

Et Dieu avait constitué l'homme roi du magnifique empire de la terre. Et il avait fait venir devant lui tous les animaux afin qu'il leur assignât lui-même un nom. Et ceux qui volent dans les airs, et ceux qui nagent dans les eaux, et ceux qui marchent sur la terre, et ceux qui rampent dans ses abîmes souterrains : l'éléphant, semblable à une colline mouvante ; le lion, secouant sa noble crinière ; le cheval, hennissant et bondissant ; l'immense léviathan des grandes eaux ; l'aigle aux larges ailes qui plane dans les régions du soleil ; tous avaient paru successivement ; et pur dans sa conscience, uni à son Créateur par son obéissance, Adam s'était senti fort devant ces légions redoutables, et il leur avait imposé leur nom avec son autorité.

« Et Dieu avait planté, dès le commencement, un jardin « de délices... ; et il avait fait sortir de la terre toutes sortes « d'arbres beaux à voir et dont les fruits étaient doux à « manger : au milieu du jardin étaient l'arbre de vie et

« l'arbre de la science du bien et du mal; et dans ce lieu « de délices, coulait un fleuve qui arrosait le jardin et se « divisait en quatre canaux... Et le Seigneur avait pris « l'homme, et il l'avait placé dans l'Éden, pour le cultiver « et le garder. »

En ce temps-là, tout était merveilleusement ordonné pour le bonheur de l'homme. Le ciel avait des nuées sur son azur, mais point d'orages; la rosée descendait sur les fleurs, mais les grandes pluies n'inondaient pas la terre; les brises et les vents jouaient dans le feuillage des arbres et balançaient leurs cîmes, mais les ouragans ne les tracassaient pas; le soleil répandait une douce chaleur, et ses rayons ne brûlaient pas; les fleuves roulaient des ondes pures, entretenaient l'humidité de la terre, mais ne sortaient pas de leur lit, furieux; le lion et la gazelle, le tigre et le jeune faon, le loup et l'agneau, l'épervier et la colombe, le vautour et le passereau jouaient ensemble et ne se dévoraient pas. Entre tous les êtres, il y avait accord, subordination, et surtout amour. Les hommes devaient passer un temps sur la terre, au milieu de ce paradis enchanteur; un jour, Dieu serait venu les visiter une dernière fois. Il les eût bénis; et puis, les attirant doucement, ils les eût emmenés avec lui dans le ciel. Et tous, heureux héritiers d'un tel bonheur, nous eussions partagé les joies des premiers des hommes.

Ainsi Dieu créa-t-il la terre pour l'homme. Ainsi nous avait-il préparé sur cette terre une vie de délices, exempte de souffrances.

Qui donc a changé les conditions de cette loi d'amour?

Écoutez le mystère.

Pour le distinguer des animaux, Dieu avait donné à l'homme une âme créée à son image et à sa ressemblance; et, pour honorer cette âme, il lui avait fait le don précieux de la liberté : tandis que, par la volonté inflexible du Créateur, le soleil suit aveuglément au ciel la route qui lui est tracée ; que les fleuves, nés du flanc des montagnes, précipitent forcément leurs ondes vers les régions inférieures ; et que la pierre lancée de haut gravite fatalement vers un centre qu'elle ne peut éviter, l'homme a reçu de Dieu la pleine et entière disposition de ses actes. Comme l'aigle s'élève vers le soleil et le regarde en face, ou se précipite des hauteurs du ciel dans les profondeurs des vallées, ainsi la volonté de l'homme peut se rapprocher de Dieu et s'en éloigner à son gré ; seulement, le jour où Dieu avait donné à nos premiers pères la possession de la terre, en disant : « Elle est à vous ! de tous les fruits qui pendent à ses arbres ou germent dans son sein, vous pouvez manger », il avait, pour les éprouver, ajouté une légère défense, et il avait dit : « Au fruit de l'arbre de la science du bien et du mal tu ne toucheras pas ; je te le défends. Le jour où tu en mangerais, tu mourrais de mort ».

Ah ! comme Adam et Ève devaient être reconnaissants. « Pour nous qui sommes venus à travers l'enfance aux journées que nous vivons aujourd'hui, dit M. Walsh, ce n'est que peu à peu que nous avons vu toutes les merveilles que le Créateur a mises dans les heures qui se suivent entre deux soleils ; sans nous en apercevoir, nous nous sommes accoutumés aux beautés du matin, à la majesté du midi, à la grâce mélancolique du soir, à la solennité de la nuit ; mais pour Adam et Ève il n'en a pas été ainsi. L'un et l'autre étaient sortis de la main de Dieu à la perfection de l'âge, avec des yeux assez forts pour regarder la lumière, avec une intelligence assez grande pour pouvoir admirer ; le magnifique spectacle de la nature se montra à eux tout d'un coup. Aussi figurons-nous leurs surprises, leurs émotions, leurs élans d'admiration, quand, subitement et tout ensemble, apparut à leur regard tout ce qui avait été créé, tout, depuis le cèdre jusqu'à l'hysope, depuis l'éléphant qui pèse sur la terre jusqu'à l'insecte qui rampe dans l'herbe, depuis l'aigle qui a besoin de l'espace pour déployer ses puissantes ailes, jusqu'au petit oiseau qui a sa vie dans une goutte de rosée et dans le suc d'une fleur. » Mais, lorsque ce même Dieu qui pouvait courber leur volonté ou la garder en sa main pour la faire mouvoir à son gré, voulut bien leur dire : « Non-seulement je vous donne la terre pour domaine et Éden pour demeure, mais je vous donne encore la liberté ! » — Avec quels transports ils durent s'écrier : « Malheur à nous, si nous n'usions pas de notre liberté pour obéir au Seigneur ! Qui donc ne voudrait pas ce que veut le Très-Haut ? »

Et cependant le mauvais usage de ce don précieux les perdit !

L'ange rebelle des demeures infernales, Satan que la divine Écriture appelle si bien : « *Celui qui est menteur depuis le commencement du monde,* » Satan fut jaloux : et, résolu d'entraîner l'humanité dans sa ruine, il prit la forme du serpent aux mille reflets chatoyants, et il se glissa vers Ève dans un moment où elle contemplait l'arbre de la science du bien et du mal. Et, se dressant avec grâce, il éleva sa tête brillante, et, d'une voix semblable à celle de l'homme, il dit :

« Pourquoi Dieu ne vous permet-il pas de manger de tous les fruits qui croissent dans Éden ?

« L'Éternel Seigneur, répondit Ève, nous a permis de manger de tous les fruits ; il a seulement excepté celui-là, de peur que nous ne mourions.

« Non, vous ne mourrez pas, reprit le serpent. Dieu est

jaloux : il sait que, le jour où vous mangeriez de ce fruit, vous deviendriez comme des dieux. Et il craint. »

Vous deviendriez comme des dieux! cette parole a troublé l'esprit de la première femme. Les domaines que le Seigneur lui a donnés, la puissance sur les créatures, l'immortalité bienheureuse, tout n'est plus rien à ses yeux. Elle pourrait donc monter plus haut, marcher d'égal avec Dieu. Elle lève la main... un moment elle tremble devant la crainte de la mort, car la reconnaissance ne lui revient même pas au cœur... mais elle est sous le charme de cette parole : Vous serez comme des dieux ! — Elle cueille le fruit ; elle en mange. Elle en présente à son mari avec des larmes. Adam succombe à son tour.

C'en est fait des joies du paradis terrestre. Dieu avait prétendu gouverner l'homme par l'amour ; et le fils rebelle se tournait contre son père. Il fallait bien qu'à ce règne de l'amour méprisé, le souverain Seigneur de toutes choses substituât la justice.

O vous, que scandalisent les désordres apparents du monde, écoutez l'explication du mystère !

Aussi longtemps que l'homme resta soumis au Créateur, le Créateur lui soumit toute la nature.

Dieu était le roi de l'homme. Il fit de l'homme un roi. Alors l'âme commandait, et le corps obéissait. L'âme trouvait dans son corps, non comme aujourd'hui un esclave révolté, mais un serviteur docile, qui, par tous ses organes, ses sens et ses mouvements, concourait à la félicité commune. Alors, nul être matériel n'éprouvait l'homme : les animaux étaient sans férocité, les plantes sans poison, les fruits sans amertume funeste, l'air sans vapeurs malignes, tous les éléments sans influence malfaisante. Alors, la multitude infinie des êtres inanimés ou vivants qui couvrent la surface de la terre, ou peuplent la vaste étendue des mers, ou circulent dans les plaines de l'air, et les éléments eux-mêmes, attentifs à ses besoins ou dociles à ses désirs, semblaient lui dire : Dieu est ton roi. Tu es notre maître établi par Dieu. Nous te servons avec orgueil ; remplis ta noble destinée. Honore Dieu, et que ton amour acquitte envers lui la dette de toute la nature.

Mais le jour où nos premiers parents se révoltèrent contre Dieu, ils détruisirent eux-mêmes cette belle harmonie. En cette extrémité douloureuse, le Très-Haut n'eut pas besoin de faire gronder sa foudre pour punir les coupables : il laissa faire. Une chaîne d'or suspendue à la main de Dieu reliait la terre au ciel. Adam a brisé le premier anneau ; et la chaîne est retombée d'elle-même sur la terre. En punition de sa révolte, tout ce qui lui était soumis, se tourne contre lui, les sens de son corps contre les puissances de son âme, les animaux et les éléments contre son corps ; et, mystère plus effrayant encore, la mort dont Dieu avait menacé l'homme coupable, entre dans le monde, appelée par l'homme lui-même.

Assistons au développement rapide de ces trois révolutions.

Voici, d'abord, le corps de l'homme en révolte contre son âme. Le tentateur leur avait dit : « Aussitôt que vous aurez mangé du fruit de l'arbre de la science du bien et du mal, vos yeux s'ouvriront ». Ils ne sont que trop ouverts, en effet. Adam et Ève viennent de comprendre que leur innocence les avait enveloppés jusqu'à maintenant ; et, pour suppléer à ce qu'ils ont perdu, ils vont demander aux arbres, au figuier à larges feuilles, de quoi se faire des ceintures ; car si l'Éternel Seigneur les appelait, si un ange venait les visiter, ils n'oseraient paraître ; ils savent qu'ils sont nus, et une rougeur qu'ils ne connaissaient pas, vient à leur front à cause de leur nudité. Avant même que Dieu n'ait parlé, la révolution s'est donc opérée en eux-mêmes. Les sens ne leur sont plus soumis : ils prétendent être les maîtres, conduire au lieu d'être dirigés ; ils exagèrent leurs besoins et les réclament avec fureur ; ils s'irritent si on les contrarie ; ils détournent l'âme de ses nobles aspirations, et concentrent son activité sur les besoins du corps. Trop souvent, depuis ce jour, on verra l'âme fatiguée de cette lutte contre l'esclave indocile, s'abandonner à ses caprices et à la fougue de ses penchants.

Mais la voix du Seigneur s'est fait entendre, « semblable à celle d'un homme qui prenait le frais dans le jardin ». Et le Très-Haut a demandé compte à Adam et à Ève de l'usage de leur liberté, et il a prononcé la double sentence :

« Femme, parce que vous avez écouté la parole du tentateur, les enfants que vous concevrez et que concevront toutes vos filles après vous, vous les enfanterez avec douleur ; vous serez soumise à la puissance de l'homme et vous lui obéirez.

« Et toi, Adam, parce que tu as écouté la voix de ta compagne, la terre sera maudite sous ton travail, et ce ne sera qu'avec peine que tu tireras ta nourriture de son sein : elle se couvrira de ronces et d'épines, et ta main se fatiguera à les arracher ; à la sueur de ton front tu mangeras ton pain, jusqu'au jour où tu retourneras dans la terre d'où je t'ai tiré, car, homme, tu es poussière, et tu retourneras en poussière. »

Après cela, Dieu chassa nos premiers parents du paradis terrestre ; et il plaça à la porte d'Éden un chérubin armé d'un glaive flamboyant.

La seconde révolution va commencer, celle des éléments et des animaux.

La terre se couvre de ronces et d'épines, contraste désolant pour les deux condamnés habitués jusqu'alors à fouler les riantes avenues du paradis et ses sentiers bordés de fleurs. Ils marchent sur cette terre inconnue, déserte, immense, sans voies tracées, sans habitations, sans personne pour leur donner conseil. Quelle cruelle incertitude, quelles angoisses, quelles tortures, quel embarras mortel ! Les animaux, qui obéissaient à leur voix, fuient à leur approche. La faim se fait sentir, et nul fruit semblable à ceux du paradis ne se présente à eux ; après la chaleur accablante du jour, le vent froid de la nuit, qui coupe et qui gerce, torture leurs membres tremblants. J'entends dans les déserts les rugissements affreux du tigre et du lion ; ils menacent le prévaricateur qui a osé dire à Dieu : « Je ne vous servirai pas ! » Et, à son exemple, ils lui disent dans leur langage effrayant : « Tu n'es plus notre maître, prends garde de devenir notre proie ! » — Les éléments, à leur tour, se soulèvent, effrayants comme l'incendie, terribles comme l'ouragan, implacables comme les flots soulevés de la tempête... L'air se remplit de vapeurs qui préparent la mort... Le feu s'échappe des entrailles de la terre, et il étend au loin ses ravages... L'eau se gonfle avec fureur, se déborde, et emporte avec elle l'espérance de l'homme... La terre elle-même ferme son sein, et n'accorde qu'à regret, à un travail opiniâtre, une nourriture grossière. Ainsi le désordre est partout. Et, comme l'homme s'est séparé de Dieu et est devenu son ennemi, tout s'est séparé de l'homme ou plutôt s'est tourné contre lui. Le monde n'est plus un palais magnifique, où tout concourt au bonheur de l'homme-roi, et où le Seigneur lui-même ne dédaigne pas d'habiter ; c'est une vaste prison où l'homme dégradé, avili, rencontre dans tous les êtres, qui furent ses sujets, des ennemis superbes et de cruels bourreaux ; c'est un royaume désolé dont le gouvernement est confié au génie du mal, et le démon s'appellera désormais « le prince du monde ».

Mais Dieu avait dit encore : « Si vous mangiez du fruit « de l'arbre de la science du bien et du mal, vous mourriez « de mort ! » Voyons s'opérer la terrible exécution des vengeances.

La terre compte deux habitants de plus. La femme a enfanté dans la douleur. Son premier-né, Caïn, avait les cheveux noirs comme Adam, et une grande force se révélait en lui. Abel, le second, était blond comme sa mère et bien plus faible que son frère. Caïn devint laboureur, et Abel reçut pour mission de garder les troupeaux. Et le premier offrait en sacrifice au Seigneur les plus beaux fruits de la terre, et le second de jeunes agneaux d'une blancheur éclatante. Or, le démon, qui avait séduit nos premiers pères, souffla la jalousie dans le cœur de Caïn. Et Caïn ne se défia pas. Et un jour que son cœur était plus violemment tourmenté par l'envie, il engagea son frère à le suivre dans une promenade solitaire ; et, à une grande distance, un champ inculte se trouva, et personne ne les voyait. Abel marchait le cœur plein de confiance, lorsqu'élevant au-dessus de sa tête ses bras nerveux, avec une branche que l'ouragan avait brisée, Caïn frappa son frère au front. Le jeune pasteur chancela, et puis il tomba tout à fait ; et la mort, empressée de saisir sa proie, étendit sur ses yeux le voile du dernier sommeil. La terre avait bu pour la première fois le sang du juste.

Ainsi Dieu avait seulement condamné l'homme à mourir

de la mort naturelle, et c'est l'homme, faisant abus de sa liberté, qui se hâte de se punir lui-même.

Voilà le complément de la révolution opérée autour de l'homme coupable et dans l'homme coupable. Regardez-en les suites.

Une douleur plus poignante que celle de l'enfantement s'est révélée au cœur de la femme. La pauvre mère, qui ne comprend pas la mort, cherche par ses baisers et par les évocations les plus tendres à réveiller son fils. Elle ne peut se persuader qu'il ne l'entend plus, qu'il ne se relèvera plus de la terre rougie où il est couché ; car il est beau encore, le jeune pasteur, beau malgré la blessure de son front et le sang qui souille ses longs cheveux aux reflets dorés. Le premier des hommes, pâle et muet, verse des larmes silencieuses, en contemplant le fruit de sa désobéissance; il comprend que le jour des premières funérailles s'est levé, et le premier père devient le premier des appariteurs de la mort, et de ses mains il creuse la tombe où dormira son fils du sommeil dont on ne se réveille plus. Depuis lors, pour atteindre le grand âge que lui donne Moïse, combien de fois il aura dû pleurer sur des tombeaux !

Il y a pire que cela !

Caïn, devant le corps de son frère, immobile et sanglant, était resté d'abord épouvanté. Mais ensuite il se mit à fuir, poursuivi par cette voix des remords qu'il ne connaissait pas. Maudit par Dieu, il s'éloigna des lieux qui lui rappelaient son crime ; il craignit la malédiction de ceux qui lui avaient donné le jour ; et il s'en alla chercher un asile bien loin. Une des filles d'Ève, devenue son épouse, l'accompagna. Et, redoutant toujours une main vengeresse, à mesure que la terre se peuplait, il se fit une demeure inaccessible, entourée des habitations de ses enfants, toute ceinte de hautes murailles. Et ce fut la première ville. Or, couvert du sang d'Abel, il n'osa plus offrir de sacrifices au Seigneur. Il ne construisit point d'autel dans sa ville ; et ses enfants l'imitèrent et vécurent loin de Dieu. Alors les crimes se multiplièrent, et la ville de Caïn fut bientôt souillée de débauches et de sang.

A plusieurs siècles de là, je considère le monde. Hélas ! dans quelle abjection l'homme n'est-il pas descendu à mesure qu'il s'éloignait de Dieu ! Il a éteint le flambeau qui lui révélait les vérités éternelles ; son cœur a perdu le goût des aliments célestes. Je ne retrouve plus en lui que l'animal. Qu'est-ce que la brute ? — Un être uniquement organisé pour ce qui frappe les sens grossiers... Voilà l'homme pécheur ! Quels sont les objets de ses pensées et de ses désirs ? Quel est le terme de ses efforts continus ? Tout en lui se rapporte aux besoins et aux plaisirs du corps. C'est dans ces jouissances brutales que se borne et se concentre sa dévorante activité. Voyez-le s'agiter et se tourmenter ! Que cherche-t-il ? — Des richesses et des honneurs. — Pourquoi ? — Pour être plus libre de se livrer aux délices trompeuses de la bonne chère et de la volupté. C'est là qu'aspire la triste ambition de cette intelligence dégradée. Tout se matérialise dans son esprit, jusqu'aux sciences où il aurait pu retrouver encore quelques restes de son ancienne gloire. Il ne les regarde plus que comme un moyen de perfectionner les jouissances de la vie animale. Cette suprématie qui lui reste sur la brute fait la matière de son orgueil, et il regarde comme un privilége glorieux le pouvoir qu'il a de descendre plus bas que la bête dans la corruption et l'avilissement. Son intelligence l'aide à se dégrader. La brute obéit à son instinct ; elle se contente de la place qui lui fut assignée parmi les êtres et ne cherche point à augmenter ses plaisirs aux dépens de toute la nature. L'homme, au contraire, rapporte tout à lui, et, dans son orgueil, il dit : « Je dois être heureux, et personne ne doit l'être avec moi qu'autant que son bonheur contribuerait au mien. Périsse celui qui prendrait une part de jouissance que je n'aurais pas ! » — Ainsi le voilà qui se fait Dieu ! Mais, comme il ne peut se passer d'adoration, comme il faut qu'il se prosterne, il se fait des dieux à sa fantaisie. Les passions divinisées auront son encens. La volupté, sous le nom de Vénus ; la bonne chère, sous celui de Bacchus ; l'argent, sous celui de Plutus, auront leurs temples. Et, comme tous les moyens qui peuvent satisfaire les passions doivent être sacrés comme elles, les vices eux-mêmes seront adorés sous des noms différents, et les voleurs auront un dieu dans Mercure.

C'est de l'histoire !

Ah ! devant un tel désordre, il fallait bien que Dieu parlât. Sa loi s'était effacée du cœur des hommes où il l'avait gravée au commencement des temps. Il devait la donner écrite sur la pierre, pour que la mémoire en demeurât éternellement. Montons, montons au Sinaï pour entendre la publication de la loi.

XVII

LE MONT SINAI.

Depuis deux jours, le repos et la solitude ont rafraîchi mon âme et rendu leur vigueur à mes membres fatigués. Il est temps de gravir la montagne dont les souvenirs vénérables m'ont attiré de si loin.

Deux sommets se présentent, tous deux intéressants à des points de vue divers, le mont Sainte-Catherine et l'Horeb. Or, je n'ai pas le loisir de faire deux ascensions; il faut nécessairement choisir. Si j'étais géographe, le mont Sainte-Catherine aurait mes préférences à cause de son panorama plus étendu ; mais aucune tradition ne s'y rattache, et l'Horeb, au contraire, m'attire par le merveilleux tout à la fois et la sainteté de son histoire ; j'affronterai donc les pentes abruptes de l'Horeb.

Le samedi, de bonne heure, un petit âne m'attendait sous les murs du couvent. Je dus le monter sans selle et sans bride, car je l'avais emprunté aux Bédouins, et ces enfants du désert ne connaissent pas les recherches de notre civilisation. La première partie du chemin fut roide, mais d'ailleurs facile. Mon âne put grimper jusqu'à une heure de distance; ensuite je dus mettre pied à terre et continuer mon pèlerinage à pied. Le sentier montait à pic, où pour mieux dire je gravissais une sorte d'échelle formée par des rochers entassés les uns sur les autres dans une horrible confusion. Le soleil, à peine au-dessus de l'horizon, nous prenait en flanc sans que rien pût nous garantir de ses ardeurs. L'ascension devenait de plus en plus pénible. Lorsque je m'arrêtais un instant pour me reposer, et que je regardais autour de moi, je me trouvais comme serait un homme suspendu dans l'espacé, ayant pour tout horizon un ciel sans nuages et une terre sans variétés au milieu d'un océan de lumière. Le mont Horeb est élevé de 2,285 mètres au-dessus du niveau de la mer, et de 1,650 mètres sur le couvent Sainte-Catherine.

J'avançais préoccupé des grands souvenirs bibliques, lorsqu'un malheureux Arabe vint me distraire par une fable absurde, en me faisant remarquer je ne sais quel trou informe dans le rocher. C'était, disait-il, le vestige du pied du chameau de Mahomet. Les Musulmans, en effet, veulent que le prophète ait gravi la montagne, et laissé cette marque de son passage. Abandonnant à d'autres le soin de faire leurs dévotions devant ce pied de bête, j'allai visiter à quelque distance, la chapelle d'Élie et d'Élisée, pauvre ruine au milieu de laquelle on vénère la grotte où le prophète chercha une retraite. Ensuite je ne vis plus rien de remarquable jusqu'au petit plateau de 25 à 30 mètres qui domine la montagne. Là encore il fallut subir la triste impression d'un souvenir musulman. Une mosquée s'élève tout à côté de la chapelle : elle est mal entretenue et ne conserve pas même de toiture. Sa décoration unique est une mauvaise corde, tendue d'un mur à l'autre, où les mahométans suspendent avec dévotion un petit chiffon malpropre arraché à leurs guenilles. Ce genre d'ex-voto est fort en usage parmi les disciples de Mahomet ; souvent, le long d'un chemin, en pays musulman, j'ai rencontré des arbres réputés pour saints, dont presque chaque feuille était accompagnée d'une petite loque rouge, verte, bleue, jaune ou blanche, selon la dévotion des passants. Mes Arabes entrèrent en contemplation devant ces nippes. Pour moi, j'avais heureusement la clef de la petite chapelle chrétienne ; et je la fis ouvrir. Elle est propre et bien entretenue ; les moines y viennent de de temps en temps célébrer l'office. Les choses nécessaires au culte s'y conservent avec soin. Mais je ne pus célébrer la messe dans ce lieu consacré par l'erreur et la rébellion. J'y trouvai, du moins, un abri convenable qui me permit de me tenir à l'ombre, et de donner tous mes loisirs à la contemplation.

Après avoir fait ma prière, je lus dans ma Bible le texte sacré.

Deux mille cinq cent treize ans se sont écoulés depuis la création du premier homme. Quatorze cent quatre-vingt-onze années nous séparent encore de l'avénement de Jésus-Christ. Il y a quatre cent trente ans qu'Abraham arriva, du fond de la Mésopotamie, en la terre de Chanaan, où il eut un fils nommé Isaac, et un petit-fils nommé Jacob, duquel naquirent les douze patriarches et cette postérité nombreuse, devenue le peuple d'Israël, que nous rencontrions, il y a peu de jours, sur les bords de la mer Rouge.

La terre est couverte de crimes ; la loi naturelle, comme effacée au fond des cœurs. Dieu a résolu de publier de nouveau sa loi, et de la transmettre aux hommes gravée sur deux tables de pierre, comme un témoignage éternel de sa volonté. Le peuple d'Israël est destiné à entendre cette promulgation de la loi pour la transmettre à toutes les générations.

Voici le divin récit :

« Le troisième mois après la délivrance d'Égypte, le troisième jour étant arrivé, tout le peuple était dans l'attente d'un grand événement. Au lever du soleil, de grands éclats de tonnerre se font entendre. Les éclairs brillent et enflamment l'air. Une nuée noire et épaisse environne la montagne et en dérobe la vue. Du sein de la nuée une grande flamme montait en haut comme celle d'une fournaise ardente. La montagne est ébranlée jusque dans ses fondements. Des tempêtes et des tourbillons de vent se mêlent au bruit de la foudre. Malgré cet épouvantable mugissement, on entend distinctement le son aigu de la trompette qui convoque le peuple. Mais le peuple, effrayé, se tenait à couvert dans ses tentes; et Moïse, saisi lui-même d'une sainte horreur, eut de la peine à les déterminer à le suivre. Il les rassura cependant; et les ayant fait sortir de leur asile, il les rangea dans un espace libre entre le camp et le pied de la montagne.

« L'air paraissait toujours en feu, le tonnerre ne cessait point de gronder, la fumée s'épaississait; et le son de la trompette, croissant peu à peu, se terminait en sons plus vifs et plus perçants.

« ... Un moment après la voix de Dieu même se fit entendre... et prononça distinctement les préceptes indispensables de la loi. Pendant que Dieu parlait, le feu, la flamme et la fumée continuaient de se faire voir ; mais les vents, les tonnerres et les trompettes se turent. Le peuple demeura dans un profond silence, et chacun des enfants d'Israël entendit distinctement ces paroles :

« Je suis le Seigneur votre Dieu, qui vous ai tirés du pays « des Égyptiens et de la maison de servitude :

I

« Vous n'aurez point d'autre Dieu que moi ; vous ne vous « ferez point d'images taillées pour les adorer et les servir ; « car je suis le Seigneur votre Dieu, et un Dieu jaloux.

II

« Vous ne prendrez point en vain le nom du Seigneur « votre Dieu ; car le Seigneur ne tiendra point pour inno- « cent celui qui aura pris son nom en vain.

III

« Souvenez-vous de sanctifier le jour du repos.

« Vous travaillerez les six autres jours, et vous y ferez « tous vos ouvrages, mais le septième jour est le repos du « Seigneur votre Dieu ; vous ne ferez en ce jour-là aucun « travail, ni vous, ni votre fils, ni votre fille, ni votre ser- « viteur, ni votre servante, ni vos bêtes de service, ni l'é- « tranger qui sera parmi vous ; car le Seigneur a fait en « six jours le ciel, la terre, la mer, et tout ce qui est en « eux ; et il s'est reposé le septième jour ; c'est pourquoi « le Seigneur a béni le jour du repos et l'a sanctifié.

IV

« Honorez votre père et votre mère, afin que vos jours « soient prolongés sur la terre.

V

« Vous ne tuerez point.

VI

« Vous ne commettrez ni fornification, ni adultère.

VII

« Vous ne déroberez point.

VIII

« Vous ne mentirez point contre votre prochain.

IX

« Vous ne convoiterez point la femme de votre prochain.

X

« Vous ne convoiterez ni sa maison, ni son serviteur, ni
« sa servante, ni son bœuf, ni son âne, ni aucune des
« choses qui lui appartiennent. »

« Ainsi parla Dieu.

« Lorsque la voix du Très-Haut cessa de se faire entendre, le bruit du tonnerre et le son des trompettes recommença avec le même éclat qu'auparavant. Or tout le peuple voyait les éclairs et la fumée de la montagne; il entendait les tonnerres et le son de la trompette : épouvantés et frappés de terreur, ils se tenaient debout au loin. »

Cette lecture finie, je me pris à contempler la montagne.

Vraiment il serait difficile de trouver ailleurs un lieu plus approprié au grand mystère dont celui-ci fut témoin. Au sein des vastes solitudes de l'Arabie, loin du monde, de ses bruits, de son mouvement et de ses travaux, vers l'extrémité d'une langue de terre aride qui s'avance entre deux mers, je vois surgir un massif montagneux dont l'aspect est plein d'horreur. Autour du sommet principal, des pics aigus, des arêtes saillantes, des gorges profondes, des pentes accidentées par leur complication infinie, forment comme un rempart inexpugnable. Ce bloc immense de calcaire et de granit, d'une couleur rouge foncé, prend, sous l'action d'un soleil incandescent, des nuances pourprées avec une chaleur de tons, qui me rappellent les jours où le rocher fumant était couvert de la majesté de Dieu. Les pics environnants se dressent comme les jets d'une lave en fusion, qui, jaillissant de la terre vers le ciel, se seraient solidifiés tout à coup sans perdre leur teinte de feu. Ces rochers étranges, aux formes bizarres, établissent dans leur confusion, entre ce désert et moi, une barrière mystérieuse. Je comprends la sainte horreur du peuple, qui, de la plaine où il était rassemblé, voyait, à travers ce chaos fantastique, le sommet de la montagne environné du nuage qui portait la divinité. Dieu, obligé de recourir à des images mystérieuses pour saisir l'esprit d'un peuple grossier, ne pouvait, ce semble, mieux établir le trône de sa gloire terrestre.

Oh! combien d'hommes auraient besoin de venir au Sinaï pour voir ce que je vois, entendre ce que j'entends! Du haut de la montagne sacrée, je regarde le monde. Des confins de l'Asie et de l'Afrique, non loin de l'Europe, de ce point central je considère et j'écoute. Les hommes courent en masse aux autels de Satan, le roi du monde, celui qui est menteur depuis le commencement, celui qui a fait notre malheur au paradis terrestre, et n'a cessé d'ourdir contre nous sa trame infernale. Ils l'adorent sous la forme d'une Vénus impudique ou l'emblème du veau d'or. Des milliers de blasphèmes s'échappent à toute heure de leurs poitrines pour former entre eux et le ciel comme une nuée impure. Si je les appelle, si je leur dis : « Prenez garde ! vous violez la loi : le châtiment vous menace », ils me répondent par ce mot satanique, par cette parole décevante : Liberté! Dieu nous a donné la liberté. Nous voulons la liberté !

Ah ! le premier homme n'avait-il pas aussi la liberté ? Mais le Seigneur, en nous accordant ce don précieux qui fait, en effet, notre grandeur et notre plus riche apanage, pouvait-il nous dispenser des lois du Décalogue sans renoncer à sa justice, à sa sagesse, à sa bonté ? Et, s'il devait nous les imposer, sa justice n'exigeait-elle pas une sanction contre les infracteurs ?

Quoi ! Dieu aurait dit à l'homme en le créant : « Je te méprise trop pour m'occuper de toi. Je te jette sur la terre comme le bœuf ou l'âne, ou comme l'animal immonde. Va! rampe sur cette terre : tâche de satisfaire tes convoitises. Si tu souffres, si tu es malheureux, je te refuse le droit d'élever tes mains vers ton Créateur, vers Celui qui t'a donné la vie, et qui peut adoucir tes amertumes. » *Tu n'adoreras pas ton Dieu. Tu peux le mépriser et blasphémer son nom; car il te traite en ennemi et en père dénaturé. Tu ne lui dois aucun de tes instants, aucun témoignage de reconnaissance, pas un moment dans la semaine, car il ne veut laisser exister aucun rapport entre lui et toi !*

Évidemment, Dieu devait dire à l'homme : « Je suis ton père et ton Créateur; et tu dois m'aimer et m'adorer. Je suis ton père, et tu ne dois pas blasphémer le nom de ton père. Je suis ton père, et tu dois consacrer au moins quelques instants de ta vie à tes rapports avec ton père ! » — En d'autres termes, Dieu devait, pour nous traiter en hommes et non en bêtes, nous donner le premier, le second et le troisième commandements.

Mais aurait-il pu s'arrêter là ? Eût-il été un Dieu saint, un Dieu sage, s'il n'avait ajouté le sixième commandement : Tu ne seras pas impudique ? — Et si, au lieu de cela, il avait dit : « Je t'ai donné un corps et une âme. Cette âme est faite à mon image et à ma ressemblance ; elle te distingue de la bête ; elle t'élève au-dessus d'elle ; mais c'est pour te faire souffrir que je l'ai associée à ton corps. Elle a des aspirations immortelles ; eh bien ! elle périra avec ta chair de boue et redeviendra fumier avec elle. Méprise donc cette âme. *Sois impudique*, car c'est l'aspiration de ton ignoble corps. Mets ton honneur à dire : Je suis homme, mais je ne suis créé que pour les jouissances du pourceau ».

Ah ! Dieu nous devait bien son sixième commandement ! J'en jure par la dignité humaine.

Enfin, Dieu nous avait créés en société. Eût-il été juste à lui de ne pas sauvegarder les intérêts de la société humaine, et de nous dire : Vous êtes une assemblée de bêtes, vivez à la façon des animaux du désert. Si votre instinct vous porte à vous révolter contre les auteurs de vos jours, *n'honorez point votre père ni votre mère*. Si vous en voulez à votre frère, *tuez-le*. Si son bien vous incommode, *dérobez-le*. S'il est de votre intérêt de lui nuire, *portez de faux témoignages*. Si vous ne pouvez ni le tuer, ni le voler, ni le tromper parce que vous êtes le plus faible, *nourrissez dans votre âme le désir de lui infliger tous ces maux le plus tôt possible.*

Mais Dieu, en agissant de la sorte, eût été un tyran sans prévoyance, sans sagesse, sans justice ni bonté. Il devait, oui, il devait régler les rapports des hommes entre eux ; il devait leur imposer la loi de l'amour ; leur défendre jusqu'au désir de se nuire, car celui qui est envieux n'a plus d'amour. Dieu nous devait le quatrième, le cinquième, le septième, le huitième, le neuvième et le dixième commandements.

En un mot, Dieu nous devait le Décalogue.

Aussi, agenouillé sur la montagne où reposa la majesté du Très-Haut, je le remercie de nous avoir donné sa loi, je lui rends grâces de l'avoir promulguée l'an 1591 avant Jésus-Christ, au milieu des tonnerres et des éclairs, sur le mont à jamais vénérable du Sinaï, afin qu'elle fût à jamais présente à la mémoire des hommes.

J'ai fait un long voyage pour arriver jusqu'ici ; mais je ne regrette ni peine, ni fatigue, puisque j'ai vu le trône de Dieu, celui d'où il nous a dicté sa loi.

Ce pèlerinage est vraiment le plus beau commencement d'un voyage en Terre-Sainte. Il faut connaître la nécessité de la loi, avoir médité sur les abus de la liberté accordée à l'homme, pour bien comprendre plus tard les grands mystères de la réparation opérés par le Dieu fait homme.

Maintenant que je sais les liens premiers qui m'unissent à Dieu, je me releverai, et j'irai à Jérusalem pour continuer à apprendre les miséricordes de Dieu sur moi.

Ma prière et ma lecture terminées, je sortis de la chapelle, je revins à mes compagnons, et je fus agréablement surpris de voir un jeune moine me présenter du café. Il s'était glissé, le matin, parmi mes conducteurs sans que je prisse garde à lui. Son procédé me parut d'autant plus aimable ; je lui fis toutes sortes de signes en guise de remercîments, et je restai dans l'illusion de ma reconnaissance jusqu'au moment où, sur le point de quitter le monastère pour retourner à Suez, je vis l'économe réclamer douze francs pour le salaire du moine qui m'avait fait l'honneur de m'accompagner.

Je passai quelques heures à contempler le magnifique spectacle offert à mes yeux, je priai encore, et je descendis des saintes hauteurs en pensant à l'état de nos malheureuses sociétés modernes, bouleversées par l'oubli des dix commandements promulgués au Sinaï. J'admirais à la fois la simplicité des moyens employés par la sagesse de Dieu pour gouverner le monde, et la sotte multiplicité des méthodes enfantées par l'orgueil humain. On se demande pourquoi tant de révolutions parmi nous, et quels remèdes pour guérir les maux qu'elles enfantent. Dieu a tout prévu dès l'origine des temps : en dix mots, il a réglé les rapports de l'homme avec ses supérieurs, avec ses égaux, avec lui-même. Observons-les, et le gouvernement du monde sera parfait. Mais non ! on déclare qu'il est inutile d'adorer Dieu, et celui qui ne craint pas de blasphémer son nom, cesse de respecter les représentants de son autorité, son roi, son père, sa mère, qui ne sont que ses images. Une fois ce principe essentiel violé, on n'obéit plus à rien, et on méconnaît les intérêts sacrés de son prochain. Ainsi, Dieu a dit : « *Tu ne tueras point*, et on tue.— *Tu ne mentiras point*, et on ment. — *Tu ne convoiteras rien de ce qui appartient au prochain*, et à plus forte raison, *tu ne le prendras pas.* » — Et, le cœur rempli d'ambition, de haines, d'avarices, de convoitises, de cupidités, on ne sait pas vivre dans la place assignée par la Providence ; et l'on s'en va par le monde, ébranlant toutes les grandeurs pour les renverser et s'élever à leur place, menaçant les heureux de la fortune pour s'emparer de leurs trésors, tendant des piéges à l'innocence pour satisfaire une passion brutale, minant l'honneur des familles, et sapant, au profit de son égoïsme, les bases de toute société civile, politique et religieuse. Qu'on vienne étudier au Sinaï les lois de l'équilibre moral du monde ; et, sans autre recherche, avec dix commandements simples et courts, on fera de l'humanité un peuple de frères, qui vivront et s'aimeront sous le regard de Dieu, de cet amour éternel, honneur des familles et des nations.

Ah ! si les princes de la terre eussent compris leurs intérêts, ils fussent restés sur le trône pour le bonheur de leurs peuples. Ils eussent fait proclamer bien haut la loi de Dieu, c'est-à-dire la loi d'amour qui nous fait aimer l'autorité, celle de notre père et de notre mère, comme celle de notre souverain, comme celle de Dieu ; la loi d'amour qui nous fait aimer nos semblables, et nous empêche de nuire à nos frères ; la loi d'amour qui nous fait nous aimer nous-mêmes, corps et âme, pour l'éternité. Avec cela, il eût fallu moins de prisons de toutes les espèces, moins d'agents de police, et moins de tribunaux en matière criminelle.

Hélas ! on a proclamé bien haut que le prince n'avait rien à voir avec les consciences ; qu'il y avait une loi humaine et une loi divine parfaitement distinctes, et capables de marcher l'une sans l'autre. On a dit : Laissez la religion aux prêtres. Il n'y a point de religion pour les gouvernements.

Eh bien ! rois, eh bien ! magistrats, législateurs, comprenez-le. Le péché, cet acte de rébellion à la volonté de Dieu, que vous ne reconnaissez pas, dont vous ne vous inquiétez pas, le péché est votre ennemi direct, et c'est lui qui, jusqu'au dernier jour, paralysera votre action, ébranlera le trône où vous régnez, et vous renversera du tribunal où vous siégez. Le péché a mis le désordre dans la famille d'Adam. Le péché est le principe dissolvant des États et des peuples ; croyez-vous donc qu'il se renferme dans la conscience des individus pour n'en pas sortir, et qu'il est superflu d'en tenir compte. Eh bien ! sachez que tout homme pécheur est un révolutionnaire, car il faut à l'ennemi de

Dieu des hommes qui l'approuvent, l'encouragent et le servent. Un père a besoin de n'être pas seul impie dans sa famille. Une mère a besoin de justifier sa conduite insensée devant sa fille; et elle l'entraîne dans les assemblées mondaines, et elle jette le ridicule sur les précautions de la pudeur... L'ami est un révolutionnaire vis-à-vis de son ami; il ne peut souffrir en lui une piété qui est sa condamnation... Cela doit être ainsi. Révoltés contre leur Dieu, les impies regardent comme odieux ceux qui leur parlent du Souverain dont ils violent les lois ; la vue d'une pratique de vertu, d'un acte de piété leur est un tourment, parce qu'elle leur rappelle les devoirs qu'ils enfreignent, une justice inflexible dont ils subiront les jugements, et un enfer qui les attend et auquel ils croient malgré leur affectation d'incrédulité. Déterminés qu'ils sont à braver la puissance de Dieu pendant leur vie, ils savent pourtant qu'ils ne pourront échapper aux tourments de l'éternité. Alors, la conduite chaste des vrais chrétiens excite dans leur âme la jalousie de Caïn le maudit contre Abel le juste ; et ils s'écrient avec fureur : Pourquoi vous hâter de commencer mon supplice? *Quid me torques ante tempus?* Allez, serviteurs de Dieu, allez chanter loin de moi ses louanges qui me rappellent mes outrages, la bonté dont j'abuse, la justice qui m'atteindra de ses foudres : *Quid me torques ante tempus?*

Ainsi commence la désunion dans les sociétés. Ainsi vient la lutte du pécheur contre celui qui veut rester fidèle à la loi.

Regardez autour de vous ! Voyez ce qui se passe en notre siècle. Suivez la marche des révolutions, et dites si le péché n'est pas le premier principe des désordres qui menacent la société de périr.

Mais voyez encore !

L'indépendance envers Dieu amène essentiellement l'indépendance parmi les hommes. L'homme se proclame libre de se révolter contre le ciel; comment voulez-vous qu'il s'oblige à obéir à la loi ou à l'homme de la loi? Fidèle à Dieu je vois l'autorité humaine empreinte d'un caractère sacré, marquée au sceau de la divinité. Mais si j'ose braver la puissance éternelle; quel respect me restera-t-il pour les pouvoirs de la terre? Loin de Dieu, privé des espérances de l'autre vie, j'ai besoin de chercher à tout prix le bonheur du temps; il me faut honneurs, richesses, satisfaction de toutes mes convoitises. Malheur donc au pouvoir, quel qu'il soit, qui s'opposerait à mes aspirations! Je le briserai, ou il m'écrasera moi-même. Lutte à mort contre ce pouvoir tyrannique! Que me parle-t-on d'intérêt d'autrui, de bien de la société? Les jouissances des autres me sont odieuses si elles me rendent malheureux. L'univers, c'est moi! Périsse le genre humain, s'il le faut, pourvu que je goûte le bonheur! — Et, en disant cela, Néron fait mettre le feu à Rome pour le plaisir de voir un incendie. — Ainsi doit raisonner tout homme qui ne respecte plus le pouvoir de Dieu. Son intérêt seul le touche. Dans toute la nature, il ne considère plus que lui-même... Voyez-vous ce démagogue furieux? Faites-le s'asseoir sur un trône, placez une couronne sur son front, mettez un sceptre dans sa main, et vous le trouverez bientôt réconcilié avec la royauté. Oui! l'homme séparé de Dieu s'irrite contre toute gloire qui l'efface, contre toute hauteur qui le rabaisse, et sa sagesse n'est plus que le mépris affecté de la grandeur qu'il ne peut atteindre. Or, supposons un pays tout entier composé d'hommes de ce caractère; que produira ce choc immense de tous les intérêts, ce conflit de toutes les passions? La police et la force empêcheront, peut-être, le désordre et l'anarchie pendant quelque temps; mais la police et la force sont de trop faibles digues contre la fougue impétueuse de pareils torrents. Bientôt le citoyen s'armera contre le citoyen, les villes contre les villes, les provinces contre les provinces ; et l'État, couvert de crimes et de sang, ne sera plus qu'un épouvantable chaos.

Comment rétablir l'ordre ! En vain recourrez-vous à la politique. La politique balance les intérêts généraux; et là où il y a révolte contre Dieu, aucun intérêt ne réunit les individus, l'intérêt personnel divise tout. Pour qu'une société subsiste, il faut un centre commun. La politique n'est pas un centre, la terre n'est pas un centre, l'homme n'est pas un centre... Dieu seul est le centre de l'univers; sans lui, point d'ordre absolu ni relatif ; avec lui, au contraire, tout a une fin générale et respective.

De nos jours, on a beaucoup prôné la raison humaine. Et après avoir chassé Dieu des sociétés, on y a appelé la raison. Mais n'avait-on pas, dans l'histoire monstrueuse du paganisme, la preuve de l'impuissance de la raison pour guérir les sociétés malades ? N'importe ! on a voulu faire une seconde expérience. Or, pour résultat, on a obtenu les horreurs de 93.

O mon Dieu ! je m'attache à ces rochers du Sinaï dont il me faut descendre. Je les baise avec amour, et je vous conjure de graver profondément en mon âme et dans celle de tous les hommes vos dix commandements; que l'Asie, que l'Afrique, que l'Europe entendent les échos du Sinaï. Que les accents de votre voix divine traversent la terre, ou soient portés sur les flots de la mer jusqu'en Amérique et en Océanie. Vienne le jour où tous, prosternés devant vous, nous écouterons et nous adorerons ce grand commandement émané des nuages étincelants qui couvraient le Sinaï ;

« Un seul Dieu tu adoreras et aimeras prfaitement. »

Mais les heures s'écoulent. Il faut m'arracher pour toujours à ces montagnes sacrées.

Je trouvai la descente plus pénible que la montée. En marchant vers le sommet, j'avais rencontré des difficultés sans doute, mais je voyais devant moi un terrain solide ; en m'aidant des pieds et des mains, je finissais par m'accrocher fortement, et je montais. Pour redescendre, au contraire, je me trouvais en face d'un précipice à pic. Chaque marche de l'escalier rocheux ressemblait à l'ouverture d'un gouffre. Je sentais qu'un faux pas me trouverait sans appui et me ferait tomber de pointes aiguës en pointes aiguës jusqu'au fond de l'abîme. Il résultait de cette situation la nécessité de recourir à mille exercices gymnastiques plus hardis les uns que les autres. Appuyé d'une main sur une tige de palmier, je m'accrochais de l'autre au bras de mon cheik. Cet homme sec et nerveux, nullement gêné par des habits qu'il n'avait pas, sautait de roc en roc avec une légèreté, une souplesse vraiment dignes d'envie. Il me conduisit ainsi jusqu'au chemin tracé de la main des moines, où je retrouvai mon petit âne avec d'autant plus de satisfaction que mon pied, cassé deux mois auparavant dans les montagnes du Liban, se ressentait de la violence à laquelle je l'avais condamné.

Avant de rentrer au couvent, j'avais encore plusieurs merveilles à voir. On montre ici la pierre d'où Moïse fit jaillir les eaux miraculeuses, ailleurs le lieu terrible où la terre s'entrouvrit pour dévorer Coré, Dathan et Abiron ; plus loin, le moule où aurait été fondue la tête du veau d'or ; près de là, l'éminence sur laquelle se tenait Aaron pendant que les Israélites dansaient autour de l'idole ; enfin le rocher contre lequel Moïse indigné brisa les tables de la loi. Tout ici parle de Dieu. Les pierres elles-mêmes racontent des prodiges ; c'est la terre des miracles, et l'on voudrait y rester longtemps et y revenir, si Jérusalem et son Calvaire, et sa montagne de l'Ascension, n'attirait vers elle par le souvenir d'autres prodiges plus admirables encore.

XVIII

ENCORE LE DÉSERT ET LA MER.

Mon pèlerinage accompli, je n'avais plus d'intérêt à séjourner au couvent ; aussi donnai-je, sans plus tarder, mes ordres pour le départ.

Mes dévotions et les devoirs de la politesse occupèrent la matinée du lendemain. Je réglai aussi mes comptes avec l'économe ; vers les trois heures du soir, je sortis par la poterne qui m'avait donné accès le premier jour ; et mes Bédouins m'ayant conjuré de passer la soirée dans leur tribu, j'allai dresser ma tente à quelque distance de leur camp.

Par un singulier hasard, deux bandes d'Anglais conduites, elles aussi, par des cheiks de cette tribu, étaient venues s'installer en cet endroit pour un semblable motif. Définitivement, les fils d'Albion ont un goût prononcé pour le désert. Lorsque je passai au pied du mont Serbal, j'avais rencontré un jeune Indien qui revenait du Caire avec des provisions. Étonné de sa présence au milieu des Arabes, je lui avais demandé son histoire. Il avait quitté les Indes avec un officier de la Grande-Bretagne. Chemin faisant, l'officier s'était fait débarquer à l'entrée du Wadi-Pharan ; et il s'y était trouvé si bien qu'il s'y était accommodé une sorte de tabernacle un peu durable. Il y résidait depuis onze mois, et rien ne faisait présumer qu'il fût dégoûté de la solitude ni de la vie sauvage.

Les Anglais d'aujourd'hui sont en deux caravanes distinctes, l'une exclusivement composée d'hommes, l'autre formant une sorte de ménage. Ils avaient accepté leur place au festin des Arabes. La tente du plus vieux cheik servait de salle à manger. Je les observais de loin, accroupis à terre et flanqués chacun de deux Bédouins. La dame, en sa qualité d'Anglaise, était accueillie comme un homme, contrairement à l'usage qui exclut les femmes des repas de leurs seigneurs et maîtres. Dans un plat de bois, sur une montagne de riz, le mouton homérique occupait le milieu de l'assemblée. On mangeait avec ses doigts, on buvait avec une sorte d'auge en bois qui courait à la ronde ; on mangeait beaucoup et on parlait peu. Une petite lanterne de papier éclairait ce festin nocturne. Je m'étais dispensé de la cérémonie, mais j'achetai mon mouton comme les Anglais, et je l'envoyai aux Bédouins pour ajouter ma part au régal. Cependant, après le dîner, j'allai m'asseoir sous la tente du cheik, et nous fumâmes le tchibouch, et nous prîmes ensemble le café. Mouça me présenta ses enfants, affreux négrillons qui se roulaient tout nus dans le sable et paraissaient jaloux au suprême degré. Si je donnais un morceau de sucre aux fils du cheik, ceux de Mouça se révoltaient et voulaient le prendre pour eux. Je demandai au père de ces futurs voleurs combien il avait de femmes. — « Je n'en ai que deux, me répondit-il, mais lorsque j'aurai encore dépouillé quelques caravanes, j'en prendrai deux autres. Alors je pense que je m'arrêterai. » — Or les deux premières entendaient cette conversation derrière la mauvaise toile qui nous séparait d'elles. Elles riaient et semblaient trouver tout simple de ne pas suffire aux affections de leur hideux mari.

Parmi les Anglais, nous l'avons dit, il y avait un monsieur et une dame. La dame avait déjà fait le voyage du Sinaï ; mais elle aimait le désert, et y revenait pour son plaisir. Elle voyageait à fort petites journées, car elle avait employé dix-neuf jours à venir de Suez. C'était elle qui tenait la bourse, elle qui donnait les ordres. Elle était riche sans doute, car elle avait fait un marché royal avec son drogman. Elle l'avait pris à Malte. Elle devait le garder huit mois encore. Elle lui donnait cent francs par jour. A cette condition, le drogman fournissait les chevaux, les chameaux et la nourriture. Il payait aussi l'auberge quand on s'arrêtait dans les villes. Or, la dame s'était trouvée si bien au Caire qu'elle y avait passé deux mois. Le drogman avait dû payer quarante francs par jour à l'hôtel pour l'entretien de ses maîtres, et le reste de la somme était bénéfice pour lui. Malgré cela, il se plaignait à moi de l'avarice de la dame ! L'Anglaise voyageait sur un chameau. Elle avait adopté un costume spécial pour le désert. Elle portait des bottes jaunes, un pantalon de drap bleu, une sorte de jupon en indienne. Sa tête était coiffée d'un keffié jaune et rouge qui lui cachait entièrement les cheveux. Elle me raconta sa peine de ne pouvoir aller à Pétra. Il paraît que, depuis trois ans, un chef de Bédouins, nommé Abou Zeïtoun, surveillait, aux environs de cette ville, le passage des voyageurs.

Abou Zeïtoun, me fut-il assuré, ne tue personne : il se contente de prendre l'argent de ses prisonniers et leur laisse galamment leurs chameaux et leurs provisions de bouche. La dame se résignait bien à perdre quelques livres sterling ; mais on lui a dit, et c'est vrai, que le Bédouin, pour s'assurer qu'on ne lui vole pas une guinée, dépouille les voyageurs du vêtement même le plus indispensable et les tient en faction dans ce costume primitif aux yeux de toute la tribu et en plein soleil, jusqu'à ce qu'il ait visité leur linge et tous leurs paquets. L'enthousiasme de la dame ne va pas jusqu'à lui faire accepter cette condition. Elle ira donc à Hébron par un autre côté ; elle visitera ensuite Jérusalem ; reprendra de nouveau la route du désert pour aller à Damas, passera les trois mois de la forte chaleur à Beit-Mery au-dessus de Beyrouth, et s'enfoncera une troisième fois dans les sables pour aller jusqu'à Palmyre. Lorsque son drogman la quittera, je pense que sa fortune sera faite.

Pour moi, je dois borner mes prétentions. Je reprendrai le même chemin ; je traverserai encore l'Égypte, et je me rendrai en Palestine par mer. Un homme qui voyage pour son plaisir, et qui a du temps et de l'argent, peut faire beaucoup mieux. Une fois dans sa vie, le voyage du Sinaï à Jérusalem par terre doit offrir un véritable intérêt. Sur ce chemin sans doute, il n'y a point de ville, et on y rencontre à peine de rares villages dans les cantons où des sources d'eau vive permettent un peu de culture. C'est le désert dans toute sa nudité, souvent dans toute sa désolation ; le désert, domaine éternel d'un petit nombre de tribus pastorales, là où ne règne pas une complète aridité. Mais cependant quelques-uns de ces lieux, aujourd'hui si en dehors du monde civilisé, gardent dans les ruines dont ils sont couverts, les vestiges d'une période bien différente de leurs destinées historiques. Il fut un temps où le commerce jetait le mouvement et la vie au milieu deces solitudes. Rome, alors maîtresse de l'Idumée, porta dans ces contrées ce génie à la fois grandiose et pratique, qui a laissé sa trace jusque dans les provinces les plus reculées de l'empire : elle y ouvrit de grandes routes, dont on retrouve encore les vestiges ; elle y construisit des villes, embellit celles que les indigènes avaient fondées ; et, dans quelques-unes de ces villes, elle érigea des monuments qui excitent encore l'étonnement et quelquefois l'admiration des voyageurs. Ces témoignages de l'ancienne civilisation iduméenne, et, au premier rang, les ruines de Pétra, la merveille du désert, justifieraient seuls la curiosité qui porte le voyageur européen vers ces solitudes, abstraction faite même des souvenirs du voyage de quarante ans des Hébreux. Tel est du moins l'avis de quelques pèlerins consciencieux.

Puisque je ne suis point cette route, mon voyage aura peu d'intérêt jusqu'à Suez. Dès le grand matin, après la soirée que j'ai décrite, je repris ma course solitaire. Ce jour-là, j'eus la bonne fortune de rencontrer les fameuses pommes de Sodome que j'ai inutilement cherchées au nord de la mer Morte. Elles étaient parfaitement fraîches et ressemblaient à de beaux fruits de Normandie. Seulement, au lieu de venir sur les arbres, elles tenaient à des plantes rampantes. J'en fis ramasser une par mon chamelier. Je la pressai avec la conviction que j'éprouverais de la résistance. L'écorce céda aussitôt, et je ne trouvai que des graines noires à l'intérieur. Ah! vraiment, c'est bien l'image des faux plaisirs que promet le Roi du monde ; beaucoup de brillant à l'extérieur, et rien en réalité.

J'éprouvai, pendant ces longues marches au désert, des

sensations étranges et curieuses, que je n'ai jamais ressenties ailleurs. Les phénomènes les plus simples, l'effet de la voix humaine, par exemple, produisent des effets inattendus : ainsi je marchais forcément en silence, le sable amortissait le bruit des pas des hommes et des chameaux, de sorte que, le plus souvent, notre caravane ressemblait à un convoi funèbre. Or, si tout à coup, une voix s'élevait pour appeler un Bédouin attardé, j'éprouvais un tressaillement que je compare volontiers à un réveil en sursaut, ou bien au retour à la vie après un long assoupissement. Il y a aussi des hallucinations produites par un soleil trop ardent ; et je dus les subir ici, pour la première fois de ma vie. Dès la première nuit, je me réveillai en sursaut, et regardant la toile de ma tente : — C'est bien là, me disais-je, la tente des morts ; je suis exposé pour vingt-quatre heures, c'est fini ! — Et il me fallut un moment pour m'assurer du contraire. Dans d'autres circonstances, le mont Liban, la France, Paris, mes souvenirs, mes affections se présentaient en foule à mon esprit, et je me disais, sans raisonner, cette parole : Je ne les verrai plus, puisque je dois mourir au désert. C'était comme des idées fixes qui s'emparaient de moi à l'improviste, et m'obsédaient quelque temps, avant que je songeasse à les chasser. Une fois, je me réveillai au milieu de la nuit, couvert d'une sueur étrange, malgré le froid et l'humidité. Je ne vis de remède que dans le mouvement. Je fis aussitôt lever les Arabes, et leur ordonnai de se mettre en route. Nous partîmes au clair de la lune. Je marchai cinq heures sans bien savoir ce que je faisais, regardant avec stupeur les traces des serpents imprimées dans le sable. Après cinq heures, je tombai de fatigue. Je fis dresser ma tente, et je restai couché jusqu'au lendemain. Cet accident n'eut pas de suites. Au fait, il y a quelque chose d'extraordinaire dans la situation d'un homme qui se trouve tout à coup au désert, loin de toute communication, ne pouvant demander secours à personne, entouré de quelques misérables qui s'intitulent ses conducteurs et ne sont, en vérité, que des voleurs organisés, prêts à trahir leur maître pour profiter de sa dépouille. Je le sens de plus en plus, il faut savoir commander à son imagination, pour s'embarquer seul au milieu d'un voyage aussi hasardeux.

Je revis les Fontaines de Moïse. Lors de mon premier passage, j'avais à peine pris garde à leur maigre verdure ; mais, après avoir vu si longtemps du sable, je me trouvai dans un paradis terrestre. Au fait, ces fontaines sont quelque chose d'unique dans le pays. Les habitants de Suez y font cultiver des jardins qui sont leur seule promenade. Ils ont même construit de petites maisonnettes pour y dormir. Ils s'y rendent par mer, ils embarquent leurs ânes avec eux; arrivés au rivage sinaïtique, ils s'en vont à âne jusqu'aux fontaines, ils passent leur journée à l'ombre des orangers et des palmiers, et reviennent le soir à la ville inhospitalière où les rappelle le devoir. En voyant couler les eaux claires et limpides, je demandai à un jardinier, pourquoi Suez ne venait pas s'y approvisionner, plutôt que de s'adresser au Caire. Le Bédouin sourit, se baissa, puisa un peu d'eau et me la présenta. Elle est supportable au goût, mais amère et malsaine.

Dès le matin du dernier jour, je laissai mes bagages en arrière; et, prenant avec moi un seul Bédouin, je lançai mon dromadaire au trot; je dévorai l'espace. Mais peu s'en fallut que je ne vinsse échouer au port. Pour m'épargner une longue marche en contournant la tête du golfe, mon Bédouin me proposa de traverser la mer à gué, ce qui est, en effet, possible par la marée basse. Je m'en rapportai à lui et je lui confiai la bride de mon chameau : il entra dans l'eau ; je le vis tâtonner comme un homme peu sûr de son fait ; il relevait peu à peu sa robe de peur de la mouiller. Bientôt il ôta sa ceinture et me la confia. Un moment après, il me remit sa chemise elle-même ; encore un pas, et il eut de l'eau jusqu'au cou. Alors perdant la tête, il se lança à la nage, tirant le licol de toutes ses forces. Mon dromadaire, glissant dans la vase et perdant pied à son tour, commença à s'irriter, et il en résulta une sorte de lutte entre deux êtres qui n'avaient guère plus de raison l'un que l'autre. La comédie tournait au tragique. Sur la bosse du chameau, j'étais encore au-dessus de l'eau, comme un triton sur un monstre marin ; mais je voyais le moment d'une catastrophe. J'avais beau crier, mon Bédouin n'entendait rien. Dans ma détresse, j'imaginai de le frapper avec ma cravache sur la tête, seule partie de son corps qui fût hors de l'eau. Ce procédé eût rendu fou un homme raisonnable ; il rappela le Bédouin au bon sens. Mon homme comprit cet argument sensible, il se tourna vers la terre, mon chameau l'y suivit, et nous fûmes joyeux de nous retrouver à terre. Je ne jugeai pas à propos de tenter de nouveau le gué si mal connu ; je fis tirer un coup de fusil, on l'entendit de l'autre rive, une barque vint me chercher, et bientôt après je débarquai à Suez, délivré pour cette fois, des incertitudes d'un voyage dangereux. Je revis l'Égypte, son sable, son Nil et ses palmiers ; et je repris le bateau qui devait me transporter en Palestine.

A l'Égypte mes dernières pensées et mes adieux. Je l'ai traversée trop vite au gré de mes désirs ; et plus longtemps je puis me rapprocher d'elle, plus je me sens heureux : sur l'arrière du vaisseau je contemple ses rives, j'y revois le

Nil, j'y retrouve des ruines qui me parlent de saint Louis et des Croisés.

Il y a sept bouches du Nil, devant lesquelles nous passons successivement. Les anciens les désignaient sous les noms de Canopique, de Bolbitine, de Sébennytique, de Phalnitique, de Mendésienne, de Tanitique et de Pélusiaque. Ce fleuve étonnant coule du midi au nord, entre deux chaînes de montagnes. Profondément encaissé dans la haute Égypte, il s'élève à fleur de terre à mesure qu'il s'éloigne de sa source; son cours est interrompu par six cataractes célèbres, dont la plus haute n'a cependant pas plus de seize mètres. Longtemps on ignora son origine. Ptolémée fut le premier à la fixer dans les montagnes de la Lune, et la science s'est définitivement rangée à cet avis depuis 1846 seulement. Tout à l'heure, à sa quatrième bouche, nous rencontrerons Tanès, la ville où quelques-uns font naître Moïse; près de laquelle, disent-ils, il fut exposé sur les eaux et merveilleusement sauvé par la fille du roi Pharaon; mais auparavant saluons Damiette, et donnons un souvenir à l'héroïsme des Croisés.

Longtemps rivale de Tanès et de Peluse, Damiette conservait encore une partie de sa splendeur au temps du royaume de Jérusalem. Elle était riche et belle. Son territoire se couvrait de toute sorte de moissons; on y voyait des forêts de palmiers, d'orangers et de sycomores; un bras du fleuve lui apportait les richesses de la Syrie, de l'Asie Mineure et de l'Archipel. Boulevard de l'Égypte, elle était flanquée de fossés profonds et d'un triple rang de murailles. Une grande tour, élevée au milieu du fleuve et reliée à la terre par une chaîne de fer, la défendait contre les attaques du côté de la mer; vingt mille soldats choisis formaient sa garnison. Au besoin, sa population pouvait prêter un renfort de quarante mille hommes.

Rien ne peint les mœurs des guerriers du moyen âge comme le récit de la prise de cette ville. C'était après les incertitudes d'un siége de dix-sept mois, vers les premiers jours de novembre. Tout était disposé pour le dernier assaut. Les hérauts d'armes de l'armée chrétienne parcoururent le camp et répétèrent ces paroles : « Au nom du Seigneur et de la sainte Vierge, nous allons attaquer Damiette ; avec le secours de Dieu, nous la prendrons ». Tous les Croisés répondirent : « Que la volonté de Dieu soit faite ». Lorsque la nuit fut avancée, on donna le signal. Un violent orage grondait et couvrait tout autre bruit. Quelques Croisés montèrent en silence sur les murailles ; ils y tuèrent les sentinelles. Maîtres d'une tour, ils appelèrent à leur aide les guerriers qui les suivaient ; et, ne trouvant plus d'ennemis à combattre, ils chantèrent à haute voix le *Kyrie eleïson*. L'armée, rangée en bataille au pied des remparts, répondit par ces mots : *Gloria in excelsis*. Le légat du Pape entonna le cantique de la victoire : *Te Deum laudamus*. Les chevaliers, les Templiers, tous les Croisés accoururent. Deux portes de la ville, brisées à coups de hache et consumées par le feu, laissèrent un libre passage à la multitude des assiégeants. *Ainsi*, s'écrie le vieil historien, *Damiette fut prise par la grâce de Dieu*. Le lendemain, en pénétrant dans la ville, les Croisés furent saisis d'horreur : les places publiques, les maisons, les mosquées, tout était rempli de cadavres ; la vieillesse, l'enfance, l'âge mûr avaient péri dans les calamités du siége. De soixante-dix mille habitants, il en survivait trois mille ; encore ces malheureux ressemblaient-ils à des ombres pâles qui se traînaient au milieu des tombeaux.

Il ne reste rien de l'ancienne Damiette. La ville actuelle, bâtie à quelques milles plus haut, n'a aucune importance. Par suite des péripéties de la guerre, la terreur du nom français poussa les Turcs à jeter de grands amas de pierres à l'embouchure du Nil ; depuis lors, elle est restée inaccessible aux gros vaisseaux; le commerce est donc à peu près impossible. L'unique souvenir des Croisés est dans les ruines d'une antique forteresse, située auprès du village de Lesbeth.

Mais l'Égypte a fui derrière nous. Voici d'autres cieux et des terres nouvelles. Nous côtoyons les rivages de la Palestine.

La plaine d'Ascalon s'ouvre devant nous. Bornée à l'orient par des élévations qui méritent à peine le nom de collines, elle confine à d'autres plaines dans la direction du nord. Des solitudes profondes et les flots de la mer forment sa limite méridionale. Elle peut avoir une lieue d'étendue. Sur les ruines de l'antique cité qui lui donna son nom, au milieu des oliviers, des palmiers, des figuiers, des sycomores, des champs d'orge et de blé, se dresse le village arabe de Machdal.

Une bataille célèbre fut donnée en ce lieu. « Semblable à un cerf qui porte en avant ses cornes rameuses, l'armée égyptienne, au rapport de Foulcher de Chartres, s'était adossée aux collines de sable, et elle étendait ses ailes pour envelopper les soldats de la Croix. Un genou en terre et lançant une nuée de flèches, les Éthiopiens attendirent bravement le choc ; puis ils s'avancèrent, affectant de montrer leurs visages noirs et poussant de féroces clameurs. Ces terribles Africains portaient des fléaux garnis de boules de fer, avec lesquelles ils battaient les boucliers et les cuirasses, et frappaient à la tête les chevaux des assaillants.

Derrière eux se pressaient d'innombrables guerriers armés de la lance, de la fronde, de l'arc et de l'épée. Cette nuée envahissante apportait dans ses flancs tous les désastres de la tempête. En apparence, la faible poignée des héros chrétiens devait être dispersée par l'orage ; mais Dieu veillait sur les siens. Tancrède, le duc de Normandie, le comte de Flandre et leurs vaillants soldats brisèrent les cohortes ennemies; le duc Robert pénétra même jusqu'à l'endroit où le visir Afdal présidait au combat, et s'empara du grand étendard des infidèles. Les bataillons musulmans, chassés vers la mer, rencontrèrent le glaive de Raymond de Saint-Gilles. Tandis que trois mille fuyards trouvaient la mort dans les flots, en cherchant à gagner la flotte égyptienne, quelques-uns, s'étant jetés dans les jardins et dans les vergers, montèrent sur les arbres, se cachèrent dans les branches des sycomores et des oliviers, d'où, percés à coups de flèches, ils tombèrent comme l'oiseau abattu sous les traits du chasseur. Ceux qui cherchèrent un refuge dans la ville se pressaient avec un tel désordre, que deux mille d'entre eux périrent étouffés par la foule ou bien écrasés sous les pieds des chevaux. Au centre de l'action, à l'endroit où combattait le vaillant Godefroy, le carnage fut horrible. Glacés d'un mortel effroi, les Musulmans jetaient bas les armes : ils restaient immobiles sur le champ de bataille; ils attendaient la mort sans défense ; et le glaive des chrétiens, pour employer le langage d'un chroniqueur, les moissonnait comme les épis des sillons ou l'herbe touffue des prairies. »

Prise et reprise successivement, Ascalon fut détruite par les Musulmans, rebâtie par les Croisés, et démolie enfin pour ne plus se relever. C'était une ville de souvenirs ! Elle fut, dans l'origine, une des places principales des Philistins ; elle appartint ensuite aux Juifs et fut magnifiquement embellie par Hérode. Au temps de ce prince, elle était, par sa grandeur, la seconde ville de la Judée.

Peu de connaisseurs en cuisine savent peut-être que le mot d'*échalotte* nous est venu d'Ascalon, par les Croisés, *Cæpe Ascalonicum*.

De ce point jusqu'à Jaffa, la distance est de cinquante kilomètres seulement. Avec la vapeur, le trajet ne nous parut pas long. L'eût-il été davantage, nous nous en serions à peine aperçus. Qu'importe les heures, lorsqu'on peut considérer enfin cette terre qu'on est venu chercher de si loin, cette terre bénie qu'on est si bien convenu d'appeler la *Terre sainte!*

Nous voici arrivés au terme de nos désirs. Nous touchons la terre des patriarches et des prophètes, la terre qui reçut Jésus-Christ venant en ce monde, la terre où il prêcha l'Évangile, celle où il est mort pour nous; la terre d'où il est monté au ciel pour nous préparer une place. Nous sommes au comble de nos vœux : nous sommes en *Terre sainte!*

VOYAGE EN JUDÉE.

I

LA TERRE SAINTE.

Voici que, par la grâce de Dieu, au nom du Père, et du Fils, et du Saint-Esprit, il nous est donné d'aborder au rivage de la Terre bénie que nos traditions chrétiennes nous apprirent à connaître dès l'enfance, sous le nom séduisant de Terre promise : celle où les Patriarches, depuis Abraham, le Père des croyants, jusqu'à Joseph, le sauveur des tribus d'Israël, dressèrent les seuls autels du vrai Dieu; celle où David érigea le trône de Juda ; la terre privilégiée que Notre-Seigneur voulut rendre la dépositaire de son berceau, le témoin des prodiges de sa vie mortelle, la gardienne de son glorieux sépulcre ; la terre d'où nous arrive la lumière du jour, d'où nous est venue la lumière bien autrement précieuse de la foi ; la terre si poétique de l'Orient ; et, pour tout résumer en un mot, la Terre-Sainte !

Bénie soit à jamais la bonne Providence qui nous a conduits jusqu'ici !

En face de ce rivage sacré, quelle émotion n'est pas la

nôtre ! — Si vulgaire qu'elle soit, une contrée, jadis illustrée par des héros, apparaît aux hommes des derniers âges comme environnée d'un nimbe lumineux, et semble évoquer devant eux le génie de ceux qui ne sont plus. Ainsi, lorsque, dans une sublime émotion, M. de Châteaubriand jeta aux ruines de Sparte le nom de Léonidas, une voix secrète lui avait parlé du milieu des décombres, et le poëte, debout sur les ruines, avait senti monter spontanément de son cœur à ses lèvres un nom qui résumait toute la gloire du passé. Or nous contemplons ici mieux qu'un pays illustre. Encore un peu de temps, et nous nous agenouillerons sur la terre sacrée, et nous la baiserons de nos lèvres !

En 1859, lorsque je refis le voyage de Palestine avec la caravane des cinquante-sept pèlerins dont j'ai parlé au volume précédent, nous arrivâmes devant Jaffa sur les neuf heures du soir. L'attente avait été longue : l'impatience se faisait sentir d'autant plus grande; aussi nos pèlerins se précipitèrent-ils sur le pont; et, comme les lumières de la ville, gracieusement disposée en amphithéâtre, éclairaient ses principaux contours, ils purent se former une idée générale de la situation et jouir du charme qui naît au premier aspect d'un objet longtemps rêvé. Mais la peine accompagne ordinairement le plaisir ; et ceux d'entre nous qui n'avaient pas le pied marin payèrent cette jouissance par toutes les tribulations d'une mauvaise nuit. En voici la raison.

L'accès de Jaffa est difficile. Il n'y existe point de port. A quelque distance de la côte, des rochers à fleur d'eau forment un obstacle sérieux, et, à la nuit surtout, le débarquement offrirait un danger. Nous avons donc stopé loin du rivage, et force nous fut de passer dix heures de plus dans notre prison flottante.

Or, les vagues battent les flancs du navire, les mâts tourmentés par l'autan crient péniblement, le vaisseau roule en tous sens, et, dans nos couchettes étroites, nous éprouvons ces secousses dures et saccadées, plus pénibles qu'un mouvement prononcé de tangage ou de roulis. J'entends des jeunes gens qui s'appellent d'une cabine à l'autre, se racontent leurs tribulations, soupirent après le matin, et se redisent entre eux que c'est heureusement leur dernière nuit en mer pour deux grands mois.

Cependant le ciel blanchissait; le soleil, encore sous l'horizon, couronnait de pourpre et d'or les montagnes de la Judée; enfin il se leva par-dessus les hauteurs de Sion. A cette vue, toutes les souffrances sont oubliées; les visages s'épanouissent, les cœurs se rassérènent, la gaieté brille sur toutes les physionomies. Terre! terre! crient les matelots après une longue traversée, et ce cri fait tomber toutes les fatigues. Combien plus douces étaient les émotions de ces jeunes hommes vraiment chrétiens disant, au moment de toucher le sol sacré : Voici la Terre-Sainte!

Il n'en est pas, en effet, de notre voyage en Palestine comme de toute autre pérégrination. Une visite au pays des Perses ou des Mèdes nous eût intéressés sans doute; mais si attrayant qu'il fût, le souvenir de ces peuples étrangers à nos intérêts, à nos mœurs, à nos habitudes, à nos croyances, nous eût laissé du froid dans l'âme. En Terre-Sainte, au contraire, nous sommes presque au pays natal, car tout ce que nous possédons en dogmes, en civilisation, en culture des mœurs, nous vient de ces contrées miraculeuses.

En effet, il y a quelques jours seulement, au pied du Sinaï, nous assistions à cette grande manifestation de Dieu, lorsqu'au milieu des éclairs et des tonnerres, il donnait aux hommes ce commandement sublime : *Un seul Dieu tu adoreras!* Or, comment nous est parvenue la connaissance de l'unité divine, sinon par la Terre-Sainte? Tandis que le monde entier s'obstinait à rejeter ce dogme générateur de la civilisation moderne, du haut de la citadelle de Sion, le peuple Hébreu le défendit sans relâche; et lorsqu'il nous arriva enfin, après bien des siècles, son point de départ unique fut la Judée.

Nous pouvons donc, en débarquant à Jaffa, nous écrier véritablement, et avec plus de raison que les naïfs Croisés : Demain, à Jérusalem, nous serons au centre du monde. Nos pères interprétaient cette parole dans un sens tout matériel, et, de nos jours encore, les schismatiques grecs, abusant de la crédulité du pauvre peuple, montrent dans leur église une borne en porphyre qu'ils disent plantée dans l'ombilic de la terre. Mais nous, faisant bonne justice de ces naïvetés d'enfants, nous répétons la parole des Croisés dans un sens très-réel. Pèlerins de 1860, éclairés par la doctrine évangélique, par les traditions et par l'histoire des peuples, nous pouvons affirmer que nous sommes arrivés au centre de l'univers moral. L'histoire des lois, des prophéties, des révolutions de la Terre-Sainte, celle de son Messie, résument toute l'histoire de notre monde civilisé. Et dans ce sens, en vérité, il nous appartient de dire que « notre berceau repose entre le mont Sion, le Liban, le Carmel, le Siloé, le Cédron, le Jourdain : fleuves et montagnes dont le nom surpasse tout autre nom parmi les œuvres de la création ».

Ainsi, devant Jaffa, nous ressemblons à des fils de famille qui rejoignent la maison de leur père après un long voyage. Pèlerins un moment déshérités, nous allons retrouver à Jérusalem nos titres de noblesse, avec le triple secret de notre nature, de notre passé et de notre avenir. Certes, voilà une belle carrière ouverte devant nous.

Mais il y a mieux que cela encore ! La Terre-Sainte ne fut pas seulement la dépositaire d'une doctrine ; elle vit le Fils de Dieu se faire homme pour nous, vivre et mourir pour nous. Ici, le cœur a sa part largement faite, aussi bien que l'esprit. Au Sinaï, nous avons reçu la révélation d'un Dieu puissant et juste ; au Calvaire, nous apprenons à connaître un Dieu la bonté même.

Le souvenir d'un grand homme nous émeut. Nous visitons volontiers le palais où il naquit, les théâtres divers de ses exploits, le champ d'honneur où il succomba, le monument qui recueillit ses dépouilles mortelles ; or, qu'allons-nous voir en Palestine ? Nazareth, Bethléem, le Thabor, le Calvaire, le saint Sépulcre, la Palestine entière, à jamais consacrés par le séjour du Dieu fait homme. On comprend donc aisément l'émotion de nos âmes, au moment de débarquer.

Et puis, plusieurs d'entre nous portaient des noms héraldiques. Les blâmera-t-on si quelques souvenirs de gloire, si quelques sentiments chevaleresques se mêlaient à leur émotion ?

O terre bénie de la Palestine ! par toi nous sont venus tous les biens. Avec les assurances du bonheur de l'autre vie, tu nous donnas l'honneur et la gloire attachés aux nobles actions ; tu couronnas nos ancêtres ; tu illustras leurs noms. Par toi, nous eûmes des rois de Jérusalem, des comtes de Jaffa et d'Ascalon, des barons de Tibériade, de Sidon et de Césarée, des seigneurs d'Arsur et de Bérythe, des comtes de Tripoli et des princes d'Edesse, et plus tard des empereurs de Byzance, des ducs d'Athènes, des seigneurs d'Argos, de Corinthe et de Thèbes.

Et nous, fils de la France, nous nous glorifions d'être la première nation européenne constituée sous l'empire de la foi, sortie de tes frontières. C'est de nous que la civilisation chrétienne se répandit en Europe ; c'est par nous qu'elle y fut maintenue. Lorsque, semblable au nuage qui porte la tempête, l'Islamisme essaya d'envahir l'Occident, Charles Martel apprit à nos pères à défendre en vainqueurs leur foi menacée. Du sein de la France est encore parti le mouvement qui entraîna l'Occident sur la route du saint Tombeau. Délivrée par nos armes, après cent combats héroïques, Jérusalem, devenue libre, vit s'élever une royauté française sur le trône de David et de Salomon. « Il y eut alors une France d'Orient. » La Terre-Sainte accueillit notre langue et nos mœurs, avec le tribut de notre sang et de nos trésors ; et nos pères revinrent de l'autre côté de la mer, pour nous transmettre en héritage leurs bannières devenues glorieuses aux champs de la Palestine.

A ces titres, la visite de la Terre-Sainte nous sera doublement précieuse. Elle nous ramène tout naturellement aux sources de nos croyances et du patriotisme.

Nous quitterons donc avec joie le navire qui nous transporta jusqu'ici ; nous allons descendre à Jaffa ; nous nous enfoncerons dans les terres, et nous verrons les lieux témoins des prodiges que le Seigneur a faits pour nous.

Mais, avant toutes choses, il importe de tracer le plan de notre voyage. Mon intention n'est pas seulement de parcourir en détail la Palestine et la Syrie ; j'irai en Asie-Mineure, à Constantinople, et jusque dans les provinces Danubiennes ; j'aborderai aussi en Grèce, afin de m'y rendre compte de l'état des mœurs et de la religion. Cependant la visite des Terres bibliques absorbera la majeure partie de mon temps ; elle est mon objet principal, celui qui me tient le plus au cœur, et qui va, d'abord, nous occuper exclusivement.

Je voudrais, en commençant, établir d'une manière exacte la véritable étendue du pays qu'embrasse le saint pèlerinage ; mais les documents positifs manquent à cet égard. L'Écriture elle-même nous refuse des données précises. Au livre de l'Exode, Dieu dit à son peuple : « Je te « donnerai pour confins depuis la mer Rouge jusqu'à la « mer des Philistins, et depuis le désert (de l'Arabie) jus- « qu'à l'Euphrate ». Cependant, jamais l'histoire ne nous montre les Juifs en possession constante de cet héritage. Nous voyons bien David s'emparer de Damas, Salomon bâtir Tadmor dans le désert, Jéroboam reculer les frontières d'Israël jusqu'à Emath ; mais plus ordinairement les écrivains sacrés renferment les possessions d'Israël et de Juda entre le grand Hermon et le pays d'Hébron, selon cette expression consacrée : *A Dan usque Bersabe*.

Dans cette incertitude, je me tracerai un cadre arbitraire, et je fixerai ainsi mes étapes. J'irai d'abord en Judée, dans le pays témoin de la naissance, de la mort et de l'ascension de Notre-Seigneur ; je visiterai ensuite la Samarie et la Galilée, où le Sauveur passa la plus grande partie de sa vie mortelle ; enfin, je me rendrai jusqu'aux montagnes dont le nom est inséparable de celui de la Terre-Sainte, car si le Liban ne nous offre pas Jérusalem et Bethléem assises dans ses gorges ou sur ses flancs, il n'est pas moins compris dans les souvenirs bibliques. Son nom si souvent chanté se mêle aux gracieux tableaux du Carmel, Nazareth repose à ses pieds, le Jourdain lui demande ses eaux, et les prophètes lui empruntent leurs plus belles images. Nous allons donc commencer notre itinéraire du côté des montagnes de Moab, et lorsque nous descendrons les dernières cîmes du

Liban pour nous rendre à Antioche, nous aurons exploré tous les lieux consacrés par la religion, depuis le Sinaï jusqu'au pays des cèdres.

Cependant le voyage ne se fera pas toujours dans les mêmes conditions. J'étais seul au Sinaï. Cette fois j'ai l'honneur d'accompagner près de soixante pèlerins. L'œuvre des pèlerinages, établie à Paris, a fait un appel chaleureux aux hommes de bonne volonté. Des pères de famille, des ecclésiastiques, et de nombreux jeunes gens se sont enrôlés pour le saint voyage. Nous visiterons ensemble Jérusalem, Bethléem et Nazareth ; et puis nous nous séparerons. J'emmène avec moi les fils de quatre de mes amis, les jeunes comtes Ferdinand de Divonne, Augustin de Lorges, Albert de Monteynard, et Maxence de Vibraye. Ils ont vingt ans et une bonne santé. Ils veulent tout voir. Lorsque la caravane retournera en France, ils viendront avec moi au Liban, à Palmyre, à Smyrne, à Constantinople, à Athènes. Cette variété de compagnie donnera plus de charme à la narration. Les allures changeront avec les circonstances.

Actuellement, le bon ordre demande que nous établissions parmi nous une sorte de gouvernement. On nous a donné à Paris un règlement, que tous ont signé avec promesse de le suivre. Mais, comme toutes choses ne sauraient être prévues à l'avance, la direction générale est confiée à un bureau, entre les mains duquel chaque pèlerin a résigné par écrit sa portion d'autorité.

Le duc de Lorges préside. Le baron de Surmon et le commandant de Plas sont vice-présidents. Le P. Gagarin et moi, nous remplissons les fonctions d'aumôniers. MM. de Franqueville et de Vergès sont dispensateurs des fonds communs. MM. d'Acher et de Blavette tiennent la plume. M. l'abbé Wauters, chanoine de Liége et M. Augustin de

Villeperdrix, pèlerin de la Terre-Sainte pour la seconde fois à l'âge de soixante-six ans, sont adjoints au bureau.

Ainsi constitués, nous ferons le saint voyage sous l'œil de Dieu, avec la protection de nos bons anges.

II

JAFFA, L'ANCIENNE JOPPÉ.

Au moment où le soleil dardait ses premiers rayons sur les murailles de Jaffa, un jeudi du mois de mars 1859, nous étions tous à terre, et nous nous dirigions vers le couvent des Franciscains.

Jusqu'ici, les auberges n'étaient pas connues en Terre-Sainte, et les pèlerins eussent été embarrassés pour trouver un gîte dans ce pays hostile, si la charité des Pères de saint François ne leur eût ouvert des hôtelleries auprès des principaux sanctuaires. Aujourd'hui, l'affluence des visiteurs et une sécurité plus grande ont permis d'établir à Jaffa et à Jérusalem de petits hôtels relativement confortables; mais un pieux usage conduit encore le grand nombre des pèlerins vers la demeure des religieux hospitaliers.

Les Pères avaient fait dresser des tables dans leur cour; ils eurent la bonne pensée de nous engager à prendre, avant tout, une légère collation pour dissiper les malaises de la mer. Ils nous servirent le déjeûner classique de la Palestine, c'est-à-dire du café où le marc bouilli est mêlé au breuvage. On le prend sans lait ; on y trempe son pain, et on tâche de s'y habituer.

Après la collation, nous nous dirigeâmes vers l'église. Un père Franciscain dit la messe, et puis il entonna le *Te Deum* d'action de grâces. Nos jeunes musiciens lui répondirent avec leurs belles voix, et tout le monde s'y unit de bon cœur.

Ensuite, M. le baron de Surmon, qui voulait bien faire l'office de maréchal des logis, assigna les couchettes. Il avait fallu multiplier les matelas et les nattes dans le peu de chambres disponibles du couvent. Nous étions dans un pêle-mêle vraiment pittoresque. C'était à ne savoir comment se retourner ; mais avec de la santé et des caractères bien faits, de telles mésaventures sont de bonnes fortunes qui alimentent la joie. On s'installa comme on put ; on fit la reconnaissance de ses bagages ; on déballa les selles et l'attirail équestre dont la plupart s'étaient munis contre l'inconvénient des selles arabes, et le temps se passa vite jusqu'au dîner.

Alors commencèrent les petites désillusions du pèlerin. Après la table presque somptueuse du paquebot des Messageries impériales, on trouva modeste l'ordinaire des Pères de saint François. Le vin, comme la plupart des vins communs de Chypre, sentait le goudron et paraissait insupportable. Le pauvre cuisinier, tout effarouché d'avoir à servir tant de monde, ne s'était guère donné la peine de varier ses plats. L'avenir s'annonçait quelque peu sévère par un tel début. On prit le parti d'en rire et on fit bien. Cependant, il faut l'avouer, plusieurs estomacs souffrirent à la longue de ce régime, et nous eûmes le contre-temps de voir un certain nombre de nos amis s'isoler de nous à Jérusalem au temps des repas, et aller demander aux auberges anglaises les adoucissements que réclamait leur santé.

Dans la soirée, nous nous divisâmes en petits groupes pour visiter la ville.

Jaffa, l'ancienne Joppé, fut de tout temps célèbre. La fable, comme l'histoire, la couronne de souvenirs. Quelques-uns voudraient lui assurer une origine antédiluvienne, en faire la patrie de Noé, le lieu de la construction de l'Arche, et, après le déluge, le témoin de la mort du second patriarche de l'humanité. La fable nous y montre Andromède en proie au monstre marin, jusqu'au jour où Persée, monté sur Pégase, délivra la princesse ; et saint Jérôme assure qu'on lui fit voir le rocher et l'anneau fatal qui la retenaient captive.

D'après la Bible, Hiram, roi de Tyr, envoyait à Jaffa les cèdres destinés au temple de Salomon. Jonas s'y embarqua pour aller à Ninive. Pierre, le chef des apôtres, y ressuscita la juive Tabitha. Dans la maison de Simon le corroyeur où il logeait, il vit descendre du ciel un linceul rempli d'animaux immondes, figure de la vocation des Gentils à la foi chrétienne. C'est là aussi qu'il reçut les hommes venus de Césarée. Les Juifs la nommaient Joppé, c'est-à-dire *la belle*, *l'agréable*.

Cette ville eut à subir des siéges nombreux. Avant l'invasion de l'Asie par les Romains, elle avait été prise cinq fois par les Égyptiens, les Assyriens et les différents peuples ennemis des Juifs. Judas Macchabée l'emporta d'assaut et la brûla, pour venger la mort de deux cents des siens, conduits en pleine mer et noyés par les habitants de

Jaffa. Plus tard, elle fut encore détruite par le général romain Cestius, réédifiée par les pirates, et ravagée de nouveau par Vespasien. Enfin, elle subit une nouvelle conquête et passa avec toute la Syrie sous la domination des Sarrasins.

Au mois de juin 1099, Godefroy de Bouillon, ayant mis le siége devant Jérusalem, envoya trois gentilshommes français pour garder Jaffa et protéger les vaisseaux génois et pisans abrités dans son port. Depuis cette époque, elle ne cesse de figurer dans l'histoire des Croisades.

A la suite de la malheureuse expédition de Louis VII de France et de Conrad III d'Allemagne, elle retombe avec la Terre-Sainte aux mains des infidèles. Mais l'Europe s'est émue au récit des douleurs de Jérusalem et de son roi, Guy de Lusignan, prisonnier du soudan d'Égypte. Philippe-Auguste et Richard Cœur-de-Lion passent la mer pour l'honneur de la Croix. Jaffa est alors enlevée d'assaut. Elle devient un comté, en faveur de Gauthier de Brienne, et reste principauté chrétienne jusques après saint Louis.

Comme partout où il a passé, le saint Roi a laissé à Jaffa d'aimables et pieux souvenirs. Au sortir de sa captivité, il s'y retira et en fit relever les murs. « Souvent, dit Join« ville, il venait voir ses ouvriers, et, pour leur donner « courage de bien diligenter, il leur disait que plusieurs « fois il avait porté la hotte pour gagner les pardons. »

Toutefois, Jaffa ne demeura point aux mains des chrétiens ; après avoir subi toutes les vicissitudes des guerres entre les Croisés et les infidèles, elle retomba avec toute la Palestine sous le joug des soudans d'Égypte, pour passer ensuite sous la domination des Turcs, qui l'enlevèrent aux successeurs dégénérés de Saladin. Mais, si les bruits de la gloire ont cessé d'y retentir ; si l'histoire, demeurée muette, ne nous la signale plus durant de longs siècles, la piété des pèlerins n'a point permis qu'elle fût oubliée, et nous la retrouvons sur toutes les cartes et dans tous les pèlerinages. Quand elle n'a plus servi de champ-clos aux glorieuses phalanges de la Croix, quand la voix des Philippe, des Richard et des Louis n'a plus ébranlé les bataillons sur ses plages, d'humbles chrétiens, le bourdon à la main, débarquent dans ses murs pour aller vénérer le saint Tombeau, et jamais Jaffa n'a été perdue de vue; heureuse eût-elle été si sa mémoire ne se fût conservée que dans ces pieuses annales. Hélas ! la désolation et la mort devaient ajouter, de nos jours, à ses célébrités.

Le 6 mars 1799, les Français pénètrent en Asie, mettent le siége devant Jaffa, et s'en emparent. La garnison réduite à trois ou quatre mille hommes s'est rendue à merci. Or, le général, ne pouvant nourrir ses prisonniers et n'osant les renvoyer en Égypte, adopte un expédient horrible : il ordonne que les vaincus seront massacrés.

Le 10 mars, dans l'après-midi, les prisonniers sont amenés dans un vaste carré formé par les troupes du général Bon. Ils marchent pêle-mêle. Pas une larme, pas un cri. Résignés et calmes, ils arrivent sur les dunes situées au sud-ouest de la ville, auprès d'une mare d'eau stagnante. On les divise alors par petits pelotons ; et ils attendent. Les uns font leurs ablutions dans la mare, d'autres dans le sable parce que l'eau manque pour tous. Plusieurs récitent des versets du Coran. Au signal donné, la fusillade commence; mais, les cartouches venant à manquer, il faut recourir à la baïonnette pour achever le sacrifice. Ce fut une atroce boucherie. Les cadavres mis en tas formaient une pyramide effroyable. Miot, témoin de cette exécution, nous en a laissé une relation concise, mais navrante.

Bourienne écrit : « Cette scène atroce me fait encore frémir, « lorsque j'y pense, comme le jour où je la vis, et j'aimerais « mieux qu'il me fût possible de l'oublier que d'être forcé de « la décrire. Tout ce qu'on peut se figurer d'affreux dans « un jour de sang serait encore au-dessous de la réalité. »

Après cela, l'armée de la République partit pour Saint-Jean d'Acre, laissant derrière elle des milliers de cadavres. A son retour, elle trouva la peste. L'incubation fut lente; le fléau condensait ses forces; il envahit bientôt l'armée et la décima. Tout le monde connaît cet épisode douloureux. Les malades furent-ils empoisonnés, comme on l'a dit, je l'ignore. Bourienne s'en explique de la sorte : « Je ne puis « pas dire que j'ai vu donner la potion, je mentirais; mais « je sais bien positivement que la décision a été prise après « délibération, que l'ordre en a été donné, et que les pesti- « férés sont morts. Quoi! ce dont s'entretenait, dès le len- « demain du départ de Jaffa, tout le quartier général, comme « d'une chose positive, ce dont nous parlions comme d'un « épouvantable malheur, serait devenu une atroce inven- « tion.... »

A quoi bon entamer ici un procès qui tournerait peut-être à l'humiliation de notre pays. Dans l'histoire des grandes familles, comme dans celle des grands peuples, il y a des moments de vertige qu'il faut pleurer et non discuter. D'ailleurs, ne sommes-nous pas assez riches en gloire pour qu'on nous pardonne des fautes. Relisons sur les ruines de Jaffa cette autre page de notre histoire, où Joinville nous montre saint Louis admirable de dévouement dans une pareille circonstance.

La peste aussi décimait l'armée des Croisés...

« Le bon roi, doux et débonnaire, quand il vit ce, eut « grand pitié à son cœur, et fit tantost toutes autres choses

« laisser, et faire fosses emmi les champs et dédier là un « cimetière par le légat... Le roi aida de ses propres mains « à enterrer les morts. A peine trouvait-on aucun qui voulût « mettre la main. Le roi venait tous les matins, de cinq « jours qu'on mit à enterrer les morts, après sa messe, au « lieu, et disait à sa gent :

« — Allons ensevelir les martyrs qui ont souffert pour « Notre Seigneur, et ne soyez pas lassés de le faire, car ils « ont plus souffert que nous n'avons. »

Honneur au saint Roi !

Jaffa est, aujourd'hui, complétement déchue. Sa décadence commença avec le gouvernement des Osmanlis. Depuis lors, elle alla toujours en décroissant. En 1837, un tremblement de terre en détruisit la plus grande partie et fit périr treize mille de ses habitants. En 1840, mêlée à la grande conspiration armée d'Ibrahim-Pacha, et révoltée contre la Porte, elle fut reprise par les Anglais au profit du sultan. Elle compte six mille habitants ainsi partagés : sept cents grecs schismatiques, cinq cents catholiques, cent Arméniens et quatre mille sept cents musulmans. Les catholiques y ont un couvent de Franciscains et un dispensaire tenu par des sœurs de Saint-Joseph. Les Grecs schismatiques y accueillent les pèlerins de leur nation dans une hôtellerie à part.

Jaffa est, en quelque sorte, la porte de la Terre-Sainte. Les voyageurs d'Europe y débarquent ordinairement de préférence. Elle est assez bien bâtie pour la Turquie; elle s'élève comme une pyramide en face de la mer, sur une colline sablonneuse. Ses remparts, un peu semblables à une décoration de théâtre, ne tiendraient pas devant une attaque sérieuse; cependant ils sont d'un joli effet et méritent d'être conservés par coquetterie. Ses maisons blanches gracieusement étagées, les minarets de ses mosquées, des palmiers heureusement disséminés parmi ses constructions, sa base de rochers abruptes qui brise les flots, forment un ensemble agréable à l'œil du voyageur stationnant en pleine mer. Mais lorsqu'on s'en approche, le spectacle change. Le port à demi ensablé est un étroit bassin de douze à quinze mètres de largeur, capable d'abriter seulement quelques barques ou de grandes felouques, et des récifs dangereux en défendent l'accès. La ville elle-même offre un aspect sombre et misérable; elle révèle, au premier abord, le cacaractère d'un peuple courbé sous le joug des Turcs. Ses boutiques sont sales et ses bazars obscurs.

Le commerce y est languissant. Il consiste en blé, en riz, en toile de lin, apportés de l'Égypte; et en fruits, en huile, en savon, exportés par la mer. Le service des Messageries impériales, en lui ramenant ses paquebots à des époques régulières, lui donnera peut-être, quelque essor.

Tandis que nous parcourions les rues, je prenais plaisir à voir l'étonnement de nos jeunes Parisiens transplantés sur le sol asiatique. Le teint, les costumes, la langue leur dépeignaient la physionomie du désert. Ils ne se reconnaissaient plus au milieu de ces dédales étroits et sombres, où les hommes, les femmes, les enfants en guenilles, et les bêtes de somme se croisent, se poussent et se froissent en criant. Ils n'avaient jamais vu que le chameau du Jardin des Plantes, et c'était une joie pour eux d'en rencontrer des bandes sans fin, chargées de bagages ou courant en liberté.

La vue des femmes les attrista, et avec justice; vêtues d'un sarrau et d'un grand voile bleu d'une étoffe grossière, ces malheureuses sont condamnées par l'usage à se couvrir la face d'une longue pièce d'étoffe fendue à la hauteur des yeux et reliée du nez au front par une ficelle ornée grossièrement de dés à coudre et d'articles de verroterie. Cet ignoble chapelet passant entre deux yeux trop souvent malades, produit un effet repoussant. A côté de ces pauvres mères, leurs petits enfants, qui se roulent presque nus dans le sable, pêle-mêle avec les animaux, et des chameliers à la physionomie brutale ou même féroce, assombrissent tristement le tableau.

A part cela, mes jeunes compagnons éprouvèrent une vraie jouissance à se livrer à une étude de mœurs si nouvelles. Nous sortîmes par la porte qui conduit au Marché. Nous restâmes quelque temps à considérer les groupes variés des marchands de fruits, des chameliers, des oisifs prenant le café et fumant le tchibouck ; et puis les jeunes gens s'en allèrent prendre un bain dans la mer. Ils nous revinrent à l'heure du souper, et tâchèrent d'oublier le peu de saveur des ragoûts, en racontant gaiement les émotions de la journée.

Le lendemain matin, nous essayâmes d'une promenade dans la campagne. Dans les beaux jardins qui avoisinent Jaffa, la nature prodigue les richesses d'une puissante végétation. Les grenadiers rompent sous le poids de leurs fleurs et de leurs fruits ; l'oranger aux pommes d'or, le citronnier, le bananier et tous les fruits de la terre s'y trouvent réunis. Cette exubérante fécondité contraste avec le sol qui la produit. Tout cela pousse dans le sable. Des norias, il est vrai, fonctionnent jour et nuit pour arroser la plaine sablonneuse; et d'ailleurs le sous-sol est si naturellement humide qu'il suffit de creuser à quelques pouces pour faire jaillir l'eau douce, même au bord de la mer. Ce phénomène est constaté par plusieurs voyageurs, et M. de Châteaubriand en fit lui-même l'expérience.

Après une heure de marche, nous nous assîmes au milieu d'un bois d'orangers. La terre était jonchée de fleurs blanches que personne ne songeait à recueillir. Des milliers de pommes d'or pourrissaient au milieu de cette neige parfumée. Nous donnâmes une demi-piastre, environ deux sous, au gardien du bois, et nous eûmes la liberté de manger des oranges selon notre fantaisie. Nous eussions volontiers passé notre journée entière dans ces jardins embaumés; mais le soleil du midi vint nous rappeler que nous avions fixé au soir notre départ pour Ramleh.

J'ai conservé de Jaffa un doux souvenir. Mon premier pèlerinage se termina dans ses murs. J'y séjournai deux fois vingt-quatre heures, en attendant le bateau de Constantinople. Ce repos, cette solitude me parurent infiniment précieux. Après avoir tant vu, on a si grand besoin de se recueillir! Les Pères avaient bien voulu m'assigner une vaste chambre dont la fenêtre donnait sur la mer. J'ai passé de longues heures sur mon divan, méditant sur Jérusalem et contemplant l'immensité de cette eau qui me séparait de l'Europe. C'est là que j'ai esquissé mon premier voyage et jeté les grands traits de mon récit.

A cette époque, je ne voyais pas sans inquiétude la mer déferler violemment sur la plage, car souvent elle est trop mauvaise pour permettre au navire de stoper devant la ville. Alors le bateau passe rapide; il entraîne impitoyablement le malheureux voyageur que ses affaires appelaient à Jaffa et semble narguer le pèlerin qui croyait partir ce jour-là et se voit forcé d'attendre quinze fois vingt-quatre heures un nouveau bateau et aussi le caprice favorable de la mer.

Un mercredi après la messe, il m'en souvient, je montai sur la terrasse et je regardai au loin du côté de Beyrouth.

L'heure règlementaire passa, et le bateau ne parut point. Enfin, après plusieurs heures, mes soldats vinrent m'annoncer la bonne nouvelle : une colonne de fumée s'élevait à l'horizon. C'était le paquebot français. Je pris congé des Pères; je saluai les religieuses gardiennes de l'hôpital et me rendis au port, où des Arabes me firent une sorte de siége avec leurs bras entrelacés et me portèrent dans une barque. Les flots se soulevaient furieux. Nous glissâmes heureusement entre les deux rochers qui semblent se séparer exprès pour laisser aux chaloupes un étroit passage; les rameurs choisirent une bonne vague qui nous emporta à travers ce défilé dangereux, et, après de longs efforts, nous atteignîmes le bateau.

Mais aujourd'hui, point n'est question de départ. A peine sommes-nous débarqués. Oublions la mer. C'est la terre, la Terre-Sainte qui fait l'objet de nos préoccupations. Elle nous attire; la foi nous pousse. Partons pour Jérusalem.

III

LA PLAINE DE SARON ET LE COUVENT DE RAMLEH.

Lors de mon premier voyage, les souvenirs religieux et historiques, le charme de la situation de Jaffa, et le besoin de repos après une laborieuse campagne de deux ans en Crimée, furent impuissants à me retenir, si grande était mon impatience d'arriver à Jérusalem. Aussitôt débarqué, je me préoccupai des moyens de transport. Je pris à peine le temps de saluer les Pères de Terre-Sainte, et je fis venir des moukres avec lesquels je traitai. Une heure après le débarquement, j'étais dans les chemins sablonneux de la Palestine, poussant mon cheval entre deux haies de cactus, rencontrant à chaque pas de magnifiques orangers, des citronniers, des lauriers-roses à profusion, et fermant les yeux à toutes ces beautés, sous la préoccupation exclusive de mon bonheur du lendemain.

Je me hâtais vers le saint Sépulcre, objet des soupirs des Croisés, nos pères, en compagnie de deux religieux de mon ordre et de deux soldats. J'avais loué trois chevaux de selle et deux bêtes de somme. Le tout me coûtait quinze francs par jour. Encore avais-je bien stipulé que je ne devrais aucun dédommagement pour le retour, et qu'arrivé à Jérusalem, mes trente francs payés, les moukres et moi nous serions quittes. Cette manière de voyager est merveilleuse et singulièrement économique. Si l'on pouvait tracer un itinéraire en Palestine, de telle sorte qu'on trouvât chaque soir un couvent et l'hospitalité moyennant aumône, la dépense générale se réduirait à quelque chose d'insignifiant. Mais nous allons voir que tous les voyages ne ressemblent pas à celui-là, et qu'il faut, en certaines occasions, se former toute une suite de drogmans, de moukres, de cuisiniers, emporter une tente, des cantines, des provisions de bouche, s'équiper en un mot, comme une armée en campagne, et payer à son guide un tribut qui varie entre vingt-cinq et cent francs par jour, suivant le pays qu'on traverse et la manière dont on veut être traité.

La caravane dont je suis membre aujourd'hui, a dû faire ses conditions avec une sorte d'entrepreneur en voyages, un maltais, nommé Schembri, depuis plusieurs années au service de l'*Œuvre des Pèlerinages*. Schembri a acheté, une fois pour toutes, des lits de campement, des tentes et des siéges à ressorts ; il a ses cuisiniers, ses domestiques, ses moukres, ses chevaux. Un tarif, signé à Jérusalem et à Paris, règle sa rétribution quotidienne, suivant les jours et les pays. Il a été prévenu de notre arrivée ; il est venu nous chercher à Jaffa ; et c'est lui qui nous accompagnera jusqu'à Beyrouth.

Pour l'ordre et la sécurité du voyage, on a cru devoir nous diviser en petites bandes de huit à douze, sous la conduite particulière d'un chef ou décurion.

Le duc de Lorges, comme président, marche au centre avec un certain nombre d'hommes graves. Derrière lui vient le groupe des ecclésiastiques sous la direction de l'un d'entre eux. Devant le duc de Lorges, le P. Gagarin conduit une autre bande. Je marche en tête avec une petite troupe composée des jeunes gens les plus lestes et les mieux armés, tous bons cavaliers, chargés d'éclairer la marche et d'ouvrir la tranchée. Enfin le commandant de Plas et le baron de Surmon conduisent l'arrière-garde.

On avait cru devoir donner quelque importance à la première et à la dernière bande, en prévision d'une attaque; mais nous en fûmes pour les honneurs sans aucun accident.

Ainsi ordonnée, notre marche ressemblait à celle d'une petite armée. En Europe sans doute, nous n'eussions pas produit grand effet, mais dans cette province de l'Asie, qui vit d'individualités, une caravane de cinquante-sept Européens prenait des proportions respectables. Beaucoup d'entre nous portaient des armes à feu. Nos burnous blancs, nos turbans, tout notre accoutrement d'hommes équipés pour un long voyage, cette file de cinquante-sept chevaux de selle, ces quarante bêtes de somme chargées de nos tentes et de nos cantines, la multitude des moukres et des serviteurs préposés au matériel de l'expédition, donnait à notre caravane un aspect d'autant plus saisissant que la Palestine ne connaît pas les grandes routes. Dans les montagnes surtout, lorsque nous débouchions un à un derrière un pic élevé, et que nous descendions, dans le même ordre, le long d'un sentier abrupte, nous ressemblions à une légion. Souvent je me suis retourné avec un charme indéfinissable, pour jouir de ce coup d'œil vraiment pittoresque.

Mais pourquoi parler de montagnes ? Nous n'y entrerons pas encore ce soir; nous avons seulement à traverser la belle plaine de Saron, au milieu de laquelle repose Ramleh, *la ville du sable*, notre étape pour cette nuit.

En sortant de Jaffa, nous suivons pendant dix minutes une allée de nopals, et nous atteignons une esplanade plantée de sycomores, au centre de laquelle s'élève, gracieuse et pittoresque, la fontaine moresque d'Abou-Nabbout (le père de la Massue). La plaine de Saron s'annonçait dignement par la magnificence de cette avenue ; nous ne tardâmes pas à y entrer.

Le mot de Saron était employé dans l'Ecriture pour désigner un lieu d'une beauté et d'une fertilité extraordinaires. Tel est le sens indiqué dans Isaïe : « La terrre est dans la langueur ; le Liban est plein de confusion ; Saron a été changée en un désert ». Il y avait trois plaines de ce nom dans l'ancienne Palestine ; la première au delà du Jourdain dans le pays de Basan, séjour de la tribu de Gad ; la seconde en Galilée, aux environs du mont Thabor ; la troisième comprise entre Joppé, Ramleh et Césarée de Palestine. Nous traversons la dernière, celle où l'on place ordinairement le fait de l'embrasement de la moisson des Philistins par le stratagème de Samson.

Cette plaine est fort étendue. Elle court depuis la base du Carmel au nord, jusqu'au delà de Jaffa vers le midi ; et, bornée à l'Orient par les montagnes de Judée, elle touche à la mer du côté de l'Occident. Elle présente à l'œil une vaste surface ondulante, couverte de hautes herbes en plusieurs endroits, parsemée de monticules isolés et de bouquets de chênes verts qui lui donnent l'air d'un immense parc. Des cours d'eau, venus des montagnes, en feraient l'une des plus riches plaines du monde sous les efforts d'une culture intelligente. Mais la sécurité n'y est pas. Les bandes nomades de Bédouins la traversent seules, pillant et volant, sans répression aucune; et, sauf la route de Jérusalem qui devient de moins en moins dangereuse, il ne serait pas prudent de s'y aventurer sans escorte.

A cinquante minutes de Jaffa, nous rencontrâmes la fontaine d'Aïn-Dalab, la *source du platane*, près du petit village d'Yasour. Trente minutes plus loin, une avenue d'oliviers nous indiqua l'emplacement d'une ferme bâtie par Colbert, où campa Bonaparte. Et puis, laissant à gauche le bourg de Beit-Dedjan, ou *maison de ce dieu Dagon*, si célèbre dans les guerres contre les Philistins, nous aurions pu en une heure et demie, arriver à Ramleh. Mais, puisque nous en avons le temps, nous ferons un détour pour voir Lydda, l'ancienne Diospolis des Grecs, aujourd'hui Loudd. Les abords en sont gracieux. On nous y conduisit à travers un grand bois d'oliviers que la tradition fait remonter à Godefroy de Bouillon. Un ouragan s'éleva bien à propos durant la marche pour nous faire voir un spectacle nouveau. Le vent soufflait avec violence; il soulevait derrière les arbres de gros nuages gris qui prêtaient à l'illusion ; et nous crûmes à la pluie : mais nos guides se moquèrent de nos appréhensions et nous expliquèrent le phénomène. C'était une vraie tempête de vent et de sable, comme on n'en voit point en Europe. Aucun accident ne s'en suivit sur la terre; nous sûmes depuis que trois navires se brisaient sur les récifs de Jaffa, au moment où nous traversions la forêt. Quel bonheur d'avoir débarqué la veille !

Lydda nous arrêta peu d'instants. Cette ville remonte à une haute antiquité. Elle subit les vicissitudes de la guerre entre les Hébreux et leurs ennemis, fut conquise et détruite par les Romains, et rebâtie par les Croisés; saint Pierre y ressuscita Enéas, paralytique depuis huit ans; mais elle est aujourd'hui sans importance aucune ; elle compte deux mille habitants, parmi lesquels un évêque schismatique a fixé sa demeure. Son église, construite par Justinien, était consacrée à saint Georges, que de vieilles traditions font naître et mourir martyr en cet endroit. Elle fut renversée par Saladin. Une partie des murailles et de l'abside orientale subsiste encore avec de beaux pilastres et des chapiteaux de marbre. Du côté du sud, nous remarquâmes un grand arc ogival, soutenu par de hautes colonnes engagées à des chapiteaux corinthiens. Le comte de Rosanbo en fit à la hâte une jolie esquisse, et bientôt, remontant à cheval, nous nous dirigeâmes vers le gîte hospitalier des Franciscains.

Ramleh ne tarda pas à nous apparaître gracieusement assise au milieu d'un verger, avec ses lignes de maisons blanches, entrecoupées de bouquets de grands chênes et de majestueux palmiers.

Profitant de ce qui nous restait de jour avant le coucher du soleil, nous explorâmes les environs avant d'entrer au couvent. Nous vîmes la vieille église où, sur les tombes des anciens Croisés, le général Bonaparte fit dresser une ambulance; nous allâmes jusqu'à la citerne de Sainte-Hélène, monument curieux qui fait honneur à la sainte Impératrice. Elle a trente-trois pas de long sur trente de large ; on y descend par vingt-sept marches, et on se trouve en présence d'un beau souterrain, soutenu par vingt-quatre arches correspondant à vingt-quatre ouvertures par où viennent les eaux. Bientôt à travers une forêt de nopals, nous nous dirigeâmes vers la tour des Quarante-Martyrs. Elle se relie à une suite de portiques élégants, envahis par des figuiers sauvages. L'aspect en est gracieux, et l'imagination poétique du peuple n'a pas manqué d'embellir ces ruines, en les rattachant à l'enfance du Sauveur. On nous avait dit que Joseph et Marie s'y étaient arrêtés, lors de leur fuite en Égypte, et que le maître-autel de l'église prétendue avait servi de châsse aux reliques des quarante Martyrs rapportées de Sébaste en Arménie. Mais la simple inspection du monument, l'ensemble des constructions, les moulures des fenêtres supérieures, le style de la porte principale, et surtout l'inscription arabe de 710, 1310 de Jésus-Christ, ruinèrent nos pieuses illusions. Nous montâmes sans dévotion les escaliers de la tour construite par Mohammed, fils de Kalaoun, et, heureusement de sa plate-forme située à seize mètres au-dessus du sol, nous jouîmes d'un panorama splendide; au moins nous n'avions pas tout à fait perdu notre temps, en venant jusqu'ici!

Les pères Franciscains n'ont point à Ramleh de couvent proprement dit, mais seulement une hôtellerie où six religieux, dispensés du chœur et de certains exercices de la règle commune, consacrent leur vie à recevoir les étrangers. Ils n'ont que vingt catholiques autour d'eux, et rien de ce qui repose le cœur du prêtre n'embellit leur existence. Leur habitation est agréable; de la terrasse qui la domine, la vue s'étend au loin jusqu'à la mer. Fondé en 1420 par Philippe le Bon, duc de Bourgogne, et restauré par Louis XIV, ce monastère donne une heureuse idée de la munificence de nos ducs et de nos rois.

On peut juger de l'effet produit au milieu du silencieux Ramleh, par l'arrivée de nos cinquante-sept pèlerins. Les cours ordinairement désertes, les corridors silencieux, les terrasses paisibles retentissaient du bruit des pas de jeunes et joyeux Français; les religieux allaient et venaient, faisant des signes de bonne amitié à défaut des paroles qui leur manquaient dans notre langue. Au moment de se mettre à table, il y eut une sorte de confusion. On eut beau se serrer, s'asseoir sur les genoux les uns des autres, la place manqua Il fallut improviser un second réfectoire. Ce fut bien pis, lorsqu'il s'agit du coucher. Le baron de Surmon ne savait plus comment caser son monde. Enfin, le problème fut résolu. Le duc de Lorges eut les honneurs du lit et de la chambre qu'avait occupés le général Bonaparte; et les autres se pourvurent tant bien que mal, qui d'un matelas, qui d'une couverture, si bien qu'à la fin chacun fut sûr de son gîte et de ses moyens de passer la nuit. Mais avant de nous endormir, nous nous réunîmes au pied de l'autel pour la prière du soir. La chapelle, au dire des Franciscains, serait bâtie sur l'emplacement de la maison de saint Nicodème, l'ami de saint Joseph d'Arimathie. Le village même de Ramleh serait l'ancienne Arimathie, d'après Eusèbe et saint Jérôme. Cependant il y a lieu de n'adopter ces traditions qu'avec réserve.

Ramleh est une ville musulmane. Le géographe arabe Aboul-Féda lui assigne pour fondateur, en l'année 716 de Jésus-Christ, le kalife Suleïman, fils d'Abd-el-Mélek, de la dynastie des Ommiades; et d'après Béland, le voyageur qui en aurait parlé le premier serait le moine Bernard, pèlerin de Terre-Sainte en 870.

Au XIIe siècle, son commerce avait acquis une importance considérable. Elle subit, pendant les Croisades, toutes les chances de la guerre. En 1099, elle est prise par Baudouin, et en 1187, reprise par Saladin. Enlevée plus tard par Richard Cœur de Lion qui en fit son quartier général, elle reste au pouvoir des chrétiens jusqu'en 1266. Alors le sultan Bibars s'en empare et la rend à la domination musulmane.

Aujourd'hui, elle compte à peine trois mille habitants, parmi lesquels deux mille musulmans et mille schismatiques grecs. Le peu d'importance qui lui reste, lui vient de son commerce de savon et de coton filé.

J'ai déjà eu l'occasion de remarquer l'admirable à-propos de l'institution des couvents hospitaliers de Terre-Sainte. Dans un pays si longtemps hostile, la religion a pourvu à l'embarras des voyageurs d'outre-mer; elle leur a ouvert ses hospices, et elle appelle, chaque année, des volontaires à s'y faire les serviteurs des pèlerins. Grâce à cette prévoyance maternelle, celui qui met le pied en Palestine pour la première fois, est sûr d'être accueilli dans une assemblée de frères. A Jaffa, en descendant au rivage, il a rencontré, dans un couvent fondé par Louis XIV, des religieux italiens, qui l'attendaient en priant Dieu pour que la mer lui fût clémente. Ici, d'autres religieux espagnols lui offriront un rafraîchissement après une première étape, et un couvent encore s'ouvrira devant lui à son arrivée à Jérusalem. Tous les voyageurs de bonne foi ont rendu hommage à ce pieux dévouement. Et cependant, en entrant le soir dans ma chambre, à Ramleh, je devais trouver, comme une trace impure du monstrueux socialisme de nos pays civilisés, une injure aux Pères de Terre-Sainte.

Un ouvrier français avait écrit sa plainte sur les murs blanchis à la chaux. On lui avait donné gratuitement le souper de la communauté, avec un lit que j'ai trouvé passable. Or, pour remercîments, il avait voulu laisser une réclamation contre l'ordinaire. O homme de mauvaise foi, que voulez-vous donc? On vous loge, on vous nourrit pour rien; les Pères du couvent se mettent à votre service, et cela ne vous suffit pas? Hélas! c'est que les Pères de Terre Sainte sont trop réellement socialistes. Ils partagent également entre tous; et ce n'est pas là ce que vous voudriez, vous!

Le pillage et le vol, la fortune pour vous seul, voilà votre manière d'entendre la doctrine de la fraternité!

Quant à nos pèlerins, indulgents pour ce qui manquait, et reconnaissants de ce qu'on avait fait pour eux, ils donnèrent joyeusement leur aumône, et, de grand matin, nous reprîmes la route de Jérusalem.

IV

LES CHEMINS ET LES HABITANTS DE LA JUDÉE.

Notre départ de Ramleh fut charmant. La plaine s'étendait encore devant nous sur un espace de trois lieues. La température était douce, le ciel pur, le soleil brillant, mais dépouillé de ses trop grandes ardeurs ; partout la fraîcheur, la vie et l'éclat ; et nous marchions joyeux au milieu de la pompe de cette nature orientale, lorsqu'un léger accident acheva de mettre notre jeune monde de plus en plus en train. M. de Luppé descendit de son cheval pour rendre service à un ami, et se fiant à la docilité de sa monture, il lui jeta la bride sur le cou. L'animal aussitôt de partir au galop sans demander la permission, et nos ardents cavaliers de se mettre à sa poursuite. Mais leurs pas précipités et leurs cris joyeux excitant de plus en plus le cheval fugitif, il en résulta une course échevelée qui arrêta longtemps le gros de la caravane. Après maints efforts inutiles, on essaya enfin d'une maneuvre stratégique ; le rebelle fut cerné et dut se rendre à discrétion.

Nous nous hâtâmes alors de regagner le temps perdu, et, laissant à droite *Berrieh*, et sur le penchant d'une colline Kébab, amas informe de misérables huttes, nous atteignîmes, après deux heures de marche, les premières ondulations des montagnes de la Judée. Un ravin raboteux nous conduisit au pied du village de Latroun (*vicus Latronum*), où les récits de la tradition s'offrirent à nous sous deux faces opposées. Un des deux larrons du Calvaire paraît être né ici ; mais faut-il y vénérer le bon ou maudire le mauvais? la question est pendante. Aux partisans du bon on objecte ce bourg situé entre Damas et Beyrouth, encore appelé Dimas du nom de l'heureux pénitent. Les tenants du mauvais larron, au contraire, montrent ici même un puits mystérieux où l'œil, fixement arrêté vers ses profondeurs, évoque infailliblement le visage du coupable. Insensibles, je l'avoue, aux charmes de cette légende tout arabe, nous crûmes inutile de perdre notre temps à vérifier le prodige. Au fait, en se mirant dans l'eau, beaucoup d'habitants du pays n'ont pas eu tort d'y reconnaître la reproduction d'un visage de voleur.

En quittant la plaine de Saron, il faut se résigner à voir la végétation diminuer rapidement pour s'éteindre enfin tout à fait. Au pied des montagnes la vie cesse, et le sol dépouillé laisse voir partout des roches calcaires, friables, presque sans résistance sous les pieds de nos chevaux. Encore quelques chênes nains, des buis, des lauriers-roses comme égarés sur les pentes abruptes, de rares oliviers aussi dans les profondeurs des vallées, et puis rien ou à peu près, aux abords de Jérusalem.

L'aspect de ces lieux est vraiment étrange. Pour s'en

faire une idée, il faut avoir vu ces gorges étroites remplies de pierres aiguës, ces sentiers en corniche ouverts dans le roc par l'impétuosité des eaux en fureur, toute cette nature calcinée par un soleil implacable. La main de l'homme ne s'y accuse nulle part; tout y est l'œuvre des vents qui dévastent et des torrents qui creusent. Devant l'inclémence du ciel et l'ingratitude du sol, l'homme fuit. A peine si l'on rencontre trois villages pauvres et chétifs, échelonnés à de grandes distances. On monte péniblement, pour ne rien apercevoir sur la hauteur, et l'on redescend vers des allées semblables à des bassins fermés de toutes parts et comme sans issue.

J'ai parcouru cette route de plusieurs manières, seul et accompagné. Je regretterai de ne l'avoir jamais faite dans la solitude et le silence; c'est le seul moyen de comprendre et de goûter ce chemin de Jérusalem, mystérieux, sombre, grandiose. En face de ces montagnes arides, de ces rochers qui s'éboulent, de ces lits de torrents desséchés, au sein de cette désolation universelle, au fond de ces routes tortueuses, barrées à chaque instant par des pierres aux cassures violentes, on éprouve toute l'impression de la majestueuse horreur du désert.

Mais si, au milieu de ces défilés effroyables, loin de toute habitation, vous voyez tout à coup, au détour du chemin, apparaître un ou plusieurs Bédouins aux yeux vifs, au teint cuivré, à la physionomie un peu sauvage, auquel de longues dents blanches, semblables à celles d'un loup-cervier, donnent je ne sais quelle expression de férocité, le tableau est complet, et l'étrangeté de cette vision ajoute un charme indicible à l'aspect de cette nature informe. C'est la vie au milieu de la mort, mais une vie merveilleusement harmonisée avec le chaos.

Une démarche lente, une tenue ferme et droite, le mouvement régulier de deux jambes sèches et nues, dont le pas est égal et fort, le feu du regard sous deux sourcils larges et bien arqués, une barbe longue et rare, et, par-dessus tout, l'air déterminé de l'Arabe, et cet arsenal de pistolets et de poignards entassés sur sa poitrine dans une large ceinture de cuir, forment un ensemble qui impressionne involontairement. On est tout naturellement frappé de cette nature martiale et agressive. Un homme seul et à pied a l'air aussi résolu que s'il s'appelait légion. Le costume militaire de mes domestiques ne semblait pas leur imposer. Ils passaient fièrement, me regardant d'un air farouche. Le fusil dans la main, et souvent le doigt sur la détente, ils semblaient prêts à tirer selon leur caprice. Cependant ils sont rarement dangereux, disons-le tout de suite, pour ne pas nous donner des airs de héros.

On rencontre aussi quelquefois de longues files de chameaux avec leurs conducteurs, et ce tableau de genre n'est pas sans mérite. C'est la vie qui se meut dans le silence, car le chamelier ne parle guère, et le pas du chameau n'est marqué par aucun bruit.

Mais s'il survient une troupe d'hommes à cheval, la scène s'anime de plus en plus; c'est réellement l'image de la guerre. Debout sur leurs selles étroites, les Bédouins paraissent toujours prêts à s'élancer. Un grand burnous les les enveloppe; des armes brillent à leur ceinture; ils portent une lance effilée d'une prodigieuse longueur. Malheur à vous, s'il leur prenait envie de vous rançonner! La résistance serait inutile, peut-être même funeste, car la vie d'un homme n'est rien pour eux. Ils semblent nés pour la lutte; ils ne reculent point devant le meurtre.

Malgré tout, on ne peut se défendre d'une sorte d'admiration pour ces hommes. Leur indépendance plaît. On aime cet habitant du désert avec sa mâle énergie. Il ne se fixe point au sol, il va où ses instincts l'entraînent, sans s'inquiéter des choses nécessaires à la vie, car il lui faut si peu! Il ignore les exigences de la civilisation; un lit, des meubles, un toit solide sont pour lui choses superflues. Un turban pour sa tête, une simple chemise de toile pour son corps, quelquefois des sandales, voilà tout son vêtement. Sans crainte et volontiers, il expose au soleil brûlant de l'Asie son visage bruni et ses membres musculeux. Une pierre est sa table. Point de recherche dans sa nourriture. Lorsqu'il a marché dans la mesure de ses forces, ou quand le soleil a quitté l'horizon, il se couche à terre; ses armes lui servent d'oreiller, la voûte étoilée du ciel le protége, et il dort paisible. L'immensité est sa demeure.

Tels sont les hommes parmi lesquels nous allons vivre dorénavant. Leur voisinage est redoutable; mais, sauf de rares exceptions, on peut circuler sans crainte dans leur pays. Avec une escorte peu nombreuse, en payant tribut à leur chef, muni de lettres d'un consul français ou anglais, on franchit tous les pas dangereux. Dans les occasions difficiles, on s'en tire ordinairement à force de sang-froid et d'énergie. Il importe surtout de ne point recourir aux armes sans une nécessité extrême. Tirer sur un Bédouin serait contracter une dette de sang avec la tribu entière. La vengeance est une dette sacrée au désert, où il n'y a pas d'autre justice. Le point d'honneur oblige de proche en proche à venger la mort par la mort.

Pour achever le portrait, il importe de faire une réserve en faveur des Arabes sédentaires, que nous trouverons dans les villes et dans les grandes agglomérations rurales. Ceux-là sont de mœurs douces, aux traits expressifs et mobiles, à la physionomie pleine d'animation; ils se montrent polis et pratiquent largement l'hospitalité. Ignorant tout ce que le peuple sait en Europe, mais d'un esprit vif et prompt, ils saisissent rapidement ce qu'ils voient et se plieraient par goût aux idées de la civilisation, si l'inertie du gouvernement n'arrêtait tout élan chez le peuple. Les Turcs leur abandonnent le commerce; mais, par fierté, peut-être aussi par calcul, ils se réservent, la guerre, la magistrature, et tout ce qui pourrait développer les belles qualités de l'Arabe.

En nombreuse compagnie, comme aujourd'hui, nous serons trop distraits pour éprouver tant d'impressions diverses. Les premières heures du chemin dans la montagne sont insignifiantes. Nos chasseurs essayèrent leurs armes; ils ne furent pas heureux. Une litière nous croisa au fond d'un ravin. La femme d'un pacha était étendue sur des coussins, dans une caisse assez semblable à nos voitures. Deux barres transversales soutenaient la caisse. Un mulet par devant, un mulet par derrière, la portaient. Quelques eunuques formaient le cortége. Pour déjeuner, on nous fit arrêter dans une gorge plantée d'oliviers. Chacun attacha son cheval aux buissons et mit en sûreté sa selle et ses sacoches, car il faut se défier de tout, même de ses guides. Un peu plus tard, pour un manque de précaution, Augustin de Lorges se verra enlever un fort joli nécessaire d'argent. Nous nous assîmes à terre. Nous eûmes tous une assiette et une timbale d'étain, un couteau et une fourchette en fer. On nous servit du vin goudronné dans des flacons de ferblanc, puis des œufs durs, une tranche de viande froide, du fromage arabe et du raisin sec. Je donne le menu une fois pour toutes, notre déjeuner fut le même tous les jours.

Au point culminant de la chaîne, nous jouîmes, en nous

retournant, d'un coup d'œil magnifique sur la plaine de Saron jusqu'à Jaffa, et sur la mer qui miroitait dans la brume. Ensuite, une vallée s'ouvrit devant nous, et bientôt parut un village appelé Kariat-el-Enab, *le village des raisins*. Plusieurs voudraient en faire le lieu de la naissance du prophète des douleurs; mais bien des raisons militent pour le contraire. Une tradition récente et parfaitement authentique, le signale comme la demeure d'un brigand célèbre. Le nom de cet homme fameux est devenu classique dans le pays, et les étrangers s'habituent souvent à le donner au village lui-même, qu'ils appellent Abou-Gosh. Ce chef fit trembler le pays, il y a une vingtaine d'années. Aujourd'hui, le brigand est mort; mais le pouvoir s'est maintenu dans sa famille, et sa vieille inimitié contre les autorités de Jérusalem se perpétue dans ses enfants. Heureusement, les voyageurs trouvent maintenant grâce complète devant eux. Si, au lieu de nous arrêter sitôt pour déjeuner, nous eussions poussé jusque là, nous aurions vu le fils d'Abou-Gosh, et il n'eût pas manqué de nous offrir le café. La maladresse d'un guide, un peu de mauvaise volonté peut-être, nous en priva. Quand nous arrivâmes, le lionceau faisait la sieste, et malheur à qui l'eût dérangé!

En revanche, nous eûmes dans ce village une cérémonie improvisée, vraiment digne des Croisades. Une église romane, sans portes ni fenêtres, y reste encore debout, et sert d'étable banale à tout le pays. Nous y entrâmes à cheval par simple curiosité. Alors un Franciscain proposa d'y chanter le *Magnificat*. Pour la première fois depuis la chute du royaume de Jérusalem, ces voûtes répétèrent les cantiques sacrés. Les cavaliers avaient le visage tourné vers le sanctuaire; le Franciscain, à cheval aussi, faisait face aux pèlerins. Il déplora en quelques paroles la longue profanation de l'édifice, et puis il chanta seul quelques invocations à la sainte Vierge, à saint Louis, roi de France, à saint François : la troupe répondait : *Ora pro nobis.* Cette prière, à cheval, ne manquait pas de pittoresque. Nos costumes de fantaisie, nos armes, la bure du Franciscain semblable au costume de Pierre l'Ermite, tout prêtait merveilleusement à l'illusion.

Je ne quitterai pas le village des Raisins sans relater une aventure assez bizarre de mon premier voyage. Les Pères de Ramleh nous avaient donné quelques provisions pour le milieu du jour et nous nous disposions à déjeuner sur le bord de la fontaine. Or, la source coule au milieu d'un large bassin, et, pour l'atteindre, il faut s'engager bien avant dans l'eau. Nous avisâmes une négresse, qui y était jusqu'à mi-jambe, et tenait une cruche sous l'orifice même de la source.

— Veux-tu nous prêter ta cruche ? lui dîmes-nous.

— Je le veux bien, répondit-elle, à la condition que vous me donnerez une demi-piastre.

Nous cédâmes la demi-piastre. La femme alors refusa effrontément la cruche. Que faire ? Nous proposâmes encore une demi-piastre. Elle promit de nouveau, et s'étant fait payer d'avance, de nouveau refusa. Que faire, je le répète, surtout contre une femme ? Impossible d'employer la force. Il fallut parlementer. Elle tenait bon et voulait plusieurs piastres encore. Or, comme nous refusions de céder, voilà que tout à coup l'eau cessa de couler. Et la négresse de nous regarder en riant. Nous n'en revenions pas. Comment l'eau avait-elle disparu si vite ? Nous ne pûmes jamais le comprendre.

— Où est ton eau, dit notre Arabe ?

— Le diable l'a emportée, répondit la négresse.

Et nous n'en pûmes obtenir d'avantage.

Nous cédâmes encore une pièce de monnaie ; aussitôt l'eau reparut et nous eûmes enfin la cruche. Si, comme Eliézer, nous avions eu besoin d'une Rébecca pour abreuver de nombreux chameaux, je doute que nous l'eussions trouvée dans cet odieux village. Les yeux de l'Arabe d'aujourd'hui ne s'illuminent qu'à la vue de l'argent. Les plus petits enfants sont dressés à demander le *baghchich*, et tous, grands et petits, le font avec une persistance, un acharnement dont on est heureux de se débarrasser au plus tôt.

Vainqueurs de l'obstination de la négresse, nous nous assîmes dans le sable, à l'ombre douteuse d'un olivier, et nous commençâmes notre repas composé d'œufs durs et de fromage, avec ces mauvaises galettes arabes qu'on appelle du pain. Nous aurions bien voulu y ajouter des fruits, mais il n'y en avait pas. A force d'instances, nous décidâmes un jeune indigène à aller nous chercher des concombres. Il nous les apporta dans le pan de sa chemise, sans paraître se douter que cette forme pût être choquante. Arrivé devant nous, il ouvrit les mains, la chemise retomba et laissa rouler son contenu sur la terre.

— Qu'est-ce que ce village ? dit l'un de nous, en montrant quelques maisons groupées sur la montagne.

— C'est celui des idolâtres, lui fut-il répondu.

— Comment ?

— Oui, des idolâtres, de ceux qui ne croient à rien.

— Mais encore, fit le Père ?

— Eh bien ! des chrétiens si vous aimez mieux, répondirent les Arabes.

Le Père eut l'air mécontent. Alors les Arabes s'humilièrent. Pardon, reprit l'un deux, j'ai mal parlé ; — et la conversation en resta là. De quels propos flatteurs on accueillait notre venue?

Mais voici des lieux célèbres.

Pendant les trois heures qui nous séparent de Jérusalem, chaque détour du chemin nous rappellera un souvenir.

Sur cette montagne couverte de ruines, plusieurs croient reconnaître le *Castellum Emmaüs* des Croisés. Robinson y voit Modin, résidence et sépulture des Macchabées. Une vieille forteresse et quelques maisons indiquent au voyageur la patrie de Matathias et de ses fils illustres, Jean, Simon, Juda, Eléazar et Jonathas. Qui oserait passer indifférent? La montagne semble dire : *Sta viator, heroes calcas!* arrête, voyageur, tu foules la poussière des héros.

C'était l'an du monde 3840. Antiochus avait pillé Jérusalem. Le peuple saint était dispersé et les idoles s'élevaient sur les autels du vrai Dieu. La misère était si grande et la tentation si pressante, que beaucoup d'Israélites abjuraient leur croyance et sacrifiaient aux idoles. Alors Matathias et ses fils s'enfuirent à Modin, avec une poignée de fidèles. Ils pleuraient amèrement et ne voulaient plus se vêtir que de cilices. Cependant les envoyés d'Antiochus étant venus les engager à courber leurs fronts devant les faux dieux, Matathias indigné, parlant au nom de tous, fit cette réponse mémorable : Quand toutes les nations obéiraient au roi Antiochus et que tous ceux d'Israël renieraient le Dieu de leurs pères, nous continuerions toujours, mes enfants, mes frères et moi, à obéir au Dieu de nos pères. Après cela, le vieillard et les siens s'armèrent, et quand Matathias mourut, il chargea ses enfants du soin de défendre Israël; et, dignes fils de leur père, Juda, Jonathas, et les autres, firent les merveilles que tout le monde a lues sous le titre d'histoire des Macchabées.

Descendons vers cette vallée profonde plantée de vignes et de douras. Voyez-vous tout au fond, et coupant sur la teinte brune du ton général, comme une ligne blanchâtre, se dessiner le lit d'un torrent? Cette vallée est celle de Térébinthe. Dans ce torrent, David, enfant, ramassa la pierre dont il frappa le géant Goliath. Sur l'une de ces montagnes, l'armée des Philistins était campée ; au sommet opposé, Israël avait dressé ses pavillons. Des deux parts, il fallait, pour attaquer, descendre d'abord et puis remonter l'autre versant. En présence d'une telle difficulté, les deux partis hésitaient. On n'évitait pas le combat, mais on refusait d'engager l'action. On se regardait, on se mesurait, on se menaçait, mais on ne s'ébranlait pas. L'incertitude se fût prolongée longtemps, si une circonstance fortuite n'eût précipité le dénoûment.

Un homme bâtard, de l'armée des Philistins, habitant de Geth, s'avança au bord de la montagne et fit signe aux Hébreux qu'il voulait leur parler. C'était un géant, haut de six coudées et une palme, doué d'une force proportionnée à sa taille, et d'un aspect effrayant. Il portait sur sa tête un casque d'airain et marchait revêtu d'une cuirasse d'airain pesant cinq mille sicles ; des bottes d'airain couvraient ses jambes ; à son bras était fixé un bouclier également d'airain. Il brandissait une lance énorme, dont le bois avait la grosseur des rouleaux employés alors par les tisserands et dont le fer pesait à lui seul six cents sicles. Le géant bardé de fer insultait par ses défis l'armée de Saül ; et la terreur glaçant Israël, nul n'osait répondre à ces insolentes provocations. Quarante jours se passèrent ainsi, et Goliath renouvelait matin et soir ses insultes.

Au bout de ce temps, un jeune pâtre nommé David, vint au camp envoyé par son père, pour voir ses frères aînés et s'assurer que rien ne leur manquait. Il connut les craintes de l'armée, il vit le géant, et cet enfant qui, sous la tunique du berger, portait un cœur de roi, s'étonna des terreurs d'Israël et offrit de combattre le philistin.

On le présenta au roi; et comme Saül lui objectait sa jeunesse et paraissait ne pas vouloir l'exposer à une mort certaine : « Seigneur mon roi, dit l'enfant, lorsque je conduisais au pâturage les troupeaux de mon père, je ne craignais ni les voleurs ni les bêtes sauvages. Tantôt un ours, tantôt un lion, venait et emportait une brebis. Je le poursuivais, je l'attaquais, je le saisissais à la gorge, je l'étouffais, et, le laissant mort sur la place, je retournais joyeux auprès de mes moutons. Ce que j'ai fait, seigneur, contre les lions et les ours, je le ferai contre ce philistin. Et qui est-il donc, cet infidèle, pour oser braver ainsi l'armée du Dieu vivant? Je ne compte ni sur mes forces, ni sur mon courage. Le même Dieu, qui m'a tiré de la griffe des ours et de la gueule des lions, saura bien me délivrer des mains du géant ».

Le roi touché voulut le revêtir de ses armes : « Non, non ! dit l'enfant, je ne marchais point ainsi lorsque j'étranglais les bêtes féroces ». — Et il ôte le casque et la cuirasse; il repousse l'épée royale; il prend son bâton de berger, choisit dans le torrent cinq cailloux bien polis, les met dans sa panetière et, saisissant sa fronde, il s'avance contre l'ennemi.

Le géant, voyant ce jeune homme, le méprisa et lui dit : « Suis-je un chien, pour que tu viennes à moi avec un bâton? Je donnerai ta chair à manger aux oiseaux du ciel et aux bêtes de la terre. — Tu viens à moi, répondit David, avec l'épée, la lance et le bouclier. Moi, je ne suis qu'un enfant, mais je vais à toi au nom du Seigneur, qui te livrera entre mes mains ; je te tuerai et te couperai la tête et je donnerai aujourd'hui les corps des Philistins aux oiseaux du ciel, afin que toute la terre sache qu'il y a un Dieu dans Israël ». — Il avait à peine dit, qu'une pierre s'échappe en sifflant de sa fronde et va frapper au front l'orgueilleux Philistin. Goliath tombe ; David court à lui, lui arrache son épée et d'un seul coup lui tranche la tête. La victoire est à David. Aussitôt la terreur change de camp. Israël applaudit ; les Philistins s'enfuient en tumulte et dans le désordre du désespoir : ils avaient vu tomber sans lutte le plus brave d'entre eux ; tant de force et d'habileté, des armes à l'épreuve de tous les coups, tout a été impuissant. Une pierre lancée par la main d'un enfant a suffi pour faire une masse inerte du géant colossal et terrible qui, pendant quarante jours, avait à lui seul terrifié toute une armée. C'est qu'il y a dans la mort de cet homme plus qu'un accident ordinaire ; David a frappé, mais Celui qui conduit tout a dirigé la main, et, dans un événement si commun à la guerre, on ne peut méconnaître le doigt de Dieu.

Non loin du pont sur lequel nous avions franchi le torrent, s'élève un hameau nommé en arabe *Kalonieh.* C'est, dit-on, le dernier vestige d'une ville bâtie par les Croisés. Une aimable surprise nous y attendait. M. le chancelier du patriarcat de Jérusalem était au-devant de nous avec quelques prêtres. Nous le saluâmes avec empressement : c'était comme une première apparition de tout ce que nous allions voir et sentir. Par lui nous touchions à la Jérusalem vivante, que la montagne nous dérobait encore.

Nous nous hâtâmes alors, gravissant les rochers comme si nous n'eussions éprouvé aucune fatigue. Une heure encore, et nous touchions à l'enceinte sacrée !

On dit que, lorsque les Croisés parvinrent sur les

hauteurs d'Emmaüs, d'où l'on découvre la Ville sainte, ils ne purent contenir leurs transports. Les premiers qui l'aperçurent s'écrièrent ensemble : Jérusalem ! Jérusalem ! et l'armée entière se précipita pour voir la ville, objet de tant de vœux. Le cri : *Dieu le veut ! Dieu le veut !* s'échappa spontanément de toutes les poitrines ; il retentit sur les hauteurs de Sion, et s'en alla réveiller les échos endormis de la montagne des Oliviers. Les cavaliers descendirent de cheval et marchèrent pieds nus. Les uns se jetaient à genoux, les autres baisaient avec respect une terre qu'avaient foulée les pas du Sauveur. Dans leur exaltation, ils passaient tour à tour de la joie à la tristesse et de la tristesse à la joie. Tantôt ils se félicitaient de toucher au terme de leurs labeurs, tantôt ils pleuraient sur leurs péchés, sur la mort de Jésus-Christ, sur son tombeau profané. Tous renouvelaient le serment d'arracher la Cité sacrée au joug de l'infidèle.

Seul dans sa chambre, à la simple lecture, on comprend cet enthousiasme. Mais lorsqu'on a traversé le désert, lorsqu'on a vu peu à peu la vie disparaître et s'effacer devant l'aridité du sol brûlé, lorsqu'on sort de ces gorges sauvages et silencieuses, et qu'on se trouve tout à coup en face de Jérusalem, je ne sais quoi d'inconnu se passe dans l'âme. Après dix ans, je vois, comme au premier jour, ce panorama gravé dans ma mémoire, ce groupe de montagnes, ces roches grisâtres, amoncelées pêle-mêle et coupées par de rares oliviers, cette couronne de murailles enfin dont les créneaux se détachent sur l'azur du ciel. Il y a dans ces tons généralement gris, dans cette absence presque complète de végétation, dans ce calme d'une nature morte, dans l'aspect de cette ville silencieuse, quelque chose qui remplit d'abord de stupeur. Et puis, lorsqu'on fixe ses yeux sur la coupole du Saint-Sépulcre, lorsqu'on aperçoit par-dessus la ville, la montagne de l'Ascension, lorsqu'on se dit : Jésus-Christ était là : il y a fait ses miracles, il y est mort sur la croix, il y est ressuscité pour monter au ciel ; je ne m'illusionne pas : je suis à Jérusalem ! — On se sent, à la lettre, transporté dans un monde nouveau. Cette impression peut avoir des nuances infinies, selon la disposition des cœurs ; mais chez tous, elle est, j'en suis sûr, profonde, intime, ineffaçable.

Les premiers arrivés attendirent en silence le reste de la caravane. Et quand on fut réuni, tous, debout, tenant nos chevaux par la bride, nous chantâmes l'hymne du prophète :

« Je me suis réjoui dans cette parole qui m'a été dite : « Nous irons dans la maison du Seigneur.

« Nos pieds vont fouler tes parvis, ô Jérusalem ! Jéru-« salem ! toi qui es bâtie comme une ville dont toutes les « parties forment un tout admirable.

« C'est bien là que montaient les tribus, les tribus du « Seigneur, témoignage d'Israël pour louer le nom du « Seigneur.

« O cité sainte, que ceux qui te chérissent goûtent les « douceurs de la paix ! »

Puis, nous composâmes notre marche pour entrer avec gravité dans la ville digne du respect des anges et des hommes.

Autrefois, le pèlerins s'avançaient nu-pieds, le bâton à la main, la tête découverte, à la façon des pénitents. Aujourd'hui, par un contre-sens détestable, il faut prendre les allures de la fierté lorsqu'on va confesser son néant sur le saint Tombeau : toute marque d'humilité serait mal interprétée par les Turcs, ils n'y verraient qu'un hommage servile des chrétiens d'Occident tremblants devant le cimeterre de Mahomet.

Les cavas du consulat de France, avec leurs insignes, ouvrirent la marche. Le duc de Lorges marchait seul après eux. Les membres du bureau suivaient le président; derrière eux venait, deux à deux, la foule des pèlerins.

Lorsque nous atteignîmes la porte de Jaffa, nous trouvâmes beaucoup de monde réuni pour nous voir. Nous passâmes la tête haute au milieu des sentinelles turques; et, longeant les fondations monumentales de la Tour de David, plus connue sous le nom de Tour des Pisans, nous arrivâmes bientôt au couvent des Pères de Terre-Sainte.

L'aspect de ce monastère a quelque chose de saisissant. on y arrive par une rue voûtée, où le silence et l'obscurité rappellent le mystère dont s'entouraient les premiers chrétiens contre la persécution. C'est une vaste maison, irrégulièrement bâtie, dont la porte basse, écrasée, garnie de fer, est toujours ouverte aux pèlerins et aux malheureux, et toujours insultée par les Musulmans. Ses longues voûtes obscures, ses cours étroites, ses escaliers sombres et détournés, sa petite église au premier étage, tout y montre la nécessité de se cacher pour être à l'abri des vexations et des avanies. Point de cloches, un silence complet pour se faire oublier. La pauvreté toujours, la souffrance souvent, tel est le fond sur lequel s'écoule la vie des Pères; aussi la vue de leur résidence inspire une triste et sombre mélancolie. C'est là que, depuis des siècles, ces courageux solitaires combattent chaque jour, contre le fanatisme des Turcs, la haine des Grecs, et les souvenirs de la patrie absente. Gloire à vous, nobles hommes! Votre vie à Jérusalem, comme celle des religieux du Saint-Bernard, serait à elle seule une réponse aux attaques de l'impiété contre la règles et les institutions monacales.

Notre arrivée fut tout un événement. Il y eut dans la

cour intérieure un bruit de chevaux, une confusion de paroles à faire tressaillir des murs accoutumés au silence. Notre premier soin fut d'aller rendre nos hommages au révérendissime Custode de Terre-Sainte. Ce religieux est le supérieur général de tous les monastères franciscains d'Orient. Ses pouvoirs sont très-étendus. Il officie pontificalement, avec la mitre et la crosse ; il donne la confirmation et remplit les fonctions épiscopales autant que peut le faire un prêtre. Jusqu'à nos jours, depuis les Croisades, le Révérendissime a été en Terre-Sainte l'unique représentant de Rome. Actuellement, l'Église a profité d'une apparence de liberté, pour nommer un patriarche et rétablir la hiérarchie ecclésiastique, entreprise immense qui coûtera bien des peines et bien des sueurs sur une terre maudite qui semble frappée de stérilité ; mais l'Église ne s'arrête devant rien, pas même devant le martyre.

Notre emménagement fut très-difficile. Vingt-deux pèlerins autrichiens occupaient déjà une grande partie des chambres disponibles à Casanuova. On dressa des lits à côté les uns des autres, plus serrés encore que ceux d'un navire ; les ecclésiastiques furent logés dans le couvent ; enfin une dizaine de jeunes gens et moi, dûmes aller nous établir, à l'autre bout de la ville, dans un petit couvent inhabité, construit auprès du prétoire de Pilate, devant l'arcade de l'*Ecce homo*, à l'endroit même où Notre-Seigneur fut flagellé. Cet exil forcé n'était pas commode : plusieurs fois le jour, il nous fallait traverser la ville pour aller rejoindre les autres pèlerins et prendre nos repas avec eux ; mais, par une heureuse compensation, le chemin à parcourir était justement la voie douloureuse par laquelle Notre-Seigneur monta au Calvaire, de sorte que la force des choses même la gravait profondément dans notre mémoire.

Un mauvais repas, joyeusement accepté, préluda aux maigres festins qui nous attendaient pendant notre séjour au couvent ; puis, après une station à la chapelle pour la prière du soir, chacun gagna son lit et s'endormit heureux, à la pensée de s'éveiller le lendemain au pied du Calvaire, dans l'enceinte de Jérusalem.

V

MA PREMIÈRE JOURNÉE A JÉRUSALEM.

La première journée de ma vie que j'ai passée à Jérusalem, fut une déception cruelle.

Arrivé de la veille, à la chute du jour, je n'avais rien vu, et la nuit s'était mise plus longue, ce semble, qu'à l'ordinaire, entre la Ville sainte et mon désir impatient. Aussi, dès l'aurore, après avoir célébré la messe au couvent, je m'étais hâté vers l'église de la Résurection.

Hélas ! elle était fermée !

Un guichet entr'ouvert m'ayant permis d'entrevoir la physionomie impassible de deux Turcs, je leur fis parler et je leur offris de l'argent. Impossible de vaincre leur obstination ; un signe de tête négatif fut toute leur réponse. Ainsi, nous catholiques, descendants des Croisés, fils de la France protectrice des Saints-Lieux, nous dûmes nous retirer sans entrer au sépulcre du Sauveur. Les Turcs ne le voulaient pas. Et on trouve cela tout simple ! Et pas une voix ne s'élève pour réclamer contre cette énormité, pour demander, au nom de la catholicité, la restitution de la propriété sacrée de l'Église, du lieu le plus célèbre de l'univers, du tombeau le plus saint du monde !

Je m'approchai du guichet, et j'aperçus la pierre dite de l'onction, celle où fut déposé et embaumé le corps de Jésus-Christ après la descente de la croix. Des lampes brûlaient au-dessus, signe extérieur de la dévotion des chrétiens. Mais, tout autour, des Turcs, assis ou couchés sur des tapis, fumaient négligemment leur tchibouk et causaient entre eux. Ils nous regardèrent et ne se dérangèrent point. Nous nous retirâmes pénétrés de tristesse. C'était le prélude des mille scandales dont nous allions être les témoins, pendant notre séjour en Terre-Sainte.

Force était de me résigner. Je suivis le conseil de mon guide, et j'essayai de parcourir la ville, errant au hazard, en attendant l'heure de me présenter chez le consul de France et le Patriarche.

On a beaucoup écrit sur Jérusalem, on l'a décrite de mille façons, et cependant, il me semble impossible de s'en faire une idée sans la voir. Tout y est solitude et silence. Je croyais marcher dans une nécropole. Les maisons sont misérables, les rues étroites, mal pavées et glissantes, souvent obscurcies par les voûtes jetées en travers d'une maison à l'autre. Le soleil y pénètre difficilement, l'air y circule mal, et la malpropreté et les mauvaises odeurs y règnent en permanence.

Dans cette enceinte faite pour contenir cent mille âmes, vingt mille habitants végètent, semblables à ces débris d'un peuple vaincu que le triomphateur rencontre épars au milieu des ruines après la déroute universelle. Ces hommes, divisés par leurs croyances, leurs intérêts et leurs nationalités, ne s'aiment pas et paraissent se fuir.

Je demande à mon conducteur comment se décompose cette population métis. Il me parle de huit cents catholiques seulement, presque tous de la dernière classe de la société, de trois mille chismatiques Grecs, Arméniens, Cophtes, Abyssins, Syriens, de huit mille Juifs, et d'autant de Musulmans qu'il en faut pour compléter le chiffre de vingt mille. Parmi eux, nulle gaieté, nul mouvement commercial, nulle apparence de préoccupation d'aucune sorte. Il me semble voir le fatalisme peint sur tous les visages. Quelques femmes voilées se traînent le long des murs, marchant d'un pas timide; à l'approche d'un étranger, elles collent leur figure contre la muraille; l'ensemble de leur tenue décèle des habitudes de servage. Les hommes cheminent nonchalamment. Quelques-uns poussent devant eux un âne ou un chameau; d'autres, par leur marche indécise, semblent errer à l'aventure. Leurs yeux sont fixes. Ils mâchent un concombre, ou bien, accroupis à terre, ils fument une longue pipe. Des paroles rares, brèves et dures, sortent de leur bouche; quelquefois ils excitent leurs animaux par un cri farouche, assez semblable à celui du chameau. Jamais leur physionomie ne change; l'indolence et la paresse semblent revêtir leurs traits d'un masque stupide.

«Et de quoi vivent-ils? disais-je un jour au chancelier du patriarcat. Y a-t-il à Jérusalem des fortunes et des revenus capables de suppléer à l'industrie? — Non, me répondit-il. Ici, l'argent semble frappé de stérilité. Vainement la spéculation a jeté ses dés; toujours l'insuccès a paralysé les efforts». J'insistai et demandai quelles étaient les ressources de ce peuple. La réponse m'étonna. Les hommes vivent ici de leur culte. Chaque religion fournit aux besoins de ses coréligionnaires. Les Pères de Terre-Sainte répandent l'aumône catholique parmi la population latine. Des collectes nombreuses, venues de tous les pays schismatiques, font vivre les chrétiens dissidents. Les Turcs rançonnent les pèlerins, imposent les schismatiques et les Catholiques, entretiennent les procès entre eux, et ne manquent jamais de tirer des deux parties des sommes considérables. Quant aux Juifs, ce sont des hommes rassemblés de toutes les parties du monde. Sur leurs vieux jours, les dévots de la nation réalisent leur fortune ou quêtent autour d'eux, et viennent mourir à Jérusalem, afin qu'enterrés dans la vallée de Josaphat, ils n'aient point à courir pour aller au jugement.

Jérusalem se présentait sous un triste aspect, et cependant je n'avais pas vu toutes ses misères. Errant aux environs de la Tour de David, j'aperçus un petit faubourg composé de misérables huttes : j'approchai, et la triste vérité se révéla ; c'était le quartier des lépreux. L'horrible lèpre n'a pas quitté l'Orient. Elle reste à Jérusalem, parmi les témoignages de malédiction. Je m'enfonçai dans la rue hideuse ouverte devant moi.

Quel spectacle ! L'homme atteint de la lèpre voit peu à peu ses pieds se gonfler et sa peau se couvrir d'ulcères. Ses yeux s'enflamment, sa voix devient rauque. Une humeur dévorante le mine et le ronge. Cependant l'usage de ses facultés lui reste, comme pour lui permettre de constater chaque jour le progrès de sa destruction. Ses parents eux-mêmes n'osent plus l'approcher, parce que son mal est contagieux ; une main amie ne serre jamais la sienne [1]. Il doit vivre et mourir à l'écart, et après sa mort tous les objets

[1] Aujourd'hui, un avis contraire semble prévaloir dans la médecine. On pense que la lèpre ne se communique pas ; mais le peuple n'est pas persuadé, et la situation des lépreux reste la même.

affectés à son usage seront réduits en cendre. De cette troupe assise le long de la rue et tendant ses mains crispées pour demander l'aumône, une femme se détache et vient solliciter ma charité. La malheureuse faisait mille efforts pour adoucir le son caverneux de sa voix. Je pensai au divin Maître qui guérissait les lépreux, et je Le remerçiai de m'avoir mis à même d'assister quelque peu ceux auxquels il rendit si souvent la santé. Je regardai la lépreuse d'un air sympathique, et comme j'allais lui remettre mon aumône dans la main, craignant pour moi le contact de ses ulcères, elle retira promptement son membre flétri et me présenta son voile disposé en aumônière. Ce mouvement m'affecta péniblement : il est dur d'avoir à traiter une créature humaine comme un être immonde, dont le contact souille et tue.

Encore si la lèpre était la seule marque de réprobation imprimée à Jérusalem ! Mais, plus je la considère, moins elle me paraît ressembler au reste du monde. Son isolement, la solitude de ses remparts, sur lesquels nulle sentinelle ne se promène, l'aspect froid de ses minarets et de ses dômes, une sorte de silence solennel qui enveloppe tout l'ensemble, et la teinte désolante d'une nature aride, m'impressionnent et me jettent dans je ne sais quelle terreur. Je crois toucher de mon doigt le sceau de la réprobation apposé sur la ville déicide. Après Titus, Jérusalem détruite, le Temple rasé, et ses fondations arrachées, le silence s'est fait en Judée, malgré le tumulte des siècles; et le seul cri qui s'élève de cette terre désolée, est l'écho prolongé du terrible anathème: *Sanguis ejus super nos et super filios nostros!* O peuple, ô cité, le sang du Juste est retombé sur toi et sur tes enfants. Sa tache reste indélébile, malgré dix-huit siècles.

A midi, je me fis conduire chez le Patriarche latin de Jérusalem et chez le consul de France. Partout l'autorité mérite des égards. A Jérusalem, on sent plus qu'ailleurs le besoin de se proclamer chrétien en vénérant son premier pasteur; on est fier aussi de se montrer européen et de se rapprocher du représentant de sa nation. Ma visite ne pouvait qu'être insignifiante entre personnes inconnues ; mais on voulut bien m'accueillir avec une affabilité dont je devais, plus tard, éprouver mille effets.

Les Franciscains avaient eu la bonté de mettre à ma disposition, comme cicerone, un jeune Religieux auquel je veux témoigner ma reconnaissance. Ce n'était qu'un frère lai. Tout jeune encore, il était venu de la Mésopotamie, son pays natal, pour se faire humble serviteur dans le couvent du Saint-Sépulcre. Il savait un peu de toutes les langues : outre son idiôme propre, il parlait facilement l'italien ; avec moi il s'exprimait en latin, avec un de mes domestiques il causait en allemand. Comment avait-il appris tout cela? seul et par un travail opiniâtre. Les supérieurs l'ont appliqué à l'imprimerie, où il est chargé de fondre les caractères. Il lui a donc fallu se mettre au courant de tous les alphabets. Mais, pour être plus en état de travailler à la gloire de Dieu et de rendre service au prochain, il s'est efforcé de fixer son attention sur tout ce qu'il voyait et entendait, au point de s'initier à la connaissance de tous les idiômes. Il vit ignoré dans son atelier ; s'il avait voulu être drogman dans une grande maison de commerce, dans un consulat ou dans une ambassade, sa facilité et son application au travail lui eussent ouvert un accès facile et assuré à une position avantageuse ; mais il a préféré vivre dans la pauvreté. Toujours gai, plein d'attention, ne se plaignant jamais ni de la fatigue, ni de la chaleur, je l'ai toujours trouvé dévoué, prêt à tout; il m'a rendu des services continus et je lui en conserve le meilleur souvenir.

Pour occuper ma soirée, il me proposa de franchir l'enceinte et d'aller jusque sur la montagne des Oliviers. C'était le meilleur moyen de saisir d'un coup d'œil le plan général de la ville, avant d'en étudier les détails ; j'acceptai de grand cœur, et nous sortîmes par la porte que les Turcs appellent *Sidi-Mariam*, ou porte de *Madame Marie*, et que les chrétiens désignent à tort sous le nom de Saint-Étienne.

Nous traversâmes le torrent de Cédron et la vallée de Josaphat, mais sans nous arrêter cette fois, car le temps nous eût manqué ; nous recueillîmes respectueusement une branche tombée des oliviers de Gethzémani, et nous gravîmes la montagne jusqu'au lieu d'où Notre-Seigneur s'éleva dans le ciel.

La position ne pouvait être mieux choisie. Les quatre collines sur lesquelles la ville est assise se dessinaient très-nettement. À gauche, le mont Sion qui domine encore ; presque à nos pieds, le mont Moriah ; derrière lui, le mont Acra ; sur la droite, la colline de Betzétha. Le panorama est complet, et nous pouvons nous rendre aisément compte de tout.

La ville nous apparaît isolée de trois côtés par de profonds ravins ; elle ressemble à un promontoire qui se relierait à la terre du côté du nord-ouest. Des murailles hautes de quarante pieds lui font une couronne, dont l'uniformité est coupée par de nombreuses tours carrées : au ton général, on dirait une cité du moyen âge.

Du temps du roi Agrippa, elle était assise sur les quatre collines et s'étendait beaucoup vers le nord. Actuellement elle occupe un espace infiniment plus restreint. Sion et Betzétha ne sont plus compris dans son enceinte ; seuls, les monts Acra et Moriah sont enfermés dans les murs.

Seulement, le voyageur ne doit pas s'attendre à les distinguer l'un de l'autre, car les bouleversements nombreux du terrain ont abaissé les hauteurs et comblé la vallée.

La ville actuelle a quatre portes, celle de Sion ou de David, au sud ; celle de Damas, dans la direction du nord; à l'est, celle de Sidi-Mariam ou de Saint-Étienne ; à l'ouest, celle de Jaffa. Trois autres sont murées : la porte d'Ephraïm, non loin de celle de Damas ; la porte Sterquilinaire, près de celle de Sion, et par laquelle Jésus-Christ entra le jeudi saint, quand il fut conduit devant Pilate ; enfin, la porte Dorée qui conduisait au Temple et par laquelle Notre-Seigneur fut amené en triomphe le jour des Rameaux. Les Turcs attachent à cette dernière une idée superstitieuse. Les chrétiens, disent-ils, doivent un jour s'emparer de la ville, et c'est par là qu'ils entreront. Aussi, la tiennent-ils murée, comme pour opposer à l'ennemi une barrière infranchissable. Pauvres aveugles, qui croient arrêter le torrent de la justice divine avec des pierres et du sable, et, derrière des murs de quatre pieds d'épaisseur, s'imaginent pouvoir résister à l'Europe ! Les nations chrétiennes pour eux sont moins qu'un ver de terre ; et ils sont convaincus qu'au delà des mers nous tremblons devant leur cimeterre. Que ne peut l'orgueil soutenu par l'ignorance ?

Quatre quartiers divisent Jérusalem. Celui des Turcs est le plus grand, il s'étend du côté de Betzétha, jusque sur les hauteurs du Moriah. Au nord, la coupole du Saint-Sépulcre indique le quartier chrétien. Derrière la mosquée d'Omar, sur l'ancien sommet d'Acra, est le quartier juif, à côté duquel celui des Arméniens s'étend dans la direction de Sion.

L'état des lieux ainsi constaté, je m'assis sur le flanc de la montagne, à l'endroit où Titus, dit-on, voulut dresser sa tente, près du lieu célèbre où Notre-Seigneur pleura sur la cité coupable ; et, le livre du P. de Géramb à la main, je lus et je méditai. En contemplant la désolation actuelle de cette ville autrefois si opulente et si fière, je me demandai comment certains hommes pouvaient y méconnaître une action palpable de la justice de Dieu.

Voilà une ville placée au centre de l'univers. Du triple sommet de ses collines, elle domine le monde. Les temps anciens la considèrent avec étonnement. Alors que l'univers entier se prosterne au pied des idoles, elle seule construit un temple au vrai Dieu, pur esprit, créateur de toutes choses. Aux jours de ses fêtes pascales, toutes les nations lui envoient leurs députés pour adorer en esprit et en vérité. Les célèbres rois d'Égypte veulent avoir un exemplaire de ses Livres saints ; les Romains lui demandent son alliance ; et à cette parole du peuple juif : — C'est de nous que naîtra le Messie, le Libérateur promis à la terre, — les auteurs païens répondent : Nous croyons en effet qu'il se lèvera, en Orient, un envoyé de Dieu qui changera la face du monde.

Cependant les prophètes, suscités par Dieu et sortis du sein même d'Israël, affirment que le Messie promis paraîtra en effet et naîtra de la tribu de Juda ; mais qu'il viendra parmi les siens, et que les siens ne le connaîtront pas, et qu'ils le mettront à mort, et que son sang retombera sur leurs têtes et sur celles de leurs enfants. Ces paroles des prophètes sont entre les mains des Juifs, et c'est par eux que nous les connaissons.

Or, voilà que, sous Ponce-Pilate, gouverneur de la Judée pour les Romains, un homme paraît qui se dit le Fils de Dieu et qui le prouve par des miracles. Il est de la tribu de Juda. Tout le monde connaît son origine ; on en doute si peu que, à l'époque de sa naissance, la vierge Marie, sa mère, est appelée à Bethléem par les satellites de l'empereur romain, pour se faire inscrire sur les registres du recensement, avec la tribu de Juda. Cet homme fait des prodiges ; on les lui reproche et on l'accuse d'être possédé du démon. Il répond par cet argument bien simple : « Tout royaume divisé contre lui-même périra. Pourrais-je faire des prodiges au nom de Dieu et pour sa gloire par la vertu des démons? » Et la haine confondue a recours à la violence ; elle fait crucifier celui qui s'est dit le fils de Dieu, mais, trois jours après, elle le voit ressusciter glorieux d'entre les morts, étendre la main aux quatre vents du ciel, parler en maître et dire : « C'est maintenant que le prince de ce monde va en être chassé ! que toutes les idoles tombent et que l'univers m'adore ! » Et en vertu de cette parole, semée sur la terre par quelques bateliers, les idoles s'écroulent, le Christianisme se répand dans le monde entier, Jérusalem entend les anges gardiens de son temple l'avertir de sa destruction par cette parole mémorable : « Sortons d'ici ! sortons d'ici ! »

Et Titus détruit Jérusalem. Des mains sacriléges essayent en vain de relever le trône de Juda. Une puissance invisible saisit la nation juive, la lance au loin et la disperse dans toutes les parties de la terre. Ce peuple étrange traverse le flot des nations et ne se confond jamais avec elles. Le Scythe et le Barbare courbent le front devant la Croix, abjurent leurs mœurs féroces, croisent leur sang avec celui des peuples civilisés et se mêlent tellement à la masse qu'ils perdent bientôt la trace de leur origine. Le Juif, au contraire, garde sa loi et ses mœurs. Il dit que Jérusalem est sa patrie, et Jérusalem ne l'a jamais vu dans ses murs. Il tâche de se rapprocher d'elle, et une main inexorable le repousse malgré lui. A voir les efforts de ce peuple pour reconstituer sa nationalité, on dirait des naufragés luttant contre les flots pour regagner le bord, avançant péniblement de quelques brasses, et puis rejetés impitoyablement en pleine mer par la vague qui se retire.

Or, que voyons-nous, d'autre part ?

Les siècles passent, et Jérusalem reste invariablement l'objet de la haine des méchants et de la vénération des bons. L'erreur et la vérité s'y livrent un duel à mort. Il n'est pas au monde un pays plus souvent attaqué, conquis, repris, perdu et recouvré encore. Et toujours, et aujourd'hui même, alors que le croissant y domine, la partie saine du monde, toutes les nations civilisées tournent leurs regards vers le saint Tombeau, et se font gloire de le reconnaître pour le berceau de leur foi et de leur civilisation.

Où donc faudra-t-il chercher des miracles, si les destinées mystérieuses de cette ville n'en sont pas un frappant? Les prétendus amis de la vérité demandent des preuves ; ils viennent à Jérusalem, une voix sort puissante des pierres mêmes, de la tradition et des annales des peuples, pour leur répondre. Ils écoutent et ne comprennent pas. Quand donc auront-ils des yeux pour voir et des oreilles pour entendre?

Pour le chrétien sincère, qui cherche de bonne foi à s'instruire, il peut, en voyant Jérusalem, dire avec l'apôtre saint Jean : « Ce que nos yeux ont vu, ce que nos oreilles ont entendu, ce que nos mains ont touché, nous vous l'annonçons en toute confiance ». Le doute n'est plus permis devant une telle évidence. Si la religion du Calvaire n'est pas divine, il faut admettre un miracle plus grand mille fois que celui de ses origines ineffables, celui de l'univers entier tournant sottement et avec opiniâtreté ses regards vers Jérusalem, la reconnaissant pour la source de ses croyances, et se la disputant par folie comme le plus beau trophée, alors même qu'elle est déchue de sa puissance, dépouillée de sa richesse, et privée de sa gloire antique.

Mais le jour baisse, et la nuit enveloppe la ville de ses ombres. Quittons la montagne. Les portes se ferment au coucher du soleil, et malheur à l'étranger qui se laisserait surprendre par la nuit dans ses explorations hors des murs.

VI

AIN-KARIM OU SAINT-JEAN AU DÉSERT.

Jérusalem nous arrêtera de longs jours. Seule, elle suffirait à motiver le pèlerinage d'outre-mer. L'histoire profane et sacrée, la misère de l'homme et la grandeur de Dieu s'y lisent partout : le vieux monde y expira au pied de la Croix; la civilisation chrétienne naquit sur son Calvaire : elle domine l'univers par la majesté de ses souvenirs ; et son Golgotha explique le passé, le présent et l'avenir des peuples. Si nous la quittons aujourd'hui, c'est bien pour y revenir. Élisabeth, Zacharie, Bethléem et sa crèche nous appellent. Ne faut-il pas vénérer les pas de Jésus enfant, avant de suivre le Dieu fait homme à Gethzémani ?

Schembri, notre guide, propose, moyennant un détour et vingt-cinq francs par tête, de nous conduire à Hébron. Le duc de Lorges met la chose aux voix. Les avis se balancent. La caravane se fractionne. Les ecclésiastiques et les hommes un peu fatigués iront seulement à Bethléem, pendant que les meilleurs cavaliers pousseront jusqu'au séjour d'Abraham. La matinée se passe en préparatifs; vers trois heures nous montons à cheval, et nous sortons par la route de Jaffa. Faut-il redire que la route est détestable? Mais c'est l'ordinaire en Judée. Un bon chemin serait miracle.

Après une heure de marche, le monastère schismatique de Sainte-Croix nous apparaît, faisant point de vue dans la vallée. La disposition de ses toits, sa flèche, un certain air d'aisance et presque une apparence de luxe nous attirent; mais l'intérieur ne répond point à notre attente. Pour des hommes voués à la prière, le site est bien choisi; de leur terrasse ils aperçoivent à leur droite les dernières murailles de Jérusalem, vers la gauche les cimes blanchissantes de Bethléem; difficile eût été de mieux planter leur tente. Ils nous montrèrent dans le sanctuaire, derrière le maître-autel, un tronc d'arbre sur lequel aurait été coupée la croix de Notre-Seigneur. C'est possible; mais où sont les preuves?

Cinq quarts d'heure encore, et notre tâche du jour sera remplie; nous descendrons de cheval à l'ancien village de Jutta, aujourd'hui Aïn-Karim ou *la Fontaine de la Vierge.* Saint Zacharie et sainte Élizabeth y vécurent longtemps, et, dans leur vieillesse, ils donnèrent au monde un enfant qui s'appela Jean-Baptiste et fut le précurseur du Messie. Demain, nous serons au berceau du Maître; aujourd'hui, nous stationnons près de celui de son prophète : la gradation est heureusement gardée.

Les Pères de Terre-Sainte vivent ici dans la retraite, au milieu d'une centaine de catholiques égarés parmi les infidèles. Les Turcs, il y a deux siècles, s'étaient emparés de leur couvent; mais les ministres de Louis XIV en obtinrent la restitution. Nous recueillîmes ce renseignement de la bouche même des religieux espagnols, avec une joie toute patriotique.

Une courte pose au divan, le temps d'accepter les sorbets de l'hospitalité orientale, nous retinrent à peine ; n'étions-nous pas venus pour vénérer les souvenirs du Précurseur ?

L'église est vaste, solidement construite, et digne en tout de la beauté du couvent. A droite du maître-autel, un escalier de marbre nous conduisit à un véritable caveau. Des lampes y brûlaient .. tour d'un autel ; l'encens fumait dans des cassolettes précieuses : saint Jean-Baptiste est né en ce lieu. Au temps d'Élisabeth, cette grotte formait sans doute le fond de la maison, et les constructions s'étendaient en avant. Aujourd'hui la grotte seule subsiste. Le terrain se sera exhaussé dans la suite des siècles, et maintenant il faut descendre pour y arriver.

Au temps d'Hérode, roi de Judée, il y avait, dit saint Luc, un prêtre nommé Zacharie, de la famille sacerdotale d'Abia, l'une de celles qui étaient appelées au service particulier du Temple.

Sa femme se nommait Élisabeth. Elle était fille d'Emerentia, sœur de la mère de sainte Anne, et par conséquent cousine de la sainte Vierge et en quelque sorte sa tante.

Tous les deux étaient justes devant le Seigneur ; ils marchaient dans la voie de ses commandements, et ils observaient ses ordonnances d'une manière irrépréhensible.

Ils n'avaient point d'enfant, parce qu'Élisabeth était stérile, et ils étaient fort avancés en âge.

Ils n'habitaient pas Jérusalem ; leur demeure était dans un village appelé Jutta, à une petite distance de la ville d'Hébron, où fut enterré Abraham. Ils y vivaient fort respectés, tant à cause de leurs vertus que parce qu'ils descendaient d'Aaron, leur aïeul.

A certaines époques de l'année, Zacharie quittait Jutta pour remonter à Jérusalem, afin d'aller faire à son tour le service du Temple.

Or, en l'année qui précéda l'incarnation de Notre-Seigneur, c'est-à-dire l'an de Rome 747, à peu près vers le mois qui correspond à notre mois de septembre, il avait été précisément appelé à Jérusalem pour l'exercice de ses fonctions.

On avait jeté le sort sur les principaux d'entre les prêtres, afin de savoir lequel serait chargé d'offrir les parfums au Seigneur dans le Saint des Saints, et le sort était tombé sur lui.

« Alors, prenant un encensoir d'or, il avait pénétré en tremblant dans le sanctuaire.

« Et voilà que, pendant qu'il répandait sur des charbons ardents les parfums les plus purs, un ange lui apparut soudain.

« Zacharie eut peur, et la crainte le saisit.

« Alors l'ange, se tenant debout à la droite de l'autel, lui dit :

« Ne crains point, Zacharie, le Seigneur a écouté tes prières. Ta femme Élisabeth te donnera le fils que tu as tant désiré. Il s'appellera Jean et sera grand devant le Seigneur, et beaucoup de personnes se réjouiront de sa naissance. »

La nouvelle était si surprenante, que la foi de Zacharie en fut ébranlée. Il refusa de croire à la parole de l'ange et lui dit :

« Comment connaîtrai-je la vérité de vos paroles, car je suis déjà vieux et ma femme est avancée en âge ?

« Alors l'ange, prenant un ton grave, lui dit :

« Je suis Gabriel, l'un de ceux qui se tiennent continuellement devant le trône de Dieu. J'ai été envoyé pour t'apporter cette bonne nouvelle; mais, parce que tu n'as pas voulu croire simplement à ma parole, dès à présent tu seras muet et tu ne retrouveras l'usage de ta langue qu'après la naissance de ton fils.

« Pendant que ces choses se passaient, le peuple attendait Zacharie à la porte du Saint des Saints, et l'on s'étonnait qu'il demeurât si longtemps dans le temple.

« Zacharie sortit enfin. On lui demanda la cause de son retard; mais il ne put répondre. On s'aperçut qu'il était muet; on comprit à ses signes qu'il avait eu une vision.

« Il se hâta de quitter Jérusalem, dès que les jours de son ministère furent accomplis, et il se retira dans sa propriété de Jutta.

« Quelque temps après, Élisabeth conçut, et en voyant s'accomplir la parole de l'ange, elle s'écria : Voici que le Seigneur m'a regardée avec des yeux de miséricorde et qu'il commence à me retirer de l'opprobre où je demeurais depuis si longtemps.

« Neuf mois s'écoulèrent ensuite, et, vers la fin du mois de juin, la parole du Seigneur s'accomplit sur Élisabeth : la femme de Zacharie mit au monde un fils.

« Ses voisins et ses parents, ayant appris son bonheur, accoururent pour l'en féliciter.

« Et le huitième jour après la naissance de l'enfant, on vint pour le circoncire et on voulut lui donner le nom de Zacharie; mais la mère répondit : Il n'en sera pas ainsi, il s'appellera Jean.

« Comment! reprit l'assistance, mais il n'y a personne dans votre famille qui porte ce nom.

« Et comme la mère insistait, on fit signe à Zacharie et on lui demanda quel nom il choisissait. Il écrivit sur des tablettes que Jean était son nom ; et tous furent plongés dans l'étonnement.

« Aussitôt le Seigneur manifesta sa volonté en ouvrant les lèvres de Zacharie.

« L'heureux père de Jean-Baptiste recouvra l'usage de la parole, et aussitôt il remercia le Seigneur en disant :

« Béni soit le Seigneur, Dieu d'Israël, qui a daigné nous visiter pour opérer la délivrance de son peuple.

« Béni soit Dieu, qui a bien voulu arborer l'étendard du salut dans la maison de David, son serviteur, et nous sauver de nos ennemis. »

Ensuite le vieux prêtre, s'adressant à l'enfant, prophétisa ainsi son avenir :

« Et toi, enfant, tu seras appelé le prophète du Très-Haut ; tu marcheras devant la face du Seigneur pour préparer ses voies. Tu enseigneras à son peuple la science du salut et la rémission des péchés. Tu éclaireras d'une manière divine ceux qui sont assis dans l'ombre de la mort, et tu dirigeras nos pas dans la voie de la paix.

« Béni soit donc le Dieu d'Israël, qui a daigné nous visiter dans sa miséricorde ».

« Or, la nouvelle de ces merveilles se répandit dans toutes les montagnes de la Judée.

« Et tous ceux qui en entendirent le récit se demandaient avec admiration : Quelle pensez-vous que sera la destinée de cet enfant ? Evidemment il lui arrivera quelque chose de remarquable, puisque la main de Dieu est si manifestement sur lui.

« Et l'enfant grandit ; et il se fortifia en esprit, et il alla se cacher dans le désert jusqu'au jour fixé pour sa manifestation dans Israël. »

Nous récitâmes le *Benedictus* à l'endroit même où le

Saint-Esprit l'inspira à Zacharie. Plus heureux que le saint vieillard, nous avions vu l'accomplissement des promesses, et nous étions animés d'une profonde reconnaissance en disant : « Béni soit le Seigneur Dieu d'Israël, parce qu'il nous a visités et qu'il a opéré la délivrance de son peuple... en faisant miséricorde à nos pères et en se souvenant de sa sainte alliance... Il a juré qu'il se donnerait à nous, afin qu'après qu'il nous aurait délivrés de la main de nos ennemis, nous le servions sans crainte, marchant en sa présence tous les jours de notre vie dans la sainteté et la justice... » Et nous pouvions ajouter : « Sa promesse s'est accomplie, et le Verbe s'est fait chair, et il a habité parmi nous, et nous avons vu sa gloire. Elle était bien celle du Fils unique de Dieu plein de grâce et de vérité ! »

Les Pères vont tous les jours en procession à l'autel de la Nativité de saint Jean. C'est un usage commun, parm eux, aux principaux sanctuaires de Jérusalem, de Bethléem et de Nazareth. J'avais assisté jadis à cette procession, mais, cette fois, je dois l'avouer, il me sembla prudent d'en dissuader nos pèlerins. On ne joue pas impunément avec le climat de ces pays. Passer d'une course brûlante au calme d'une procession solitaire dans une église fraîche et déserte, me paraissait dangereux pour nos jeunes gens. Si quelques-uns purent me croire alors d'une circonspection un peu exagérée, la caravane de septembre 1860 leur aura tristement appris le danger de trop écouter son zèle, en négligeant les précautions. Sur huit pèlerins, quatre moururent, et trois autres éprouvèrent une grave maladie.

En revanche, je proposai de remonter à cheval et de profiter du reste du jour pour aller, à travers la vallée de Térébinthe, visiter le désert de saint Jean.

Le saint Précurseur resta à peine dans la maison de ses

parents : il les quitta de bonne heure pour s'enfoncer dans la solitude. « Il ne convenait pas, dit Origène, que l'objet d'une conception aussi sainte, attendît au foyer paternel, assis à la table de famille, le moment de se manifester à Israël. Il s'en alla cacher sa jeunesse loin du tumulte des villes, et habita le désert où l'air est plus pur, le ciel plus découvert et Dieu plus familier. Mais, à l'âge de trois ans, ses parents ne purent l'autoriser à s'éloigner beaucoup. Jean habita donc un lieu solitaire à peu de distance de leur demeure, et plus tard seulement, il s'établit au bord du Jourdain pour exhorter le peuple à la pénitence et le baptiser dans l'eau du fleuve.

La grotte du jeune solitaire est à mi-côte, au-dessus d'une vallée sauvage. On y grimpe en s'aidant de quelques trous pratiqués dans le roc. Elle est peu profonde et assez basse. Un ruisseau d'eau vive descend tout auprès en cascade ; il dut servir bien des fois à désaltérer le saint Précurseur. Aux environs, les oliviers sont beaux, et la végétation se montre active.

La première enfance de saint Jean-Baptiste s'écoula donc en ces lieux. S'il portait un vêtement de poil de chameau sans un seul fil de lin, c'était, d'après le docteur Seppe, en mémoire d'un vêtement semblable donné par Dieu au premier homme après la chute. Une ceinture de cuir ceignait ses reins, à la manière du prophète Élie. Jamais le ciseau ne toucha sa chevelure ni sa barbe ; jamais ses lèvres ne goûtèrent une boisson fermentée, suivant l'usage des Nazaréens. Dans ce pays où coulaient le lait et le miel, sa nourriture était le lait des brebis et le miel que les abeilles sauvages préparaient dans leurs rayons pour le prédicateur du désert ; dons simples de la nature, aliments du premier âge du monde, si l'on en croit la tradition universelle. Il se nourrissait encore de sauterelles, objet peu délicat, mais considéré comme gras. Les usages de l'Europe nous prédisposent à une sorte d'incrédulité à cet égard ; cependant l'Orient n'y voit rien d'étrange. Aujourd'hui encore, sur les marchés arabes, on vend des sauterelles, bouillies comme des écrevisses, ou rôties au feu. Elles ressemblent à de petits chevaux et peuvent avoir une longueur de cinq pouces. Dans les plaines du Hauran surtout, lorsqu'elles s'abattent par troupes sur les champs avec la rosée, on les prend aisément avec la main. Les rabbins en comptent jusqu'à huit cents espèces.

Ici même commença donc la vie solitaire, telle qu'elle allait se pratiquer dans la nouvelle loi. De cette grotte partirent les inspirations qui produisirent plus tard les anachorètes chrétiens de la Thébaïde, du Sinaï, du Carmel et du Liban. Sans doute au ciel, Jean le Précurseur est entouré de la glorieuse phalange des solitaires et des ermites, et l'une de ses plus belles gloires est dans cette noble génération de héros formés par ses exemples.

Certes, après avoir consacré sa vie à l'austérité, au jeûne et au silence, Jean-Baptiste s'était bien acquis le droit de crier à travers la Judée : Faites de dignes fruits de pénitence, car la cognée est à la racine de l'arbre, et tout arbre qui ne porte pas de bons fruits sera coupé et jeté au feu.

Israël ne comprit pas, et l'arbre mauvais tomba sous le fer des soldats de Titus. Mais les montagnes gardèrent le souvenir de saint Jean, les pierres parlèrent ; leurs échos pénétrèrent en Égypte et en Syrie, et le miracle de saint Jean au désert se reproduisit sous les formes les plus variées et les plus admirables, pendant de longs siècles.

Au-dessus de la grotte, sont les ruines d'une ancienne église, entourée d'un jardin que vient d'acheter monseigneur le Patriarche. Ce jardin est cultivé par un Arabe et sa femme, chrétiens tous les deux. Ils nous demandèrent un peu d'argent pour faire brûler une lampe dans la grotte de celui que l'Écriture appelle *une lampe vivante et ardente*. Puis la femme réunit quelques branches sèches, les alluma, fit bouillir de l'eau, y jeta quelques pincées d'un café renfermé dans un vieux journal, et nous offrit la boisson indispensable. Nous lui donnâmes en retour quelques piastres, et nous remontâmes à cheval.

VII

LA VISITATION.

Le soleil a disparu derrière les hautes cimes des montagnes ; la cloche du couvent retentit, au crépuscule, dans la vallée solitaire ; on nous invite au repas du soir ; mais passerons-nous, sans mettre pied à terre, auprès de cette ruine, où s'opéra le mystère de la Visitation ?

Ici l'humilité et le dévouement donnèrent au monde un exemple jusque-là ignoré ! Ici fut rendue la plus sainte des visites ! Ici, la Vierge Marie réalisa, pour l'instruction des siècles à venir, la première idée de la sœur de charité.

La pieuse fille d'Anne et de Joachim avait atteint l'âge de douze ans. C'était, chez les Juifs, celui de la majorité pour les femmes. Par l'ordre du grand-prêtre, Marie devait quitter le temple pour être mariée, puisque toutes les bénédictions et les promesses de l'alliance étaient attachées à la fécondité.

La jeune fille, profondément émue d'une nouvelle aussi foudroyante pour son cœur, si simple et si pur, s'était jetée aux genoux du prêtre, lui avait affirmé qu'elle ne voulait pas quitter le Temple ; qu'elle avait consacré à Dieu sa virginité, et qu'elle était décidée à ne pas se marier. Le prêtre lui avait répondu que la chose ne s'était jamais vue dans Israël, qu'elle devait se soumettre à la loi commune et accepter un époux.

Or, Marie était de la race de David ; d'après les lois de sa nation, elle ne devait épouser qu'un homme de sang royal.

On envoya donc des messagers de tous côtés dans le pays, afin de convoquer les hommes de cette race qui n'étaient point mariés.

Lorsqu'un grand nombre d'entre eux furent arrivés, avec leurs habits de fête, on leur présenta la jeune vierge, et ils l'admirèrent avec un profond respect.

Parmi eux, on remarqua un jeune homme fort pieux de la contrée de Bethléem. Il avait demandé à Dieu, avec une grande ferveur, la venue du Messie, et dans son cœur on aurait pu lire un désir ardent de l'emporter sur ses concurrents.

Quant à Marie, après avoir comparu un instant, elle se retira dans sa cellule, fondant en larmes et ne pouvant se résoudre à ne pas rester vierge.

Alors le grand-prêtre, obéissant à une inspiration du ciel présenta une branche morte à chacun des assistants. Il leur enjoignit de marquer leur nom sur cette branche et de la tenir à la main pendant qu'il offrirait un sacrifice au Seigneur. A un moment donné on recueillit toutes ces branches, on les plaça sur l'autel et on déclara que celui dont la branche fleurirait serait l'élu du Très-Haut.

Pendant l'épreuve, le jeune homme dont nous avons déjà parlé criait vers Dieu, les bras étendus. Quelle ne fut pas sa douleur, lorsque, après le temps fixé pour le miracle, on congédia tout le monde, en disant que nul n'avait été jugé digne d'être le fiancé de la jeune vierge! Un rayon de la grâce l'illumina soudain, et, renonçant au monde, il prit la route du Carmel où il s'enferma dans la solitude parmi les anachorètes qui y vivaient depuis le temps d'Élie.

Cependant, les prêtres compulsèrent de nouveau leurs registres et cherchèrent si l'on n'avait pas oublié quelqu'un parmi les descendants de David.

Or, en ce temps-là, vivait à Bethléem une famille dont le chef se nommait Jacob. Jacob était de la race royale, et il avait six enfants. Il demeurait un peu en dehors de la ville, dans la maison même qu'habitait David avec Isaï, son père, et ses six frères, lorsqu'il était pasteur de troupeaux et que le prophète Samuël vint le sacrer roi d'Israël.

Joseph, son troisième fils, avait une intelligence remarquable et apprenait aisément tout ce qu'on lui enseignait. Il était simple, paisible, pieux, et n'écoutait point les conseils d'ambition que ses frères cherchaient à lui suggérer. La prière et le travail des mains faisaient ses délices.

Son père lui avait fait apprendre le métier de charpentier qui, à cette époque, se confondait avec celui de menuisier. Il ne faut pas s'en étonner, dit le docteur Seppe, car « chez les Juifs, c'était un devoir pour les parents de former leurs fils au travail, et de leur apprendre un métier, même lorsqu'ils devaient plus tard exercer une profession plus relevée. C'est pour cela que Paul, le grand apôtre avait appris à tisser des tentes ; que Rabbin Jochanan, fils de Zachée, et, plus tard, président du Sanhédrin, avait exercé la profession de marchand jusqu'à l'âge de quarante ans...

Rabbin Simon Hapiculi, contemporain de Gamaliel, celui qui a mis en ordre les dix-huit bénédictions que les Juifs doivent réciter chaque jour, était marchand de coton. Le rabbin Juda et le rabbin Menahem étaient boulangers. Un autre Jochanan était cordonnier et faisait des pantoufles. Un troisième de ce nom était tanneur, et le rabbin Abraham ben Chaïm était teinturier. Le rabbin Josua ben Chanan fabriquait des épingles ; Nachum était copiste, et le rabbin Siméon, artiste en broderies. Les rabbins Chanina, Oschaia et Jean étaient tailleurs. Eliézer, président suprême des rabbins d'Alexandrie, était forgeron ; et cet autre forgeron, nommé Alexandre, qui poursuivit saint Paul jusqu'à Rome, avait été rabbin. Nous trouvons aussi plusieurs autres sages chez les Juifs qui exerçaient le métier de charpentier, comme par exemple, le rabbin Isaac. Un autre Jochanan est appelé fils d'un charpentier, de même que Jésus dans l'Evangile et dans plusieurs endroits du Talmud. Le grand Hillel lui-même exerça, pendant sa jeunesse, quelque travail manuel. Si aujourd'hui nous avons peine à comprendre ces choses, nous le devons aux vaines délicatesses d'une fausse civilisation ».

Un jour, abandonnant la maison patarnelle, où il avait beaucoup à souffrir de la jalousie de ses frères, Joseph se retira à quelque distance de Bethléem chez un pauvre homme de Libnah, et se mit à travailler avec lui pour gagner sa vie.

Dans la maison de son nouveau maître, il se montra aussi simple que le dernier des ouvriers. Je le vis, dit une révélation, rendre avec une parfaite humilité, toutes sortes de services, ramasser des copeaux, rassembler des morceaux de bois, et les rapporter sur ses épaules. Il était si bon que tout le momde l'aimait.

Lorsque ses frères connurent l'humble condition à laquelle il s'était réduit pour l'amour de Dieu, ils lui en firent de vifs reproches; mais il demeura inébranlable dans sa résolution. Seulement, pour ménager sa famille blessée d'avoir à reconnaître un charpentier au milieu des siens, il consentit à quitter le pays et s'en alla gagner sa vie dans des contrées plus éloignées. Ainsi on le vit travailler à Thaanach, non loin de Mégiddo, auprès d'une petite rivière qui se jette dans la mer. Plus tard, nous le retrouvons à Tibériade.

Il pouvait avoir trente-trois ans à l'époque où nous sommes parvenus dans nos récits. Ses parents étaient morts depuis longtemps. Deux de ses frères habitaient encore Bethléem ; les autres s'étaient dispersés. Leur fortune avait été dissipée, et la maison paternelle avait passé à d'autres maîtres.

Un jour qu'il disposait chez lui un petit oratoire, un ange lui apparut et lui dit : « Cessez votre travail, car il est inutile. Vous ne demeurerez pas ici, et de même que Joseph, le onzième fils du patriarche Jacob, fut chargé de l'administration des greniers de l'Egypte, vous allez être préposé à la garde du sanctuaire d'où sortira le salut du monde ». Joseph ne comprit pas cette vision; il attendit patiemment qu'il plût à Dieu de lui en révéler le sens.

On était précisément au jour où le grand-prêtre avait inutilement cherché un fiancé pour la Vierge Marie. Or, pendant que Joseph se croyait à jamais oublié du monde, les prêtres, compulsant leur livre de généalogie, avaient découvert que Jacob, le Bethléémite, avait six enfants, dont l'un, inconnu et absent depuis longtemps, n'était certainement pas mort et ne s'était pas rendu à la convocation. Ils le firent chercher, et leurs messagers le rencontrèrent à peu de distance de Samarie, dans un lieu situé près d'une petite rivière, où il habitait au bord de l'eau, travaillant pour un maître charpentier.

Sur l'ordre du grand-prêtre, Joseph vint à Jérusalem et se présenta au Temple. On lui fit, à lui aussi, tenir une branche morte à la main pendant qu'on priait et qu'on offrait un sacrifice, et, comme il la déposait sur l'autel en présence du Saint des Saints, il en sortit une fleur blanche semblable à un lis.

On reconnut à ce miracle l'élu de Dieu ; seulement les Juifs grossiers ne comprirent pas la signfication de la fleur merveilleuse. Pourquoi sur cette branche morte avait-il poussé un lis plutôt qu'une autre fleur? Parce que ce lis était le symbole de la pureté de Joseph; parce qu'il voulait, comme Marie, garder toute sa vie la virginité, parce qu'il ne devait jamais être pour la Vierge Immaculée que le gardien de son inaltérable pureté.

Le jour fut promptement fixé pour la cérémonie. Anne, mère de Marie, prépara elle-même le costume de sa fille bien-aimée. Il fut si beau que les femmes juives qui l'avaient vu, aimaient encore à en parler bien longtemps après. Quant à Marie, elle se prêta, par obéissance, aux volontés de sa mère, malgré sa répugnance pour les vanités du monde.

Elle se laissa revêtir d'une large robe bleue ornée de roses rouges, blanches et jaunes, entremêlées de feuilles vertes. Cette robe était brodée en or et en soie, à la façon de nos belles chasubles du moyen âge, et garnie de franges d'or. Une sorte de scapulaire, chargé de perles et de pierres brillantes, flottait élégamment sur ses épaules, sur sa poitrine et sur ses bras. Les grandes manches de la robe se relevaient sur l'avant-bras au moyen de bracelets ornés de chiffres mystérieux. Un manteau bleu de ciel aux longues franges d'or retombait avec grâce et traînait en arrière.

Les vierges du Temple s'étaient réservé le soin de disposer la chevelure de leur pieuse compagne. Elles avaient séparé ses longs cheveux d'un blond doré en un grand nombre de filets non tressés qui, reliés transversalement avec des bandeaux de perles, formaient un grand réseau dont l'extrémité flottante retombaient sur les épaules, et jusqu'au milieu du manteau. Elles jetèrent ensuite sur sa tête un beau voile transparent, brodé d'or, et le fixèrent au moyen d'une couronne enrichie de pierreries.

La majesté naturelle de Marie relevait infiniment l'éclat de son costume. Au rapport des saints Pères, elle était de grandeur moyenne ; elle avait des sourcils foncés et élevés, de grands yeux ordinairement baissés et voilés par de longs cils, un nez d'une belle forme et un peu allongé, une bouche noble et gracieuse, un menton effilé, une taille imposante.

Lorsqu'elle sortit de sa demeure pour aller à l'autel, elle apparut aux yeux de tous comme une vision divine. Elle était à fois si majestueuse, si humble et si modeste, qu'elle inspirait un profond respect et qu'en la voyant on se sentait pressé d'élever son cœur à Dieu. Elle avait dans sa main gauche une petite couronne de soie rouge et blanche, et dans la droite un flambeau allumé. Elle marchait revêtue de son riche costume, comme doivent le faire les saintes dans le ciel.

Joseph l'accompagnait respectueusement : sa tenue était grave et sévère, comme il convenait à un homme de son âge et de sa profession. Il était vêtu d'une robe de couleur brune, dont les larges manches étaient soutenues sur le côté par de légers cordons. Une étole retombait sur sa poitrine et sur ses épaules. Son front était serein, son regard modeste, son pas assuré, mais sa contenance décelait un homme qui n'allait pas à une fête.

En effet, les noces de Joseph et de Marie n'étaient point une fête : ils allaient à l'autel ainsi que deux victimes décidées à s'immoler ensemble.

Les portes du sanctuaire s'ouvrirent devant eux comme pour des époux ordinaires. Le prêtre les reçut, revêtu de ses plus beaux ornements ; il pria sur eux et les interrogea avec le cérémonial prescrit; mais tandis que les deux époux répondaient à ses questions par les formules d'usage, leurs cœurs, par une permission divine, se parlaient un langage secret et s'expliquaient mutuellement les conditions de leur union.

Le prêtre dit à Marie :

— Consentez-vous à prendre Joseph pour votre époux?

Et Marie répondit :

— J'y consens.

Et intérieurement elle dit à Joseph : Vous savez que j'ai fait vœu de virginité ; vous savez que Dieu a accepté ma promesse. J'ai besoin d'un protecteur, parce que je suis trop jeune et trop faible pour vivre au milieu du monde; je veux bien être appelée votre épouse, mais à la condition que vous serez seulement le protecteur de ma virginité et le gardien de ma pureté.

Le prêtre dit à Joseph :

— Voulez-vous prendre Marie pour votre épouse?

Et Joseph répondit :

— Je le veux.

Mais, au fond de son âme, il dit : Oui, vous serez mon épouse devant les hommes, mais, vous le savez, ô Marie, comme vous, j'ai consacré au Seigneur ma virginité. Nous vivrons donc à côté l'un de l'autre, comme deux lampes qui brûlent simultanément et se prêtent un mutuel éclat sans mêler leur lumière. Je vous donne ma vie. Dès maintenant je vous promets de ne reculer devant aucun sacrifice pour protéger votre pureté.

Le prêtre mit au doigt de Marie l'anneau nuptial, après l'avoir offert au Seigneur ; puis il bénit les deux époux.

Le peuple poussa alors des cris de joie. On lança des couronnes de verdure, et à mesure que Joseph et Marie traversaient la foule, on jetait en l'air des poignées de feuilles de rose qui retombaient en pluie odorante.

Puisque Dieu le voulait ainsi, les époux se soumirent aux usages reçus chez les Juifs pour la célébration des noces. Ils louèrent sur le mont Sion une maison capable de contenir beaucoup de monde. Les parents d'Anne et de Joachim, aussi bien que les anciennes compagnes de Marie, furent invités. Les réjouissances durèrent sept jours. Il y eut de la musique, de grands repas, mais surtout on immola beaucoup d'agneaux en sacrifice sur l'autel du Seigneur.

Marie se montra bonne et avenante pour tous ; Joseph s'employa de tous ses moyens à rendre service aux nombreux invités ; mais, à leur physionomie, à leur maintien, il n'y avait pas à se tromper sur les sentiments qui les animaient. Ils ne tardèrent pas d'ailleurs à témoigner leur peu d'estime pour les pompes et les magnificences du monde.

A peine le soleil, s'éteignant dans les flots, avait-il marqué le terme des jours de réjouissance, que déjà Marie et Joseph avaient repris les vêtements de la pauvreté. L'histoire nous les montre, dès le lendemain, pendant la nuit même peut-être, franchissant les portes crénelées de Sion et s'acheminant vers la chaumière des pauvres. Demain nous les retrouverons dans une boutique obscure, travaillant de leurs mains, gagnant leur pain à la sueur de leur front, et vivant dans un tel état d'humilité qu'un peu plus tard, lorsqu'on voudra injurier Notre-Seigneur, on lui reprochera la divine simplicité de ses parents selon la chair, en lui disant : N'êtes-vous pas le fils du charpentier de Nazareth ?

Quelques mois après, le 25 mars de l'an de Rome 748, dans la silencieuse retraite de Nazareth, un ange envoyé du ciel annonçait à Marie qu'elle serait Mère de Dieu, et pour lui laisser un signe qui confirmât la vérité de ses paroles, il lui disait : « Voilà que votre cousine Élisabeth est devenue grosse dans un âge avancé. Elle aussi concevra un fils qui sera grand devant le Seigneur : il s'appellera Jean-Baptiste et sera le précurseur de Celui que vous portez dans votre sein. »

Or, le lendemain et les jours suivants, comme Marie repassait dans son cœur les merveilles mystérieuses de la nuit de l'Annonciation, il lui vint en pensée que sa cousine Élisabeth devait avoir besoin de soins particuliers, et elle résolut immédiatement d'aller les lui offrir, et attendit avec impatience le retour de Joseph pour lui en demander la permission.

On approchait du temps où le saint Patriarche devait se rendre à Jérusalem pour les fêtes de Pâques. Marie le pria de lui permettre de l'accompagner jusque là et de la conduire ensuite à Jutta. Joseph y consentit, et ils se mirent en route.

La vénérable religieuse allemande à laquelle j'emprunte ces charmants détails, raconte ainsi leur voyage :

« Leur route se dirigeait vers le midi. Ils avaient avec eux un âne chargé de quelques effets appartenant à Joseph, et d'une longue robe brune à capuchon, que Marie mettait par-dessus ses vêtements lorsqu'elle allait au temple ou à la synagogue.

« Joseph était couvert d'un grand manteau de voyage qui lui enveloppait même la tête ; il portait un petit paquet contenant des pains et un vase pour puiser de l'eau. Il avait encore à la main un bâton recourbé par en haut.

« La sainte Vierge était vêtue d'une tunique de laine brune, d'une robe grise relevée par une ceinture et d'un voile tirant sur le jaune.

« Ils voyageaient assez vite. Quelquefois Marie s'asseyait sur l'âne pour se reposer un moment.

« Je les vis, après avoir traversé la plaine d'Esdrelon dans la direction du midi, gravir une hauteur et entrer, dans une ville commerçante appelée Dothan, chez un ami du père de Joseph. C'était un homme assez riche, originaire de Bethléem. Le père de Joseph l'appelait son frère quoiqu'il ne le fût pas ; mais il descendait de David par un homme qui s'appelait Ela, ou Eldona, ou encore Eldat.

« Je vis une autre fois les saints voyageurs passer la nuit sous un hangar. Comme ils étaient encore à douze lieues de la demeure de Zacharie, ils entrèrent le soir dans un bois et s'abritèrent sous une cabane de branchages, toute recouverte de feuillage vert et de belles fleurs blanches.

« On trouvait souvent dans ce pays, au bord des routes, de ces cabanes de verdure ou même des bâtiments plus solides, dans lesquels les voyageurs pouvaient passer la nuit, ou se rafraîchir et apprêter les aliments qu'ils apportaient avec eux. Une famille du voisinage avait la surveillance de ce genre d'abri, et fournissait plusieurs choses nécessaires moyennant une modique rétribution.

« Les cérémonies de la Pâque terminées, les pieux voyageurs ne prirent pas la route directe de Jérusalem à

Jutta. Ils firent un détour du côté du levant, pour voyager dans une plus grande solitude. Ils contournèrent une petite ville à deux lieues d'Emmaüs, et prirent alors des chemins que Jésus parcourut souvent pendant ses années de prédication. Ils eurent ensuite deux montagnes à franchir. Entre ces deux montagnes, je les vis une fois se reposer, manger du pain et mêler dans leur eau des gouttes de baume qu'ils avaient recueilli pendant le voyage. Le pays en cet endroit est très-montagneux ; le flanc des montagnes était percé et laissait voir d'immenses cavernes. Les vallées étaient très-fertiles. Ils passèrent à travers d'énormes rochers, et aussi parmi des bois, des landes, des prés et des champs. Enfin ils arrivèrent en vue de Jutta.

« Depuis un jour déjà, Élisabeth était fort préoccupée d'une visite mystérieuse qu'elle attendait, sans bien savoir pourquoi. Elle avait appris en songe qu'une femme de son sang était devenue la mère du Messie. Elle avait alors pensé à Marie, et s'était sentie pressée d'un grand désir de la voir ; et il lui avait semblé l'apercevoir en songe comme venant vers elle.

« Elle avait donc préparé dans sa maison, à droite de la porte d'entrée, une petite chambre avec des siéges. Elle s'y était assise, et elle regardait si Marie n'arrivait point.

« Bientôt elle se leva et se mit à marcher sur la route, comme pour aller au-devant d'elle.

« Élisabeth était une femme âgée, de grande taille ; elle avait le visage petit et de jolis traits. Sa tête était enveloppée d'un grand voile.

« Marie l'aperçut et elle la devina sans la connaître. Elle pressa le pas pour aller à sa rencontre, et Joseph, par discrétion, voulut ralentir le sien.

« Les habitants des maisons voisines qui virent passer

Marie, furent frappés de sa merveilleuse beauté, et plus encore d'une certaine dignité surnaturelle qui relevait toute sa personne. Ils se retirèrent respectueusement au moment où ils la virent s'approcher d'Élisabeth. Alors les deux augustes parentes se saluèrent, sans se parler, et je vis en Marie un point lumineux et comme un rayon qui alla frapper Élisabeth en lui faisant une impression merveilleuse. Et gardant toujours le silence, elles se hâtèrent de se soustraire à la présence des hommes et entrèrent dans une petite maison de plaisance que Zacharie avait en cet endroit, et dont Élisabeth avait la clef.

« Quant à Joseph, il descendit jusqu'à l'habitation du vieux prêtre. Il confia l'âne à un serviteur, et il alla saluer Zacharie dans une salle ouverte sur le côté de la maison.

« Zacharie était un grand et beau vieillard. Il répondait toujours par signes ou en écrivant sur une tablette. Il portait une longue robe blanche avec des manches modérément ouvertes. Une large ceinture, sur laquelle étaient gravées des lettres symboliques, lui ceignait plusieurs fois les reins. A sa robe était attachée une espèce de capuchon, qui retombait en longs plis comme un voile rejeté en arrière. Quelquefois il relevait élégamment cette robe pardessus une de ses épaules. Son manteau sacerdotal était magnifique; il était de couleur blanche et pourpre et s'attachait sur sa poitrine avec trois fermoirs d'or.

« Pendant que Zacharie embrassait cordialement Joseph, une scène admirable se passait dans le premier appartement de la villa du prêtre.

« Marie et Élisabeth avaient refermé la porte sur elles en y entrant. Alors Élisabeth, sous l'impression de la grâce émanée du cœur virginal de Marie, après avoir placé sa joue sur celle de sa jeune parente en signe de baiser, se retira un peu en arrière; et pleine d'humilité, de joie et d'enthousiasme, élevant ses mains au ciel, elle s'écria : « Vous êtes bénie entre toutes les femmes et le fruit de vos « entrailles est béni. Et d'où me vient ce bonheur que la « Mère de mon Seigneur s'approche de moi. Aussitôt que « votre voix est parvenue à mes oreilles, l'enfant que je « porte a tressailli de joie dans mon sein. Vous êtes heu« reuse d'avoir cru ! ce qui vous a été dit par le Seigneur « s'accomplira. »

Alors Marie, croisant ses mains sur sa poitrine, commença le cantique inspiré : « Mon âme glorifie le Seigneur ; et mon « esprit est ravi de joie en Dieu, mon Sauveur ; parce qu'il « a regardé la bassesse de sa servante. Voilà que tous les « siècles m'appelleront bienheureuse, parce que Celui qui « seul est puissant a fait en moi de grandes choses, et son « Nom est saint ; et sa miséricorde s'étend d'âge en âge sur « ceux qui le craignent. Il a déployé la puissance de son « bras ! il a dissipé ceux qui étaient gonflés d'orgueil dans « les pensées de leur cœur. Il a renversé les puissants de « leur trône ; et il a exalté les humbles et les petits.

« Il a rassasié ceux qui souffraient de la faim, et il a « renvoyé les riches les mains vides.

« Il a pris sous sa protection Israël, son serviteur.

« Il s'est souvenu de ses desseins de miséricorde et de la « promesse qu'il avait faite à nos pères, à Abraham et à « toute sa postérité, pendant la suite des siècles.

« Que mon âme glorifie donc le Seigneur ! Qu'elle exalte « sa bonté, parce qu'il a bien voulu jeter les yeux sur moi, « son humble servante. »

Après avoir prié quelque temps ensemble, Élisabeth et Marie descendirent jusqu'à la demeure ordinaire de Zacharie. On servit le repas de l'hospitalité ; on assigna aux deux voyageurs les chambres modestes qu'ils devaient occuper, et Marie se mit dès lors avec une humilité merveilleuse au service de sa parente, en qualité de moins âgée.

La vie de ces deux saintes familles pendant les trois mois qui précédèrent la naissance de Jean-Baptiste fut admirable. C'était un mélange de simplicité, de cordialité, d'humilité et de prières ferventes. La sainte Vierge prenait part à tous les soins du ménage; elle préparait les effets pour l'enfant qu'on attendait, tenait compagnie à Élisabeth, et l'aidait autant qu'elle pouvait.

Joseph, qui n'était pas nécessaire à Jutta, n'y demeura pas longtemps. Il retourna continuer son métier à Nazareth; et, d'époque en époque, il venait prendre des nouvelles de Marie pour les rapporter à sainte Anne. Lorsque Jean-Baptiste fut né, il reprit avec lui son angélique fiancée et la ramena à son modeste foyer.

La sœur Catherine Emmerich décrit ainsi le jardin de la villa où eut lieu la visitation : « Il est abondant en beaux arbres et produit des fruits de toute espèce ; il est très-bien tenu ; il est traversé par une allée en berceau sous laquelle on est à l'ombre. A l'extrémité du jardin, se trouve placée une maison de plaisance, dont la porte est sur le côté. Dans le haut de cette maison, sont des ouvertures fermées avec des châssis. Il y a un lit de repos en nattes, recouvert de mousses ou d'autres herbes. »

La plupart de ces choses ont disparu, et nous nous trouvâmes, en arrivant, en présence d'une ruine. Nous mîmes pied à terre, et, marchant à travers les débris d'une ancienne église bâtie par sainte Hélène, nous parvînmes à une sorte de rez-de-chaussée délabré, au fond duquel un escalier conduisait jadis au premier étage. C'est tout ce qui reste de cette sainte demeure.

D'un élan spontané nous chantâmes le *Magnificat*, en présence des montagnes dont les échos avaient répété les accents de Marie.

Combien de fois, depuis le jour où ces paroles jaillirent du cœur et des lèvres de la fille de David, le monde a-t-il senti se vérifier cette parole : *Deposuit potentes de sede, et exaltavit humiles!* Il a renversé les puissants et exalté les humbles, il a bafoué l'orgueilleux et jeté au vent ses projets, comme la fleur d'automne sous la rigueur de l'aquilon.

En retournant au couvent, nous rencontrâmes dans le vallon une fontaine appelée *Aïn-Karim*, la fontaine de la Vierge. Sans doute la douce Vierge y puisa souvent pendant son séjour chez Élisabeth, et la pieuse tradition lui a conservé son nom. Peut-être aussi lui a-t-il été donné par la famille de Zacharie. Quoi qu'il en soit, le nom d'Aïn-Karim s'est perpétué même chez les Turcs, et désigne aujourd'hui non-seulement la fontaine, mais aussi le village.

Qu'on est heureux, après une telle journée, d'aller faire sa prière du soir devant l'autel de saint Jean et de prendre son repos où s'exerça la plus sainte hospitalité ?

VIII

LA FONTAINE DE SAINT PHILIPPE ET BETSOUR.

Peu de jours après l'ascension de Notre-Seigneur, sur la route que nous suivons précisément ce matin, un Éthiopien célèbre, l'un des premiers de la cour de la reine d'Éthopie et le gardien de tous ses trésors, revenait de Jérusalem, porté sur un char magnifique, et lisant le prophète Isaïe. «Vraiment, dit à ce propos monseigneur Mislin, les chemins ont bien changé, depuis la reine Candace. Et en effet, au XIXe siècle il serait plus qu'impossible de voyager ici, sur un char, en lisant quoi que ce soit. Les défilés sont épouvantables. Il faut être cheval de Palestine pour passer où marchaient nos pauvres quadrupèdes. Dans une descente à pic, un de nos compagnons fut jeté par-dessus les oreilles de sa bête et tomba sur la tête. Nous le crûmes mort. On le releva ; on disposa un brancard pour le rapporter au couvent. Je ne sais s'il était breton ; toujours est-il que sa tête avait résisté au choc des rochers séculaires, et nous le retrouvâmes à Jérusalem, occupé à se guérir de légères contusions.

Mais voici la fontaine à laquelle se rattache le souvenir de l'Éthiopien. Ouvrons le livre des Actes. « Or, un ange « du Seigneur parla au diacre saint Philippe et il lui dit : « Pars, et va du côté du midi, sur la route qui conduit de « Jérusalem à Gaza. — Et il partit aussitôt, et il y alla. Dans « le même temps, un Éthiopien, l'un des premiers de la « cour de Candace, reine d'Éthiopie, et gardien de tous ses « trésors, qui était venu à Jérusalem pour adorer, s'en re- « tournait assis sur son char, et lisait le prophète Isaïe. — « Or l'Esprit dit à Philippe : Avance, et approche-toi du « char. — Et Philippe, accourant, entendit l'Eunuque qui « lisait à haute voix le prophète Isaïe, et il dit : Croyez- « vous comprendre ce que vous lisez ? » Et l'Eunuque avoua le besoin qu'il avait d'un interprète, car le livre ouvert devant lui faisait allusion à la passion de Notre-Seigneur, et il ne pouvait rien comprendre. « Et Philippe, ouvrant la « bouche... lui annonça Jésus. Et après qu'ils eurent marché « quelque temps, ils vinrent à une fontaine, et l'Eunuque « dit : Voilà de l'eau ! Qu'est-ce qui empêche que je ne « sois baptisé ? — Et Philippe dit : Cela se peut si vous « croyez de tout votre cœur. — Et l'Eunuque répondit : Je « crois que Jésus est le Fils de Dieu. — Et il ordonna qu'on « arrêta son char ; et tous deux descendirent dans l'eau, et « Philippe baptisa l'Eunuque.

Heureuse fontaine ! le diacre Philippe en tira une eau jaillissante pour la vie éternelle : *Fons aquæ salientis in vitam æternam.*

Aujourd'hui encore, la source coule abondante, limpide et fraîche, vraie merveille pour la Judée. Mais l'église construite en mémoire du miracle est entièrement ruinée.

A ce fait merveilleux se rapporte une légende assez vraisemblable. L'Eunuque serait devenu l'apôtre de l'Éthiopie; Candace serait l'héritière de la fameuse reine de Saba, venue à Jérusalem pour admirer Salomon; l'Éthiopie enfin serait le royaume de Méroé, traditionnellement gouverné par des femmes, que Pline appelle Kendaque ou Candace. Et, de fait, les Éthiopiens vénèrent l'Eunuque comme nous honorons saint Denys en France; et les princes actuels de l'Éthiopie prétendent toujours descendre d'un certain Ménilehek, fils de Salomon, et de la reine de Saba. Malheureusement, ils vivent infestés de l'hérésie d'Eutychès, loin de la véritable Église.

Notre marche continue à travers les pierres. Mais bientôt le désert disparaît; de nombreux oliviers et des champs en plein rapport indiquent le voisinage de lieux habités; et, tournant une colline, nous voyons saillir du sein des arbres un édifice gothique, dont la masse blanche se dessine élégante sur l'azur du ciel. C'est Beit-Djalla, séjour préparé à l'étude, à la retraite et à la prière. Non loin de Bethléem, et de la grotte où saint Jérôme se livrait à un travail sans relâche, Monseigneur le Patriarche de Jérusalem a voulu établir son petit et son grand séminaires. L'édifice est beau et digne des fidèles qui lui prêtent le concours de leurs aumônes. Espérons que les pierres vivantes, destinées à en faire le plus bel ornement, y seront nombreuses et dignes de leur sublime mission. Nous avons vu les germes de cette pépinière. Puissent-ils croître et couvrir de leur ombrage le sol dénudé de la Palestine. Puisse saint Jérôme, du haut du ciel, sourire à cette jeunesse vertueuse, et s'y choisir beaucoup de successeurs dont une main tiendra le caillou pour frapper la chair rebelle, et l'autre dirigera une plume savante sous l'inspiration du Saint-Esprit.

Je ne puis songer à Beit-Djalla sans être ému. Tout ce qui annonce la gloire de la nouvelle église de Jérusalem, frappe mon cœur et l'anime d'un saint enthousiasme. Quoi de plus beau, après celui de Rome, que le trône pontifical dont la base est le Calvaire et la montagne de l'Ascension.

A mesure que nous nous rapprochons de Bethléem, le paysage devient de plus en plus riant. Mes compagnons s'en étonnent et m'en demandent la raison. Je la leur donne, telle que je l'ai reçue de Monseigneur le Patriarche. Les oliviers sont, ici, presque la seule fortune de l'Arabe. Or si la haine, toujours vive et profonde dans ces cœurs à demi sauvages, les pousse à la vengeance, ils coupent frauduleusement les oliviers de la famille ennemie. Les représailles aggravent le mal; le sol se dépouille rapidement, et le pays devient un désert. Inutiles seraient les procès, car nul témoin n'oserait parler, de peur d'une vengeance. Que faire donc? Se résigner fatalement et périr, c'est une conséquence inévitable, partout où la force morale n'est pas là pour suppléer à la justice armée.

Or, à Bethléem, cette force existe, puisque tout le pays est chrétien; et les évêques ayant lancé une excommunication contre le coupeur d'oliviers, le pays se maintient dans un état d'aisance relative. Vienne donc le jour où la religion chrétienne triomphera en Palestine, et la terre fera de nouveau couler le lait et le miel pour le bonheur de ses habitants.

Mais j'ai tort de parler de Bethléem. Imposons silence à nos désirs. Comme Moïse sur le mont Nébo, nous apercevrons tout à l'heure cette Terre promise, sans y entrer encore. L'itinéraire nous mène aux vasques de Salomon.

Au pied des hautes murailles d'un khan ruiné, qui fut,

peut-être, un château des Croisés, nous attachons nos chevaux pour admirer l'œuvre du fils de David.

Trois réservoirs immenses sont disposés de telle sorte, que le premier reçoit directement les eaux des montagnes; le second absorbe le trop plein du premier, et le troisième communique le surplus à un conduit dont nous pouvons suivre les traces à peu près jusqu'à Jérusalem. Dans un pays où les sources sont rares, où les pluies alimentent faiblement les citernes, c'était un bienfait de premier ordre. Aussi, le prince y mit-il un soin si particulier, que les siècles n'ont pu encore en effacer le cachet du roi sage, puissant et riche.

Pendant le déjeuner, les pèlerins de la bande de Bethléem vinrent nous rendre visite. Ils nous racontèrent comment, la veille, plusieurs de nos amis étaient tombés de cheval. Les détails étaient à mourir de rire. Un bon monsieur, entre autres, d'une taille au-dessus de la moyenne et d'une grosseur proportionnée, en grimpant une montagne, avait fait deux culbutes en arrière, pour retomber sur les reins, derrière son cheval, au milieu des pierres. Je souhaite à tous les Franc-Comtois la force de résistance passive de leur compatriote ; ils affronteront bien des dangers sans se faire mal.

Le Père Franciscain, curé de Bethléem, arriva comme nous partions pour Hébron. Son beau cheval faisait honte aux nôtres ; il s'en aperçut, je crois, et il se mit à caracoler jusqu'à ce que notre humiliation fût complète. Il venait amiablement nous protéger contre les Arabes ; nous lui sûmes gré de sa bonne volonté ; il jouit, en effet, d'une influence incontestée sur les Bédouins ; mais, avions-nous besoin de protection ? Le fait nous parut douteux. Nulle part ne se présenta le danger. Loin d'avoir à craindre, nous faisions peur. Ainsi, le lendemain, aux environs de la grotte d'Odollam, un homme se rencontra qui se mit à pousser, en nous voyant, des cris d'énergumène. Il courait en hurlant, mais aussi en fuyant. Nous le poursuivîmes pour avoir l'énigme de sa manœuvre. Apercevant des cavaliers, qui n'étaient point en chemise selon la coutume bédouine, il nous avait pris pour des soldats turcs à la maraude, et il donnait aux pâtres de la vallée le signal de se cacher avec leur bétail.

D'autres cris s'élèvent ; mais, cette fois, ils sont joyeux. Un de nos cavaliers, pour avoir laissé la bride sur le cou de son cheval, a perdu sa monture. C'est la répétition de la scène de Ramleh, courses à perdre de vue, efforts pour cerner l'animal, tentatives manquées, poursuites réitérées, et, à la fin, mais bien à la fin, triomphe et joie. Faut-il l'avouer ? Peut-être l'accident n'était pas le fait du hasard. On avait interdit les courses au galop ou même au grand trop, un peu dans l'intention de ménager les chevaux, beaucoup parce que les hommes *graves* redoutaient des allures trop vives. Les jeunes gens se soumettaient en enfants bien élevés ; mais, sans médire, je les soupçonne d'avoir quelquefois habilement ménagé ces occasions de faire une charge à fond de train. Au fait, passé Bethléem, le chemin était redevenu odieux. Pierres, rochers, solitude complète, montées désespérantes, descentes plus pénibles encore, tout se résume en ces mots.

Enfin, une tour délabrée et de vastes assises de pierre se firent voir à notre gauche. C'était Betsour, place importante du royaume de Juda, aujourd'hui en ruine. Roboam la fortifia et la nomma la *Maison du Fort*. Elle fut souvent prise et reprise dans les guerres des Hébreux. Judas Macchabée y vainquit deux fois Lysias, régent du royaume pour Antiochus le Jeune.

C'est ici qu'en l'année 138 de Jésus-Christ, les débris d'Israël essayèrent cette résistance fameuse qui devait aboutir à la plus effroyable catastrophe. De tous les points de l'Orient et de l'Égypte, les Juifs étaient accourus. Un aventurier, nommé Bar-Cochéba, leur avait imposé par son audace et ses mensonges. Il s'était dit le Messie promis à la terre, et le peuple qui avait déjà préféré Barabbas à Jésus, n'avait eu garde de douter. On avait couru aux armes ; l'insurrection était complète. Un moment, le gouverneur romain lui-même avait tremblé devant ce réveil d'un peuple coulé dans le bronze et l'airain. Mais bientôt Jules-Sévère était accouru du fond de la Bretagne. Après deux ans d'une lutte héroïque, six cent mille Juifs ayant succombé, il avait fallu abandonner la campagne et se fortifier dans Betsour. On y continuait une résistance désespérée. Mais à quoi bon cette lutte ? De la terre qui avait bu le sang du Juste, une voix s'élevait, implacable, dont l'écho répétait : *Que son sang retombe sur notre tête et sur celle de nos enfants !* Il fallait bien que la malédiction eût son effet. Israël avait dit : *Nous n'avons d'autre roi que César !* — Et César réclamait ses droits l'épée à la main. Les Juifs devaient succomber ! Le massacre fut horrible : il dura plusieurs jours. Les prisonniers furent vendus comme des bêtes de somme, aux marchés de Gaza et d'Hébron ; et ceux qui ne trouvèrent pas d'acheteurs, se virent traîner prisonniers en Égypte.

D'abord il y eut, pour les survivants, défense de s'approcher de la ville, ou même de la voir. Plus tard, ils obtinrent, à prix d'argent, d'aller une fois dans l'année pleurer sur ses ruines. Saint Jérôme vit un des anniversaires de cette immense douleur. Sa description est navrante : couverts de haillons, les cheveux épars, le visage inondé de larmes, les bras levés vers le ciel, agenouillés sur les tombeaux de leurs pères, les tristes vaincus poussaient des sanglots et des soupirs. Au coucher du soleil, le signal donné pour le départ, les femmes, hors d'elles-mêmes, collaient de nouveau leurs lèvres sur les pierres renversées et ne pouvaient s'en détacher. Alors les soldats les rudoyaient grossièrement. Quelquefois, il les rançonnaient encore et, pour de l'or ou de l'argent, leur permettaient de pleurer encore quelques instants. O Dieu, quelles sont vos justices !

Du temps de saint Jérôme, Betsour n'était déjà plus qu'un village. Aujourd'hui, dépouillé de son nom, il s'abrite sous celui de Béthoron, à vingt milles de Jérusalem. Plusieurs auteurs, et saint Jérôme lui-même, voudraient nous faire trouver dans ses environs la fontaine de Saint-Philippe, toutefois le sentiment le plus universel tient pour l'affirmation contraire.

Mais voici Mambré, son chêne, sa vallée, ses souvenirs ! Suivons les traces des patriarches. Cherchons les sources de la vie au tombeau d'Adam, d'Abraham, d'Isaac et de Jacob. Une vaste carrière s'ouvre devant nous ! Allons et voyons !

IX

HÉBRON ET LA VALLÉE DE MAMBRÉ.

Une belle vallée s'ouvre devant nous. Un chêne magnifique étend ses fortes branches et déploie à nos yeux le luxe de son vert feuillage. Ne serait-ce point le chêne d'Abraham? Attachons nos chevaux à des buissons ; asseyons-nous au pied du chêne ; demandons des souvenirs à son ombre inspiratrice.

« Aucun pays, en Orient, dit M. Poujoulat, ne m'aura aussi délicieusement ému que le pays d'Hébron..... Pour nous, hommes des derniers âges, habitants d'un vieux monde qui croule, quel charme d'ouvrir le livre de la vie à sa première page et de s'asseoir à la source du grand fleuve de l'humanité ! »

Ainsi, en est-il des sentiments de notre caravane. Dans la vallée de Mambré, nos cœurs s'émeuvent et s'attendrissent. Lorsque, tout enfant, j'écoutais l'histoire du peuple de Dieu, dans quel lointain m'apparaissaient toutes ces choses? La vie merveilleuse du patriarche, son pays situé au delà des mers, Sodome et Gomorrhe, et la vallée de Mambré me semblaient dans un autre monde. Était-il possible à un homme d'aller jusque-là? J'y suis, cependant, et mes yeux voient la Terre promise! Ce rapprochement des idées de l'enfant et de celles du prêtre et du religieux pèlerin de Terre-Sainte, me cause une impression indéfinissable. Tous nos amis sont joyeux. Le duc de Lorges et quelques autres prennent un croquis de l'arbre; plusieurs coupent un bouquet de son feuillage. Il n'est plus question de la fatigue, ni des ennuis de la route: tout est oublié. Ne sommes-nous pas au berceau du monde, sous le chêne de Mambré, dans la vallée des Patriarches?

Saint Jérôme veut qu'Adam soit mort dans la terre d'Hébron. Il appuie son opinion sur ce texte de la Vulgate: « Hébron s'appelait auparavant *Kariath-Arbé*, et Adam, le plus grand entre les Énacites, y est enterré » (*Jos.*, XIV, 15). Si cette opinion est vraie, cette ville serait une des plus anciennes du monde, puisqu'elle aurait été fondée par Arbe, fils d'Énac. Or, ce n'est pas improbable. Les livres des Nombres reportent la fondation d'Hébron à sept ans avant celle de Tanis, capitale de la basse Égypte, et Josèphe la dit plus ancienne que Memphis. Cependant plusieurs interprètes sont en désaccord avec saint Jérôme et ne veulent pas reconnaître le premier homme dans le plus grand entre les Énacites. Pour les gens du pays, peu soucieux des disputes archéologiques, ils montrent, sans hésiter, un champ appelé le Champ Damascène, dont la terre rouge aurait formé le corps du premier homme, d'où lui serait venu son nom d'Adam, c'est-à-dire rouge, en hébreu. Chaque jour les Orientaux viennent recueillir un peu de cette terre et l'envoient, sous forme de pastilles, en Égypte, aux Indes et en Éthiopie, où ils la vendent avec de grands bénéfices. Un peu plus loin, ils vénèrent la grotte où Adam et Ève auraient fait pénitence de leur péché. Si on leur fait observer que le terrain a dû changer beaucoup sous l'action du déluge et par le bouleversement des siècles, ils lèvent les épaules et disent : Dieu est grand ! — C'est la réponse à tout. La science, heureusement ne s'en contente pas ; et l'histoire et la critique n'ont pas encore dit leur dernier mot sur ces opinions. Toujours est-il qu'elles ne contredisent pas la sainte Écriture. Adam put être créé à Hébron sans qu'il soit nécessaire d'y retrouver les traces du paradis terrestre, car Dieu ne le créa pas dans le paradis, *il l'y plaça* seulement *après l'avoir formé.*

Au reste, s'il faut renoncer à rencontrer ici un souvenir direct du premier homme, nous nous en rapprochons du moins beaucoup par Abraham ; car ce patriarche était le petit-fils de Sem, et il avait longtemps vécu avec son aïeul, qui le rattachait directement à Adam par Mathusalem, leur contemporain commun.

Il est certain qu'Abraham a vécu dans la vallée de Mambré, et qu'il y est mort. Il y fut enterré dans le même tombeau que Sara. Isaac vint ensuite partager avec eux cette demeure de la mort ; et Joseph, en son temps, accompagné des anciens de la maison de Pharaon, avec des chars, des cavaliers et une grande multitude, amena du fond de l'Égypte les restes de son père Jacob, pour les ensevelir dans la double caverne d'Hébron, ainsi qu'il le lui avait promis. Quel tombeau ! Adam peut-être, Abraham certainement, Isaac et Jacob, les patriarches de l'humanité, s'y sont réunis pour y attendre la fin des jours et la résurrection ! Entre ces deux dates, leur mort et la résurrection, l'histoire du monde est renfermée.

Écoutons la Bible. Il y avait, au pays où les enfants de Noé conçurent la folle pensée d'élever une tour qui montât jusqu'au ciel, un homme originaire de Ur en Chaldée, et cet homme s'appelait Abraham. Or le Seigneur dit à Abraham : « Sors de ton pays, et de ta parenté, et de la maison de ton père ».

Et Abraham prit Sara, sa femme, et Loth, fils de son frère, et toutes ses richesses, et les esclaves qu'il avait acquis à Haran, et ils sortirent pour venir en la terre de Chanaan.

Or, il survint une famine en cette terre, et Abraham descendit en Egypte, pour y habiter comme un étranger.....

Mais bientôt il remonta d'Égypte, lui, sa femme et tout ce qu'il possédait, et Loth avec lui. Or Abraham était très-riche en possession d'or et d'argent. Mais Loth, qui était avec lui, avait aussi des troupeaux, et il y avait souvent des disputes entre les serviteurs d'Abraham et ceux de Loth.

Alors Abraham dit à Loth : Qu'il n'y ait point de débats entre vous et moi, je vous en prie, ni entre vos pasteurs et les miens, car nous sommes frères. Voilà que toute la terre est devant vous; séparez-vous de moi, je vous en conjure. Si vous allez à gauche, j'irai à droite; et si vous choisissez la droite, j'irai à gauche.

Loth ayant levé les yeux vit la plaine autour du Jourdain, qui, avant que le Seigneur eût détruit Sodome et Gomorrhe, était tout arrosée comme le jardin du Seigneur, et comme la terre d'Égypte pour ceux qui viennent à Ségor. Et Loth choisit les environs du Jourdain, et il s'en alla du côté de l'Orient. Ainsi ils se séparèrent l'un de l'autre.

Alors le Seigneur dit à Abraham: Lève les yeux et regarde, du lieu où tu es maintenant, vers l'aquilon et le midi, vers l'orient et l'occident. Toute la terre que tu vois, je te la donnerai ainsi qu'à ta postérité et pour toujours. Je multiplierai ta postérité comme la poussière de la terre.

Abraham, levant donc sa tente, vint et habita près de la vallée de Mambré, qui est en Hébron, et il y dressa un autel au Seigneur.

Voici maintenant l'histoire de la postérité du patriarche. Abraham eut deux fils. Le premier fut Ismaël, que lui donna sa servante Agar, et qui fut le père des Arabes. L'ange du Seigneur avait prédit les destinées de cet enfant à sa mère, pendant sa grossesse. « Je multiplierai ta postérité et elle sera innombrable.... Voilà que tu as conçu, et voilà que tu enfanteras un fils que tu appelleras Ismaël, parce que le Seigneur a vu ton affliction. Il sera un homme farouche, sa main sera contre tous, et la main de tous contre lui ; et il plantera ses tentes à l'encontre de tous ses frères ». Dieu avait aussi parlé à Abraham et lui avait annoncé les destinées d'Ismaël en disant : « Je t'ai exaucé pour Ismaël. Voilà que je le bénirai et que je le ferai croître et multiplier. Il engendra plusieurs chefs et je l'établirai sur ce grand peuple ».

Mais la jeunesse de cet enfant devait être orageuse comme le reste de sa vie. Sara, ayant eu un fils, nommé Isaac, crut devoir demander à son mari l'expulsion de la servante et de son fils, parce qu'Ismaël se faisait un jouet d'Isaac et le traitait insolemment. Abraham consulta le Seigneur et céda à la demande de Sara.

« Il se leva dès le matin, et, prenant du pain et un vase plein d'eau, il les mit sur l'épaule d'Agar, lui donna l'enfant et la renvoya. Celle-ci s'en étant allée, errait dans la solitude de Bersabé. Et quand l'eau du vase fut épuisée, elle laissa l'enfant sous un des arbres qui étaient là, et s'en alla s'asseoir vis-à-vis de lui, à la distance d'un trait lancé par un arc, et dit : Je ne verrai point mourir mon fils. Et élevant la voix, elle pleura.

« Or Dieu entendit la voix de l'enfant et un ange appela du ciel Agar en disant : Que fais-tu, Agar? Ne crains point, car Dieu a entendu la voix de l'enfant, du lieu où il est. Lève-toi, prends-le et le tiens par la main, car je ferai naître de lui un grand peuple..

« EtDieu lui ouvrit les yeux, et elle vit une source d'eau. Elle alla, remplit le vase, et donna à boire à l'enfant.

« Et Dieu fut avec lui ; il grandit et devint habile à tirer de l'arc. Et il habita au désert de Charan, et sa mère lui choisit une femme de la terre d'Égypte.

« Et il eut un grand nombre d'enfants ; il devint fort et puissant. Il habita depuis Hévila jusqu'à Sur, qui regarde l'Égypte quand on vient en Assur...

« Or le temps de la vie d'Ismaël fut de cent trente ans, et, la force lui manquant, il mourut et fut réuni à son peuple. »

Or Ismaël, nous l'avons dit, n'avait pas été le seul fils d'Abraham. Et voici ce qui rend le nom de ce patriarche sacré pour toutes les nations.

Lorsqu'il entrait dans sa quatre-vingt-dix-neuvième année, Dieu lui apparut et lui dit : Je suis le Seigneur tout-puissant. Marche devant moi et sois parfait, et j'établirai mon alliance entre toi et moi, et je multiplierai prodigieusement ta race... Je te ferai chef des peuples, et des rois sortiront de toi... Sara, ta femme, enfantera un fils ; tu l'appelleras Isaac. Je ferai avec lui un pacte qui sera une alliance éternelle, et je renouvellerai cette alliance avec sa postérité après lui... Et il règnera sur les peuples, et les rois sortiront de lui.

« Or, lorsque le Seigneur eut achevé de parler, il disparut de devant Abraham.

« Et Abraham eut un fils qui se nomma Isaac. Et lorsqu'Isaac fut devenu grand, il épousa Rébecca, et Rébecca devint mère à son tour.

« Or, des enfants s'entrechoquaient dans son sein, et elle dit : S'il en devait être ainsi, quel besoin avais-je de concevoir ? Et Rébecca alla implorer le Seigneur qui lui répondit : Deux nations sont en ton sein, et deux peuples sortiront de tes entrailles.

« Et déjà le temps d'enfanter était venu, et deux enfants jumeaux se trouvèrent en son sein. On appela le premier Ésaü et le second Jacob. Lorsqu'ils furent devenus grands, Ésaü était habile à la chasse et toujours dans les champs ; et Jacob, simple et doux, habitait sous la tente. »

Or, Esaü devint le père des Iduméens, et Jacob enfanta les douze patriarches d'où naquirent les douze tribus d'Israël ; et il fut le père de Juda ; et David naquit de la tribu de Juda; et la race de David reçut du ciel l'inestimable privilége de donner au monde le Messie, libérateur de la terre, Jésus-Christ, notre Seigneur, Dieu et homme, fils de la tribu de Juda.

Et telles furent les magnifiques générations d'Abraham. Trois peuples sortirent de ses flancs.

Or, les jours de la vie de l'illustre patriarche furent de cent soixante-quinze ans. Et, toute force lui manquant, il mourut dans une heureuse vieillesse, en un âge fort avancé et plein de jours ; et il fut réuni à son peuple. Et Isaac et Ismaël, ses fils, l'ensevelirent dans la caverne double, qui est située dans le champ d'Ephron, fils de Séor, l'Héthéen, vis-à-vis de Mambré, et qu'il avait acheté de Heth. Là furent ensevelis Abraham et Sara, sa femme.

En vérité, je ne m'étonne plus de la vénération des peuples pour la terre que nous foulons. Ce lieu est saint : le doigt de Dieu y est marqué en un caractère ineffaçable.

Faut-il, avec certains touristes, voir dans le chêne qui nous abrite, celui sous lequel Abraham fit reposer les anges voyageurs, pendant qu'il allait chercher de l'eau pour leur laver les pieds? Assurément non. Celui-là paraît avoir existé encore du temps de saint Jérôme, et on y faisait des sacrifices sur un autel de pierre adossé au tronc. Chacun y célébrait une fête selon sa religion : les Juifs y honoraient la mémoire de leur patriarche ; les chrétiens y vénéraient l'apparition de Dieu et des anges. Quant aux païens, ils y rendaient un culte aux esprits dieux ou démons. Les uns offraient des libations de vin et de l'encens, d'autres immolaient un bœuf, un bouc, un mouton ou un coq, nourri soigneusement à l'avance. Impossible alors de se servir de l'eau du puits voisin, parce qu'ils y jetaient du vin, des parfums, des gâteaux, des pièces de monnaie, et les lampes allumées pour la cérémonie. La foule était si grande qu'on finit par établir là une foire longtemps célèbre. Eutropia, belle-mère de Constantin, étant venue y acquitter un vœu, fut outrée des superstitions païennes ; elle en avertit l'empereur ; et, par l'ordre de Constantin, l'autel idolâtre fut renversé, et Eusèbe de Césarée, aidé des autres évêques de la Palestine, éleva une église au vrai Dieu. Quant au chêne, sainte Paule, en son pèlerinage, n'en trouva que les débris: et la pieuse avidité des fidèles enleva sans doute ses derniers vestiges, auxquels, d'après Sanuto, ils attribuaient une vertu miraculeuse. Saluons tout de même ce bel arbre, digne, à tous égards, de notre admiration, et merveilleusement placé pour aider à l'illusion. Remontons à cheval ; suivons toujours la vallée ; entrons dans ce chemin creux, bordés d'arbustes fleuris ; voici nos pavillons gracieusement déployés sur une pente douce en face de la ville, qui fait point de vue avec ses maisons blanches coupées de verdure.

Le souper fut plus gai qu'à l'ordinaire. Peut-être le vin d'Hébron ne fut-il pas étranger à cet explosion de joie, d'ailleurs fort convenable. Sa réputation est grande dans le pays. Un Juif cauteleux vint à l'entrée de la tente nous en présenter un flacon avec mille salamalecs. On l'acheta fort cher ; on le trouva bon, et on en redemanda. Aussitôt des essaims de Juifs sortirent de dessous terre avec des flacons à la main. La concurrence fit baisser les prix, et le flacon fut à rien. Pour la première fois, depuis notre arrivée en Palestine, le vin de dessert paraissait sur la table ; on lui devait les honneurs, et il les emporta. De petites chansons, d'aimables plaisanteries furent échangées entre les jeunes gens ; on rit, on s'amusa. Pas un mot de trop, comme on devait s'y attendre ; tout alla pour le mieux. Lorsqu'à la nuit close, nous quittâmes la tente commune pour gagner nos campements respectifs, le coup d'œil de la ville était charmant. Des lumières scintillaient à travers les mille fenêtres des habitations. Ce n'était pas l'illumination des Champs-Élysées ou de la place Louis XV, mais, dans sa modestie, elle frappa tout le monde.

Hébron n'est point entourée de murailles. Dans ses quatre cents maisons, elle abrite quatre mille cinq cents musulmans et cinq cents Juifs. Volney y voit avec raison un amas « de mauvaises masures, reste informe d'un ancien château ». Elle est assise sur l'un des versants « d'un bassin oblong, de cinq à six lieues d'étendue, assez agréablement parsemé de collines rocailleuses, de bosquets de sapins, de chênes avortés et de quelques plantations d'oliviers et de vignes. » Les paysans des environs cultivent du coton, le donnent à filer à leurs femmes, et le vendent à Gaza et à Jérusalem. Les Juifs plantent et soignent les vignes. Sans eux, le vin d'Hébron ne serait point connu, puisque les musulmans n'auraient aucun intérêt à le produire. Le savon se fabrique également ici, avec de la soude apportée par les Bédouins. Et chose étrange, l'art de faire le verre, importé autrefois de Syrie, n'y serait plus connu du tout sans la persévérance des Hébronites ; cependant la verrerie d'Hébron est ce qu'il y a de plus rudimentaire ; n'y cherchez rien en dehors de ces anneaux colorés, et de ces bracelets dont les femmes ornent leurs bras et leurs jambes.

Hébron fut un moment le siége d'un évêché, sous le nom de Saint-Abraham. La cathédrale était une belle église, bâtie par sainte Hélène, mais convertie en mosquée dès l'an 1187. Richard Cœur-de-Lion déploya dans ces champs sa bravoure accoutumée, et enleva aux Sarrasins une riche caravane, composée de quatre mille sept cents chameaux escortés par deux mille hommes.

On y trouve encore une grande piscine, qu'on fait remonter au temps de David. C'est un quadrilatère dont chacune des faces a soixante mètres ; elle est profonde, on y descend par un escalier de quarante marches.

Tout, ici, rappelle la Genèse et les temps bibliques. Vers le sud, trois puits sont nommés les puits d'Abraham, d'Isaac et de Jacob. Sur la hauteur voisine, les ruines d'une église marquent la tombe de Caleb, l'un des douze envoyés par Moïse pour explorer la terre de Chanaan ; et le tombeau se voyait encore au temps de saint Jérôme.

Caleb et ses compagnons pénétrèrent jusqu'ici, et ils furent étonnés, presque effrayés de la prodigieuse stature des enfants d'Énac et de leur attitude guerrière. En rendant compte, ils dirent : « C'est une terre où coulent véritablement le lait et le miel ; mais elle a des villes grandes et fortifiées ; ses habitants sont redoutables, et, près d'eux, nous paraissons comme des sauterelles ».

Pendant sept ans et six mois, Hébron fut la capitale où régna David, car la forteresse de Sion n'était pas encore en son pouvoir. Elle fut témoin du premier sacre de roi fait avec solennité, celui de Saül n'ayant eu que Dieu pour témoin. « Or, après la mort de Saül, les hommes de Juda « vinrent en Hébron, et sacrèrent David pour régner sur « la maison d'Israël. »

Lorsqu'Absalon conçut l'infâme projet de trahir son père il lui demanda la permission d'aller à Hébron, pour y accomplir un vœu ; et, dès qu'il y fut arrivé, il expédia des courriers dans tout Israël, disant : « Absalon est roi en Hébron ».

Un grand exemple de magnanimité fut donné en ces lieux. Après la mort de Saül, Abner, renonçant à une cause maudite, était venu se jeter aux pieds de David contre lequel il avait si longtemps combattu. Le saint roi l'avait accueilli avec bonté, l'avait admis à sa table et renvoyé en paix. Sur ces entrefaites, arriva Joab. Il conçut un vive jalousie, en apprenant la clémence du roi, parce qu'Abner avait tué autrefois son frère Asael ; il expédia aussitôt à sa poursuite des satellites qui l'atteignirent, exempt de défiance, à trois quarts d'heure de la ville, près de la fontaine de Sira, et le décidèrent à revenir à Hébron. Alors Joab le prit à part sous la porte, comme pour lui parler en secret, et le tua. Or David, apprenant ce meurtre, en conçut une douleur digne de sa grande âme. Il maudit l'assassin, et s'écria :

« Je suis pur du sang d'Abner. Qu'il retombe sur la tête de Joab et sur la maison de son père ! » Il dit ensuite à Joab et au peuple qui l'entourait : « Déchirez vos vêtements et couvrez-vous de cilices, et pleurez aux funérailles d'Abner ». Il voulut accompagner lui-même le cercueil, et quand on l'eut enseveli, il s'écria à travers ses larmes : « Abner, tu n'es point mort comme les lâches ; tes mains n'ont point été liées et tes pieds n'ont point été chargés de fers. Tu es tombé comme on tombe devant les fils d'iniquité ». Et le peuple répétait ces paroles en pleurant. Magnifique exemple qui suffirait à grandir un homme !

Hébron ne resta pas toujours propriété de Juda. Elle tomba au pouvoir des Iduméens, qui la possédèrent longtemps, et fut reprise par Judas Macchabée. Plus tard, Simon l'enleva aux Romains ; et, soixante-neuf ans après Jésus-Christ, Céréalis la reconquit, au nom de l'empire, massacra la garnison juive, et brûla la ville.

Une des principales routes de la Palestine passait par Hébron, où elle se bifurquait vers l'Égypte d'une part, et vers Pétra de l'autre. Elle était pavée, et ses traces se retrouvent encore. Sur cette route, on voyait autrefois une petite maison appelée l'hôtellerie de la sainte Vierge.

Un jour, sur le soir, un vieillard, homme vénérable, et une jeune femme portant un petit enfant, y demandèrent l'hospitalité pour la nuit. Trop pauvres pour *reconnaître* l'hospitalité des grandes villes, ils n'avaient osé s'arrêter à Hébron ; d'ailleurs, ils fuyaient la colère d'un roi barbare et devaient éviter les grands centres. Le chef de famille s'appelait Joseph, la jeune femme était la Vierge Marie, et dans l'enfant, Joseph et Marie reconnaissaient le Messie promis à la terre. Le Fils éternel du Très-Haut était venu visiter son peuple, « et les siens ne l'ont point connu », et dès les premiers jours de son passage en ce monde, il était en butte à une persécution cruelle qui devait finir par sa mort violente. Son père et sa mère le portaient en Égypte.

En parcourant la ville, nous fûmes impitoyablement arrêtés au pied du grand escalier de la mosquée où sont les saints tombeaux. Nous nous y attendions. Que faire? A force de multiplier les pèlerinages en Terre-Sainte, on percera à jour le pays. Alors il en sera du sépulcre d'Abraham comme de la mosquée d'Omar à Jérusalem; les chiens de chrétiens, les infidèles y seront admis. Mais le moment n'est pas venu; attendons! En Orient surtout, « patience et longueur de temps font plus que force ni que rage ». Il faut donc nous en rapporter à la relation d'Ali-Bey, citée par Mgr Mislin.

Après l'escalier, paraît-il, « on entre dans une petite cour. Vers la gauche, est un portique appuyé sur des piliers, qui contient à droite, le sépulcre d'Abraham, et à gauche, celui de Sara. Dans le corps de l'église qui est gothique, entre deux gros piliers à droite, on aperçoit une maisonnette isolée, dans laquelle est le sépulcre d'Isaac; et dans une autre maisonnette pareille sur la gauche, celui de sa femme. Cette église convertie en mosquée a son méhérel (tribune) pour la prédication du vendredi et une autre tribune pour les muddins ou chanteurs. De l'autre côté de la cour est un autre vestibule qui a également une chambre de chaque côté; dans celle de gauche est le sépulcre de Jacob et dans celle de droite celui de sa femme. A l'extrémité du portique du temple, sur la droite, une porte conduit à une espèce de longue galerie, qui sert encore de mosquée; de là on passe dans une autre chambre où se trouve le sépulcre de Joseph, mort en Égypte, et dont la cendre fut apportée par le peuple d'Israël. Tous les sépulcres des patriarches sont couverts de riches tapis de soie verte, magnifiquement brodés en or; ceux de leurs femmes sont rouges, également brodés. Les sultans de Constantinople fournissent ces tapis, qu'on renouvelle de temps en temps. J'en comptai neuf, les uns sur les autres, au sépulcre d'Abraham. Les chambres où sont les tombeaux sont aussi couvertes de riches tapis ; l'entrée en est défendue par des grilles en fer et des portes en bois plaquées en argent, avec des serrures et des cadenas du même métal. Pour le service du temple, on compte plus de cent employés et domestiques. »

J'en demande bien pardon aux musulmans, mais ils se trompent en croyant posséder le tombeau de Joseph. Ce patriarche fut positivement enterré à Sichem. Josué l'affirme. Le tombeau du bout de la galerie est moins vénérable ; plusieurs auteurs y reconnaissent celui d'Ésaü.

Ainsi la seule chose vraiment intéressante de la ville, — sa mosquée et ses tombeaux, — nous était interdit ; nous nous hâtâmes de quitter ses rues tortueuses. Aussi bien, la circulation y est à peine sûre. Les musulmans nous détestent, et les juifs, s'ils le pouvaient, nous arracheraient les yeux. Dans les environs, on prétendit nous montrer la grotte où Adam et Ève firent penitence. Et comme nous admirions le volume singulier des figues et des raisins, notre guide ne manqua pas de nous affirmer que la vigne voisine était celle où les envoyés de Moïse avait cueilli la grappe célèbre. Un peu plus, il nous eût désigné le cep qui la produisit. Avec le même aplomb, on nous engagea à réciter un *de profundis*, sur l'emplacement où Caïn tua son frère Abel. Faut-il être livré à de tels guides ! Faut-il avoir recours à des mensonges, lorsque la vérité toute seule parle si énergiquement à l'âme ?

Adieu, Hébron, puisqu'il faut te quitter ; adieu, patrie d'Abraham ! Si la Providence me ramenait en Palestine, je voudrais te revoir encore. Les origines du genre humain sont comme enfermées dans tes murs. J'y ai presque retrouvé le père par lequel nous sommes tous frères selon la chair ; j'y ai vu surtout la première tige de cet arbre généalogique beau entre tous, grand par-dessus tous les autres, le chef de cette famille dont la couronne est plus que royale, dont la devise est celle-ci : *Jacob autem genuit Joseph, virum Mariæ de qua natus est Jesus, qui vocatur Christus*. Jacob fils de Mathan, engendra Joseph, le fiancé de Marie, de laquelle est né Jésus, qui est appelé le Christ !

Ainsi Hébron et Jérusalem, Hébron et Bethléem, Hébron et Nazareth se touchent et sont les terres patrimoniales de la famille du Messie, selon la chair.

X

D'HÉBRON A BETHLÉEM.

Notre première halte après Hébron fut à Saïr. On nous y montra un monceau de pierres, et on nous dit : C'est le tombeau d'Ésaü ! — Heureusement nous étions libres de ne pas le croire ; et, sans y faire plus d'attention, nous nous assîmes pour déjeuner.

Notre arrivée fut un événement pour le village. La population, déguenillée, sortit en masse de ses cahutes, et nous observa de loin. Peu à peu on s'approcha ; et, comme ces hommes paraissaient plutôt étonnés qu'hostiles, nous cherchâmes à les attirer ; nous offrîmes à l'un d'eux un morceau de pain, il en parut si reconnaissant que nous renouvelâmes le procédé : on s'empressa autour de nous ; la glace était rompue ; les communications s'établirent librement. Les armes européennes excitaient surtout la curiosité. Nous permîmes de les voir et même de les toucher. Les indigènes étaient ravis. Faute de se comprendre, on parlait par signes.

Une heure se passa gaiement, et nous partîmes en laissant fort contents de nous les prétendus gardiens du tombeau d'Ésaü. Vers midi, nous étions à cheval, nous dirigeant vers les ruines du Thécua et la caverne d'Odollam.

Thécua était autrefois une ville célèbre. Elle fut la résidence d'Amos et d'Habacuc. Elle devint un château-fort et un lieu redoutable sous le règne de Roboam ; et, lors du massacre des Innocents, elle eut le malheur d'être comprise dans l'arrêt barbare du roi Hérode. On sait comment ell devint l'objet d'une lutte étrange entre la reine Mélisende et les chanoines du Saint-Sépulcre, au temps des Croisades. On n'a pas oublié le beau dévouement des chevaliers du Temple qui, en 1138, accoururent au secours de Thécua contre les infidèles, et préférèrent se faire massacrer jusqu'au dernier plutôt que de céder la place. La visite de ses ruines ne sera donc pas sans intérêt.

Nous marchions à travers des vallons assez verts, le long d'un cours d'eau. Ni montée, ni descente, ni chemin trop ardu. C'était, pour nos jeunes cavaliers, une grande tentation de courir. Ils n'osaient le faire cependant, à cause de la défense générale ; mais, parfois, l'un d'eux s'oubliait à trotter quelque peu ; un autre le suivait ; on s'arrêtait bientôt ; on se contenait ; on pouvait prévoir un éclat. Tout à coup, le Franciscain, curé de Bethléem, impatient de voir Poidebard dépasser son beau cheval, pique des deux et part au grand galop. De jeunes Français se laisseront-ils devancer par un moine espagnol ? Un mouvement électrique emporte notre jeunesse au galop. Bientôt ils sont à une distance folle. J'appelle, mais en vain. Uns fois la bride lâchée, on était trop heureux de jouir de la liberté. Je me lance au petit galop, assez près pour être là en cas d'accident, pas assez pour avoir l'air d'encourager le délit. Tout à coup un cavalier me dépasse à toute vitesse. C'était le duc de Lorges, qui allait commander la halte en qualité de président. A sa voix, la masse des coureurs s'arrêta ; mais l'honneur castillan exigeait que le curé eût le dernier ; et, Poidebard ne voulant pas céder, tous les deux continuèrent à courir. Rien ne les arrêta. L'affreuse montée de Thécua ne fut pas un obstacle ; ils la franchirent à fond de train, au risque de tuer leurs chevaux.

Alors commença un embarras sérieux. Deux vallées s'ouvraient devant nous. Laquelle suivre ? Notre guide était le curé de Bethléem L'autre Franciscain, moins fougueux, était aussi moins expert. Il nous fait tourner à droite ; il en est sûr : il a vu les ruines de ce côté. Or, pendant que nous nous exposions, sur sa parole, à passer la nuit en plein désert, le duc de Lorges s'orienta heureusement et commanda la volte-face. Bientôt nous arrivions au pied d'une montagne, d'où le curé et Poidebard nous faisaient des signes. Nous gravîmes à pic ; et, déception cruelle, quelques pierres grises, mais point de ruines ! Déconcertés, nous gardions le silence par respect pour notre guide, lorsque, du haut de son cheval, M. l'abbé Legoix s'écria, en enfant terrible : — Quoi ! ce n'est que cela ! — Cette parole trahissait le secret public. Personne ne se cacha plus ; on plaisanta, on s'amusa de la mystification. Mais, lorsqu'il fut question d'allonger encore la route pour aller à la caverne d'Odollam, plusieurs craignirent d'être dupes une seconde fois et s'en allèrent directement à Bethléem.

Pour nous, après avoir payé bien cher le droit de constater qu'il ne reste plus de ruines de la ville de Thécua, ou bien que notre guide ne les connaissait pas, nous allions, par de nouvelles sueurs, payer celui de ne rien voir dans la caverne d'Odollam.

Chemin faisant, un vol magnifique de cigognes passa comme pour nous dédommager. Nos chasseurs sautèrent à bas de leurs chevaux. On arma ses fusils; on se mit en chasse. Les honneurs furent pour Henry de Salaberry.

Odollam était une grotte immense. Pour se faire l'idée de son étendue, il suffit de se rappeler quelques-uns des événements dont elle fut témoin.

Ainsi, la première reconnaissance de la royauté de David par le peuple d'Israël eut lieu dans cette grotte. — Obligé de se soustraire à la poursuite de Saül, le roi-prophète erra longtemps dans les déserts que nous venons de traverser, se cachant dans les forêts et les cavernes. — Il se fixa enfin dans le souterrain d'Odollam. Ses frères et toute la maison de son père, l'ayant appris, descendirent vers lui et lui formèrent une garde de quatre cents hommes.

Un jour, par une conduite secrète de la Providence, Saül, revenant d'une expédition contre les Philistins, à la tête de trois mille hommes, s'arrêta au parc des brebis qui était sur le chemin et entra dans la caverne sans savoir qu'une partie en était occupée. Il s'endormit, et les gens de David dirent à leur maître : « Voici le jour dont Jéhovah parlait, lorsqu'il dit : Je livrerai votre ennemi entre vos mains, et vous lui ferez ce qui sera bon à vos yeux ». Mais David ne voulut pas user des avantages de sa position. Il respecta dans le roi injuste l'oint du Seigneur, et il ne lui fit aucun mal. Seulement, il coupa doucement le bord du manteau de Saül, comme pour l'avertir du danger qu'il avait couru.

L'histoire parle souvent de populations entières réfugiées dans la caverne d'Odollam ; s'il faut en croire les chroniqueurs, les Croisés, poursuivis par les Sarrazins, y auraient trouvé un asile sûr.

Impossible malheureusement à nous de vérifier le fait de cette grandeur prodigieuse.

Nous nous divisâmes en deux groupes, dont l'un garderait les chevaux pendant que l'autre ferait une exploration. Un sentier de chèvres, le long d'une montagne à pic, nous conduisit à la gueule d'un antre fort ordinaire. Un homme du pays nous montra, vers le fond, une sorte de fissure étroite, qu'il nous donna pour l'entrée de la caverne. Y pénètre-t-on quelquefois ? lui dîmes-nous. Il jura qu'on n'y entrait jamais. — Alors, comment la connaît-on ? — Mais, répondit il, on ne la connaît pas. — Nous voilà parfaitement renseignés. Cette indication précieuse recueillie, nous dûmes nous retirer. Pour avancer, il aurait fallu des lampes et même des torches, et nous n'en avions pas ; un guide, et personne ne connaissait les détours du labyrinthe. Nouvelle déception !

Quand est-ce que des Religieux savants relèveront le plan du pays, l'Écriture à la main, et renoueront le fil brisé de nos traditions vénérables.

Qu'on ne nous parle plus de détours. La plus grande partie du jour s'est passée à chercher des mythes. Marchons directement vers Bethléem... A notre droite s'élève un mont conique, dont la hauteur et la forme attirent naturellement les regards ; c'est la montagne des Francs ; les ruines qui la couronnent sont celles de l'ancienne Bethzacara. Nous y retrouvons un souvenir de la Bible. « Fuyez, s'écriait Jérémie, fuyez, fils de Benjamin, du milieu de Jérusalem à Thécua ; sonnez de la trompette et élevez un signal sur Bethzacara, parce qu'un fléau a été vu du côté de l'Aquilon et une grande calamité vous menace. » En effet, la forteresse de Bethzacara fut témoin de la lutte désespérée des Macchabées.

« En ce temps-là, le roi Antiochus fit venir tous ses amis

et les principaux de son armée, et ceux qui commandaient la cavalerie. Des troupes auxiliaires des royaumes étrangers et des îles, qu'il entretenait à ses frais, vinrent encore avec lui, et son armée était de cent mille fantassins, de vingt mille cavaliers, et de trente-deux éléphants dressés pour les combats.

« Et ils vinrent à travers l'Idumée, et assiégèrent Bethsura; et ils l'attaquèrent durant plusieurs jours, et ils élevèrent des machines; et les assiégés sortirent et les brûlèrent, et ils combattirent avec un grand courage.

« Juda, qui s'était éloigné de la citadelle, marcha avec son armée vers Bethzacara contre l'armée du roi.

« Et le roi s'éleva avant le jour, et fit marcher en hâte ses soldats sur le chemin de Bethzacara, et ses soldats se préparèrent à combattre et sonnèrent de la trompette. Ils montrèrent aux éléphants du raisin et des mûres afin de les animer au combat. Et ils partagèrent les animaux par légions; et mille hommes, armés de cuirasses et de casques d'airain, accompagnaient chaque éléphant, et cinq cents cavaliers choisis avaient ordre de se tenir près des éléphants; ils allaient partout où les éléphants allaient, et ils ne les abandonnaient jamais.

« Et sur chaque animal était une forte tour de bois, destinée à mettre les combattants à couvert; et dans chaque tour, il y avait trente-deux des plus vaillants hommes qui combattaient d'en haut, et un Indien conduisait l'animal.

« Antiochus plaça le reste de sa cavalerie sur deux ailes, pour exciter son armée par le son des trompettes et pour animer son infanterie rangée en bataillons serrés.

« Et lorsque le soleil eut frappé de ses rayons les boucliers d'or et d'airain, les montagnes resplendirent de leur éclat, et elles brillèrent comme des flambeaux.

« Une partie de l'armée du roi s'avançait sur les plus hautes montagnes, et l'autre marchait dans la plaine avec précaution et avec ordre.

« Tous les habitants étaient émus des cris de cette multitude, du bruit de sa marche et du fracas de ses armes, parce que l'armée était grande et forte.

« Juda s'avança avec son armée pour combattre, et six cents hommes du roi tombèrent.

« Alors Éléazar, fils de Soura, voyant un des éléphants couvert des ornements royaux, et plus grand que tous les autres, crut que le roi était porté par cet animal, et il se sacrifia pour délivrer son peuple et pour s'acquérir un nom immortel; et il courut hardiment au milieu de la légion, tuant à droite et à gauche; et les ennemis tombaient çà et là sous ses coups, et il vint sous l'éléphant et il le tua; l'éléphant tomba sur lui, et il mourut sous ce poids.

« Or les Juifs, voyant la force du roi et l'impétuosité de son armée, se retirèrent. Et en même temps l'armée du roi monta contre eux à Jérusalem, et elle vint en Judée et campa sur le mont Sion. »

Tel fut le désastre de Bethzacara.

Dans la suite, cette ville changea son nom pour celui d'Hérodium. Hérode avait voulu y élever un monument éternel de son triomphe. Avant d'être roi, il s'était vu chassé de Jérusalem par les Parthes et les partisans d'Antigone. Il emmenait avec lui sa mère et sa sœur, et Mariamne, sa fiancée, avec une partie de sa famille. Il cherchait à atteindre la forteresse de Massada, auprès de la mer Morte, et déjà il était près de Bethzacara, lorsque, assailli par ses ennemis, il fut assez heureux pour les tailler en pièces. Plus tard, devenu roi, « il fit construire, dit Josèphe, sur une montagne du côté de l'Arabie, un château extrêmement fort, qu'il nomma Hérodium et il donna le même nom à à une colline distante de soixante stades de Jérusalem, qui n'était pas naturelle, mais qu'il fit élever en forme de mamelon en y apportant de la terre. Il environna son sommet de tours rondes ; à leurs pieds, il bâtit des palais dont l'intérieur était fort riche, et dont l'extérieur était si splendide qu'on ne pouvait les voir sans admiration. Il y fit venir de très-loin, et avec une extrême dépense, une grande quantité de belles eaux, et on y montait par deux cents degrés de marbre blanc. Il fit aussi élever au bas de la colline un autre palais pour loger ses amis. Ce palais était si spacieux et si rempli de toutes sortes de biens, qu'à n'en considérer que la grandeur et l'abondance, on l'aurait pris pour une ville; mais sa magnificence faisait assez voir que c'était une maison royale ».

De nombreuses habitations, plus opulentes les unes que les autres, s'étaient groupées à l'entour et formaient comme la cour du château. Hérode avait choisi ce lieu pour sa sépulture. Aussi, lorsqu'il fut mort à Jéricho, dans des souffrances horribles et rongé par les vers, son fils Archélaüs l'y transporta au milieu d'un nombreux cortége. Le corps du monarque était étendu sur un lit d'or et de pierreries. Il avait sur la tête une couronne et un diadème, et dans sa main glacée un sceptre. Une armée entière de Thraces, de Germains et de Gaulois, formait le cortége. Or, au milieu de cette pompe, cinq cents esclaves faisaient brûler des parfums pour neutraliser l'infection du cadavre ! La gloire du roi impie ne rayonna pas longtemps sur ce théâtre de son orgueil. Au moment de la prise de Jérusalem par les Romains, Hérodium était devenu un repaire de brigands.

Les chevaliers de Saint-Jean paraissent avoir occupé, dans leur temps, la forteresse de Bethzacara où ils se seraient maintenus pendant quarante ans après la conquête de Jérusalem. Cependant les preuves n'en sont pas claires.

Il est également difficile de croire à l'origine de la montagne des Francs, telle que nous la décrit Josèphe. Hérode l'aura fait couper et régulariser pour servir à ses projets, et la flatterie lui aura fait honneur d'une œuvre dont la seule nature est capable. Le sommet de cette montagne est semblable au cratère d'un volcan, avec la différence que cette vaste ouverture est soutenue dans tout son pourtour par des murailles épaisses qui empêchent les éboulements. On voit bien encore quelques vestiges des anciennes tours; mais les marbres, les sculptures, les travaux d'art ont complétement disparu.

A quelque distance de là, un chef arabe se croisa avec nous. Il salua le curé de Bethléem, causa un instant avec lui, et nous fit proposer d'aller jusqu'au campement de sa tribu. C'était une bonne fortune. Nous acceptâmes avec empressement, et quelques instants après nous étions assis sous la grande tente noire des Bédouins.

L'accueil fut cordial. On étendit de mauvaises nattes, et nous nous assîmes au milieu d'une population empressée. On nous offrit du café, du lait aigri, des galettes de maïs, enfin de l'eau fraîche dans un gros morceau de bois creusé comme une auge, qui servait de tasse et passait à la ronde.

Nous nous amusâmes un instant à considérer nos hôtes sauvages, et nous les quittâmes en leur cédant quelques paquets de poudre anglaise, dont les Arabes sont très-friands.

A la nuit tombante, nous faisions notre prière du soir à Bethléem, dans la grotte de la Nativité.

XI

BETHLÉEM.

Béthléem s'appela d'abord Ephrata, qui veut dire *fertilité*; plus tard Abraham la visita et lui donna le nom de Beth-Lechem ou maison de pain. Elle porta également le nom de cité de David, parce qu'elle fut la patrie de ce grand roi. Son père y demeurait; et lui-même gardait les troupeaux dans les environs, lorsque Samuel vint le choisir parmi ses frères et le sacrer roi par ordre du Seigneur. C'est d'elle que parlait le prophète, quand il s'écriait : « Et toi Bethléem, terre de Juda, tu n'es certes pas la plus petite des villes de Juda, car il naîtra de ton sein un roi qui gouvernera le peuple d'Israël ».

Ses rues sont courtes et étroites. Elles montent et descendent avec toute la raideur de la pente de la montagne, L'art n'a présidé en rien à leur alignement. Les maisons sont pauvres et les habitants mal vêtus. Les hommes riches se drapent dans un costume à effet, composé d'une longue robe rouge à grandes manches et d'un turban blanc ; les autres portent la simple chemise blanche, qui laisse à nu leurs bras, leurs jambes et une grande partie de leur poitrine. Une ceinture de cuir leur serre les reins, et ils marchent pieds nus. Quelquefois ils mettent de mauvaises sandales, mais ils préfèrent s'en passer ; et, au fait, cela leur est plus commode. Je rencontrai un jour, du côté de Beit-Djalla, un Arabe assis sous un olivier. Je lui fis demander mon chemin, et il offrit de me conduire lui-même pour une piastre. Or, comme j'étais à cheval, je lui fis signe de marcher vite. Aussitôt il ôta ses sandales et se mit à courir à travers les rochers, si vite que mon cheval semblait demander grâce.

Les femmes sont vêtues d'une longue chemise bleue à larges manches. Elle se couvrent la tête d'un voile blanc ou bleu, et vont aussi nu-pieds. La plupart sont petites et très-maigres. Leur vie est fort pénible ; à elles incombe tout le service de la maison. Elles vont chercher l'eau à une lieue de la ville, ramassent le bois mort dans la campagne, font la cuisine, servent à table leurs indolents maris et ne mangent qu'après eux ; en un mot, elles sont les servantes nées des hommes. Cet usage horriblement injuste, prouve, du moins, que la femme, et l'homme à plus forte raison, peuvent à force d'énergie, doubler et quadrupler la mesure de leurs forces.

Chargées d'occupations, les femmes Bethléémites se montrent singulièrement industrieuses pour concilier les occupations en apparence les plus opposées. Ainsi, pour nourrir et soigner leur nombreuse famille, ne croyez pas qu'elles s'abstiennent du travail des champs. Vous allez les voir trancher la difficulté d'une manière fort simple. Elles placent sur leur tête ce qu'elles ont à porter, cruche d'eau, faix de bois ou corbeille de légumes ; et puis suspendent leur plus jeune enfant derrière leur dos dans une sorte de petit hamac en toile, de manière que la tête du poupon soit plus élevée que les pieds, enfin, elles donnent la main à deux autres marmots. La première fois que je rencontrai une femme ainsi chargée, je ne savais me rendre compte des vagissements que j'entendais autour d'elle ; je regardais et ne découvrais pas trace de maillot ; enfin, ralentissant le pas de mon cheval, je vis derrière la femme un petit sac bleu, et dans le sac un pauvre petit bien couché, auquel rien ne manquait, excepté les caresses de sa mère.

Dès que l'enfant n'est plus au maillot, sa mère le dresse à une sorte de gymnastique. Elle le met à cheval sur une de ses épaules, ses petites mains appuyées sur sa tête, et le transporte ainsi à d'énormes distances. L'enfant est si bien dressé et la mère si adroite en ses mouvements, que la femme se lève, s'asseoit, tricote comme si de rien n'était. Un jour, à la procession du Saint-Sépulcre, je vis une jeune mère suivre toute la procession, montant l'escalier du Calvaire, le descendant, s'agenouillant et se relevant à chaque station, sans porter une seule fois la main vers son enfant ainsi perché. Quant au marmot, impassible, il promenait ses regards étonnés sur la foule, les lumières et la décoration des autels.

Le nom d'Éphrata était merveilleusement appliqué à Bethléem. Aujourd'hui encore, elle est fertile et belle parmi toutes les villes de Juda. Entre les mains d'une population moins paresseuse, elle deviendrait aisément une source de richesses. Malheureusement, la constitution même du pays, sous l'influence de la loi turque, rend le travail impossible. Et pour qui les chrétiens récolteraient-ils, s'ils secouaient leur torpeur? Le Pachalick est une ferme d'où le grand seigneur doit retirer une somme de.... Le pacha est le fermier : il n'a point d'appointements; à lui de s'en faire en levant les impôts pour le compte de la Porte. Or, le disciple de Mahomet n'est pas scrupuleux. Que lui importe de ruiner le peuple? N'a-t-il pas faim, lui, faim et soif de l'or? Il ne possèdera guère le pouvoir plus de trois ans; et d'ailleurs un caprice de Sa Hautesse peut l'en dépouiller demain. A l'œuvre donc! Il envoie ses émissaires dans toute la contrée, avec ordre de rançonner chacun, et d'en exiger ce qu'il a et ce qu'il n'a pas. Un cultivateur a-t-il mieux tiré parti de son champ, les sbires s'abattront d'abord chez lui. Ils lui enlèveront tout ce qu'il ne sera pas venu à bout de cacher, et s'il ne fournit pas assez au gré des exacteurs, on le flagellera et on maltraitera sa famille. Cultivez donc, à la sueur de votre front, pour ces abominables vampires, qu'on appelle visir, excellence, pacha, félicité des hommes! Les plus pauvres ne sont pas exempts de ces extorsions. Chaque année, plusieurs familles fuient devant les mauvais traitements des agents du fisc; elles préfèrent leur abandonner leurs moissons et se réfugier dans les montagnes. C'est le vol organisé par le pouvoir. Aussi beaucoup de Bethléémites négligent-ils la culture de la terre pour l'industrie des chapelets, qu'ils vendent aux pèlerins le plus cher possible.

La population de la ville est de trois mille âmes seulement : quinze cents catholiques, mille schismatiques, et le reste musulmans.

Un matin nous nous donnâmes le plaisir d'assister à une noce. A l'heure dite, nous courûmes à l'église pour voir la mariée, et, au centre d'un groupe de jeunes filles accroupies et jasant de leur mieux, nous aperçûmes un paquet blanc auquel s'adressaient les prévenances. C'était la fiancée, petite personne de douze ans, qui regardait tout, mais que nul ne pouvait voir. Un jeune gars de seize ans, vêtu d'une robe rouge, entra dans l'église et souleva quelque peu le voile blanc. De grand matin, le curé avait donné la bénédiction nuptiale, et le mari était parti aussitôt pour organiser le cortége, tandis que sa femme attendait le triomphe au milieu de ses joyeuses compagnes. On sortit de l'église. Des hommes nombreux ouvraient la marche : on campa la jeune épouse à califourchon sur un cheval docile ; et le cortége défila, suivi par les femmes qui poussaient, de temps en temps, des cris singuliers. Et puis, tout à coup, au détour d'une rue, les femmes enlevèrent la mariée pour la conduire dans la maison de sa mère. Alors l'époux entra avec les hommes chez son père. Nous le suivîmes en grimpant une façon d'escalier, dans une chambre borgne, qui n'était ni pavée ni crépie ; on s'assit par terre le long des murs. Alors, les jambes croisées, la pipe à la bouche, on se regarda en silence. Et puis le marié servit à la ronde le café et l'eau-de-vie, et pendant que nous causions avec nos hôtes, il nous présenta sa sébile et fit la quête sans façon. Nous lui donnâmes une quarantaine de francs. Cette générosité provoqua un enthousiasme général ; les Arabes ne se possédaient plus, les plus ardentes protestations pleuvaient. Ils nous disaient que les Bethléémites étaient tous Français par le cœur, et nous demandaient de leur envoyer un pacha français pour les protéger contre les Turcs. Enfin, ils se levèrent et s'écrièrent tout d'une voix : *Vive monsieur Napoléon!* Nous les quittâmes au milieu de cette expansion d'une joie exubérante, et nous revînmes au couvent.

Le monastère de Bethléem doit une partie de ses richesses à Baudouin, roi de Jérusalem, et successeur de Godefroid de Bouillon. C'est une véritable forteresse; ses murs sont si épais qu'ils soutiendraient aisément un siége contre les Turcs. Il est bâti à l'extrémité du village, sur un monticule dominant une longue vallée. La vallée s'étend de l'est à l'ouest; la colline du midi est couverte d'oliviers clairsemés; celle du nord produit des figuiers. Le terrain en est rougeâtre et hérissé de cailloux.

M. de Châteaubriand décrit ainsi l'église : « Elle est certainement d'une haute antiquité, et quoique souvent détruite et réparée, elle conserve les marques de son origine grecque. Sa forme est celle d'une croix. La longue nef, ou, si l'on veut, le pied de la croix, est ornée de quarante-huit colonnes d'ordre corinthien, placées sur quatre lignes. Ces colonnes ont deux pieds six pouces de diamètre près la base, et dix-huit pieds de hauteur, y compris la base et le chapiteau. Comme la voûte de cette nef manque, les colonnes ne portent rien qu'une frise de bois qui remplace l'architrave et tient lieu de l'entablement entier. Une charpente à jour prend naissance au haut des murs, et s'élève en dôme pour porter un toit qui n'existe plus, ou qui n'a jamais été achevé. On dit que cette charpente est de bois de cèdre; mais c'est une erreur. Les murs sont percés de grandes fenêtres : ils étaient ornés autrefois de tableaux en mosaïque et de passages de l'Évangile, écrits en caractères grecs et latins : on en voit encore des traces. . . . .

« . . . . Les restes des mosaïques que l'on aperçoit çà et là, et quelques tableaux peints sur bois, sont intéressants pour l'histoire de l'art : ils présentent en général des figures de face, droites, roides, sans mouvement et sans ombre; mais l'effet en est majestueux, et le caractère noble et sévère. »

Ce monument, comme presque tous ceux des principaux sanctuaires de la Terre-Sainte, nous offre le triste spectacle de la haine et de l'impiété conjurées, et celui peut-être plus triste encore de la jalousie acharnée des hérétiques ; son authenticité et les mystères qu'il rappelle n'ont pu le préserver. Autrefois, pour arrêter le pieux concours des fidèles, Adrien fit élever, en ce lieu même, une statue à Adonis et plaça à l'entrée de la grotte un porc en marbre blanc. Plus tard sainte Hélène renversa l'idole et construisit l'église ; mais cela n'arrêta pas longtemps les profanations. Elles se succédèrent comme pour attester aux yeux de l'univers la divinité de la foi au saint mystère opéré en ce lieu ; et de nos jours encore, par l'incurie des puissances catholiques, le scandale règne à Bethléem et commande en maître.

Les schismatiques continuent leur guerre contre l'Église, et grâce à leur argent, commettent chaque jour de nouveaux empiétements. A cette heure, ils possèdent toute l'église bâtie par sainte Hélène : le chœur et l'aile droite servent au culte grec ; les Arméniens célèbrent dans l'aile gauche, et la nef est une sorte de bazar où les Turcs amènent leurs chameaux, tiennent le marché, et laissent faire des ordures qu'on ne tolère pas dans nos places publiques. Les Latins ne peuvent dire que deux messes à l'autel de la Nativité, l'une à trois heures et demie, l'autre à cinq heures du matin.

Il y a quelques années encore, l'endroit où Notre-Seigneur est né appartenait aux Latins. Une étoile d'argent indiquait leur possession incontestable ; une inscription latine, bien antérieure à celle des Grecs, disait que le Catholicisme l'avait possédé avant même la naissance du schisme. Cette étoile a été volée et portée en triomphe au couvent schismatique de Saint-Saba. On s'adressa à la justice; le pacha répondit à M. Boré qu'il aurait fait restituer l'objet volé, si le consul de France ne s'était pas occupé de l'affaire. En une autre occasion, il fit proposer au procureur de Terre-Sainte de lui faire rendre l'étoile moyennant onze mille piastres. Les Pères n'avaient pas cette somme, et la justice en resta là ; l'étoile ne fut pas rendue et les Grecs triomphèrent de l'Église et de la France protectrice des Saints-Lieux. Mais écartons ces souvenirs. La religion parle assez haut pour couvrir le bruit de toute agitation humaine dans des lieux où la paix fut promise aux hommes de bonne volonté, et l'histoire elle-même n'est pas sans consolation.

Au début de la première Croisade, lorsque l'armée sainte allait arriver à Jérusalem, elle s'arrêta auprès du village d'Anathoth, à six milles de la ville. « Ce fut là, dit M. Mi-« chaud, que les pèlerins reçurent des nouvelles de Jéru-« salem. Des chrétiens fugitifs racontaient que tout était en « feu dans la Galilée, dans le pays de Naplouse, dans le « voisinage du Jourdain, car les musulmans accouraient « avec leurs troupeaux dans la Ville sainte, et sur leur « passage ils brûlaient les églises, pillaient les maisons « des chrétiens. Les chefs de l'armée reçurent en même « temps une députation des fidèles de Bethléem, qui en-« voyaient demander du secours contre les Turcs. Godefroid « accueillit les députés et fit aussitôt partir Tancrède avec « cent cavaliers armés de cuirasses. Les Croisés furent reçus « à Bethléem au milieu des bénédictions du peuple chré-« tien ; ils visitèrent, en chantant les cantiques de la dé-« livrance, l'étable où naquit le Sauveur. Le brave Tancrède « fit arborer son drapeau sur la sainte métropole, à l'heure « même où la naissance de Jésus avait été annoncée aux « bergers de la Judée. »

C'est donc à un chevalier français que nous devons la

conservation de la belle église bâtie par sainte Hélène. Bethléem devint plus tard un archevêché, le roi Baudouin sollicita du Pape l'érection de ce grand siége et l'obtint en 1110. Aujourd'hui, elle ne se recommande que par ses souvenirs.

XII

LA GROTTE SACRÉE.

Il est deux heures du matin. Tout est calme dans l'église. Ses portes extérieures restent fermées à la multitude, les schismatiques sont dans le sommeil, le silence et l'obscurité règnent partout comme au jour de la naissance de Notre-Seigneur. Je descends plein d'émotion dans la grotte vénérable. Des lampes d'or où brûle une huile parfumée, projettent sous la voûte une clarté mystérieuse. Il importe de me hâter de dire la messe, car bientôt les schismatiques viendront, ils réclameront leurs droits usurpés, et la résistance ne serait pas possible ; il y aurait du scandale et même des voies de fait en plein sanctuaire.

La crèche est immédiatement derrière moi. Je célèbre à l'endroit où la sainte Vierge était assise lorsqu'elle présenta son divin Fils à l'adoration des mages. Avec quel bonheur je récite le *Gloria in excelsis*, chanté ici pour la première fois par les anges, messagers de la bonne nouvelle! C'était la nuit! Encore un moment, et Notre-Seigneur allait descendre sous les voûtes qui l'avaient vu petit enfant. Je crois entendre les voix angéliques des séraphins accourus pour l'adorer sur l'autel. Je l'y vois descendre lui-même tel qu'il était entre les bras de Marie et de Joseph, tel qu'il fut au Calvaire. Je l'adore. Je le remercie de son incarnation mystérieuse ; et je termine en prononçant l'acte de foi sublime dicté par saint Jean : « Au commencement le Verbe « était ; et le Verbe était Dieu !.... Toutes choses ont été « créées par lui..... *Et le Verbe s'est fait chair*, et il a ha- « bité parmi nous ; et nous avons vu sa gloire ; sa gloire qui « est celle du Fils de Dieu, plein de grâce et de vérité ».

Après la messe, le Père gardien voulut bien nous guider dans la visite de la sainte Grotte. Ici, du moins, un art inintelligent n'a point dénaturé la vérité sous prétexte de l'embellir ; le roc s'y voit comme au premier jour du mystère. La lumière du soleil n'y pénètre point, et à midi comme au sein de la nuit, il faut avoir recours à la douce clarté des lampes du sanctuaire. Le pavé est de marbre. Une étoffe de soie, malheureusement flétrie, couvre les murs, et les tracasseries des Grecs empêchent de la renouveler. La grotte s'ouvrait jadis sur la vallée : on y entrait comme le firent Joseph et Marie, dans la nuit célèbre où on leur refusa une place dans les hôtelleries, parce qu'ils étaient pauvres. Mais la crainte des Turcs a forcé les Pères à murer l'accès extérieur, pour le remplacer par deux escaliers de marbre en communication avec l'église. On montre deux pierres commémoratives : l'une où se tenait saint Joseph pendant la nuit de l'incarnation ; l'autre au-dessus de laquelle se serait arrêtée l'étoile des mages ; mais je doute de la véracité de ces traditions.

Sous la pression du Père gardien, une porte s'ouvrit à droite, et un corridor souterrain nous conduisit à différents sanctuaires, groupés autour du principal comme autant de satellites. D'abord, un autel à saint Joseph : la piété des fidèles a besoin, en effet, de vénérer le fiancé de la Vierge Marie, le père nourricier de Notre-Seigneur, là même où tout parle de lui. Plus loin, derrière une grille de fer, sous un autel de marbre, un caveau rempli de reliques des saints Innocents. Est-ce bien là qu'ils furent enterrés? je n'oserais le dire; toujours est-il qu'heureuse fut l'idée de réunir au pied de la Crèche les reliques des bienheureux enfants, martyrs pour Jésus naissant; elles doivent y reposer plus doucement. Voici, au tournant du corridor, l'autel de saint Eusèbe, disciple de saint Jérôme et son successeur dans le gouvernement du monastère de Bethléem; et puis deux tombeaux encore ; ils se regardent ; c'est tout simple : le maître et les disciples se sont réunis dans la mort. Saint Jérôme est d'un côté ; sainte Paule et sainte Eustochie de l'autre. Ces deux illustres romaines, du sang des Gracches et des Scipions, maîtresses d'une immense fortune, s'étaient soustraites aux enivrements de la vie de Rome, pour venir, aux pieds du saint docteur qui les avait converties, vivre et mourir dans la pratique d'une sublime abnégation. Un tableau les représente toutes les deux couchées dans le même linceul. La ressemblance de la mère et de la fille est frappante, sauf les nuances de la vieillesse et de la jeunesse, « touchante idée qui rapproche la vie et la mort sur le seuil de l'éternité ». Enfin, pour terminer la pieuse galerie, s'ouvre une chambre assez vaste, éclairée par un soupirail, c'est la cellule, où saint Jérôme méditait l'Écriture sainte, composait ses doctes écrits, donnait audience aux grands de Rome, ses anciens compagnons de plaisirs, qui, fatigués de leurs somptueux palais, venaient chercher auprès de lui le repos avec la pauvreté. On l'a convertie en chapelle, et, tous les jours, on y célèbre le saint sacrifice.

Notre exploration terminée, la matinée était bien avancée pour entreprendre des courses dans le voisinage ; d'ailleurs, pouvions-nous sitôt quitter la sainte Grotte ? Je priai donc le Père gardien de me laisser à moi-même, et assis sur une pierre auprès de l'autel je me mis à repasser doucement les événements de la nuit célèbre du 25 décembre [1].

[1] Toutes les fois que, dans le récit, se présentera un mystère de la vie de Notre-Seigneur ou de la sainte Vierge, l'auteur ne se contentera pas de l'indiquer ; il aidera le lecteur à s'en former une idée complète par des détails minutieux, tirés d'écrivains autorisés.

Cette méthode est très-recommandée par saint Ignace de Loyola dans ses Exercices spirituels. Il veut que « nous contemplions les mystères « *comme s'ils s'accomplissaient sous nos yeux.* » — Et le P. Roothaan, commentant ces paroles, ajoute : « Ne méditons pas sur un mystère comme « sur une action *passée*, sur un objet *éloigné*; mais que tout soit *actuel* « et *présent*. » Saint Ignace insiste sur le secours à demander à notre imagination pour arriver à ce résultat, et il dit, s'il s'agit, par exemple d'un voyage : « Je *verrai* le chemin, *comme l'imagination me le présen-« tera.* » La raison est ici d'accord avec l'autorité, et le P. Roothaan traduit ainsi son langage : « Personne ne doute qu'il n'eût recueilli des « fruits spirituels très-abondants, s'il lui eût été donné d'assister en per-« sonne à l'accomplissement de ces mystères : pensons donc que la con-« templation de ces mêmes mystères, (en les rendant actuels pour nous), « nous procurera quelques-uns de ces avantages, si nous y apportons « une foi vive, un esprit attentif et diligent. »

Saint Bonaventure et Ludolphe le Chartreux, c'est-à-dire les auteurs qui ont écrit plus formellement et avec plus d'onction sur la contemplation des mystères du Sauveur, sont exactement du même avis.

« Pour vous, disent-ils, si vous désirez retirer des fruits de ces contemplations, ayez soin de vous rendre en esprit aux faits et aux paroles qui sont rapportées du Seigneur Jésus, comme si vous les entendiez de vos oreilles, comme si vous les voyiez de vos yeux. Agissez de toute l'affection de votre cœur, avec soin, plaisir et jouissance de l'âme, éloignant toute autre sollicitude, toute préoccupation. (S. Bonav. *Med. vitæ Christi. Proœmium.* — Ludolph. Carthus., *Prolog. in vitam Christi.*)

« Bien que les événements se soient passés autrefois, méditez-les comme s'ils s'accomplissaient aujourd'hui, et sous vos yeux ; vous en trouverez la contemplation plus savoureuse et plus agréable. J'ai même

Il y avait déjà cinq mois que Marie avait quitté la maison d'Élisabeth pour reprendre à Nazareth sa vie de solitude et de travail, lorsqu'un événement extraordinaire vint de nouveau la jeter dans les fatigues d'un voyage. C'était vers la fin du mois de décembre, en hiver.

On avait publié dans la Judée un édit de l'empereur Auguste, pour le dénombrement des peuples soumis à son sceptre. Chacun devait aller se faire inscrire dans le pays originaire de sa famille.

indiqué quelquefois les lieux où se sont opérés les mystères, parce qu'il est utile de savoir non-seulement que telle chose s'est faite, mais qu'elle s'est faite dans tel endroit. (Ludolp., *loco cit.*)

« Il me semble que toute la douceur, la dévotion, l'efficacité, et le fruit de ces méditations viennent principalement de la considération de Notre-Seigneur. Contemplez-le donc affectueusement, partout et toujours, dans quelque circonstance de sa vie; par exemple, quand il se tient au milieu de ses disciples, quand il est avec les pécheurs, quand il leur parle, quand il prêche à la multitude, quand il marche et quand il est assis; quand il dort et quand il veille; quand il mange et quand il sert les autres; quand il guérit les malades et quand il opère d'autres miracles. (S. Bon., *Med.* c. XVIII. — Ludolph., *loc. citat.*)

« Du reste, vous devez savoir qu'il suffit de méditer l'action que le Seigneur a faite, ou ce qui lui est arrivé, ou ce que le récit évangélique rapporte de ses paroles, en vous rendant présent à l'événement comme s'il se passait sous vos yeux, et selon qu'il s'offrira simplement à votre pensée. (S. Bonav. *Med.* c. c.)

« Ne craignez pas d'entrer dans les plus petits détails; car ils font naître la dévotion, ils augmentent l'amour, ils allument la ferveur, ils excitent la compassion, ils donnent la pureté et la simplicité, ils nourrissent le goût de l'humilité et de la pauvreté; ils entretiennent la familiarité, ils opèrent la conformité, ils relèvent l'espérance. Il n'est pas en notre pouvoir de nous élever à des contemplations sublimes; et ce qui paraît folie en Dieu est plus sage que la sagesse des hommes; ce qui paraît faiblesse en Dieu est plus fort que la force des hommes. Il me semble que cette méditation détruit l'orgueil, affaiblit la cupidité et confond la curiosité. » (S. Bonav., *Medit.* c. XII.)

L'auteur, on le comprend, ne se permettrait pas d'offrir au lecteur le fruit de ses propres contemplations; il a puisé ses récits dans des ouvrages avoués et connus. Il ne prétend pas réclamer pour eux un assentiment complet, leur principale autorité étant de n'avoir pas été condamnés par l'Eglise; il veut seulement aider à la contemplation des mystères, selon la méthode indiquée par les maîtres de la vie spirituelle.

Joseph et Marie étaient issus de la maison de David, et David était né à Bethléem ; c'était donc vers cette petite ville qu'ils se voyaient contraints de diriger leurs pas.

Ce voyage, entrepris dans une saison rigoureuse et dans un pays comme la Palestine, devait être singulièrement pénible pour la jeune vierge, frêle et délicate, dans un état de grossesse fort avancé. Elle ne se plaignait cependant pas : son esprit ferme et courageux, son âme haute et forte, acceptaient silencieusement l'infortune. Son noble visage annonçait une résignation calme.

Elle s'assit sur un âne. « D'un coté de la selle de l'animal était attachée une corbeille de feuilles de palmier contenant les provisions du voyage, des dattes, des figues, des raisins secs, quelques gâteaux pétris avec de l'orge, et un vase de terre de Ramla pour puiser l'eau de la source ou de la citerne. Une outre de fabrique égyptienne était suspendue de l'autre côté.

« Joseph jeta sur son épaule un sac où étaient entassés quelques vêtements, ceignit ses reins, s'enveloppa dans son manteau de poil de chèvre, et tenant d'une main un bâton recourbé, saisit de l'autre la bride de l'animal qui portait la jeune vierge. »

Tous les deux quittèrent ainsi leur pauvre maison, qui se gardait toute seule, et descendirent les rues étroites de Nazareth par une journée brumeuse et froide. Les voisins, qui les virent s'éloigner, eurent pitié de leur misère et compatirent aux souffrances de la Vierge. Ils firent pour eux des souhaits de bon voyage et d'heureux retour. Chaque passant les saluait de la main en disant : Allez en paix !

Sur le chemin, ils rencontrèrent des caravanes nombreuses, dont les riches équipages contrastaient avec leur pauvreté.

« Des chameaux portant des femmes enveloppées dans des manteaux de pourpre et la tête couverte de voiles blancs, des nakas arabes poussées à toute bride par de jeunes cavaliers somptueusement vêtus, des groupes de vieillards sur de belles ânesses blanches », encombraient le haut du chemin et montaient eux aussi à Bethléem.

Joseph et Marie étaient du sang et de la parenté des voyageurs. Comme eux ils étaient de la famille de David. Mais ils étaient pauvres, et cela suffisait pour exciter le mépris de leurs parents orgueilleux. On les forçait à passer sur le bord du chemin, et on avait l'air encore de leur disputer l'étroit sentier qu'ils occupaient. Mais eux supportaient ces rebuts sans se plaindre.

« Après cinq jours d'une marche pénible, les deux voyageurs distinguèrent au loin Bethléem, la cité des rois, assise sur une hauteur, au milieu de riants coteaux plantés de vignobles, de bois d'oliviers et de bouquets de chênes verts. »

Ils se crurent sans doute au bout de leurs peines.

Joseph, pressant le pas, se dirigea vers la porte des hôtelleries. Mais les auberges regorgeaient de marchands et de voyageurs. Il n'y restait pas une place. A prix d'or on en eût trouvé ! mais Joseph n'avait pas d'or.

« Le patriarche revint tristement auprès de Marie, qui lui répondit par un sourire résigné ; et, reprenant la bride du pauvre animal qui tombait de fatigue, il se mit à errer par les places et par les rues de la petite ville, espérant, mais en vain, que quelque Bethléémite charitable leur offrirait un gîte pour l'amour de Dieu. »

Personne ne vint au-devant d'eux, et chacun les repoussa.

Cependant « le vent du soir frappait froid et piquant sur le visage de la Vierge qui ne proférait pas une plainte, mais qui devenait de plus en plus pâle. A peine pouvait-elle se soutenir ». « Joseph continua ses infructueuses recherches; et, plus d'une fois, hélas! il vit s'ouvrir devant un étranger plus riche, la porte qu'on avait brutalement fermée pour lui.

« La nuit tombait.

« Les deux époux, se voyant repoussés de tout le monde désespérant d'obtenir un asile dans la cité de leurs aïeux, s'avancèrent à l'aventure dans la campagne, éclairée par les lueurs mourantes du crépuscule et retentissant du cri des chacals qui rôdaient pour chercher leur proie. »

Au midi, et peu loin de la ville inhospitalière, il y avait de grandes ruines. David, fils d'Isaï, étant monté sur le trône, s'était construit une forteresse à Bethléem : Bethléem qui avait été son berceau, où il avait mené paître les troupeaux de son père, où Samuël lui avait donné l'onction royale. Cette forteresse était encore connue sous le nom de Birœth-Arba par les populations voisines, plusieurs siècles après, lorsque déjà le temps avait bouleversé ces lieux. Tombée en ruines après l'émigration des Juifs, elle avait servi longtemps d'abri aux voyageurs, pour eux et pour les bêtes de somme. Les bergers s'y réfugiaient aussi avec leurs troupeaux, cherchant sous ses arcs et ses voûtes, un refuge contre la chaleur, les vents et la pluie, et un lieu de repos pour la nuit. A l'époque de l'histoire où nous sommes arrivés, aucune voûte n'était restée debout; mais le sol lui-même, composé en grande partie de pierre calcaire, était percé de grottes souterraines. Joseph et Marie pénétrèrent dans ces ruines du palais de leurs ancêtres. Une caverne se présenta, dont l'entrée regardait le nord, et qui allait en se rétrécissant vers le fond. Les pieux voyageurs « bénirent le ciel qui les avait guidés vers cet abri sauvage, et Marie s'appuyant sur le bras de Joseph, alla s'asseoir sur une roche nue, qui formait une espèce de siége étroit et incommode, dans un enfoncement du rocher ».

Alors ils déchargèrent leur monture, cherchèrent dans leurs corbeilles s'il n'y trouveraient pas quelques provisions, pour remonter leurs forces épuisées, et après un frugal repas, ils se disposèrent au sommeil. Marie demeura dans l'enfoncement de la grotte et Joseph alla s'étendre à l'entrée de la caverne afin de la protéger.

C'était le moment choisi par Dieu pour faire éclater le plus grand des prodiges.

La nuit sombre est venue. Dans les maisons de Bethléem les flambeaux sont éteints. Les heureux du siècle se livrent au repos. C'est bien l'heure indiquée par le prophète Isaïe, lorsqu'il dit : « Dans le silence de la nuit, lorsque tout sera calme au milieu de ses ombres, votre parole toute-puissante, ô mon Dieu, sortira des profondeurs de votre gloire ».

Regardez dans cette grotte, tout à l'heure si obscure et si noire.

Voyez-vous la sainte Vierge élevée de terre par un effet surnaturel. Elle est en extase, les mains croisées sur sa poitrine. Une splendeur qui va toujours croissant la pénètre et l'environne. Tout semble ressentir autour d'elle une émotion joyeuse. Le rocher qui forme le seuil et les parois de la grotte est comme vivant dans la lumière. Bientôt la voûte semblera disparaître. Une voie lumineuse dont l'éclat augmente sans cesse, descend du plus haut des cieux. Le long de cette voie, on remarque un mouvement merveilleux des gloires célestes qui s'approchent de plus en plus, et qui se montrent distinctement sous la forme de chœurs angéliques. La sainte Vierge, sa large robe sans ceinture étalée autour d'elle, semble à genoux au milieu de la lumière.

Quelque chose d'extraordinaire a passé devant les yeux de Joseph. Il se tient prosterné à l'entrée de la grotte dans une sainte frayeur.

Mais peu à peu tout semble rentrer dans l'ordre.

Joseph lève les yeux, la vision a disparu. A la lueur d'une petite lampe suspendue à la voûte, il a vu l'enfant Jésus étendu dans une crèche et Marie agenouillée devant lui. Il s'approche transporté de joie, et il adore le Messie, si longtemps attendu.

Ainsi s'accomplissaient les prophéties.

L'an, depuis la création du monde, lorsque Dieu, au commencement, créa le ciel et la terre, cinq mil cent quatre-vingt-dix-neuf; depuis le déluge, deux mil neuf cent cinquante-sept ; depuis la naissance d'Abraham, deux mil quinze ; depuis Moïse et la sortie du peuple d'Israël de l'Égypte, mil cinq cent dix ; depuis le sacre du roi David, mil trente-deux ; la soixante-cinquième semaine, selon la prophétie de Daniel ; dans la cent-quatre-vingt-quatorzième Olympiade ; l'an de la fondation de Rome sept cent cinquante-deux ; la quarante-deuxième année de l'empire d'Octavien Auguste ; tout l'univers jouissant de la paix ; au sixième âge du monde ; Jésus-Christ, Dieu éternel, et fils du Père éternel, voulant sanctifier le monde par son saint avénement, ayant été conçu du Saint-Esprit, et neuf mois s'étant écoulés depuis sa conception, — naissait de la glorieuse Vierge Marie, à Bethléem, ville de Juda.

Ah ! voilà bien celui que prédisait Isaïe, lorsqu'il disait : « Un enfant nous a été donné », *Puer datus est nobis*. Anges du ciel, paraissez sur les nuées ; chantez l'hymme de réjouissance : Gloire à Dieu ! paix aux hommes ! car le chef-d'œuvre de la miséricorde vient de s'ccomplir ! Jésus est né! Terre tressaille d'allégresse, car ton Sauveur se donne à toi. Hommes ensevelis dans le sommeil du vice, peuples assis à l'ombre de la mort, réjouissez-vous; courez à la lumière. Voyez-vous son aurore briller du côté de Bethléem ? Et vous, âmes des patriarches et des justes, forcez la pierre de vos tombeaux et voyez Celui qui, bientôt, sera votre résurrection. Jésus est né ! Les portes de la vie éternelle sont ouvertes. Gloire à vous, Seigneur, au plus haut des cieux! et paix sur la terre aux hommes de bonne volonté!

Et c'est ici même que s'accomplit ce prodige! Dans la grotte, en face de la crèche, j'étais transporté: je m'agenouillais; je baisais le pavé de ce lieu béni, je me relevais et m'agenouillais encore; je collais mes lèvres à l'endroit où Jésus avait été déposé pour la première fois, et je ne pouvais assez remercier Dieu de son infinie bonté. Cependant, je m'assis de nouveau et je voulus méditer encore. Je me sentais devant le trône du roi des Rois, du Christ de la famille de Judas et fils de Dieu; or, je n'avais devant moi qu'une grotte et une crèche! Je vénérais le Sauveur du genre humain, et mes yeux rencontraient un enfant avec tous les signes de la faiblesse. En vain je cherchais un palais et de nombreux courtisans. Une étable, un vieillard, une humble vierge, un enfant vagissant entre deux animaux, et rien de plus! Grandeur et abaissement, alliance étrange inconnue jusqu'ici au monde, que faut-il penser de vous?

Mais la réflexion m'éclaire, et la foi ouvre des horizons infinis à ma pensée interdite.

La grande leçon commençait. Le monde, plongé dans l'erreur, n'avait eu d'admiration que pour ce qui flatte les sens et les passions : la puissance et la richesse étaient investies de tous les droits; la pauvreté n'avait pas même celui de vivre; la liberté donnée à l'âme humaine par le Créateur, était proscrite, et une partie de l'humanité gémissait dans l'esclavage. En un mot, la force était tout, le droit n'existait pas. Dieu alors se fit petit pour secourir les humbles, les relever, et abattre les orgueilleux. Cet enfant, qui n'a pas un lambeau d'étoffe pour envelopper ses membres grelottants, dont la mère, repoussée de tous, a dû chercher un refuge sous le roc glacé d'une caverne, pouvait se manifester au sein de sa gloire; mais il venait en ce monde pour expier la faute du premier homme et réhabiliter l'humanité dégénérée; et il naquit pauvre et dénué de tout. Il venait nous consoler dans nos souffrances et relever nos courages abattus, il devait donc se faire souffrant et faible avec nous. Ce mendiant que la faim dévore; cette mère que la douleur a réduite à ne pouvoir allaiter son enfant; ce père qui voit sa famille étendue sur un peu de paille humide, dans les tortures du froid et les angoisses de la faim; allez leur dire que le Dieu venu pour les consoler, se réjouit et s'amuse dans l'abondance d'un somptueux palais! Mais c'est ajouter à leur douleur la plus cruelle ironie. L'ami de l'homme souffrant, n'est-ce pas celui qui vient partager sa misère? Le bonheur ne doit-il pas se dissimuler auprès d'un ami désolé? Voilà pourquoi Jésus-Christ s'est fait pauvre.

Aussi, de tous les anniversaires catholiques, Noël est le plus touchant; c'est la fête gracieuse par excellence. « Noël, s'écrie un aimable auteur, nuit du salut et du miracle, que les prophètes avaient depuis longtemps promise; nuit céleste où la virginité fut féconde; nuit dont les étoiles messagères annoncèrent aux bergers qui le redirent aux rois, la naissance du Dieu rédempteur; jamais ton souvenir ne revient dans l'année sans produire en nous je ne sais quelles émotions d'une piété douce et franche !

« Autrefois, sous Charlemagne, ce jour avait été fixé pour commencer l'année, comme le plus beau de tous. Nos preux chevaliers, sous leurs pesantes armures, s'animaient par son souvenir aux nobles exploits. Ils montaient à l'assaut en criant : Noël ! — Noël ! Noël ! criait le peuple sur le passage d'un prince chéri ou d'un vainqueur généreux qui lui apportait un bienfait. Aujourd'hui encore, malgré notre incrédulité, cette nuit est pour nous la nuit par excellence. Le village, pour la célébrer, allume ses brandons; les jeunes gens chantent des hymnes pastorales, et les petits enfants, étonnés de veiller au milieu de ses ombres, gardent toujours son souvenir. Les villes elles-mêmes semblent secouer à son occasion leur lourd manteau de matérialisme et d'indifférence. Elles prennent un air de fête, et mille feux illuminent les rues, à mesure que des foules nombreuses se pressent dans nos églises étincelantes de lumière. Tout ce qui rappelle l'avénement du Dieu des pauvres, dont le berceau est une crèche et le palais une étable, a, même sur le cœur de l'homme en révolte contre la religion, je ne sais quoi d'attendrissant et d'aimable. » (Vicomte Walsh.)

S'il faut s'étonner d'une chose en cet admirable mystère, ce n'est donc pas de l'abaissement ineffable du Fils de Dieu. Je me demande plutôt comment un Sauveur si bon a pu rencontrer sur la terre l'ingratitude, le mépris, et la haine. Serait-ce ignorance ou mauvais vouloir systématique ?

Ignorance ! non.

La naissance du Messie ne pouvait être un mystère pour personne. Sans parler des nombreuses prophéties qui, dans le monde entier, annonçaient un Sauveur, venu de l'Orient, sans rappeler que les Juifs eux-mêmes attendaient précisément pour cette époque le Messie promis depuis si longtemps, il suffit de demander à l'histoire quelle impression produisit sur le roi Hérode lui-même la nouvelle qu'un petit enfant était né dans une grotte aux environs de Bethléem, et que des pasteurs de brebis et que des mages d'Orient l'avaient adoré. Effrayé sur son trône, le roi barbare, pour apaiser ses terreurs, ne vit d'autre moyen que d'organiser le plus affreux massacre dont l'histoire ait conservé le souvenir, celui de tous les enfants de deux ans et au-dessous.

La naissance du Messie ne fut donc pas un mystère, mais les hommes, attachés à leurs passions, furent effrayés de voir arriver un Dieu qui allait apporter à la terre la pureté, la sainteté, la justice. Voilà le mot de l'énigme.

Il y avait bien ignorance systématique ; en voici la preuve dans l'histoire même de ce qui se passa après l'avénement extraordinaire du Messie. Tournons la page, et nous verrons les hommes adonnés au vice lui disputer même la pauvre grotte où sa divine Mère abrite ses membres délicats, conspirer contre sa vie, et le forcer à fuir vers l'Égypte.

Bien des raisons auraient dû engager Joseph à ne pas se fier aux habitants de Bethléem ; n'en avait-il pas reçu, la veille même, l'accueil le plus rebutant ? Mais il y avait plus encore.

Dès le lendemain de son arrivée, il s'était présenté à la maison où se tenaient les agents de l'empereur romain chargés d'inscrire et de recevoir les impôts.

C'était un grand édifice, entouré de cours et d'autres bâtiments plus petits. Il était environné de grands arbres, parmi lesquels des soldats avaient dressé des tentes et établi une sorte de bivouac. Joseph le reconnut bien. C'était précisément l'ancienne maison de son père, celle dont nous avons déjà parlé et qui avait appartenu à David, son aïeul. Il y avait passé son enfance. Il avait, pour ainsi dire, le droit d'y être traité comme chez lui. Mais sa pauvreté était destinée à lui valoir mépris sur mépris, de la part d'une nation où la richesse était la seule vraie noblesse.

D'un geste de dédain, un soldat avait fait signe à Marie qu'on n'accueillerait pas une mendiante comme elle, et Marie s'était retirée sous un mauvais hangar, au milieu de quelques pauvres femmes.

Joseph était entré dans le grand bâtiment. On l'avait introduit dans une vaste pièce où se trouvaient réunies beaucoup de personnes riches; chacun le regardait avec dédain. On ne voulait pas croire que cet ouvrier fût de la race royale de David. On se moquait de ses prétentions. Il fallut recourir à de grands rouleaux qui servaient de registres, pour convenir du fait et accepter les preuves de sa généalogie.

Il y avait là une grande quantité d'écrivains et d'employés. Dans le haut se tenaient des Romains et plusieurs soldats. Au milieu d'une foule assez nombreuse de Pharisiens, de Sadducéens, de prêtres et d'anciens de la nation, la confusion de Joseph était d'autant plus forte, qu'elle avait un plus grand nombre de témoins. Ces insultes et les mépris avec lesquels on avait accueilli la sainte Vierge, lui furent surtout sensibles.

Après avoir payé l'impôt, le saint Patriarche se retira sans qu'on prît garde à lui, tant il semblait être un homme de rien.

Ajoutez à cela que Joseph trouvait des envieux à Bethléem. Sa vie sainte condamnait ceux de ses parents et de ses amis qui suivaient une vie licencieuse; et sa famille, honteuse de sa pauvreté, était bien aise de le contraindre à quitter le pays.

Le séjour de Bethléem était donc impossible. Joseph, le chef de la sainte famille, Marie, mère de Dieu, Jésus-Christ, le fils unique de Dieu et le maître du monde, étaient regardés, en quelque sorte, de trop sur la terre; on leur disputait même la pauvre étable qu'ils avaient choisie pour asile.

Mais la difficulté était de trouver une retraite, à l'abri de la haine des Juifs et de la fureur d'Hérode.

Dieu prévint leur embarras et fixa leur choix par un acte suprême de sa volonté, après l'adoration des mages.

Une nuit, Marie dormait dans un enfoncement de la caverne, où Joseph lui avait ménagé un réduit isolé, au moyen d'une haie de branches d'arbres entrelacées. L'enfant Jésus reposait aussi dans sa crèche sur un lit de paille et de mousse, lorsque Joseph, étendu dans une autre anfractuosité du rocher, fut tout à coup réveillé par un ange qui ne lui dit que ces deux mots : « Prends avec toi l'enfant et sa mère, emmène-les en Égypte, car des assassins cherchent l'enfant pour le tuer. » Ensuite il disparut.

Quelle nouvelle! au milieu de la nuit, pour des gens sans fortune, avec un enfant nouveau-né, entreprendre un si long voyage pour trouver au bout du chemin la misère et le mépris!

N'importe! Dieu l'a dit, Joseph ne songe même pas à raisonner.

Il allume sa lampe à un tison mal éteint, s'approche du lieu où reposait Marie, et frappant à la petite maison de branchages, il demande la permission d'entrer. Marie se dispose à l'écouter. Elle baisse la tête devant cet arrêt divin, croise ses mains sur sa poitrine en signe de résignation et d'acquiescement, regarde son enfant avec tristesse, et par un signe de tête répond qu'elle est prête à tout.

Joseph passe dans la grotte d'à côté et dispose sur un âne quelques provisions de voyage. Cependant, la veille même, sainte Anne était encore à Bethléem pour voir sa fille et la consoler. Elle s'était retirée, pour la nuit, dans une autre caverne, où elle dormait avec sa servante. Marie, après s'être habillée pour le voyage, alla trouver sa mère et lui déclara les ordres de Dieu. Anne en fut bouleversée; mais, se levant incontinent, elle aida sa fille à disposer toutes choses pour la route, avant de se livrer à la tristesse des adieux. La mère et la fille préparèrent un paquet d'assez médiocre apparence et le confièrent à Joseph pour le charger sur la monture.

Jusque-là, on avait laissé dormir l'enfant Jésus. Marie s'approcha de la crèche, s'agenouilla pour adorer son fils, le baisa doucement sur la joue, le souleva ensuite avec précaution, et le serrant sur son cœur, l'enveloppa en ramenant sur lui une partie de son voile. Le divin Enfant pleura, comme ont coutume de le faire les enfants de cet âge lorsqu'on trouble leur sommeil, et puis il se rendormit sur le sein de sa mère.

Le moment des adieux était venu. L'affliction de sainte Anne offrait un spectacle navrant. La pauvre mère embrassa à plusieurs reprises la sainte Vierge, comme si elle ne devait plus la revoir ; elle versa sur elle et sur l'enfant Jésus des larmes abondantes. Il n'était pas encore tout à fait minuit. Anne voulut accompagner sa fille pendant quelque temps. Marie, pour être moins fatiguée, avait attaché l'enfant Jésus dans une bande d'étoffe qu'elle avait suspendue à son cou. Elle le réchauffait de son mieux contre a fraîcheur de la nuit, et le divin Enfant continuait de dormir sur le sein de sa mère.

Les deux femmes avaient fait un peu de chemin, lorsque saint Joseph les rejoignit avec l'âne, sur lequel il avait attaché une outre pleine d'eau et une corbeille de petits pains grossiers cuits sous la cendre. Le modeste bagage des voyageurs était disposé entre les deux paniers, de manière à former une sorte de coussin pour la sainte Vierge lorsqu'elle voudrait s'y asseoir.

Anne et Marie s'embrassèrent encore en pleurant. Sainte Anne bénit la sainte Vierge et se retira en étouffant ses sanglots. Marie monta sur l'âne. Joseph prit de la main gauche la bride de l'animal, et les pèlerins cheminèrent silencieusement dans l'ombre.

Cette fuite avait quelque chose de solennel et de mystérieux. Joseph et Marie priaient intérieurement ; ils s'avançaient dans l'obscurité, sans bien savoir comment diriger leurs pas. A l'aube du jour, on les vit s'asseoir un moment sous un hangar construit pour les voyageurs. Leur position était cruelle. Ils avaient besoin de toute espèce de secours ; ils manquaient de tout, et ils étaient obligés de fuir le regard des hommes, de peur de révéler l'existence de l'enfant Jésus et de le livrer aux poignards d'Hérode.

Ils passèrent le jour du sabbat cachés auprès du célèbre térébinthe d'Abraham, près du bois de Moreh, à peu de distance de Sichem, de Thénat, de Siloh et d'Arumah.

Vingt-quatre heures plus tard, nous les retrouvons dans une vallée fertile, à côté d'une petite source, près d'un buisson de baume. L'enfant Jésus est sur les genoux de la sainte Vierge, il lui sourit doucement, invité qu'il est à la joie par la fraîcheur du paysage. Saint Joseph remplit sa cruche avec la liqueur qui coule des baumiers. L'âne s'abreuve à une petite distance. Au loin, on aperçoit Jérusalem. La scène est gracieuse et touchante.

Mais cette échappée de bonheur ne devait pas durer. Les nobles proscrits n'étaient pas destinés à la joie. Le sixième jour de leur voyage, à deux lieues environ de la forêt de Mambré, je les vois entrer dans une grotte spacieuse, située dans une gorge sauvage. Ils sont accablés de fatigue et de tristesse. Marie est abattue, elle pleure. Ses larmes tombent sur le visage de son divin Enfant. Tout leur manque. A force de prendre des chemins détournés pour éviter les villes et les auberges publiques, ils sont réduits aux plus cruelles privations. L'eau même leur est refusée, dans ces pays condamnés à la sécheresse.

En quittant la grotte, ils firent sept lieues au midi, laissant toujours la mer Morte à leur gauche, et ils entrèrent dans un nouveau désert.

Je poursuis la sainte famille à travers cette plaine de sable, et je la trouve fatiguée, languissante, n'en pouvant plus. La petite cruche de baume et surtout l'outre qui renfermait l'eau du voyage étaient vides. La sainte Vierge était encore plus triste que la veille. Elle avait soif, et Jésus aussi. Sur ces entrefaites, les voyageurs aperçurent à quelque distance un enfoncement où croissaient des buissons, au milieu d'un gazon desséché; ils se détournèrent pour l'atteindre.

La sainte Vierge descendit de l'âne et s'assit par terre. Elle voyait son enfant devant elle. Elle avait les yeux rouges à force d'avoir pleuré. Comme Agar au désert, elle demandait à Dieu de lui envoyer quelques gouttes d'eau pour sauver la vie de son fils. Pendant ce temps-là, l'admirable Joseph, sans écouter la fatigue, battait les buissons, frappait toutes les pierres dans l'espérance de leur faire rendre un son creux, indice de quelque source. Dans l'anfractuosité d'un rocher il trouva enfin une eau saumâtre et croupissante. Il fit part à Marie de sa découverte. Les voyageurs lavèrent le visage de Jésus et lui rafraîchirent les lèvres. Et puis ils se hâtèrent de se remettre en marche sous les feux brûlants d'un soleil implacable.

Enfin, vers le soir, ils atteignirent les dernières limites du pays gouverné par Hérode. C'était aussi la fin du désert. Il y avait là une petite ville nommée Anem. Les habitants. étaient des chameliers aux mœurs farouches. Ils logeaient dans des cabanes abritées contre une éminence. Leurs chameaux erraient dans les pâturages environnants. Joseph conduisit Marie dans une maison isolée, construite pour les voyageurs du désert. Il fit pitié aux habitants de ces lieux. Sur sa demande, on apporta à Marie un peu de lait de chamelle et quelques dattes. La sainte famille s'arrêta vingt-quatre heures en cet endroit. Et le lendemain soir, par une nuit étoilée, elle s'engagea de nouveau dans un désert sablonneux, couvert de broussailles peu élevées. Une multitude de reptiles peuplaient cette contrée. Chaque pas des voyageurs faisait lever un nouveau serpent, qui se dressait en sifflant; Marie alors cachait son enfant dans son sein. Heureusement, il n'en résulta aucun accident.

Une ville encore se présenta, elle s'appelait Mara. Mais ses habitants étaient cruels et inhospitaliers. Joseph n'obtint rien d'eux : ils se moquèrent même de Marie, qui, le visage suppliant, les yeux pleins de larmes, leur montrait son enfant prêt à mourir de fatigue et de chaleur.

Après cela vint un nouveau désert plus horrible que les autres. Il n'y avait plus ni chemin, ni rien qui indiquât la direction à prendre. Les saints voyageurs marchèrent quelque temps dans l'incertitude, et gravirent devant eux une sombre chaîne de montagnes. Désolés, ils se mirent à genoux et appelèrent leur Père céleste à leur secours.

Dieu les exauça; mais, parce que nulle des joies de Marie ne devait être sans amertume, il permit qu'elle éprouvât une mortelle frayeur avant d'atteindre ce qui devait la sauver. La prière terminée, ils se relevèrent et marchèrent en se confiant à la Providence. A travers les montagnes de Seïr, ils parvinrent à une contrée triste et sauvage. Il faisait sombre : la route longeait un bois fort épais. Hors du chemin, devant le bois, on voyait une cabane, ils s'y dirigèrent. Hélas! c'était un repaire de brigands; Joseph ne tarda pas à s'en convaincre.

A peu de distance, on avait suspendu aux branches d'un arbre une lanterne qu'on pouvait voir de très-loin, et qui était destinée à attirer les passants. Le chemin, déjà très-difficile par lui-même, était coupé çà et là par des fossés creusés exprès pour ralentir au besoin la fuite des voyageurs, et sur toutes les parties pratiquables étaient tendus des fils cachés qui correspondaient à des sonnettes placées dans la cabane. Le voyageur inoffensif agitait les fils avec son pied sans le savoir, et les voleurs étaient immédiatement avertis de la présence d'une proie. Pour comble de ruse, la cabane elle-même était mobile et pouvait être transportée de côté et d'autre suivant les circonstances Quand la sainte famille s'approcha de la lanterne, elle se vit assaillie par le chef des voleurs et cinq de ses compagnons.

Joseph fit bonne contenance, mais que tenter contre six brigands armés, lui seul, sans autre défense que son bâton, avec une jeune femme et son enfant? Il se laissa conduire dans la cabane. En entrant, on leur montra un coin dans lequel on leur fit signe de s'asseoir à terre. Pendant ce temps là, on fouilla leurs corbeilles, et on vit bientôt qu'il n'y avait pas grand butin à espérer avec des gens aussi pauvres. La femme du chef des brigands se laissa toucher à la vue des tortures de la jeune prisonnière. Par pitié elle offrit à Marie des petits pains, du miel et des fruits. Elle lui donna aussi à boire : alors la sainte Vierge s'enhardit à lui demander un peu d'eau tiède pour bassiner les membres de l'enfant Jésus engourdis par la chaleur et la poussière. La femme se prêta à ce second service, elle alluma du feu dans une excavation pratiquée au coin de la hutte, fit chauffer de l'eau et la présenta à sa captive.

Cet acte de compassion allait être largement rémunéré.

Le voleur avait un enfant de trois ans, hideux à voir. Il était rongé de la lèpre et son visage n'était qu'une croûte. La sainte Vierge fit signe à la mère d'apporter cette petite créature et de la laver dans l'eau qui avait servi à rafraîchir l'enfant Jésus. Cette femme le fit machinalement, et le lépreux se trouva guéri à l'heure même.

Les malheureux parents furent transportés d'une joie indicible. Plusieurs de leurs compagnons étant venus pendant la nuit, on leur montra l'enfant guéri, et tous admirèrent le prodige.

Le lendemain matin, la sainte Vierge voulut se remettre en marche, quelqu'effort qu'on fît pour la retenir ; elle consentit à emporter de petites provisions, et se laissa accompagner par le chef des brigands, qui lui offrit de la mettre sur la route.

En prenant congé d'elle cet homme lui dit : Souvenez-vous de moi en quelque lieu que vous alliez. — La sainte Vierge répondit par un signe bienveillant, et la tradition rapporte que le bon larron, qui, trente-trois ans plus tard, sur la croix, dit à Jésus-Christ : Souvenez-vous de moi quand vous serez dans votre royaume, était l'enfant guéri de la lèpre.

En quittant les montagnes habitées par les brigands, la sainte famille parcourut un nouveau désert ; et lorsque, dans le lointain, quelques habitations vinrent relever ses espérances, ce fut l'effet du mirage et le sujet d'une nouvelle déception. Plus loin, de véritables maisons se présentèrent. Marie vit deux hommes basanés, à moitié nus, avec des nez épatés et de grosses lèvres, auxquels elle voulut adresser la parole, mais ils étaient si grossiers et si hautains, qu'ils passèrent en faisant un geste de mépris. Il en fut de même de tout le village. Enfin ils arrivèrent en vue d'Héliopolis.

Cette ville, grande et superbe, était alors en partie ruinée. Elle avait été dépeuplée par la guerre, et des gens de toute espèce étaient venus s'établir dans ses édifices à moitié renversés. C'était pour la sainte-famille le port du salut ; mais un événement grave faillit la replonger dans de mortels embarras.

Lorsqu'ils eurent traversé le Nil sur un pont fort élevé, ils se trouvèrent devant une petite place plantée d'arbres, au milieu de laquelle s'élevait une immense idole abritée par un grand chêne. La présence de l'Enfant-Dieu suffit pour terrasser le démon que l'idolâtrie divinisait dans la pierre, l'idole tomba et fut brisée. Une multitude furieuse se précipita en tumulte contre les voyageurs auxquels elle attribuait ce désastre, et les eût maltraités sans pitié, si Dieu, prolongeant le miracle, n'eût ouvert en cet endroit un bourbier d'eau noire et fangeuse, où la statue s'abîma avec quelques-uns des plus irrités.

Héliopolis s'étale avec magnificence le long du Nil. Sa position élevée permet de l'apercevoir de loin. Le fleuve, qui se divise en plusieurs branches, passe en certains endroits sous les maisons dont les fondations sont voûtées ; sur d'autres points, il traverse les rues qui sont reliées par des ponts. On y rencontrait à chaque pas de grands édifices, des tours à demi détruites et des temples d'idoles. De majestueuses colonnes dispersées dans son immense enceinte la relevaient encore, et donnaient à l'ensemble un caractère grandiose.

Joseph erra quelque temps dans la ville pour y chercher un abri. Il rencontra un grand bâtiment supporté par de grosses colonnes assez basses, entre lesquelles de pauvres gens s'étaient arrangé des habitations, et il résolut d'y fixer aussi sa demeure. Il réunit aussitôt quelques branches, les entrelaça et se fit une cabane où il se logea avec Marie et Jésus.

A peine installé, il se mit au travail pour gagner la vie de la famille ; il fabriqua de petits escabeaux grossiers, tels qu'un ouvrier peut en faire sans outils, et tressa des corbeilles. Marie l'aidait dans cette tâche pénible et ingrate ; elle brodait des tapis : et tous les deux, après beaucoup d'efforts, arrivaient difficilement à se procurer de quoi acheter un peu de pain et quelques fruits. Ils étaient étrangers, cela suffisait pour éloigner d'eux les gens qui auraient pu leur faire du bien. Leur dénûment était le même que dans la crèche de Bethléem : le meuble le plus considérable de leur habitation était un tréteau de scieur de bois, sur lequel ils avaient fabriqué un berceau pour l'enfant Jésus.

Cette manière de vivre dura quelque temps ; après quoi, il fallut quitter Héliopolis, faute d'ouvrage, et les nobles proscrits se dirigèrent vers Memphis, avec l'intention de s'y établir dans un faubourg habité par les pauvres, mais on les repoussa partout, leur refusant même l'aumône de quelques dattes pour sustenter le plus pressant besoin.

En descendant le cours du fleuve, ils se rabattirent sur Babylone, qui était dépeuplée, mal bâtie et fangeuse ; mais là comme à Memphis les cœurs furent de bronze. Enfin, après avoir longé le Nil encore pendant deux lieues, ils rencontrèrent quelques habitations formées avec du bois de dattier et du limon desséché et recouvertes en roseaux. Joseph y trouva du travail, et ils s'y arrêtèrent; mais leur vie n'y fut pas plus douce. Les habitants du pays traitaient Joseph en esclave, fixant eux-mêmes son salaire, lui promettant ce qu'ils voulaient, et quelquefois ne lui donnant rien ; et la sainte famille avait tout juste de quoi ne pas mourir dans sa misérable hutte.

Pendant ce temps Jésus grandissait et se fortifiait dans les souffrances. Il pouvait déjà parler et courir. Sa mère l'avait revêtu d'une tunique sans ceinture tricotée par elle. Trop faible encore pour supporter la moindre occupation, il restait ordinairement auprès de saint Joseph, et l'accompagnait souvent lorsqu'il travaillait au dehors. Son visage était toujours modeste, son regard limpide, sa parole souriante. Il faisait l'étonnement de tous ceux qui le voyaient. Ses admirables parents souffraient bien plus des privations qu'ils étaient obligés de lui imposer que de leur propre misère, mais leur douleur se consumait en vains désirs. Plusieurs fois encore ils furent obligés d'errer de village en village pour trouver du travail.

Enfin, au bout d'une longue carrière de souffrances, un jour que Joseph revenait plus triste que d'habitude, parce qu'on lui avait refusé son salaire et qu'il n'apportait rien pour le repas du soir, il s'agenouilla en plein air et pria. Dieu l'entendit et lui envoya un ange qui lui annonça la mort d'Hérode et lui dit qu'il pouvait retourner en Judée.

Il se leva joyeux pour porter la bonne nouvelle à Marie, et ils firent en toute hâte les préparatifs du départ.

L'exil allait finir pour la sainte famille, mais non la peine et le travail. Elle venait retrouver la pauvreté et le mépris à Nazareth, où Joseph devait reprendre son métier de charpentier et Jésus lui servir de manœuvre.

Ainsi les hommes reçurent-ils le Fils éternel de Dieu à son avénement dans le monde.

Hélas ! nous en comprenons le mystère ! Si Jésus-Christ eût apporté des richesses, des honneurs, du bien-être, à un monde sensuel, tous auraient afflué à sa cour. Mais il venait dire aux voluptueux : Soyez chastes ! aux ambitieux : Soyez humbles dans la grandeur ! aux voleurs: Soyez justes; — à tous : Ne faites pas aux autres ce que vous ne voudriez pas qu'on vous fît ! — Et cette parole était trop dure pour des hommes méchants ; et on essaya de tuer Jésus-Christ dès le berceau !

Revenons à la crèche d'où la suite du mystère nous a quelque temps éloigné.

« Toute la grotte de la Nativité, dit Mgr Mislin, l'ancienne étable, a trente-sept pieds et demi de long, onze de large et neuf de haut.

« C'est là encore que l'âne et le bœuf ont reconnu leur maître ; tandis que le peuple juif et tout le peuple d'incrédules qui se propagent à travers les siècles, et qui possèdent le même degré d'intelligence sont encore à attendre leur messie, ou se soucient fort peu de sa venue. Qu'il est dur, mais combien il est mérité ce reproche d'Isaïe :

« Le bœuf connaît son possesseur,
« Et l'âne l'étable de son maître :
« Israël ne me connaît pas ;
« Mon peuple ne comprend point. »

(*Isaïe* I, 3).

« Trente-deux lampes brûlent continuellement dans la chapelle de la Nativité ; elles sont, pour la plupart, les présents des pieux souverains de l'Europe : Louis XIII, les rois de Naples et d'Espagne, la république de Venise, la famille impériale d'Autriche, ont contribué à l'embellissement de ce sanctuaire. Ces lampes répandent sur la crèche du Sauveur une douce clarté, pareille à celle de la lune pendant une nuit de printemps. Toute la grotte était tendue de draperies en soie ; il en reste encore des lambeaux, sur lesquels il y a des lettres latines et la quintuple croix de Terre-Sainte : ce qui prouve évidemment que c'étaient les catholiques qui les avaient placées. Les pères latins ont voulu les enlever pour en remettre d'autres plus convenables : les grecs les en ont empêchés, prétendant que ce droit leur revient. Réclamation auprès du pacha, et lenteurs calculées : en attendant, cette sainte chapelle demeure dans un état de délabrement qui afflige. Je ne tiens pas à ces draperies, car j'aimerais mieux voir la roche nue de l'étable que des tentures en soie et des pavés de marbre ; mais ce qui est intolérable, c'est cette situation, ces chicanes et ces prétentions continuelles, en violation des droits les plus formels ».

Pourquoi, au lieu de s'abandonner aux tendres impressions d'un lieu si saint, faut-il être distrait par tant de pénibles préoccupations ?

Est-il un seul voyageur qui, devant la douce hospitalité des Franciscains de Bethléem, ne songe à la terrible nuit où Joseph et Marie cherchèrent en vain une place dans les hôtelleries. Fatigués, transis de froid, peut-être tourmentés par la faim, ils voyaient, à travers les fenêtres les nombreux flambeaux allumés pour les riches, ils entendaient éclater la joie et dresser les tables des festins ; et Marie qui portait le Fils éternel de Dieu, était repoussée comme une mendiante importune. Oh ! si Bethléem avait su le trésor qu'elle repoussait ! — Et cependant, la brutalité des Bethléémites ressemble-t-elle à l'insolence de cet homme de nos pays civilisés ? Il reconnaît Jésus-Christ pour Dieu, pour sauveur, pour bienfaiteur de l'humanité. Or, parce que le bon Maître se présente à lui sous les livrées de la pauvreté, parce qu'il anathématise ses passions ignobles, parce qu'il lui ordonne de vivre de la vie de l'âme et de s'élever au-dessus des convoitises charnelles, il lui répond avec les Bethléémites : Passez ! Il n'y a pas de place pour vous dans mon cœur ! — Je suis l'humilité, dit Jésus-Christ à ce savant, à cet ambitieux. Ouvrez à votre ami qui frappe. — Et la science et l'ambition lui répondent : Passez ; il n'y a pas de place en mon âme. — Il dit au riche : Je suis pauvre. Les renards ont leurs tanières et les oiseaux du ciel leur nid. Le Fils de l'homme n'a pas une pierre où reposer sa tête. — Passez, répond le riche ; mes festins, mes chevaux, mes plaisirs occupent mon cœur. Il n'y a pas là de place pour vous ! — Oh ! si le jugement dernier ne devait pas être, il faudrait l'établir. L'injustice est trop criante, l'insolence trop forte, le crime trop flagrant. Mon Dieu, qui me donnera d'être fidèle à vos inspirations ! Qui me préservera de l'étrange insensibilité des Bethléémites ?

XIII

LES ENVIRONS DE BETHLÉEM.

Le temps ne dure guère à Bethléem. L'âme y est à l'aise. La joie du mystère de Noël, l'agréable disposition des sites, je ne sais quel parfum du ciel font dire au voyageur : Il est bon pour nous d'être ici ! Quelle différence avec les tristesses de Jérusalem ! Les promenades aussi dans les environs sont pleines de charmes. On rencontre à chaque pas, comme groupées autour de la ville, des stations célèbres. On y va à pied comme en se jouant ; on en revient toujours satisfait.

Ici, le champ où la malheureuse Ruth glanait sur les terres de Booz, pour subvenir à son entretien et à celui de Noémi sa belle-mère.

Là, cette prairie célèbre où les pasteurs gardaient leurs troupeaux, lorsque l'ange vint leur annoncer la vocation des pauvres et des petits à la connaissance de la vérité.

Oh ! que je voudrais amener ici cette masse d'hommes égarés qui s'agitent pour renverser la religion et les pouvoirs chrétiens. Ils s'irritent contre Dieu, et ils accusent son Église d'entretenir à leur préjudice l'orgueil des classes riches ; comme si l'apparition du Messie dans le monde n'avait pas été l'aurore du triomphe des pauvres. Que se passa-t-il en effet ?

Au temps d'Auguste, dans une nuit froide de décembre, de pauvres bergers gardaient leurs troupeaux, tout à coup un concert se fit entendre dans le ciel. Des anges chantaient et disaient : « Gloire à Dieu au plus haut des cieux, et paix sur la terre aux hommes de bonne volonté ! » Insensiblement ils se rapprochèrent de la terre et dirent aux bergers : « Voilà que nous vous annonçons une bonne nouvelle ; un Sauveur vous est né ! » Ensuite ils leur donnèrent un signe pour le reconnaître, et les messagers divins remontèrent vers les cieux. La vision miraculeuse disparut, les chants cessèrent et les bergers se dirent les uns aux autres : Poussons jusqu'à Bethléem et voyons ce qui est arrivé. Alors, remplissant des corbeilles de simples présents, tels que leurs cabanes en pouvaient fournir, ils abandonnèrent leurs troupeaux et s'acheminèrent, à la clarté des étoiles, vers la cité de David. « Vous trouverez, leur avaient dit les anges, un enfant enveloppé de langes et couché dans une crèche. » Une étable, en effet, se trouva, et dans cette étable, une crèche, et dans cette crèche un enfant ; auprès de l'enfant, un vieillard et une Vierge, et près d'eux encore deux animaux. Les bergers s'agenouillèrent. Eux aussi chantèrent le cantique : Gloire à Dieu ! paix aux hommes ! puis ils offrirent au Dieu pauvre et naissant l'obole et les hommages du pauvre. Le Roi des rois donna à ces premiers courtisans les prémices des bénédictions célestes, et, leur mission terminée, les pâtres de Juda se retirèrent en glorifiant Dieu et répandant à travers les montagnes la connaissance des merveilles de cette nuit sainte.

Y a-t-il quelque part une glorification plus éclatante de la condition des pauvres?

Aujourd'hui, la grotte où s'abritaient les bergers gardant leurs troupeaux est convertie en chapelle schismatique; mais Monseigneur le patriarche de Jérusalem construit heureusement, près de là, une église catholique.

Une autre caverne attire encore la curiosité des pèlerins. Elle est située au côté opposé de la ville. On l'appelle la Grotte du lait, parce que la sainte Vierge, effrayée de la nouvelle du massacre des innocents, s'y serait cachée et y aurait retrouvé son lait que la frayeur lui aurait fait perdre. Sans trop nous inquiéter de la véracité de la légende, nous allâmes nous y promener. Elle est taillée dans un roc crayeux, dont la poussière blanche paraît être en grande vénération. On ramasse avec soin cette poussière, et on lui attribue une vertu miraculeuse. La relique opère-t-elle réellement des prodiges?

Je l'ignore; mais ce que je sais bien, c'est que beaucoup de pèlerins, ignorants et mal guidés, se trompent, et prennent ailleurs une autre terre à laquelle ils demandent vainement la puissance qu'ils attribuent à celle-ci. Je fus un jour témoin d'une de ces erreurs. Quelques Provençaux, hommes du peuple, se trouvaient à Bethléem en même temps que moi. Ils étaient allés chercher fortune à Kamiesch pendant la guerre de Crimée, et ils traversaient la Palestine pour se rendre en Égypte, espérant beaucoup du percement de l'isthme de Suez. Ces bonnes gens se promenaient, visitant les environs de leur mieux et le plus dévotement possible; ils arrivent à une grotte pleine d'une terre blanche:

c'est la grotte du lait, ils n'en doutent pas. Aussitôt ils tirent leurs mouchoirs et les remplissent de cette terre; quand les mouchoirs sont pleins, ils se servent de leurs chapeaux; ils appellent mes domestiques et les prient de les aider dans leur pieuse entreprise. Enfin ils reviennent triomphants au monastère. Mes deux soldats me communiquent l'heureuse découverte; je m'informe, et, tout bien constaté, mes Provençaux s'étaient trompés de grotte. Ils avaient rempli leurs mouchoirs, leurs poches et leurs chapeaux d'une terre vulgaire, et, sans mon avis, ils eussent présenté partout leurs fausses reliques, bien étonnés de ne pas leur voir faire des miracles.

Tout près de là sont la fontaine scellée et le jardin fermé, auxquels l'Écriture donna une célébrité mystérieuse. La fontaine était effectivement réservée et fermée avec le sceau du roi. Ses eaux avaient une destination sainte et coulaient dans des conduits souterrains jusque dans le temple de Jérusalem. Le jardin produisait des fruits délicieux et des fleurs odorantes. Des rochers escarpés lui formaient une enceinte infranchissable, et le roi seul avec ses familiers s'en réservait l'entrée. Un Anglais l'a acheté depuis plusieurs années et le cultive. Il a bâti sa petite maison dans une plaine fertile, qui descend vers l'est entre deux montagnes rocheuses et abruptes. Nous allâmes lui rendre visite. Il nous reçut fort bien, et nous servit des figues de son jardin et du vin de sa vigne. Le vin était généreux, mais amer, les figues pleines et savoureuses. Le successeur des jardiniers de Salomon nous dit des choses merveilleuses sur la fertilité de ce pays. Il sème quatre espèces de légumes et fait quatre récoltes par an dans la même terre. Ses vignes s'étendent jusqu'aux vasques de Salomon. Si les Arabes étaient moins paresseux au travail, il obtiendrait, dit-il, des résultats plus beaux encore, et prouverait que la Terre promise n'a pas cessé d'être la plus féconde de l'univers.

Moitié nous reposant, moitié nous promenant, nous passâmes à Bethléem des jours délicieux. On respire, en ces lieux, je ne sais quel parfum de fraîcheur et de gaieté, qui émane sans doute du berceau de Notre-Seigneur. On se sent l'âme contente. Les pères hospitaliers sont affables. Leur hospitalité semble plus cordiale qu'ailleurs. On se trouve dans leur couvent comme au sein de la liberté charmante de la maison paternelle.

XIV

LE TOMBEAU DE RACHEL ET LE PUITS DES MAGES.

L'heure était venue de nous arracher de Bethléem, la ville du miracle. Nous baisâmes de nouveau le pavé de la sainte grotte ; nous prîmes congé de l'excellent Père gardien ; nous remontâmes à cheval, et nous suivîmes directement le chemin qui mène à Jérusalem. C'était une des cinq routes royales du royaume de Juda. Elle était superbe alors, mais aujourd'hui elle est bien changée ; et si on la trouve encore passable, elle le doit à la comparaison avec les autres chemins du pays. Au reste, ne nous en plaignons pas. Fût-elle détestable, nous nous estimerions heureux de la parcourir, pour la variété des aperçus et la beauté des souvenirs.

Dès les premiers pas, se présente la gracieuse image de Rachel. Un monument s'élève à l'endroit où Jacob enterra son épouse de prédilection. Samuël parla de ce tombeau à

Saül, sept cents ans après la mort de Rachel ; saint Jérôme l'a vu au IVe siècle ; l'arabe Edrisi en fait mention dans sa géographie au XIIe. Aujourd'hui même, les Turcs ont pour lui une grande vénération. La tradition s'est donc fidèlement conservée. Point de doute sur l'emplacement de la sépulture. Quant au monument, nul ne songe à lui assigner une origine aussi ancienne. Il est évidemment de construction turque. La sainte Écriture d'ailleurs suppose que le patriarche ne fit rien de semblable.

Mais quels cris plaintifs ont frappé nos oreilles ! « Une « voix s'est fait entendre, s'écrie le prophète : Rachel « pleure ses enfants ; et elle ne veut pas se consoler, parce « qu'ils ne sont plus ! » Qu'est-ce donc ? Où sont les enfants si tristement ravis à la tendresse maternelle ! Selon saint Matthieu, les enfants seraient les saints Innocents, et leurs mères se touveraient personnifiées dans l'épouse du père des douze chefs des tribus d'Israël. Et saint Jérôme justifie cette interprétation en nous apprenant que Rama ne désigne pas un village, mais les hauteurs sur lesquelles repose le tombeau.

D'après le docteur Seppe, le massacre des Innocents fut ainsi motivé :

Peu de temps après la naissance de Notre-Seigneur, « une révolte éclata dans la ville de Jérusalem ; elle était provoquée d'un côté par le recensement et la prestation d'hommage aux Romains, et de l'autre par l'arbitraire et les maximes païennes du despote iduméen. La sédition comptait dans ses rangs ceux qui tenaient à l'ancienne loi, à la constitution fixée par Moïse, à la nationalité et au sanhédrin, les partisans de la maison royale de David, ceux qui attendaient le règne temporel du Messie. Tous s'intéressèrent ou prirent une part directe à l'insurrection. Bientôt la nouvelle se répandit aux alentours que le Messie avait enfin paru, et qu'il était à Bethléem. Alors Satan entra dans le cœur d'Hérode ; l'ancien serpent s'agita de nouveau, comme pour étouffer dans son berceau le divin Enfant qui venait lui écraser la tête. L'ange exterminateur traversa Jérusalem ; et l'on vit couler le sang des docteurs de la loi, qui étaient assis sur les siéges de Moïse, comme nous le racontent Josèphe et les rabbins eux-mêmes. Et les pauvres bergers de Bethléem, n'ayant pas voulu livrer au tyran leur Sauveur, ni lui découvrir sa retraite, ne tardèrent pas à ressentir les effets de sa fureur contenue depuis si longtemps. Le roi ordonna de faire mourir impitoyablement, et sans distinction d'âge, tous les enfants à la mamelle. Or, en Judée, les mères ne sevraient leurs enfants que dans la troisième année. Il voulait ainsi, ou découvrir le séjour de Jésus, ou se défaire par un coup de main de tous ceux qu'il pouvait craindre. Il ne se contenta pas de faire couler le sang de ces pauvres innocents ; il fit mourir encore les pères et les mères qui, par leur silence, avaient sauvé le Messie et favorisé sa fuite. Ainsi fut accomplie cette parole de Jérémie : Une voix a été entendue dans Rama, des pleurs et des cris déchirants : Rachel, pleurant ses enfants, a refusé d'être consolée parce qu'ils ne sont plus. »

Et ma pensée remontant le cours des siècles, j'assistais à cette odieuse tragédie ; je me figurais l'étonnement du peuple à la proclamation de cette loi odieuse, et l'angoisse des familles où il y avait des enfants de deux ans et au-dessous.

Je voyais les mères s'enfuir éperdues à travers les montagnes, pressant leurs enfants sur leur sein et les cachant dans les fentes des rochers. Tout à coup, des soldats barbares se dressaient devant elles, le blasphème à la bouche, le fer nu, les bras rouges de sang. Les pauvres mères se jetaient à genoux demandant grâce ; mais les affreux sicaires écartaient leurs bras et enfonçaient le poignard dans le sein des enfants, et le sang jaillissait sur la poitrine des mères. D'autres barbares saisissaient ces petites créatures, les brisaient contre les rochers, les étranglaient, les étouffaient, les mutilaient, et des flots de sang inondaient les maisons et coulaient jusque sur les chemins. Montagnes, dites-nous les cris douloureux dont vous retentîtes alors! Vos échos répètent, je les entends, la voix de Rachel « qui gémit et ne veut pas être consolée, parce que ses enfants ne sont plus! »

Voici une sorte de forteresse où les hommes peu familiarisés avec l'Orient, reconnaîtraient difficilement le monastère de Saint-Élie, habité par des moines grecs. Cependant il est aisé d'expliquer pourquoi ces châteaux forts où se casernent les moines d'Orient.

J'en ai déjà dit un mot dans mon voyage au Sinaï, c'est pour se défendre des Bédouins. Tout le monde connaît aujourd'hui cette race d'hommes, que Jacques de Vitry dépeignait ainsi : « Ils ont pour principe que, ne pouvant ni retarder ni prévenir le jour que Dieu a marqué pour leur mort, ils ne doivent jamais aller au combat couverts d'armes défensives, aussi n'y vont-ils qu'avec une simple chemise et la tête enveloppée d'un voile comme les femmes. Ils ne se servent que de lances et d'épées. Ils dédaignent l'arc et les flèches dont les autres Sarrazins font usage. Quoiqu'ils prennent aisément la fuite, ils regardent comme des lâches les Sarrazins qui lancent de loin des traits et des javelots. Ces barbares manquent de foi non-seulement envers les chrétiens, mais envers les musulmans. Ils sont menteurs, inconstants, avides, dissimulés dans leur couduite, et s'attachent volontiers au parti du plus fort. Ils portent, avec leurs voiles, des bonnets rouges. Dans leurs tentes, ils couchent sur des peaux d'animaux. N'ayant aucune demeure fixe, ils marchent par tribus, habitant çà et là dans les plaines, cherchant les verts pâturages, vivant de lait, et traînant avec eux de nombreux troupeaux. Entièrement oisifs, ils abandonnent à leurs femmes le soin de leurs chevaux, de leurs bœufs et de leurs brebis ». — Ce portrait convient aussi bien aux Bédouins d'aujourd'hui qu'à ceux de l'époque des Croisades. On comprend le danger d'un tel voisinage.

Aussi les religieux sont-ils sans cesse sur le qui-vive dans leurs couvents isolés. Ils s'abritent derrière de fortes murailles ; ils évitent d'y prendre des jours sur le dehors ; ils font des portes très-étroites et trop basses pour un homme de taille ordinaire, afin d'empêcher une foule de s'y précipiter. Le plus souvent, ils communiquent à l'extérieur au moyen d'une poulie fixée au haut des murs, qui fait monter et descendre les provisions ou les messages, selon le besoin. Le monastère de Saint-Élie, devant lequel nous passons, est construit de la sorte. Pour ceux d'entre nous qui ne sont pas appelés à faire de longues courses au désert c'est une *bonne fortune* de le rencontrer ; ils comprendront plus aisément les aventures si souvent racontées dans les voyages, au sujet de ces couvents.

Encore un souvenir de la Nativité de Notre-Seigneur ! Notre guide nous arrête au bord d'un puits : « Là, nous dit-il, l'étoile apparut de nouveau aux mages de l'Orient, lorsqu'ils sortirent de Jérusalem ! » — Comme elle est gracieuse cette réminiscence de l'Épiphanie ! Quelle sorte de parfum suave se mêle à la contemplation du mystère, lorsque nous

nous reportons à cette joyeuse époque où, tout enfants, nous tirions le gâteau des rois !

En ce temps-là, c'est-à-dire l'an du monde 5984, une étoile extraordinaire se fit voir dans le ciel. Des mages chaldéens, habiles à étudier les astres, l'aperçurent et furent saisis d'étonnement. Cette étoile leur indiquait un événement extraordinaire du côté de Jérusalem. « Aussitôt, trois des plus illustres d'entre eux firent frapper les cymbales du départ, et, laissant derrière eux Babylone et la ville des Séleucides, ils sortirent du pays des dattiers et prirent la route sablonneuse de la Palestine. »

Qui étaient ces mages ? Quand virent-ils l'étoile merveilleuse ? A quelle époque arrivèrent-ils à la crèche ? Quelle fut la longueur de leur voyage ? Voilà bien des points sur lesquels s'exercent à la fois et la critique des savants et la pieuse curiosité des fidèles.

« Les mages, dit une pieuse révélation, étaient adorateurs des astres. Ils avaient sur une montagne une tour en forme de pyramide, où l'un d'eux se tenait toujours avec plusieurs prêtres pour observer les étoiles. Ils écrivaient leurs observations et se les communiquaient mutuellement. Leurs ancêtres étaient de la race de Job, qui anciennement avait habité près du Caucase, et qui avait eu des possessions dans des contrées fort éloignées. Le prophète Balaam était de leur pays. Un de ses disciples y avait fait connaître la prophétie fameuse : Une étoile naîtra de Jacob !... Et cette famille en conservait le dépôt, dans l'attente de l'événement. Environ quinze cents ans avant Jésus-Christ, la famille était encore compacte : mais, au bout de mille ans à peu près, la souche s'était divisée en trois branches, de sorte que les trois rois descendaient de trois frères par quinze générations qui s'étaient succédées en ligne directe.

Mais, par suite du mélange avec les autres races, la couleur de leur peau avait changé, et ils différaient les uns des autres à cet égard. Leurs ancêtres n'avaient jamais cessé de se réunir de temps en temps pour observer les astres. Tous les événements relatifs à l'avénement du futur Messie leur étaient indiqués par des signes merveilleux qu'ils voyaient dans le ciel. Depuis la conception de la sainte Vierge en particulier, les signes marquaient plus distinctement la réalisation prochaine des prophéties. Avec un peu plus de lumière, on aurait pu calculer au juste le moment où sortirait de Jacob l'étoile prophétisée par Balaam. Les mages avaient vu l'échelle de Jacob, et d'après le nombre des échelons et la succession des tableaux qui s'y montraient, il leur était aisé de supputer l'approche de la venue du Sauveur comme sur un calendrier, car l'étoile était la dernière image qui se montrât au haut de l'échelle. Lorsque Marie fut conçue sans péché, ils virent au ciel la Vierge avec un sceptre et une balance, sur les plateaux de laquelle étaient des épis de blé et du raisin, symboles de l'Eucharistie. Un peu plus tard, ils virent la Vierge avec l'Enfant divin. La nuit de la Nativité de Notre-Seigneur, ils virent dans un groupe composé d'étoiles, parmi lesquelles paraissait s'opérer un mouvement, un bel arc-en-ciel au-dessus du croissant de la lune. Sur l'arc était une vierge, le genou gauche légèrement relevé, et le pied droit appuyé sur le croissant. A côté d'elle était une gerbe d'épis de blé. Devant la vierge, paraissait un calice semblable à celui de la sainte Cène. Un enfant sortit de ce calice, et il parut au milieu d'un cercle lumineux, semblable à un ostensoir, dont les brillants rayons seraient mélangés avec des épis. A côté de l'enfant, parut une église octogone, qui semblait venir de lui, comme une fleur sort de sa tige. La vierge, de sa main droite, fit entrer le calice et l'enfant dans l'église; et l'église se transforma en une cité brillante, semblable aux représentations qu'on nous fait de la céleste Jérusalem. Bethléem apparut aux mages sous la forme symbolique d'un beau palais, où étaient rassemblées et distribuées d'abondantes bénédictions. Ils virent aussi la Jérusalem céleste; et, entre ces deux demeures, une route sombre, pleine d'épines, de sang et de combat. Ils prenaient tout cela à la lettre, croyant que le Messie était né au milieu d'une grande pompe et que tous les peuples lui rendaient hommage. La Jérusalem céleste leur paraissait être son royaume sur la terre. Et quant à la route semée de difficultés, ils la prenaient pour la figure des difficultés de leur voyage, ou d'une guerre qui menaçait le nouveau roi. Ils n'auraient jamais pu s'imaginer que c'était le symbole de la voie douloureuse de la passion. »

Sans me permettre de décider de l'authenticité de cette révélation, je la rapporte comme une image ingénieuse de ce qui a pu se passer alors, et je me hâte de me rattacher au fait évangélique de l'apparition. Il est certain par l'histoire qu'une étoile apparut aux mages et que cette étoile était attendue depuis longtemps par les nations païennes elles-mêmes, comme un signe de l'avénement du Messie. Il est certain que cette étoile n'apparut pas seulement aux mages, mais qu'elle fut aperçue de tous les observateurs des astres. Je n'en citerai qu'une preuve entre mille. Chalcidius, platonicien et païen, nous a laissé dans son commentaire sur le *Timée* de Platon, ce passage remarquable. « Il y a, dit-il, une histoire, sainte et digne d'attention, qui annonce qu'une étoile apparut pour annoncer à l'humanité, non la maladie et la mort, mais la venue d'une divinité vénérable, qui devait sauver les hommes. Les Chaldéens, hommes vraiment savants et exercés dans l'étude des astres, ayant observé cette étoile pendant qu'ils voyageaient la nuit, doivent s'être mis aussitôt en marche pour chercher le Dieu nouvellement né; et, l'ayant trouvé, ils lui ont présenté leurs hommages et leurs sacrifices, comme il convenait à un tel Dieu. » (Part. II, ch. VII, § 125, p. 219.) Un philosophe anonyme de la même école, dont il existe dans les bibliothèques un dialogue intitulé : *Hermippus, de Astrologia*, parle d'une étoile qui avait annoncé aux mages la naissance du Dieu Verbe. Et les chants des Sybilles, composés dès les premiers siècles de notre ère, contiennent ces paroles à la fin du VIIIe livre : « Le ciel et la terre se réjouirent à la naissance de l'Enfant, le trône sourit et le monde fut dans la joie, et les sages de l'Orient s'inclinèrent devant la nouvelle étoile, présage de ce bonheur. »

Nous pourrions dire bien des choses encore sur cette étoile; mais une dissertation sort du cadre d'un simple récit de voyage. Cette preuve entre mille demontre suffisamment que les mystères de la vie de Jésus-Christ ne sont pas des faits nébuleux incapables de soutenir la critique, mais bien des événements historiques, parfaitement prouvés par les monuments sur lesquels repose l'histoire universelle.

Pour ce qui est de la personne même des mages, voici la tradition de l'Orient, telle que l'Occident l'a reçue dans les écrits de saint Acon, au temps des Croisades. Sur le Vaces, en grec Paos, en sanscrit Bhas, *la montagne de la lumière*, ou, comme on lit au livre de Seth, *la montagne de la victoire*, un de ces monts symboliques nommés *Albors*, qui, d'après les traditions de ces peuples, n'ont point été souillés par les eaux du déluge, ou que les eaux ont quittés les premiers, derrière et près de la terre des Indes, habitait une tribu royale de mages, à peu près comme sur le mont Carmel, l'école des prophètes fondée par Élie. Ces mages, ayant connu les livres des Juifs après la captivité de ceux-ci, s'étaient appliqués à la contemplation des choses divines, et avaient conservé la tradition qu'une étoile leur apparaîtrait dans les derniers temps et les conduirait à la connaissance de Dieu qui est la vraie lumière... On pense qu'ils habitaient près de Iran ou Ur en Chaldée, au delà de l'Euphrate, et qu'ils partirent de la patrie même d'Abraham pour venir à Bethléem.

A quelle époque arrivèrent-ils à Jérusalem ? Les interprètes ne sont pas d'accord sur la réponse. Quelques-uns font apparaître l'étoile six mois avant Noël ; d'autres placent l'Épiphanie un an après la naissance de Notre-Seigneur ; et cette dernière opinion est la moins probable, car ils partirent sans retard, dit l'Évangile, et montés sur des dromadaires ils n'auraient jamais mis un temps aussi considérable pour venir de Mésopotamie en Judée. Le sentiment commun tient pour le 6 janvier.

Mais voici qu'après une marche longue et pénible, ils voient se dessiner au loin sur le ciel azuré les hautes tours de Jérusalem, au milieu des cimes nues et sauvages de ses montagnes ; et, comme l'étoile a disparu tout à coup, ils pressent le pas de leurs montures. Ils franchissent bientôt cette porte défendue par une haute tour réputée imprenable, et pénètrent dans l'antique Sion à travers deux haies de soldats barbares. Ils croyaient sans doute trouver les rues jonchées de rameaux verts, parfumées d'essence de roses, tapissées de riches tentures. Ils s'attendaient à entendre le son des harpes des Hébreux, leurs cris d'allégresse et leurs chants joyeux en l'honneur du roi nouveau-né. Mais l'aspect de Jérusalem était morne. Sa population affairée et silencieuse n'avait ni air de joie ni air de fête. Seulement, des groupes se formaient de distance en distance pour voir passer les voyageurs que l'on reconnaissait, à leurs longues robes blanches, serrées par de magnifiques ceintures, à leurs bozubends, enrichis de pierres précieuses, et surtout à la beauté mâle de leurs traits, pour des satrapes du grand roi. Chemin faisant, les princes orientaux, se penchant sur le cou de leurs dromadaires, demandaient à quelqu'un des nombreux spectateurs accourus sur leur passage où était le roi des Juifs nouveau-né dont ils avaient vu l'étoile en Babylonie; et ceux de Jérusalem se regardaient avec surprise, ne comprenant rien à cette question.

« N'obtenant aucune réponse du peuple, les Mages s'adressèrent à quelque grand de la cité. « Où est, leur dirent-ils, celui qui est né, le roi des Juifs ? car nous avons vu son étoile en Orient, et nous sommes venus pour l'adorer. » Ce que le roi Hérode apprenant, il assembla tous les princes des prêtres et les scribes du peuple, et leur demanda où devait naître le Christ. Ceux-ci lui dirent : Dans Bethléem de Juda, car il a été écrit ainsi par le prophète : « Et toi, Bethléem, terre de Juda, tu n'es pas la moindre parmi les villes de Juda, car de toi sortira le Chef qui régira Israël, mon peuple ».

Alors les mages se remirent en marche. Ils sortirent de Jérusalem par la porte de Damas; et puis tournant vers la gauche, ils s'engagèrent dans de creux ravins entrecoupés de collines, qu'il fallut gravir.

Une troupe d'hommes les suivit jusqu'à un ruisseau ; ils firent une halte et cherchèrent l'étoile des yeux. L'ayant aperçue, ils poussèrent un cri de joie, et continuèrent leur marche en chantant....

Dans un site agréable, voisin d'un hameau, une source jaillit de terre devant eux, ce qui les remplit de joie. Ils descendirent et creusèrent pour cette source un bassin qu'ils entourèrent de sable, de pierres et de gazon. Ils campèrent là plusieurs heures, firent boire et manger leurs bêtes, et prirent eux-mêmes un peu de nourriture : car à Jérusalem ils ne s'étaient point reposés, à cause de leur préoccupation. « Plus tard, ajoute la vision, j'ai vu Notre-Seigneur s'arrêter quelquefois près de cette source avec ses disciples. » C'est le Puits des Mages, auprès duquel nous sommes maintenant.

« Le lendemain, les rois attendirent l'heure du crépuscule pour se remettre en marche. Ils parvinrent donc à Bethléem à la nuit tombée.

« Quand ils furent arrivés près du tombeau de Maraha, dans la vallée qui est derrière la grotte de la crèche, ils descendirent de leurs montures. Leurs gens défirent beaucoup de paquets, dressèrent une grande tente qu'ils portaient avec eux, et firent d'autres arrangements.... Le campement était disposé en partie, lorsque les rois virent l'étoile se montrer, claire et brillante, sur la colline. Alors ils s'acheminèrent vers cet endroit. Une grotte se présenta à eux, Melchior la vit pleine d'une lumière céleste, et au fond il aperçut la Vierge qui tenait l'Enfant. Elle était assise telle que ses compagnons et lui l'avaient vue dans leurs visions.

« Il retourna aussitôt sur ses pas et dit aux autres ce qu'il venait de voir. Alors Joseph, mystérieusement averti de la présence des étrangers, sortit de la grotte, accompagné d'un vieux berger, pour aller jusqu'à eux. Il les trouva dans leur camp, et ils lui dirent en toute simplicité comment ils étaient venus pour adorer le roi dont ils avaient vu l'étoile, et lui offrirent leurs présents. Joseph les accueillit amicalement et leur donna l'assurance qu'ils avaient trouvé Celui qu'ils cherchaient.

« Alors ils se préparèrent comme pour une cérémonie solennelle. Je les vis mettre de grands manteaux blancs qui traînaient majestueusement en arrière. Ces manteaux avaient un reflet brillant comme s'ils eussent été de soie brute ; ils étaient très-beaux et flottaient légèrement autour d'eux. C'était leur costume ordinaire pour les cérémonies religieuses. Ils portaient à leurs ceintures des bourses et des boîtes d'or suspendues par des chaînes également en or. Tout cela était recouvert de leurs larges manteaux. Chacun des rois était suivi par quatre personnes de sa famille : il y avait en outre quelques serviteurs de Melchior qui portaient une petite table, un tapis à franges, et d'autres menus objets. Quand ils eurent suivi saint Joseph sous l'auvent qui était devant la grotte, ils recouvrirent la table avec le tapis, et chacun des rois y plaça quelques-unes des boîtes d'or et des vases qu'ils détachèrent de leurs ceintures ; c'étaient les présents qu'ils offraient en commun. Melchior et tous les autres ôtèrent leurs sandales et Joseph ouvrit la porte de la grotte. Deux jeunes gens de la suite de Melchior marchaient devant lui ; ils étendirent une pièce d'étoffe sur le sol, puis ils se retirèrent en arrière ; deux autres placèrent sur le tapis une petite table, sur laquelle étaient les présents. Arrivé devant la sainte Vierge, Melchior prit les présents, et, mettant un genou en terre, il les déposa respectueusement aux pieds de Marie. Derrière Melchior, étaient quatre hommes de sa famille qui s'inclinaient respectueusement. Gaspard et Balthazar, avec leurs compagnons, se tenaient en arrière vers l'entrée. Quand ils s'avancèrent, ils étaient comme ivres de joie et d'émotion et inondés de la lumière qui remplissait la grotte ; et pourtant il n'y avait là d'autre lumière que la Lumière du monde. D'abord Marie, appuyée sur un bras, était plutôt étendue qu'assise sur un tapis à la gauche de l'enfant Jésus, lequel était couché à la place où il était né, dans une auge recouverte d'un tapis et placé sur une estrade. Mais au moment où les rois entrèrent, la sainte Vierge s'assit, se voila et prit dans ses bras l'enfant Jésus enveloppé dans son large voile. Melchior s'agenouilla, et, mettant les présents devant elle, il prononça de touchantes paroles.... Pendant ce temps, Marie avait découvert la tête et les bras du divin Enfant, qui regardait d'un air aimable, du milieu du voile dont il était enveloppé. Sa mère soutenait sa tête d'un bras et l'entourait de l'autre. Il avait ses petites mains jointes devant sa poitrine, et souvent il les étendait gracieusement autour de lui.

« Je vis alors Melchior tirer d'une bourse suspendue à sa ceinture, une poignée de petites barres compactes et pesantes de la longueur du doigt, affilées à l'extrémité et brillantes comme de l'or. C'était son présent, qu'il plaça humblement sur les genoux de la sainte Vierge, à côté de l'enfant Jésus. Marie prit l'or avec un remerciement gracieux et le couvrit d'un coin de son manteau. Melchior donna ces petites barres d'or vierge, parce qu'il était plein de sincérité et de charité, et qu'il cherchait la vérité avec une ardeur constante et inébranlable. Ensuite il se retira en arrière avec ses quatre suivants ; et Gaspar, le roi basané, s'avança avec les siens. Il s'agenouilla avec une profonde humilité. Il offrit son présent avec des paroles touchantes ; c'était un vase d'or plein de petits grains résineux de couleur verdâtre. Le roi le plaça sur la table devant l'enfant Jésus. Il donna l'encens, parce que c'était un homme qui se conformait respectueusement et du fond du cœur à la volonté de Dieu et la suivait avec amour. Il resta longtemps agenouillé avant de se relever.

« Après lui vint Bathazar, le plus vieux des trois ; il était très-avancé en âge, ses membres étaient raides, et il ne pouvait pas se mettre à genoux. Il se tint debout profondément incliné, et plaça sur la table un vase d'or avec une belle plante verte. C'était un arbuste à tige droite avec de petits bouquets frisés surmontés de jolies fleurs blanches. Il offrit la myrrhe parce qu'elle est le symbole de la mortification et de la victoire sur ses passions ; car cet excellent homme avait soutenu des luttes persévérantes contre l'idolâtrie, la polygamie et les habitudes violentes de ses compatriotes....

« Les paroles des rois et de tous leurs compagnons étaient pleines de simplicité et fort touchantes.

« Lorsqu'ils eurent fini, leurs serviteurs entrèrent à leur tour, et puis les rois revenant encore avec des cassolettes fumantes encensèrent respectueusement l'enfant Jésus, la sainte Vierge, saint Joseph, et toute la grotte : puis ils se retirèrent après s'être inclinés profondément. C'était une manière d'adorer propre à leur pays.

« Ah ! comme ils étaient plus respectueux, dans cette pauvre grotte, que dans leurs temples bâtis sur des feux souterrains, où tournaient des sphères constellées.

« Quand tous eurent quitté la Crèche, les étoiles s'étaient levées. Ils se rassemblèrent en cercle, et entonnèrent un chant solennel en présence des étoiles : je ne puis dire combien étaient harmonieux ces chants qui retentissaient dans la vallée silencieuse. Pendant tant de siècles, leurs ancêtres avaient interrogé les astres, prié, chanté à leur lumière ; maintenant leurs désirs étaient exaucés. Aussi chantaient-ils comme enivrés de joie et de reconnaissance.

« Le lendemain, vers minuit, j'eus tout à coup une vision. Je vis les rois reposant par terre, et j'aperçus auprès d'eux un jeune homme resplendissant : c'était un ange qui les réveillait et leur disait de ne pas revenir par Jérusalem, mais par le désert, en contournant la mer Morte. Ils se levèrent promptement. On alla à la Crèche prévenir saint Joseph... La tente fut pliée, les bagages chargés, et tout se trouva enlevé en un clin d'œil. Pendant que les rois faisaient de touchants adieux à saint Joseph, leur suite partait en détachements séparés pour prendre les devants, et se dirigeait vers le midi afin de longer la mer Morte en traversant Engaddi.

« Les rois firent des instances pour que la sainte Famille partît avec eux, parce qu'un danger la menaçait certainement : ils demandèrent ensuite que Marie se cachât avec l'enfant Jésus, de peur qu'elle ne fût inquiétée à cause d'eux. Ils pleurèrent, embrassèrent saint Joseph, lui adressèrent des paroles touchantes ; puis, ils montèrent sur leurs dromadaires légèrement chargés et s'éloignèrent à travers le désert. Je vis l'ange près d'eux dans la plaine. Il leur montrait le chemin. Bientôt ils disparurent. Ils suivirent des routes séparées, à un quart de lieue les uns des autres, se dirigeant pendant une lieue vers l'orient et ensuite vers le midi dans le désert. »

Telle fut la mystérieuse adoration des mages appelés à la Crèche. Son souvenir ne se présente-t-il pas merveilleusement au sortir de Bethléem.

Encore un pas, et nous serons à Jérusalem. Cependant ne rentrons point sans avoir salué la tour dite de Siméon, parce qu'elle s'élève sur les ruines de la maison du saint patriarche, dont le *Nunc dimittis* est dans toutes les bouches chrétiennes.

« Lorsque les jours de la purification furent accomplis, selon la loi de Moïse, Joseph et Marie portèrent l'enfant à Jérusalem, pour le présenter au Seigneur...

« Or, il y avait à Jérusalem un homme appelé Siméon, et cet homme était juste et craignant Dieu, attendant la consolation d'Israël; et le Saint-Esprit était en lui. Et il avait été averti par le Saint-Esprit qu'il ne mourrait pas avant d'avoir vu le Christ du Seigneur. Conduit par l'Esprit, il vint dans le Temple ; et comme le père et la mère apportaient Jésus, afin d'accomplir pour lui ce qui était ordonné par la loi, il le prit entre ses bras, il loua Dieu, et il dit :

« Seigneur, laissez maintenant votre serviteur aller en paix, selon votre parole, car mes yeux ont vu votre salut, le salut que vous avez préparé devant la face de tous les peuples, comme la lumière qui éclairera toutes les nations et la gloire de votre peuple d'Israël. »

Et nous aussi, pèlerins de Terre-Sainte, réjouissons-nous avec le vieillard Siméon, car nos yeux ont vu ce que tant d'autres ont désiré voir et n'ont pas vu, les vestiges des mages, et le champ des pasteurs, et la grotte à jamais vénérable de la Nativité de Notre-Seigneur !

XV

SAINT-SABA ET LA MER MORTE.

Plusieurs jours nous séparent encore des tristesses de la grande semaine. Nous n'avons encore vu ni la mer Morte, ni le Jourdain, ni Jéricho, ni la montagne de la Quarantaine, ni Béthanie, ni tant d'autres souvenirs encore vivants de la justice et de la miséricorde de Dieu. Remettons au temps pascal la visite de Jérusalem, et livrons-nous à des explorations plus lointaines.

Cette fois, plus de couvents hospitaliers ! C'est le désert, le pays des Bédouins. Schembri prépare des tentes, des lits, des provisions de bouche; il fait également un accord avec deux Bédouins pour qu'ils nous accompagnent et nous protégent, car l'autorité du sultan est purement nominale parmi les enfants d'Ismaël, et notre unique moyen de ne point être dévalisés est de pactiser avec les voleurs.

Ce matin, la journée s'annonçait mal. Deux de mes jeunes compagnons souffraient, mauvaise condition pour une course au désert; cependant, grâce à ma pharmacie portative, les voilà sur pied, ils montent à cheval avec nous. Or, à deux heures de Jérusalem, comme nous marchions un peu vite à l'avant-garde, nous sommes arrêtés par un cri d'alarme. M. de Vergès venait nous annoncer que M. de Franqueville s'était démis le bras en descendant de cheval. Cet accident nous affecta péniblement. M. de Franqueville avait accepté la charge de trésorier. Il se montrait plein de dévouement; il avait gagné la sympathie universelle. D'ailleurs, tout accident impressionne davantage, dans ces pays où les dangers sont de toutes les heures et les ressources presque nulles. Le blessé ne voulut pourtant pas rebrousser chemin; il se fit remettre le bras par l'un des pèlerins, remonta à cheval et vint jusqu'à Saint-Saba. Mais, le lendemain, l'enflure s'était développée et la douleur était violente; il dut retourner à Jérusalem, où il souffrit quelque temps, puis il partit pour la France, et il est, grâce à Dieu, entièrement guéri.

Nous avions perdu toute gaieté; nos pensées étaient tristes comme le chemin. Nos chevaux enfonçaient dans une terre molle et crayeuse, formée des débris d'une roche calcaire. Tout à coup, aux approches du monastère, nous nous trouvâmes suspendus, le long d'un sentier en corniche, sur l'étroite et profonde vallée du Cédron, dont les flancs se hérissent de rochers nus et taillés à pic. D'énormes blocs de pierre, à peine maintenus par une inégalité de terrain, surplombaient au-dessus de nous; d'immenses cavernes présentaient leur gouffre béant et leurs abîmes sans fond. Spectacle grandiose, et peut-être unique, même en Judée!

Le monastère se dresse sur l'angle saillant d'un de ces rochers, à quatre cents pieds au-dessus du torrent. C'est une demeure fantastique dans la plus affreuse des solitudes.

Les grottes des cénobites sont creusées dans le roc vif, et, suspendues au-dessus de l'abîme comme des nids d'oiseaux de proie, elles communiquent entre elles par des escaliers également taillés dans le roc. La porte est défendue par de grosses tours carrées. Au-dessus et couronnant le pourtour des hautes murailles d'enceinte, on voit des assises de pierres sèches ; c'est l'arsenal des moines. En cas d'attaque, ils précipiteraient des pierres sur les assaillants. Au dehors comme au dedans tout est silence, et quand nous y arrivâmes, le soir, après le coucher du soleil, nous l'aurions pris pour un palais enchanté, si, de temps à autre, nous n'avions vu apparaître à de grandes hauteurs la tête d'un moine qui faisait sentinelle. Ce silence et cet appareil de guerre forment un contraste qui parle fortement à l'imagination.

Malheur à celui qui aurait trop compté sur l'hospitalité des schismatiques de Saint-Saba ! M. de Forbin, pour s'y être bonnement fié, a dû se contenter d'un souper par cœur et d'une nuit en plein air. Il arrive le soir ; il frappe et la porte reste impitoyablement fermée. Ni le défaut de ressources, ni les embarras d'un voyageur attardé dans un désert ne peuvent toucher les cœurs. On répondait du haut des remparts en se cachant derrière un créneau. La négociation dura une heure. Prières, menaces, tout fut inutile. Une cruche d'eau, longtemps attendue, descendit enfin d'une tour de quatre-vingts pieds de hauteur, et puis toute communication cessa ; les tours redevinrent silencieuses.

Heureusement le cas était prévu. Des tentes, des lits, et une bonne table étaient dressés pour nous à quelque distance.

Mais ne visiterons-nous point ce couvent féerique ? Notre guide nous le fait ouvrir moyennant finance ; il donne une seconde étrenne, et on nous apporte dans la cour de très-bonnes figues, du rach, et de l'eau fraîche. Nous demandâmes à saluer l'archimandrite; la réponse fut négative. Nos pauvres chevaux devaient être victimes de ce système d'égoïsme. Depuis Jérusalem, les malheureuses bêtes supportaient une chaleur torride: elles devaient aller le lendemain jusqu'à la mer Morte sans trouver d'eau jusqu'à six heures du soir, le monastère seul pouvait leur en fournir. Les caloyers se montrèrent intraitables. Avançons toutefois, puisqu'on nous y autorise.

Il faut avoir suivi les mille escaliers et corridors du monastère, pour se faire une idée du labyrinthe creusé à pic dans le flanc du rocher. Montant et descendant, nous parvenons à l'église nouvelle qui est propre et bien tenue. Voici la grotte où saint Saba vivait avec son lion familier. Et puis, au fond de cette ancienne église taillée dans le roc, avez-vous aperçu cette grille de fer à l'entrée du caveau? Un moine a passé une bougie derrière la grille? Quatre cents crânes humains nous apparaissent, reflétant les effets variés d'une lumière incertaine. Ce sont les chefs de quatre cents religieux massacrés par les Sarrazins. S'ils sont vénérables, la manière de les conserver et de les montrer n'est assurément pas décente.

Dans un lieu plus honorable, nous vénérons le tombeau de saint Jean de Damas, l'immortel auteur de la Vie de la sainte Vierge, l'intrépide défenseur des saintes images.

Damas, enlevée aux chrétiens depuis un siècle, était devenue la résidence des Califes, successeurs d'Ali; Gésid Ier y régnait. Ce prince, favorable au Christianisme, avait investi un chrétien, nommé Jean, de la charge de gouverneur de sa capitale, et il le traitait avec une confiance intime.

« A cette époque parut le fameux édit de Léon l'Isaurien,

ordonnant de détruire toutes les images chrétiennes. Le gouverneur de Damas, en homme instruit, maniait habilement la plume. Il crut de son devoir d'écrire une lettre publique pour la défense des saintes images. La sensation en fut immense. L'empereur en conçut une rage inexprimable; et comme sa vengeance ne pouvait atteindre un homme haut placé qui, après tout, n'était pas son sujet, il imagina une trame infernale. Des secrétaires adroits, imitant l'écriture de son ennemi, écrivirent sous sa dictée une lettre où le gouverneur de Damas était censé écrire à l'empereur pour l'engager à venir reprendre la ville des Califes, et lui promettre le secours d'une trahison. Il envoya ensuite la lettre au Calife, comme un allié fidèle qui se faisait un devoir de dénoncer un traître. Gésid ne pouvait s'y méprendre. Il reçut le message dans la grande salle des audiences où de nombreux soldats entouraient son trône, prêts à exécuter ses arrêts; et avec la dissimulation orientale, il dit froidement : Qu'on fasse venir Mansour. — Or, Mansour était le nom sarrazin de Jean. — Un instant après, il dit à l'un de ses officiers : Quand Mansour sera devant vous, si je le renvoie en disant : Allez ! — vous le suivrez dehors; vous lui couperez la main droite ; vous l'exposerez sur la place publique; et vous ferez crier au peuple : Voilà la main d'un traître. — Et Jean entra, et s'avançant jusqu'aux pieds du Calife, il le salua en s'inclinant jusqu'à terre, et le Calife, le regard fixe, épiant ses mouvements, lui présenta la lettre sans dire un seul mot. Jean rougit, et l'émotion lui fit perdre la voix. Le Calife ne doute pas de la trahison, et sans examiner davantage : Vous vous expliquerez, dit-il, quand vous serez plus calme; allez! — L'officier avait entendu la parole fatale, il suit le gouverneur, lui intime l'ordre du Calife, saisit sa main, la place sur un billot, la tranche d'un coup de hache, et la présente au peuple en criant : C'est la main d'un traître !

« Le jour allait finir. Jean se retire dans sa demeure, offrant à Dieu sa confusion et son opprobre. Cependant, le peuple, qui l'aimait, ne pouvait croire à son crime. Il entoura l'émissaire de l'empereur, le questionna et finit par lui arracher un aveu. Aussitôt un ami du gouverneur se présente au Calife. Il jure que Jean n'est pas coupable, et demande au moins que la main soit rendue au martyr sans subir une plus longue ignominie. Gésid y consent.

« Or voici de quelle manière Jean IV, patriarche de Jérusalem, raconte la fin de ce drame : Jean était en pleurs, dans son oratoire, devant l'image de la sainte Vierge, lorsqu'on lui rapporta sa main. Il la posa au pied de l'image vénérée, rapprocha son bras, et dit : « Vous savez, Vierge sainte, pourquoi on a coupé cette main. Elle vous était bien dévouée cependant. J'avais promis de l'employer à écrire vos louanges. Si vous me la rendez, elle vous appartiendra plus que jamais ». Alors il tomba dans un sommeil calme et suave. Un songe gracieux lui présenta bientôt, dans des flots de lumière, Marie qui lui souriait et disait : « Tenez votre promesse, mon fils. Écrivez désormais, non pour les vaines préoccupations de ce monde, mais pour la gloire de Dieu. Vous êtes exaucé. Soyez guéri. » — Et le saint se réveilla. Sa main était fraîche comme la veille. Seulement un petit filet rouge autour du poignet restait comme preuve du miracle. Le calife voulut le voir ; il lui rendit ses bonnes grâces ; mais Jean avait promis à la sainte Vierge que sa plume et sa vie lui appartiendraient. Il vint à Jérusalem recevoir la consécration sacerdotale des mains du patriarche, il prêcha et écrivit pour l'honneur de Dieu et de son Église ; et il mourut dans ce monastère en 780. »

Ce couvent est fort ancien. Son fondateur, saint Saba, naquit en 439 et mourut en 532. Je crois avoir lu dans sa Vie que Dieu lui avait révélé la future décadence de son ordre et le schisme des moines qui viendraient après lui. Je ne conseillerais pas à un voyageur de quitter Jérusalem sans venir jusqu'ici. Il y a des choses qu'on néglige parce qu'elles se rencontreront ailleurs. Celle-ci est du nombre de celles qu'on ne trouve nulle part.

La nuit est venue, et le jour lui succède. A l'aurore, je dis la messe des pèlerins sous une tente; on prépare ensuite et on sert le café noir, et nous partons.

Quelle nature! Lorsqu'on est venu de Jaffa à Jérusalem et de Jérusalem jusqu'ici, on a épuisé les mots. La plume, à bout d'expression, ne peut plus décrire. La malédiction qui a frappé ce sol éclate à chaque pas. Ce n'est plus la terre fertile d'Engaddi : plus de bananiers, de palmiers, de maisons de plaisance; partout le désert, partout solitude affreuse et désolation. Ce ne sont que des terres brûlées, montagnes arides et fendues, dont les blocs cassés tiennent comme par artifice. Point de verdure; l'œil ne rencontre partout qu'une couleur terne et morte. Aucun être vivant, pas un arbre, pas un brin d'herbe. Toujours devant nous la mer Morte, abîme sombre, qui semble vouloir cacher le souvenir des crimes engloutis dans ses flots. Sur la plaine, quelques ondulations produites par des monceaux de cendre et de poussière. On ose à peine parler et rompre le silence de mort qui vous étreint de toutes parts. C'est bien la réalisation de la parole du prophète : «Jéhova répandra sur tes terres, au lieu de pluie, du sable et de la poussière. Il en tombera du ciel sur toi jusqu'à ce que tu sois détruit ».

L'artiste a besoin d'avoir l'âme fortement trempée pour résister à cette stupeur, pour comprendre et goûter le grandiose de ces sites désolés. « Quand on y voyage, dit M. de Châteaubriand, d'abord un grand ennui saisit le cœur; mais lorsque, passant de solitude en solitude, l'espace s'étend sans bornes devant vous, peu à peu l'ennui se dissipe ; on éprouve une terreur secrète qui, loin d'abaisser l'âme, donne du courage et élève le génie. Des aspects extraordinaires décèlent de toutes parts une terre travaillée par des miracles; le soleil brûlant, l'aigle impétueux, le figuier stérile, toute la poésie, tous les tableaux de l'Écriture sont là. Chaque nom rappelle un mystère ; chaque grotte déclare l'avenir; chaque sommet retentit des accents d'un prophète. Dieu même a parlé sur ces bords : les torrents desséchés, les rochers fendus, les tombeaux entr'ouverts, attestent le prodige; le désert paraît encore muet de terreur, et l'on dirait qu'il n'a osé rompre le silence, depuis qu'il a entendu la voix de l'Éternel. »

Il était midi lorsque nous arrivâmes auprès de la mer Morte. Les montagnes, groupées de manière à former entonnoir, nous enveloppaient de toutes parts et faisaient converger sur nous les rayons d'un soleil implacable, à quatre cents mètres au-dessous du niveau de la mer. Quand le guide nous arrêta, pour déjeuner, sur ce sable embrasé, il s'éleva un murmure général, mais il fallut se résigner. Un grand nombre de pèlerins se mirent à l'eau avant le repas, et c'était un spectacle singulier que de les voir nager, les pieds hors de l'eau, malgré leurs efforts pour les y enfoncer. Les grimaces des buveurs involontaires avaient quelque chose de particulièrement risible. Nos chevaux, altérés depuis la veille, ne s'y laissèrent pas tromper. Ils flairaient et détournaient la tête. Cette eau est d'une limpidité singulière, et cependant lorsqu'on y plonge les mains, on croirait les avoir dans l'huile. Quel problème est l'existence de cette mer, pour quiconque ne croit pas en Dieu? Toutes les lois de la nature y sont interverties!

Elle était belle, cette terre maudite, au jour où Abraham dit à Loth : Vos pasteurs et les miens sont en désaccord. Séparons-nous de peur qu'il n'y ait lutte entre des frères, Toute la terre est devant vous : Choisissez : si vous allez à droite, j'irai à gauche; et si vous allez à gauche, j'irai à droite. — Alors, le Seigneur n'ayant point encore détruit Sodome et Gomorrhe, la plaine autour du Jourdain était arrosée comme le jardin du Seigneur et comme la terre d'Égypte pour ceux qui viennent à Ségor. — Mais les habitants de ce pays se livraient aux crimes les plus infâmes, et Dieu résolut de les châtier.

Or, à quelque temps de là, un jour, sur le soir, deux anges arrivèrent à Sodome, et Loth se tenait assis à la porte de la ville.

« Et dès qu'il les eut vus, il se leva et alla au-devant d'eux et il les adora, en s'inclinant vers la terre. Et il leur dit : Je vous en prie, mes seigneurs, retirez-vous en la maison de votre serviteur, et demeurez-y. Lavez-vos pieds, et demain vers l'aurore vous reprendrez votre voyage. — Et les voyageurs répondirent : Non, nous resterons sur la place. — Et Loth les força d'entrer chez lui, et lorsqu'ils furent en sa maison, il leur prépara un banquet, et il fit cuire des gâteaux et ils mangèrent. Mais avant qu'ils se retirassent pour se coucher, les hommes de la ville de Sodome, depuis l'enfant jusqu'au vieillard, et tout le peuple ensemble, environnèrent la maison de Loth. Et appelant Loth, ils lui dirent : Où sont les hommes qui sont venus cette nuit vers toi. Amène-les devant nous, et livre-les nous. Loth leur répondit qu'il ne violerait pas ainsi les règles de l'hospitalité. Mais ils dirent : Tu es venu ici comme un étranger. Est-ce donc pour nous juger? Nous allons te maltraiter plus encore que nous n'aurions fait à tes hôtes. — Et ils se jetèrent sur lui avec une extrême violence, et ils étaient près d'enfoncer les portes. — Or, voilà que les étrangers avancèrent leurs mains, et, faisant rentrer Loth en sa maison, ils fermèrent la porte. Et ils frappèrent d'aveuglement ceux qui étaient dehors, depuis le plus petit jusqu'au plus grand, en sorte qu'ils ne pouvaient retrouver la porte.

« Alors les étrangers dirent à Loth : As-tu ici quelqu'un des tiens, un gendre, ou tes fils, ou tes filles? Tous ceux qui sont à toi, fais-les sortir de cette ville. Car nous la détruirons, parce que le cri des abominations de ses habitants s'est élevé vers le Seigneur, qui nous a envoyé pour la perdre.

« Loth étant donc sorti, alla vers ses gendres qui devaient épouser ses filles. Mais eux ne voulurent pas ajouter foi aux paroles de leur beau-père.

« Or, quand l'aube du jour fut venue, les anges appelèrent Loth, disant : Lève-toi, prends ta femme et tes deux filles que tu as ici, afin que tu ne périsses pas avec cette cité du crime. Et comme il différait, ils prirent sa main et la main de sa femme et celles de ses filles, parce que Dieu leur faisait grâce. Et ils l'emmenèrent et les mirent hors de la ville, et ils lui dirent : Sauve ta vie, et ne regarde point derrière toi, et ne t'arrête point dans cette contrée; mais, retire-toi en la montagne de peur que tu ne périsses avec les autres.

« Et Loth fit ce que les anges lui avaient dit.

« Le Seigneur fit pleuvoir sur Sodome et Gomorrhe le feu du ciel; et il détruisit ces cités, et toute la contrée qui les environne, et tous les habitants des villes et toutes les plantes de la terre. »

« On assure, dit M. le comte de Forbin, que la mer Morte a vingt lieues de longueur et dix à peine dans sa plus grande largeur. Les Arabes la nomment Bahar-Loth. Ils offraient autrefois de conduire à un pilier enduit de bitume, qu'ils montraient comme la statue de sel : il est impossible à présent de pénétrer jusque là sans danger ; les Bédouins y sont dans un état de guerre continuel avec les voyageurs. La plus grande longueur de la mer Morte est du nord au sud. C'était du côté de la rive occidentale que se trouvaient les cinq villes de Sodome, Gomorrhe, Adama, Séboim et Ségor. Les Juifs croient qu'à la venue du Messie, ces villes abîmées dans les flots reparaîtront dans tout leur éclat : *Et soror tua Sodoma et filiæ ejus revertentur ad antiquitatem suam.* (Ézéchiel, c. XVI.) Cherchant sur le rivage de la mer les vestiges des villes coupables, je vis en effet, des restes de murailles, ceux d'une haute tour et quelques colonnes. L'eau de cette mer est pesante, âcre et amère. Elle rejette sur le rivage des bois pétrifiés, des pierres poreuses et calcinées. Les Arabes en racontent des choses mystérieuses, et n'en parlent qu'avec le respect le plus religieux. Un enduit glutineux, salin, corrosif, couvre les ruines et tout le rivage; on rencontre çà et là, sur les bords de la mer, de petites touffes de zaccoum et d'autres arbustes dont on extrait des baumes précieux. »

A cette description de M. de Forbin, nous joindrons les appréciations de M. de Châteaubriand, sur ce lac mystérieux, témoin des vengeances du ciel. Le grand écrivain raconte ainsi son excursion :

« Nous descendîmes de la croupe de la montagne afin d'aller passer la nuit au bord de la mer Morte, pour remonter ensuite au Jourdain. En entrant dans la vallée, notre petite troupe se resserra : nos Bethléémites préparèrent leurs fusils, et marchèrent en avant avec précaution. Nous nous trouvions sur le chemin des Arabes du désert, qui vont chercher du sel au lac, et qui font une guerre impitoyable au voyageur.....

« Nous marchâmes ainsi pendant deux heures, le pistolet à la main comme en pays ennemi. Nous suivions entre les dunes de sable, les fissures qui s'étaient formées dans une vase cuite aux rayons du soleil. Une croûte de sel recouvrait l'arène, et présentait comme un champ de neige, d'où s'élevaient quelques arbustes rachitiques. Nous arrivâmes tout à coup au lac; je dis tout à coup, parce que je m'en croyais encore assez éloigné. Aucun bruit, aucune fraîcheur ne m'avait annoncé l'approche des eaux. La grève semée de pierres était brûlante, le flot était sans mouvement et absolument mort sur la rive.

« Il était nuit close : la première chose que je fis en mettant le pied à terre, fut d'entrer dans le lac jusqu'aux genoux, et de porter l'eau à ma bouche. Il me fut impossible de l'y retenir. La salure en est beaucoup plus forte que celle de la mer, et elle produit sur les lèvres l'effet d'une forte solution d'alun. Mes bottes furent à peine séchées, qu'elles se couvrirent de sel; nos vêtements et nos mains furent en moins de trois heures imprégnés de ce minéral. Galien avait dejà remarqué ces effets, et Pococke en a confirmé l'existence

« Nous établîmes notre camp au bord du lac....

« Vers minuit, j'entendis quelque bruit sur le lac. Les Bethléémites me dirent que c'étaient des légions de petits poissons qui viennent sauter sur le rivage. Ceci contredirait l'opinion généralement adoptée que la mer Morte ne produit aucun être vivant. Pococke, étant à Jérusalem, avait entendu dire qu'un missionnaire avait vu des poissons dans le lac Asphaltite. Hasselquist et Maundrell découvrirent des coquillages sur la rive.....

« Un bruit lugubre sortit de ce lac de mort, comme les clameurs étouffées du peuple abîmé dans ses eaux.

« L'aurore parut sur la montagne d'Arabie en face de nous. La mer Morte et la vallée du Jourdain se teignirent d'une couleur admirable; mais une si riche apparence ne servait qu'à mieux faire paraître la désolation du fond. »

Le lac fameux qui occupe l'emplacement de Sodome et de Gomorrhe est nommé mer Morte ou mer Salée dans l'Écriture ; Asphaltite par les Grecs et les Latins ; Almotenah et Bahar-Loth par les Arabes; Ulah-Degnisi par les Turcs. Je ne puis être du sentiment de ceux qui supposent que la mer Morte n'est que le cratère d'un volcan. J'ai vu le Vésuve, la Solfatare, le Monte-Nuovo dans le lac Fusin, le pic des Açores, le Mamelife vis-à-vis de Carthage, les volcans éteints d'Auvergne ; j'ai partout remarqué les mêmes cratères, c'est-à-dire des montagnes creusées en entonnoir, des laves et des cendres où l'action du feu ne peut se méconnaître La mer Morte, au contraire, est un lac assez long, courbé en arc, encaissé entre deux chaînes de montagnes qui n'ont entre elles aucune cohérence de forme, aucune homogénéité de sol. Elles ne se rejoignent point aux deux extrémités du lac; elles continuent, d'un côté, à border la vallée du Jourdain en se rapprochant vers le nord jusqu'au lac de Thibériade, et de l'autre, elles vont, en s'écartant, se perdre au midi dans les sables de l'Yémen. Il est vrai qu'on trouve du bitume, des eaux chaudes et des pierres phosphoriques dans la chaîne des montagnes d'Arabie; mais je n'en ai point vu dans la chaîne opposée. D'ailleurs la présence des eaux thermales, du souffre et de l'asphalte, ne suffit point pour attester l'existence antérieure d'un volcan. C'est dire assez que, quant aux villes abîmées, je m'en tiens au sens de l'Écriture, sans appeler la physique à mon secours.

D'ailleurs, en adoptant l'idée du professeur Michaëlis et du savant Busching dans son mémoire sur la mer Morte, la physique peut encore être admise dans la catastrophe des villes coupables, sans blesser la religion. Sodome était bâtie sur une carrière de bitume, comme on le sait par le témoignage de Moïse et de Josèphe, qui parlent des puits de bitume de la vallée de Siddim. La foudre alluma ce gouffre : et les villes s'enfoncèrent dans l'incendie souterrain. M. Malte-Brun conjecture très-ingénieusement que Sodome et Gomorrhe pouvaient être elles-mêmes bâties en pierres bitumineuses, et s'être enflammées au feu du ciel. Strabon parle de treize villes englouties dans le lac Asphaltite ; Etienne de Byzance en compte huit; la Genèse en place cinq *in valle silvestri :* Sodome, Gomorrhe, Adama, Séboim, et Bala ou Ségor ; mais elle ne marque que les deux premières comme détruites par la colère de Dieu. Le Deutéronome en cite quatre : Sodome, Gomorrhe, Adama et Séboim ; la Sagesse en compte cinq, sans les désigner : *Descendente igne in Pentapolim.*

Les autres merveilles racontées de la mer Morte ont disparu devant un examen plus sévère. On sait aujourd'hui que les corps y plongent ou surnagent suivant les lois de la pesanteur de ces corps et de la pesanteur des eaux du lac. Les vapeurs empestées qui devaient sortir de son sein se réduisent à une forte odeur de marine, à des fumées qui annoncent ou suivent l'émersion de l'asphalte et à des brouillards, à la vérité malsains comme tous les brouillards.

Au reste, nous n'avons pas besoin de cette particularité pour reconnaître, ici, les traces vivantes de la justice de

Dieu. Cette nature désolée, cette mer limpide en apparence, mais lourde et sans vie, cette effrayante dépression de terrain au milieu de laquelle le Jourdain précipite, chaque jour, un volume d'eau douce égal au contenu de six millions quatre-vingt-dix mille tonnes, cette profondeur de 883 mètres au-dessous de la Méditerranée, dans laquelle sont abîmées les villes maudites, cet air embrasé que ne rafraîchit pas une haleine de vent, cette mer étincelante comme un miroir ardent, ces montagnes concaves qui rassemblent et renvoient les rayons du soleil du midi comme le foyer d'une ellipse de feu, cette eau de feu, cette terre de feu, cette asmosphère de feu, tout rappelle cette flamme inextinguible allumée pour les anges mauvais et pour leurs imitateurs.

Je ne m'étendrai pas davantage sur ce sujet; les meilleurs auteurs l'on traité à fond, et il ne reste plus de doute possible sur la nature et l'origine de la mer Morte. Cependant je mentionnerai la *pomme de Sodome*, qui a été niée par plusieurs voyageurs et vue par d'autres.

C'est un fruit agréable à l'œil, amer au goût et plein de cendres, disent quelques-uns; c'est une fiction, reprennent les autres, une image faite à plaisir des jouissances du monde. Quel parti prendre entre des affirmations si diverses? Plusieurs savants affirment avoir vu l'arbre et le fruit, et ils en font la description; serait-il possible que ce fût un mensonge? D'après Amman, l'arbre ressemble à une aubépine, et le fruit est une petite pomme d'une belle couleur, mais amère et pleine de cendres. Hasselquist prétend que c'est le fruit du *solanum melungena* de Linné, et qu'il n'est rempli de poussière que lorsqu'il est attaqué par un insecte. Seetzen pense que c'est une espèce de grenade contenant du coton. « Je crois aussi avoir trouvé le fruit tant recherché, dit M. de Châteaubriand ; l'arbuste qui le porte croît partout, à deux ou trois lieues de l'embouchure du Jourdain ; il est épineux, et ses feuilles sont grêles et menues ; il ressemble beaucoup à l'arbuste décrit par Amman ; son fruit est tout à fait semblable, en couleur et en forme, au petit limon d'Égypte. Lorsque ce fruit n'est pas encore mûr, il est enflé d'une sève corrosive et salée ; quand il est desséché, il donne une semence noirâtre qu'on peut comparer à des cendres, et dont le goût ressemble à un poivre amer. J'ai cueilli une demi-douzaine de ces fruits; j'en possède encore quatre desséchés, bien conservés et qui peuvent mériter l'attention des naturalistes. » — Enfin, ces années dernières, on montrait à Paris des pommes de Sodome rapportées par M. de Saulcy. — On n'en saurait douter, la croyance presque universelle à la pomme de Sodome n'est pas sans fondement. Aucun de nos pèlerins n'eut l'heureuse chance d'en trouver. Pour moi, je l'ai déjà dit, dans les déserts de l'Arabie Pétrée, j'ai rencontré quelques-uns de ces fruits singuliers. Et, sans vouloir faire autorité dans la science, je me rangerais volontiers à l'opinion d'Hasselquist. J'y verrais le *solanum melungena*. Seulement je n'y ai jamais trouvé de cendres. Une belle peau, fraîche et colorée comme celle d'une pomme de Normandie; rien dedans, excepté le cœur et de nombreux pépins noirs. La tige est rampante ; elle court sur la terre, de sorte que le fruit, aperçu de loin, ressemble à une pomme détachée de l'arbre. Au milieu d'un désert, sans ombre, sans verdure, et sans eau, cette apparition étonne ; on serait tenté de croire au passage d'un voyageur qui aurait semé ses provisions sur la route. On espère trouver un fruit rafraîchissant, on fait agenouiller son chameau, on se penche, on saisit la pomme savoureuse, on presse, et on trouve le vide !

A moins d'être profondément orgueilleux, il est difficile au témoin de cette affreuse désolation des pays de Sodome et de Gomorrhe, de ne pas sentir ici la main de Dieu et de ne pas s'écrier avec le prophète : *Scito et vide quia malum et amarum est dereliquisse te Dominum Deum tuum.* Homme coupable et pécheur, apprends à connaître combien il est dur et amer d'avoir abandonné le service du Seigneur ton Dieu !

XVI

LA FONTAINE D'ÉLISÉE ET LE JOURDAIN.

Après les ardeurs brûlantes d'un soleil torréfiant, sur la plage sèche et bitumineuse de la mer Morte, dans un gouffre, à quatre cents mètres au-dessous du niveau de la mer, un frais et joli campement parmi les arbres en fleurs, sur un gazon bien vert, près d'un ruisseau limpide, quelques heures de loisir, un repas de famille sous un ciel constellé, une prière du soir en commun, et puis un bon sommeil, forment les éléments d'une jouissance inconnue aux habitants de nos hôtels dorés. Au front la joie, sur les lèvres un sourire, dans les paroles une bonne grâce naturelle, un entrain calme, un échange de bons procédés, une sorte de fusion des esprits et des cœurs, sont les fruits naturels de ce bien-être innocent. Peut-être une vertu secrète de charité est-elle aussi restée comme attachée à cette fontaine, autrefois amère, et rendue savoureuse par la vertu du prophète.

Bref, ce soir-là, le lendemain encore, et le surlendemain au départ, j'entendais sortir de toutes les bouches cette parole de saint Pierre au Thabor : *Bonum est nos hic esse, il est bon pour nous d'être ici!* On regrettait l'inflexibilité de l'itinéraire tracé à l'avance. On trouvait pénible d'avoir à quitter si tôt l'ombre, la verdure et la fraîcheur pour les rochers stériles de Jérusalem,

Charmant ruisseau d'Élisée, terre fertile de Jéricho, resterez-vous encore longtemps la proie inutile de Bédouins paresseux et farouches? Si Dieu m'exauce, bientôt des Trappistes de France ou de Staouëli viendront utiliser vos eaux fécondantes, préparer de riches moissons, planter des arbres aux fruits délicieux, fonder par le travail et l'abnégation une colonie chrétienne, en ces lieux enchanteurs où Jean prêcha la pénitence, où Jésus-Christ voulut être baptisé, où il jeûna pendant quarante jours et quarante nuits.

Partons sans regret ce matin, car nous reviendrons pour le soir. Traversons la plaine, avant l'apparition de ce soleil qui nous laissa hier des impressions terribles. La route est facile et courte. En deux heures, nous serons aux rives du Jourdain.

« J'avais vu les grands fleuves d'Amérique, dit M. de Châteaubriand, je les avais vus avec ce plaisir qu'inspirent la solitude et la nature; j'avais visité le Tibre avec empressement, et recherché avec le même intérêt l'Eurotas et le Céphise. Mais je ne puis dire ce que j'éprouvai à la vue du Jourdain. Non-seulement ce fleuve me rappelait une antiquité fameuse et un des plus beaux noms que jamais la plus belle poésie ait confié à la mémoire des hommes : mais ces rives m'offraient encore le théâtre des miracles de ma religion. La Judée est le seul pays de la terre qui retrace au voyageur le souvenir des affaires humaines et des choses du ciel, et qui fasse naître au fond de l'âme, par ce mélange, un sentiment et des pensées qu'aucun autre lieu ne peut inspirer... »

Pleins de ces grandes pensées, nous ne songeâmes ni aux verts bosquets, ni à la fraîcheur de l'air, ni à la rencontre si rare d'un fleuve en Palestine. Ici, le fleuve, devant l'Arche d'alliance, remonta vers sa source, laissant aux Israélites un libre accès vers la Terre promise. En s'y baignant, Naaman fut guéri de la lèpre. Ses eaux tressaillirent sous les pieds du Sauveur. Jean-Baptiste y manifesta pour la première fois au monde le Messie longtemps attendu; et, du ciel entr'ouvert, le Saint-Esprit, en forme d'une colombe, y descendit sur la tête du « fils bien-aimé en qui le « Très-Haut a mis ses complaisances ».

Les pèlerins grecs ont coutume d'apporter un drap avec lequel ils se plongent dans le fleuve sacré et qu'ils remportent pour leur servir de vêtement dans la tombe. Touchante allusion au baptême du Seigneur et à la robe d'innocence qu'il faudra présenter sans tache au tribunal de Dieu.

Au pied d'un grand arbre, sur la rive droite du fleuve, notre autel fut dressé. Je priai M. l'abbé Wauters, chanoine de Liége, de célébrer la messe, et j'engageai nos amis à renouveler les serments de leur baptême. Le lieu pouvait-il être mieux choisi ?

Nous retrouvons ici Jean-Baptiste, le mystérieux précurseur, que nous avons laissé enfant dans sa grotte près de Jutta. Il a grandi; il est dans toute la force de l'âge. La sœur Catherine Emmerich le représente ainsi :

« Il est de grande taille, amaigri par le jeûne et les mortifications corporelles, mais fort et nerveux. Il y a en lui une dignité, une pureté, une simplicité incroyables; il va toujours droit au but et son ton est celui du commandement. Il a le teint brun; son visage est maigre et tiré, grave et austère; ses cheveux sont frisés et d'un brun rougeâtre; sa barbe est courte. Il a au milieu du corps un drap qui l'enveloppe et qui retombe jusqu'aux genoux. Il porte un manteau grossier de couleur brune, qui paraît fait de trois morceaux; ce manteau le couvre entièrement par derrière, il est assujetti par une courroie autour de la taille. Ses bras et sa poitrine sont libres et découverts. Sa poitrine est toute couverte de poils à peu près de la couleur du manteau. Il porte un bâton recourbé comme une houlette.

« Jean allait droit aux hommes, et il ne parlait que d'une chose, de la pénitence et de l'approche du Seigneur. Tous s'étonnaient et devenaient sérieux quand il paraissait. Sa voix était perçante comme une épée, claire, forte, et cependant agréable. Il traitait tous les hommes, quels qu'ils fussent, comme des enfants. Partout il allait droit son chemin; rien ne pouvait le détourner de sa voie; il ne regardait à rien, il n'avait besoin de rien.

« Pendant les trois mois qui précédèrent le baptême, Jean parcourut deux fois le pays, annonçant Celui qui devait venir après lui. Il y avait dans toutes ses allures une autorité incroyable; il s'avançait d'un pas ferme et rapide, mais sans précipitation. Ce n'était cependant pas une démarche calme, comme celle du Sauveur. Là où il n'avait rien à faire, je l'ai vu courir d'un champ à un autre. Il entre dans les maisons; il va enseigner dans les écoles et rassemble aussi le peuple autour de lui dans les rues et sur les places. Je vis quelquefois des prêtres et des magistrats l'arrêter et lui demander des explications; mais bientôt, saisis d'étonnement et d'admiration, ils le laissaient aller librement.

« Je vis que l'expression *à préparer les voies du Seigneur* n'était pas une simple figure; car je le vis commencer ses fonctions en préparant des chemins, et parcourir tous les lieux et tous les chemins où passèrent plus tard Jésus et ses disciples. Il enlevait çà et là des broussailles et des pierres et pratiquait des sentiers. Il établissait des passages sur les ruisseaux, nettoyait leur lit, creusait des réservoirs et des fontaines, préparait des siéges, des lieux de repos, et faisait des toits de feuillage. Je l'ai vu faire divers arrangements dans des endroits où, par la suite, le Seigneur s'est reposé, a enseigné, agi. En se livrant à ses travaux, cet homme grave et solitaire, avec son vêtement grossier et son aspect austère, attirait sur lui l'attention des gens de la campagne ; il excitait l'étonnement dans lés cabanes où il entrait, afin d'y emprunter les outils nécessaires pour son travail, et où il prenait aussi des gens pour l'aider. Partout où il allait, on l'entourait aussitôt, et il exhortait gravement et hardiment à la pénitence, annonçant que le Messie venait après lui et qu'il lui préparait les voies. Souvent je le vis montrer du doigt la contrée où Jésus se trouvait alors. »

Tel était l'homme extraordinaire qui précéda le Sauveur dans la voie de la paix et de la miséricorde, ce Jean-Baptiste qui baptisa Jésus, le jour où le bon Maître institua le Sacrement par lequel nous devenons enfants de Dieu et nous recouvrons nos droits d'héritiers du Ciel, si nous sommes fidèles.

Il nous semblait voir Jean debout sur la rive et Jésus dans l'eau, pendant que le prêtre lisait cet évangile :

« En ce temps-là, Jésus vint de la Galilée pour être « baptisé par Jean. Mais Jean refusait en disant : C'est moi « qui dois être baptisé par vous, et vous venez à moi ! — « Et Jésus lui répondit : Faites ce que je vous dis, car il

« faut accomplir toute justice. Alors Jean obéit. Et les cieux « furent ouverts; et l'Esprit de Dieu descendit en forme de « colombe sur la tête de Jésus. Et une voix partit du Ciel, « qui disait : Celui-ci est mon fils bien-aimé en qui j'ai mis « toutes mes complaisances; écoutez-le. »

Après la messe, la plupart de nos jeunes gens voulurent se baigner dans le fleuve. On leur recommanda les plus grandes précautions, car le courant est ici très-rapide. Le Jourdain prend sa source au pied du Djebel-Scheill, dans l'Anti-Liban. Il traverse les lacs Marom et de Tibériade, et se jette dans la mer Morte après un parcours de 220 kilomètres. Or, de sa source au lac Marom, il descend d'une hauteur de 200 mètres; du lac Marom à celui de Tibériade, il tombe encore de 250 mètres, et de Tibériade à la mer Morte, sa chute est de 150 mètres, soit en tout 600 mètres de chute sur un parcours de 120 kilomètres. On comprend quelle rapidité il doit avoir au moment d'atteindre son embouchure. Un accident récent venait encore nous conseiller la prudence. La semaine précédente, le guide de la caravane autrichienne s'était noyé. On se mit donc à l'eau avec défense de braver le courant. Cependant le jeune baron de Montblanc voulut absolument tenter le passage; et, comme il était de force à réussir, on y consentit en l'obligeant toutefois de se laisser attacher une corde à la ceinture. De fait, il eût infailliblement gagné l'autre rive, mais la corde l'ayant gêné, il parut chanceler : on eut peur; on retira le nageur auquel cette secousse inattendue fit boire un coup forcé, et on le ramena malgré lui. L'intrépide jeune homme expliqua la méprise et voulut recommencer; mais il dut céder à nos instances; il fallait s'en tenir là, c'était l'avis commun.

D'ailleurs, le ciel se chargea de mettre un terme à ce bain dangereux. Un gros nuage creva tout à coup et nous inonda d'une de ces pluies torrentielles particulières aux pays chauds. Aussitôt les baigneurs de courir à leurs habits pour les préserver. Mais où les mettre? Point d'abri d'aucune sorte. Tandis que nos vêtements se mouillaient tout simplement sur nos épaules, je riais de voir nos jeunes gens serrer les leurs dans leurs bras, et faire pour les préserver, mille efforts plus inutiles les uns que les autres. J'aperçois d'ici l'un d'eux, à quatre pattes, recevant la pluie sur son échine, par dévouement pour ses hardes qui s'imbibaient tout de même. Bref, il n'y avait qu'un parti à prendre, se résigner. Tout fut transpercé, habits, selles, fusils, pistolets, sabres, poignards, rien n'échappa. Pour comble d'infortune, nous n'avions point déjeuné, et le bain avait aiguisé les appétits. On fit comme à la guerre. Nous partageâmes le pain, le saucisson, les œufs durs, les poulets froids qui nageaient dans nos cantines inondées, et battus par le vent, courbés sous les cataractes entr'ouvertes d'un ciel impitoyable, nous mangeâmes, en riant, le plus vite possible. Les nageurs se rhabillèrent et nous sautâmes à cheval. Heureusement, le soleil de midi déchira ses voiles, le vent tomba, la tempête se calma. Nous étions secs en rentrant au campement.

J'ai expliqué de quelle sorte nous avions dû traiter avec les Bédouins pour obtenir libre circulation dans ce désert. Ils étaient donc nos gardiens et nos protecteurs ; or, voici comme ils entendent la foi jurée. La veille, chemin faisant, Maxence de Vibraye avait perdu son revolver. Il promit récompense à l'Arabe qui le rapporterait. Aussitôt un cheik de me dire à l'oreille que l'arme était retrouvée. On l'avait ramassée sur le sable, au moment même de la chute ; mais on s'était bien gardé d'en prévenir. Maxence réclame son bien. Le cheik demande quatre-vingts piastres de récompense. Défiants comme de juste, nous voulons voir le revolver avant de payer. Le cheik refuse : il n'a pas l'arme ; et il défend à ses hommes de la montrer. Je ne sais par quel hasard un de nous l'aperçoit cachée sous la chemise d'un Bédouin. Plus de doute, nous la reprenons. Alors, tirant cet homme à l'écart, nous lui demandons quel salaire il exige. Il se contente de quarante piastres. Maxence offre l'argent, mais, sur ces entrefaites, arrive le cheik furieux. Il avait espéré mettre quarante piastres dans sa poche et céder les quarante autres au recéleur. Son plan était déjoué. Il menaçait le malheureux Arabe et ne voulait pas qu'il fût récompensé, puisqu'il n'y gagnait rien ; et de fait, abusant de son pouvoir, il l'obligea à restitution. Cet homme était hideux dans sa colère : ses yeux injectés de sang sortaient de sa tête ; toute sa physionomie respirait la férocité. Nous eûmes beau presser le malheureux subalterne de garder sa récompense ; la peur de cette bête fauve l'empêcha de céder ; il rendit l'argent. Plus tard seulement, Maxence trouva le moyen de lui glisser les quarante piastres à la dérobée.

De telles aventures aident mieux que vingt dissertations à connaître le caractère des hommes du désert. Je les recueille à mesure. Nous en trouverons d'autres chemin faisant ; malheureusement elles ne seront pas à l'avantage de la race bédouine.

XVII

JÉRICHO.

Hélas ! je cherche en vain la ville célèbre de Jéricho. La plaine s'étend à perdre de vue, et nulle trace d'habitations agglomérées ne s'offre à nos regards. Cependant c'est bien ici que s'opéra le drame de l'entrée des Israélites dans la Terre promise.

Quarante ans s'étaient écoulés depuis la sortie d'Égypte. Tous ceux qui avaient vécu sous les Pharaons étaient morts, à l'exception de Caleb et de Josué, et Moïse lui-même venait d'expirer sur le mont Nébo, après avoir contemplé de loin la terre où il ne pouvait entrer.

« Et il arriva que le Seigneur parla à Josué, fils de Nun, et qu'il lui dit : Moïse, mon serviteur est mort ; lève-toi et passe le Jourdain, toi et tout le peuple avec toi, et prends possession de la terre que je donnerai aux fils d'Israël. Tout l'espace que foulera votre pied, je vous le donnerai. Vos frontières s'étendront depuis le désert et le Liban jusqu'à l'Euphrate, et vous possèderez toute la terre des Héthéens, jusqu'à la grande mer qui est au soleil couchant. Nul ne pourra vaincre le peuple d'Israël tant que tu vivras. Comme j'ai été avec Moïse, ainsi serai-je avec toi. Sois fort et vaillant, car tu es destiné à partager à ce peuple la terre promise à ses pères. Sois fort et vaillant ; c'est moi qui te l'ordonne. Ne crains pas et ne t'épouvante pas ; car le Seigneur ton Dieu sera avec toi partout où tu iras. »

Ces paroles étaient singulièrement encourageantes, pour un nouveau chef tout à coup investi d'un commandement qui équivalait à une royauté. Josué se mit donc à l'œuvre avec une rare activité, et il se hâta de donner ses ordres aux princes du peuple, en disant :

« Passez au milieu du camp, et avertissez le peuple et dites-lui de préparer des vivres, car, après trois jours, il traversera le Jourdain pour entrer dans la terre que le Seigneur veut nous donner. »

Mais une précaution était à prendre, explorer le terrain avant de s'y engager.

« Josué, fils de Nun, envoya donc, de Sétim, deux hommes chargés de tout observer en secret, et il leur dit : « Allez, et considérez la terre et la ville de Jéricho ». Et les envoyés partirent et arrivèrent heureusement sans être reconnus, dans la maison d'une courtisane nommée Rahab, qui leur permit de se reposer chez elle.

« Cependant, on s'aperçut de quelque chose, et on vint dire au roi de Jéricho : Voilà que des hommes sont entrés ici pendant la nuit, envoyés par les enfants d'Israël pour reconnaître le pays. Et le roi de Jéricho fit dire à Rahab : Fais sortir de chez toi ces étrangers, car ce sont des espions. Mais Rahab les ayant cachés, répondit : Il est vrai que des étrangers se sont présentés, mais je ne savais pas d'où ils étaient. Or, comme on fermait les portes pour la nuit, ils sont sortis, et j'ignore où ils sont allés. Si vous les poursuivez promptement, vous les atteindrez. — Or, pendant qu'elle les tenait couverts avec du lin sur la terrasse de sa maison, les messagers du roi les cherchèrent le long de la voie qui mène au gué du Jourdain.

« La nuit venue, Rahab monta vers les deux Hébreux et leur dit : Je vois que le Seigneur vous a donné cette terre; car l'effroi s'est répandu sur nous et tous les habitants de ce pays sont dans l'abattement. Nous avons entendu raconter comment le Seigneur a desséché sous vos pas les eaux de la mer Rouge, lorsque vous êtes sortis d'Égypte, et comment vous avez traité les deux rois des Amorrhéens, Sehon et Og, que vous avez mis à mort. Et ces nouvelles nous ont remplis d'épouvante ; et notre cœur a défailli, et notre esprit s'est troublé à votre approche, car le Seigneur votre Dieu est le Dieu du ciel et de la terre. Maintenant donc, je vous demande une grâce, jurez-moi par le Seigneur que vous ferez miséricorde à la maison de mon père comme je vous l'ai faite à vous-mêmes, et que vous sauverez mon père, ma mère, mes frères et mes sœurs, et tout ce qui est à eux, et que vous nous préserverez de la mort. — Et ils lui dirent : Notre vie répondra pour la vôtre, si vous ne nous trahissez pas; et lorsque le Seigneur nous aura livré cette terre, nous accomplirons envers vous la miséricorde et la justice. — Alors elle les fit descendre par la fenêtre, au moyen d'une corde, et ils se trouvèrent en pleine campagne, car la maison était appuyée aux murs de la ville. Et Rahab leur donna le conseil de se cacher pendant trois jours dans les montagnes pour attendre le retour de ceux qui les cherchaient. Et ils lui dirent avant de s'éloigner : Nous accomplirons notre serment, si, lorsque nous entrerons dans cette terre, vous suspendez un ruban d'écarlate à la fenêtre par où nous sommes descendus ; et si vous rassemblez dans votre maison votre père et votre mère, vos frères et vos sœurs, et toute votre parenté, et que vous vous y teniez enfermés, nous vous protégerons. Que le sang de ceux qui seront avec vous dans votre maison, retombe sur notre tête, si quelqu'un ose vous frapper. Mais si vous nous trahissez et que vous découvriez nos paroles, nous serons libres de tout serment. — Et elle répondit : Qu'il soit fait comme vous l'avez dit ! — Et les congédiant, elle suspendit un ruban d'écarlate à sa fenêtre.

« Et s'acheminant vers la montagne, les envoyés d'Israël s'y cachèrent pendant trois jours ; et lorsque ceux qui les poursuivaient furent retournés dans la ville, ils traversèrent le Jourdain, se présentèrent à Josué, fils de Nun, et lui racontèrent tout ce qui s'était passé. Et ils lui dirent : Le Seigneur a mis cette terre entre nos mains, et tous ses habitants sont abattus par la crainte.

« Josué s'étant donc éveillé pendant la nuit, leva son camp, et, partant de Sétim, lui et tout le peuple d'Israël, ils atteignirent le Jourdain et séjournèrent sur ses bords l'espace de trois soleils. Et voilà qu'à la troisième aurore les hérauts parcoururent le camp et commencèrent à crier : Lorsque vous verrez se mettre en mouvement l'arche du Seigneur votre Dieu avec les prêtres qui la portent, vous aussi, levez-vous, et marchez derrière eux. — Et Josué dit au peuple : Sanctifiez-vous, car le Seigneur fera demain parmi vous des prodiges merveilleux. — Et il dit aux enfants de la tribu de Lévi : Portez l'arche, et précédez le peuple.

« Le peuple sortit donc de ses tentes pour franchir le Jourdain, et les prêtres qui portaient l'arche d'alliance marchaient devant lui. Or, le Jourdain s'était gonflé et ses eaux avaient couvert ses rives des deux côtés. Cependant lorsque les prêtres furent entrés dans le fleuve et que leurs pieds commencèrent à être mouillés, les eaux qui descendaient des hauteurs de l'Hermon, s'arrêtèrent, amoncelées de sorte qu'elles paraissaient de loin comme une montagne, depuis Adom jusqu'à Sarthan, et le reste se perdit dans la mer du désert, appelée aujourd'hui la mer Morte.

« Or, les prêtres qui portaient l'Arche d'alliance se tinrent debout au milieu du lit du Jourdain, et le peuple passait à travers le fleuve desséché. Et les enfants de Ruben et de Gad, et la moitié de la tribu de Manassé, en armes, précédaient les enfants d'Israël, comme Moïse l'avait ordonné, et quarante mille combattants marchaient par bandes organisées dans les plaines et les campagnes de Jéricho.

« En ce jour le Seigneur glorifia Josué devant tout le peuple, afin qu'on le craignît comme on avait vénéré Moïse, et il lui dit : Ordonne aux prêtres qui portent l'Arche d'alliance de sortir du Jourdain ! — Et Josué le leur commanda. Or, dès qu'ils mirent le pied sur la terre ferme, les eaux du fleuve reprirent leur cours.

« Le peuple traversa de la sorte le Jourdain, le dixième jour du premier mois, et campa en Galgala, du côté occidental de la rive de Jéricho.

« Or, quand les rois des Amorrhéens, qui habitaient vers l'occident et tous les rois des Chananéens qui possédaient les régions voisines de la grande mer, apprirent le miracle du Seigneur en faveur d'Israël, ils perdirent courage, et leur esprit fut troublé par l'épouvante.

« Et les enfants d'Israël demeurèrent paisibles à Galgala, et ils célébrèrent la Pâque le quatorzième jour du mois, vers le soir, dans les plaines de Jéricho.

« Le lendemain, ils mangèrent les fruits de la saison, des pains sans levain, et de la farine de l'année. Et la manne cessa de leur venir du ciel, dès qu'ils purent se nourrir des fruits de la terre de Chanaan ».

Cependant il ne suffisait pas d'avoir franchi le Jourdain. Le Seigneur avait promis de donner à la postérité de Jacob toute la terre jusqu'au Liban, et le peuple se tenait cantonné sur l'extrême lisière. Un nouveau secours était nécessaire pour triompher d'ennemis innombrables. Il ne se fit pas attendre.

« Comme Josué était dans les champs qui avoisinent Jéricho, il leva les yeux et vit un homme debout devant lui, tenant une épée nue. Et il marcha vers lui, et il lui dit : Es-tu des nôtres ou de nos ennemis ? Et l'apparition lui répondit : Je suis le chef de l'armée du Seigneur. — Et Josué tomba prosterné contre terre, et l'adorant, il lui dit : Qu'ordonne mon Seigneur à son esclave ? — Ote ta chaussure, répondit l'ange, car ce lieu est saint. — Et Josué fit ce qui lui était commandé.

« Et le Seigneur dit à Josué : Voilà que j'ai livré en ta main Jéricho, et son roi, et tous ses guerriers. Armez-vous comme pour le combat, et faites le tour de la ville. Vous recommencerez ainsi à le faire pendant six jours ; et le septième, les murailles s'affaisseront sur elles-mêmes et chacun entrera droit devant lui. »

Jéricho était l'une des plus grandes et des plus fortes villes du pays de Chanaan, située dans une plaine agréable et fertile, à trois lieues environ de la rive du Jourdain et à huit ou dix lieues de Jérusalem. Sa population en état de porter les armes s'était augmentée d'une multitude considérable d'hommes accourus des campagnes voisines, pour s'y réfugier avec toutes leurs familles ; et les rois du pays lui avaient envoyé leurs soldats les plus braves et les mieux entendus dans l'art de défendre les places. Elle ne manquait ni d'armes ni de munitions. Elle était abondamment pourvue de vivres; car les paysans y avaient conduit leurs troupeaux et apporté le produit de leurs récoltes pour les soustraire à l'ennemi. Son roi la commandait en personne, et on était résolu à s'y bien défendre, derrière les murailles épaisses qui la protégeaient.

Quel ne fut pas l'étonnement des habitants de cette ville guerrière, lorsqu'ils virent les Israélites commencer autour de son enceinte la mystérieuse cérémonie ordonnée par le Seigneur?

Une première fois le peuple se mit en marche. Les soldats sous leurs drapeaux, en ordre de bataille, ayant leurs officiers à leur tête, et commandés par Josué, formaient l'avant-garde. A quelque distance, sept prêtres de la tribu de Lévi, précédés apparemment du pontife Éléazar, marchaient devant l'Arche qui s'avançait elle-même, portée par quatre prêtres, frères, fils ou neveux du Pontife. Après l'Arche, suivait une multitude innombrable, en ordre et sans confusion. Tous gardaient le silence le plus profond, seulement de loin en loin, le son des trompettes retentissait dans l'espace. Après qu'on eut fait dans cet appareil religieux le tour de la place, à quelque distance des murs, on rentra dans le camp, et on replaça l'Arche dans le Tabernacle.

Six jours durant la même cérémonie recommença.

Le septième jour, qui était le premier du second mois de l'année, et qui se rencontrait un jour de sabbat, Josué assembla de bonne heure les princes et les officiers pour régler toutes choses avec eux; le peuple se rangea dans l'ordre prescrit, et on se mit en mouvement. Sans doute, les Chananéens, accoutumés aux évocations journalières de leurs ennemis, ne furent pas plus effrayés que les jours précédents. Ils ne voyaient ni travaux avancés de la part des assiégeants, ni machines roulées au pied de leurs murailles. Et cependant l'heure de Dieu était venue. A la fin du septième tour, les trompettes sonnèrent d'un son plus traînant et plus aigu ; Josué poussa un grand cri, et toute la multitude éleva la voix en criant ; et les murs de la ville s'écroulèrent jusqu'aux fondements ; et les hautes tours s'abîmèrent avec fracas. Aussitôt les guerriers d'Israël se tournent contre la ville, et chacun entre droit devant soi. On passe tout au fil de l'épée, depuis le roi jusqu'au dernier des misérables, depuis l'enfant à la mamelle jusqu'au veillard le plus décrépit, sauf Rahab et les siens qui furent respectés en vertu du serment fait par les envoyés de Josué. On tua aussi tous les animaux ; on mit le feu à la ville, et on la réduisit en cendres, avec toutes les richesses qui s'y trouvaient renfermées. On réserva seulement l'or et l'argent, et les vases d'airain et de fer, pour les offrir au Tabernacle du Seigneur. Et lorsque tout fut anéanti dans la ville, Josué prononça cette imprécation terrible : Maudit soit l'homme qui rebâtira Jéricho et la fera sortir de ses ruines. Que le cadavre de son fils aîné soit jeté dans les fondements de la place, et qu'on porte au tombeau le dernier de ses fils, lorsqu'il en fera suspendre les portes. — Plus tard, on rebâtit une autre ville de Jéricho à quelque distance, et celle-là subsista jusqu'au temps de Notre-Seigneur. Mais un Israélite ayant voulu braver la défense et réédifier des murs sur les anciens fondements, il éprouva la sévérité des vengeances du Seigneur, et les menaces de Josué se vérifièrent en lui.

Ainsi fut emportée la ville de Jéricho ; ainsi fut traversé

le Jourdain ; ainsi les Hébreux prirent-ils une première possession de la Terre promise.

La ville resta longtemps ensevelie dans ses ruines. Un homme osa un jour, tenter de la reconstruire, mais la prédiction de Josué s'accomplit et la téméraire entreprise demeura sans effet. Plus tard, la malédiction fut levée, et du temps du Christ, Jéricho était redevenue florissante. Nous la trouvons dans l'Évangile.

« Comme il approchait de Jéricho, ville de la tribu de Benjamin, à sept lieues de Jérusalem, il arriva qu'un aveugle était assis au bord du chemin, demandant l'aumône. Or, entendant passer la foule, il demanda ce que c'était. On lui dit : C'est Jésus de Nazareth qui passe. Sur quoi il se mit à crier : Jésus, fils de David, ayez pitié de moi! — Ceux qui marchaient en avant de Jésus, gourmandaient cet homme pour le faire taire. Mais il criait encore beaucoup plus haut : Fils de David, ayez pitié de moi! Jésus alors, s'arrêtant, ordonna qu'on lui amenât cet homme. — Que veux-tu que je te fasse, lui demanda-t-il ? — Seigneur, faites que je voie, répondit l'aveugle. — Jésus répondit : Vois. Ta foi t'a sauvé. — Et aussitôt cet homme vit, et il suivait Jésus en glorifiant Dieu, et tout le peuple fit de même. »

Une conversion éclatante suivit de près ce miracle. Écoutons encore l'évangéliste.

« Ensuite Jésus, étant entré dans Jéricho, traversait la ville. Et voilà que Zachai ou Zachée, homme riche qui était le chef des publicains, cherchait à voir Jésus, sans pouvoir y réussir à cause de la foule, parce qu'il était fort petit. Courant donc en avant, il monta sur un sycomore. Arrivé près de cet arbre, Jésus leva les yeux, l'aperçut et lui dit : Zachée, hâtez-vous de descendre, car il il faut qu'aujour d'hui je loge dans votre maison. Le publicain descendit en toute hâte et reçut le Maître avec joie.

« Or les Juifs murmurèrent en disant : Il est descendu chez un pécheur public ! »

Mais, à l'insu des Juifs, le regard du Maître avait agi sur le pécheur, qui manifesta incontinent l'action divine exercée sur lui.

« Zachée, debout devant le Seigneur, lui dit : Seigneur, à dater de ce moment, je donne aux pauvres la moitié de mes biens, et si j'ai fait tort en quoi que ce soit à quelqu'un, je lui rends le quadruple.

« Jésus répondit : Le Fils de l'homme est venu précisément chercher et sauver les brebis d'Israël qui avaient péri. Voilà que cette maison (criminelle) a reçu aujourd'hui le salut, et que cet homme est devenu un enfant d'Abraham...

« Ces choses dites, Jésus, marchant à la tête de ses disciples, reprit le chemin de Jérusalem ; et, comme il sortait de Jéricho, une grande foule s'attacha de plus en plus à ses pas. »

Encouragés par son dernier miracle, deux aveugles étaient assis le long du chemin, attendant le passage de Jésus. L'un d'eux était un mendiant dont le père avait nom Timaï.

Dès qu'ils entendirent passer Jésus, ils s'écrièrent, comme l'aveugle de l'avant-veille : Ayez pitié de nous, fils de David ! On leur imposait silence avec menaces. Mais ils n'en criaient que plus fort : Ayez pitié de nous, fils de David!

Jésus s'arrêta, comme la première fois, et dit qu'on les fît approcher. Ceux qui entouraient Jésus appelèrent donc Bar-Tamaï l'aveugle, et ils lui dirent : Aie confiance, lève-toi ; il t'appelle. — A l'instant, rejetant son manteau, l'aveugle s'élance, et il vient à Jésus. Son compagnon en fit autant. Jésus leur adressa la même question qu'au premier aveugle, et il en obtint la même réponse. Alors, ému de compassion, il toucha leurs yeux, et aussitôt ils recouvrèrent la vue et le suivirent.

De l'antique splendeur de l'opulente cité que reste-t-il aujourd'hui? Pas une ruine, pas un vestige. Derrière une haie d'épines sèches quelques misérables huttes de boue desséchée, où s'abritent des Bédouins farouches et méchants, et une vieille tour pompeusement décorée du nom de citadelle, parce que des soldats turcs y sont casernés, sous le prétexte de maintenir une apparente sécurité. La misère et un fantôme de despotisme, voilà tout. La ville célèbre a disparu; son nom même s'est effacé, et le triste village qui la remplace cache sa décrépitude sous le nom moderne de Riha.

Mais si l'œuvre des hommes disparaît, celle de Dieu reste; et la nature nous révèle ce que devaient être ces plaines au temps où florissait Jéricho. Le Jourdain, alors beaucoup plus abondant, la fontaine d'Élisée, plusieurs torrents, des aqueducs aujourd'hui encore perceptibles à l'œil exercé, répandaient leurs eaux et entretenaient la fraîcheur sur le sol échauffé par le soleil. « Il existe chez les Juifs, dit Justin, une vallée renfermée entre des montagnes qui ressemblent à un mur autour d'un camp. Cette vallée est appelée Jéricho; on y voit une forêt remarquable par sa fertilité et sa beauté. Là, croissent le palmier et le baumier. Mais ce lieu n'est pas moins remarquable par la fraîcheur que par l'abondance qui y règnent, puisque la contrée étant sous l'action du soleil le plus ardent de la terre, on y jouit cependant d'une fraîcheur agréable et constante. »

Après le témoignage de Justin, nous avons celui de Josèphe, qui dit à propos de la fontaine d'Élisée : « Le pays, que cette fontaine traverse a soixante-dix stades de long et vingt de large. On y voit une quantité de très-beaux jardins, où elle nourrit des palmiers de diverses espèces, et dont les noms, aussi bien que le goût de leurs fruits, sont différents. Il y en a qui donnent un miel peu différent du miel ordinaire, qu'on trouve en abondance dans ce pays. On y voit aussi un grand nombre de cyprès et de myrobolans, de ces arbres d'où coule le baume, cette liqueur que nul fruit ne peut égaler. Aussi on peut dire qu'un pays où croissent tant de plantes excellentes a quelque chose de divin, et je doute qu'en tout le reste du monde il y en ait un qui puisse lui être comparé. On doit, à mon avis, en attribuer la cause à la chaleur de l'air et au pouvoir singulier qu'a cette eau de contribuer à la fécondité de la terre : l'une fait ouvrir et les fleurs et les feuilles, et l'autre fortifie les racines par l'augmentation de leur sève durant les ardeurs de l'été, qui y sont si extraordinaires, que, sans ce rafraîchissement, rien n'y pourrait croître qu'avec une peine extrême. Mais, quelque grande que soit cette chaleur, il s'élève le matin un petit vent, qui rafraîchit l'eau que l'on puise avant le lever du soleil ; durant l'hiver, elle est toute tiède, et l'air y est si tempéré, qu'un simple habit de toile suffit, lorsqu'il neige dans les autres endroits de la Judée. Ce pays est éloigné de Jérusalem de cent cinquante stades (sept lieues et demie), et de soixante du Jourdain (trois lieues). L'espace qui le sépare de Jérusalem est pierreux et désert... »

Aujourd'hui le vrai baumier n'existe plus à Jéricho ; nous avons remarqué seulement en fait d'arbres, des acacias nommés *nebek* par les Arabes, des jujubiers aux fruits rouges et odorants, des zakoum ou myrobolans, arbres épineux qui portent des fruits verts comme l'olive et dont les Arabes extrayent cette huile de Jéricho, souveraine pour guérir les blessures.

On prétend que Monseigneur le Patriarche de Jérusalem voudrait établir une maison de Trappistes près de la fontaine d'Élisée. S'il y réussissait, ce serait un immense bienfait pour le pays. Ces religieux, succédant aux Carmes, aux Basiliens et aux Bénédictins, relèveraient la crosse des évêques suffragants de Jérusalem, qui résidèrent à Jéricho de 325 à 526. Leurs prières attiraient la bénédiction du Ciel sur une terre qu'ils féconderaient de leurs sueurs, et les pèlerins trouveraient dans leurs murs l'hospitalité que leur offrait jadis l'hôtellerie construite par Justinien. L'exemple, une fois donné, serait peut-être suivi, et, sous les efforts intelligents et le dévouement charitable des moines, le Jourdain verrait bientôt refleurir sur ses bords son antique fertilité.

Cette chaude vallée était aussi précoce que féconde. Les récoltes y mûrissaient plus tôt qu'ailleurs, et les dattes y avaient un parfum plus exquis. Le baumier, dont la culture valut plus tard aux Romains un revenu assez important, ne croissait qu'en Judée. Le lac Asphaltite, au fond duquel cinq villes dorment ensevelies, déposait sur ses rives le sel et le bitume qui alimentaient deux branches d'industrie. Le bitume servait, comme aujourd'hui le goudron, à enduire les navires pour les soustraire à l'action corrosive de la mer. Les Égyptiens l'employaient aussi pour embaumer et conserver leurs morts. Le sycomore, si commun en Palestine, fournissaient, pour les constructions et pour les cercueils, son bois presque incorruptible. De riches plaines s'étendaient couvertes de forêts de palmiers, ressources précieuses et d'une utilité variée : le fruit était un aliment délicat, le bois était utilisé pour la bâtisse et le chauffage, et les feuilles tressées fournissaient des cordes, des paniers et des nattes. Le térébinthe de Judée était renommé pour sa flexibilité, sa durée et son beau noir. Les fruits du cyprès et du zakoum entraient dans la fabrication des parfums. Les abeilles, nourries de plantes aromatiques dans les montagnes de Jérusalem, de Modin et d'Hébron, fournissaient un miel recherché; le murex, qui donnait la pourpre, se pêchait dans la mer qui bat les pieds du Carmel; enfin le Jourdain, qui, s'échappait des limites septentrionales de la Terre promise et allait devenir le fleuve le plus célèbre de l'univers, vivifiait trente-cinq lieues de pays avant de perdre ses belles eaux dans l'impure mer de Sodome.

Quel contraste entre la richesse passée et la désolation présente! Quelles poignantes réflexions étreignent l'âme à la vue de cet abandon, de cette dévastation uniques au monde. Et quand on pense que quelques religieux, travaillant sans entraves, auraient changé cela en peu de temps, on sent la malédiction vous monter aux lèvres contre les oppresseurs qui paralysent les bras, engourdissent les courages, et règnent par le bâton sur des troupeaux de créatures abruties par la misère.

XVIII

LE BALLET DES ARABES ET LEURS USAGES DE SOCIÉTÉ.

Nos tentes sont dressés dans un bosquet charmant. Les arbres étendent leurs rameaux sur nos têtes; le calme, la fraîcheur, la joie ont pris domicile avec nous. D'innombrables tourterelles voltigent à travers le feuillage, et leur plumage bleu, et leur vol si doux, et leur plaintif roucoulement charment et animent la solitude.

Pauvres petits oiseaux, vous nous traitez en amis ; vous becquetez sans défiance le pain de notre table ; n'avez-vous donc pas vu nos fusils, nos carnassières : ne devinez-vous pas, sur les traits animés de notre brillante jeunesse, l'ardeur belliqueuse des fils des Croisés ? Hélas ! la chasse est l'apprentissage de la guerre, et les nobles jeux de la guerre sont le rêve des fils des braves. Fuyez, fuyez le plomb homicide ! Mais vous n'entendez pas ! et voilà que, de bonmatin, après la messe, les jeunes gens se sont armés de pied en cap. Ils se divisent. Bientôt des coups de fusils retentissent aux quatres points cardinaux. Augustin de Lorges et Maxence de Vibraye dépistent un sanglier. Ils se lancent à travers les fourrés ; mais ils sont à pied ; mais la boue, mais les épines, mais des embarras de tout genre les arrêtent sur ce terrain inexploré. Ils nous reviennent avec dix-huit cailles, grassouillettes et appétissantes à plaisir. Nos autres Nemrods arrivent successivement, qui plus, qui moins chargé ; et leurs captures, mises en commun, forment au repas du soir un rôti savoureux.

A cette fête il fallait un couronnement ; tous le désiraient ; mais comment, au désert, sous la tente, organiser une soirée ? Les Bédouins s'en chargèrent.

Un usage imprescriptible oblige tout voyageur de la mer Morte d'offrir un mouton aux Arabes de Jéricho, un peu pour n'être pas volé, plus encore pour l'être du moins avec certains procédés. Le mouton avait été immolé, rôti, servi sur un monceau de riz, dépecé à pleines mains, dévoré à belles dents. Rien n'en restait, à part quelques os scrupuleusement évidés. La politesse exigeait un remerciement, et l'Arabe se pique d'être poli. Je le donnerais en cent qu'on ne devinerait jamais ce qui fut imaginé. Il n'était question de rien moins que d'un bal en plein air.

Dans les ombres de la nuit, un grand feu de broussailles remplaçait les lustres, les girandoles, les festons et les gerbes de lumière. Une douzaine d'Arabes rangés en file devant le feu, s'agitaient de gauche à droite et d'avant en arrière, au son cadencé d'un grognement sourd, tiré avec effort du creux de leur estomac. Leur teint bronzé, leurs yeux injectés de sang, leurs grandes dents blanches, la rudesse de leurs traits éclairés par une flamme rougeâtre, leur donnaient un air de bêtes fauves. La brutalité de leurs mouvements, leur grognement monotone, et les grandes ombres qui noyaient le fond du tableau, ajoutaient au fantastique de la scène.

A notre approche, le danseur paraît; je dis le danseur, car un seul homme fait ici les principaux frais, c'est la règle. Agitant un sabre, il va, vient, se rapetisse, s'élance, se courbe à droite, à gauche, combat des ennemis invisibles. Et puis s'avançant vers Henri de Larochetulon, il multiplie les rotations de son sabre autour de sa tête, et fait semblant de lui couper la gorge, au risque de l'éborgner ou de lui abattre une oreille. A certains moments, il reste en place, et tandis que son corps s'agite en mille contorsions, l'extrémité de ses pieds demeure fixée au sol, et le talon seul se soulève en cadence.

C'était le premier acte.

Après la danse du sabre, vinrent les jeux burlesques. Un homme arriva barbouillé de farine et coiffé d'un bonnet d'âne, longues oreilles en toile verte, bordées d'un liseré rouge. Il fit le bouffon, adressa au duc de Lorges mille grimaces qu'il croyait gracieuses, et finit par tendre platement la main. C'est toujours le dénoûment. Le duc de Lorges donna quelques pièces de monnaie. Fier de son succès, le bouffon étendit par terre un manteau pour qu'on y jetât des piastres, et les Bédouins entonnèrent une complainte malicieusement adressée au manteau.

« O noble manteau de l'Arabe du désert, disaient-ils, tu es bien petit, et cependant pouvons-nous espérer que les Européens te feront disparaître sous leurs piastres ! »

Nous nous exécutâmes de meilleure grâce que ne le méritaient ces bandits. Ils firent une bonne cueillette.

On le voit, les fêtes des Bédouins sont peu coûteuses et productives. Ainsi en est-il à peu près de tout chez eux.

Incurie complète des choses de la vie, et grande âpreté au gain. C'est un état de nature première, mêlée de rapacité sauvage.

Chez eux, les objets de nécessité majeure ne se préparent pas avec plus de soin que les choses de pure fantaisie. Veulent-ils faire du pain, il jettent quelques poignées de blé dans une pierre creuse ; les femmes et les filles le broient à coups de pierre ; on agite le tout dans un tamis ; ce qui passe, farine, sable, poudre de calcaire, tout est bon, puisque cela a passé.

Ils ont une manière de parler rauque et dure qui tient du cri du chameau. On les croirait souvent en colère lorsqu'ils disent la chose la plus simple du monde. Sauf le temps de raconter des histoires fantastiques, ils parlent peu, et leurs paroles sont brèves.

Rien n'est amusant comme leur pantomime. Ainsi, un Arabe veut-il exprimer son contentement de ce qu'un autre a été battu, il se frotte le creux de l'estomac avec un seul doigt ; et selon que le mouvement est plus ou moins fort, la joie est plus ou moins grande.

Voyez-vous cet homme qui promène ses doigts joints en faisceau sous le nez de son vis-à-vis, avec un air narquois ? Il lui signifie que si cela continue, il va le battre.

Veut-il dire qu'il a été battu lui-même ? Il souffle dans sa main gauche, la ferme, et frappe son poing avec sa main droite.

Lui demandez-vous un renseignement qu'il ignore ? Il lève la tête et passe sa main sous sa barbe. Traduisez : Je n'en sais rien.

As-tu dit cela, lui dites-vous ? Il vous regarde et passe sa main sur sa bouche fermée. Cela signifie : Je n'ai pas ouvert la bouche.

Pour affirmer, il incline la tête comme nous; mais pour nier, il la relève. C'est rationnel.

Veut-il dire qu'il n'a pas d'argent? Il lève le bras gauche, prend sa manche par-dessous et la secoue pour montrer qu'il n'en tombe rien.

Veut-il exprimer que sa détresse est extrême et qu'il n'a rien à manger? Il enfonce un doigt dans sa bouche et relève la tête à plusieurs reprises.

Les Arabes partagent facilement entre eux et ne doutent pas des dispositions fraternelles des Européens. Lorsque vous vous arrêtez au milieu d'une course, pour prendre votre repas avec les quelques provisions apportées à grand'peine, vous voyez un ou plusieurs habitants du pays s'asseoir à terre sans façon à côté de vous. Ils sont trop fiers pour demander. Ils attendent le signal d'usage, *le Faddal, faites honneur!* Mais si vous ne le prononcez pas, il vous jettent un regard de dédain qui vous dit clairement : Vous êtes un malappris. Or, le pauvre voyageur, réduit aux minces provisions apportées de bien loin dans un pays dénué de ressources, n'a souvent ni l'envie ni les moyens de partager.

Ils aiment beaucoup le café, et le préparent à la manière des Turcs. Dans une petite cafetière, ils mettent une quantité d'eau suffisante pour abreuver trois poules, y jettent un peu de café moulu, font bouillir trois fois, et versent la liqueur avec le marc dans une tasse d'une capacité au-dessous de la médiocre. Mais du sucre, fi donc, n'en demandez pas! On vous traite en amateur. Faut-il le dire? Je crois la pénurie et l'avarice de connivence avec ces prétendues façons d'amateur; et souvent, lorsque j'ai offert au Bédouin de glisser un morceau de mon sucre dans sa tasse, je l'ai surpris à s'en lécher longtemps la moustache.

Le cérémonial des visites me paraît noble et digne,

Entrez-vous chez quelqu'un, vous le saluez en portant la main sur votre cœur et à votre front. S'il est votre inférieur à un titre quelconque, il vous rend le salut en s'inclinant profondément, et portant la main, à terre d'abord comme pour ramasser la poussière que vous foulez, et puis sur son cœur, sur ses lèvres et à son front. C'est vous dire, par une pantomime expressive : Je suis à vos pieds, et je vous ai dans mon cœur, sur mes lèvres, et dans mes pensées. Ensuite vous vous asseyez sans rien dire. Après un moment de silence, vous faites quelques-unes de ces questions qui sont la monnaie banale de tous les pays. Kephalak : Comment vous portez-vous ?... Mabsout? Êtes-vous en bonne santé ? Et votre interlocuteur portant sa main à son cœur et à son front, vous répond par un sourire. Ensuite un esclave vous apporte des sorbets, de la limonade, des confitures dont vous avalez une cuillerée sans pain, des bonbons du pays, et mille friandises. En finissant de manger vous portez la main à votre front, en vous retournant vers le maître de la maison comme pour le remercier. Pour vous essuyer la bouche, l'esclave vous présente une serviette qu'il porte déployée sous son bras. Souvent la serviette est bordée d'or, ce qui la rend difficile à laver ; ne regardez donc pas trop et ne faites pas de conjectures sur les traces nombreuses qui s'y sont imprimées. Voici venir le café, et enfin la pipe, dont le tuyau sera d'autant plus long et plus orné qu'on vous estime davantage. A quelques mètres de vous, sur une rondelle de cuivre, l'esclave place la cheminée, bien pleine, bien artistement bourrée de tabac surmonté d'un charbon incandescent ; et puis exécutant un mouvement de rotation, il amène le bouquin à la hauteur de vos lèvres. C'est le moment solennel. De tous les points de la salle, la fumée s'élève. L'atmosphère s'épaissit ; on ne s'aperçoit plus qu'à travers un nuage. Une vapeur âcre et suffocante vous pénètre et vous fatigue; mais l'action du narcotique se fait sentir et l'on est peu à peu envahi par une molle langueur; l'organisme s'apaise et le cerveau subjugué s'abandonne au rêve. C'est le suprême bonheur des Orientaux.

Il y a quelque chose de patriarcal et de grand dans cette hospitalité. Malgré ses travers et ses vices, on se sent entraîné vers les enfants d'Ismaël. D'ailleurs, les Juifs sont là, comme repoussoir, et font ressortir les qualités des fils de la servante. Quand on considère ces hommes au visage flétri, à la tenue servile, aux longs cheveux malpropres couverts d'un ridicule bonnet à poils, qui semblent toujours méditer un parjure ou un vol pour lequel ils demandent grâce d'avance, et dont l'insatiable avidité se cache sous une misère affectée, le cœur se serre sous un sentiment de dégoût et l'on éprouve un véritable soulagement à reporter sa pensée sur le fier enfant du désert. Son énergie et son indépendance charment et attirent; et l'on ne peut se défendre d'aimer pour lui cette ignorance du besoin qui le fait libre dans une vie facile et errante. Il a vécu aujourd'hui, il s'endort insouciant. Demandez-lui comment il vivra demain, il vous répondra : Dieu est grand ! Les peuples ont passé et repassé mille fois sur son territoire, se disputant les empires : il ne s'est point ému de ces grandes luttes humaines. D'un œil indifférent, il a vu couler le flot des révolutions, entraînant après elles les débris des trônes, les sceptres et les couronnes. Il a vu successivement tomber les puissantes monarchies, et il ne s'est point troublé. Lui seul est resté dans son indépendance. Aujourd'hui comme hier, il plante indifféremment sa tente sur un sol inculte, ou sur les ruines d'un palais.

Toutefois, mon admiration tombe devant les mille vexations dont les vices du Bédouin rendent tributaires les voyageurs. Partout et à tout propos, le mensonge, la paresse et le vol. Un marché est convenu avec eux. Ils reçoivent votre argent sans dire mot. La somme est-elle comptée, ils éclatent en mille plaintes et vous prouvent que vous leur devez un supplément. Parfois ils feignent de ne rien accepter et se parent d'un superbe dédain. Ils méprisent l'homme qui se respecte assez peu pour ne pas leur donner le double du prix convenu. Trop souvent, de guerre lasse, on est obligé d'en passer par ce qu'ils demandent.

Je me rappellerai toujours la première discussion de ce genre à laquelle j'assistai. C'était à Beyrouth, entre nos Pères et un gros et énorme commissionnaire du nom de Semân ou Simon. Les Pères l'avaient chargé de retenir un batelier pour Saïda, dans le cas où le temps permettrait d'y aller par mer. Au jour fixé, le temps était affreux. Les Pères refusent de partir. Et Semân de vouloir les y contraindre pour gagner quelque chose. Dire les cris, les gestes, les instances de ce gros homme serait le travail des Mille et une Nuits. Pour en finir, les Pères lui offrent cinq francs. Cinq francs ! Et pour qui prenez-vous Semân? Il en veut dix. La malheureuse pièce de cent sous passa dix fois de la poche du gros homme sur la table, et de la table dans sa poche. Enfin, las de crier, il déclara qu'il ne voulait rien, et partit en colère. N'oubliez pas que les cent sous restaient dans sa poche.

Une autre fois nous revenions de Bethléem. Nous avions loué des chevaux pour toute la journée, et voyant le soleil encore bien haut sur l'horizon, nous tournâmes bride dans la vallée de Gehennon pour je ne sais quelle exploration. Mais le propriétaire des chevaux nous avait aperçus ! Nul doute ! il nous cherchera chicane, et tâchera de nous faire payer deux journées au lieu d'une. J'étais alors novice dans la manière de soutenir de tels assauts. Mais Bouna Philippos, intrépide missionnaire de la Franche-Comté et procureur de notre maison de Beyrouth, était avec moi pour mon bonheur. «Laissez-moi faire, dit-il, et je vous tirerai de ce mauvais pas.» En effet, au retour, en enfilant la rue qui mène à la Casanuova, nous apercevons notre homme debout, fier, le front soucieux, et prêt à nous débiter ses doléances. Le Père ne lui laissa pas le temps d'ouvrir la bouche, et prenant l'offensive : Malheureux, s'écria-t-il, tu nous a donné un guide qui ne connaît pas les chemins. J'ai dû tout le long de la route m'en informer moi-même. Deux fois il nous a égarés. Nous ne te payerons pas. — Le muletier sentit qu'il avait trouvé son maître. Déconcerté, il changea d'allure, et dit timidement : J'ai eu tort. Mais toi, tu as fait deux courses en un jour. Mes chevaux n'en peuvent plus. Cependant je ne veux rien dire pour cette fois. Le marché est fait. Je n'ai qu'une parole. Nous sommes quittes. — Quelle bonne fortune pour nous d'avoir été égarés deux fois, nous évitions tout un petit procès.

On le voit; c'est tout un art de négocier avec l'Arabe. Il faut connaître ses subterfuges, sa duplicité, ses ruses pour ne pas être indignement volé. Un homme un peu au fait, sachant se débattre avec fermeté, peut voyager à très-bon compte en Orient, où la main-d'œuvre et les moyens de transport sont à rien. Sinon, il paye fort cher pour être mal servi.

Comment ai-je pu m'éloigner si longtemps de nos Bédouins de Jéricho? Ils dansent encore et ne seraient pas fâchés de finir. Il y a un moyen; cessons de jeter des piastres sur leur manteau. En effet, tant que l'argent tombait, on avait mis de nouvelles broussailles au feu, le pasquin avait continué ses simagrées, les autres avaient chanté ou plutôt grogné leur chanson. Une fois les générosités épuisées, les voix baissèrent, la pantomime devint fade, et dans le foyer presque éteint, la fumée succéda à la flamme. L'argent, toujours l'argent, c'est le mobile du Bédouin. N'y cherchez ni cœur, ni dévouement! vous vous noyez, vous l'appelez au secours; il tend la main, la paume renversée en l'air, comme pour recevoir, et vous dit : Bacchich, c'est-à-dire bonne main, étrenne, récompense. Si vous avez le temps de de lui crier : Oui, avant de disparaître sous les flots, peut-être il vous sauvera. S'il doute, vous êtes perdu.

XIX

LE MONT DE LA QUARANTAINE.

Tout près de nous, en face du mont Abarim, et regardant le désert, s'élève une montagne calcaire, haute et difficile à gravir. De son sommet aride et nu, la vue s'étend au loin et rencontre un panorama splendide. Vers l'est, l'ancienne région des Amorrhéens ; au nord, Galaad et Bazan, le vaste héritage des tribus de Ruben, de Gad et de Manassé ; au sud et à l'ouest, les plaines et les montagnes possédées autrefois par les neuf autres tribus, jusqu'aux frontières de l'Idumée.

Procope regarde cette montagne comme l'une des plus hautes de la Judée. On m'assure que son altitude est de treize à quatorze cents pieds. De la fontaine d'Élisée où je la considère, elle me présente un flanc comme taillé à pic, à travers lequel des ouvertures laissent deviner l'existence de plusieurs cavernes.

Notre-Seigneur avait trente ans. Le temps était venu pour lui de prêcher l'Évangile au peuple d'Israël. Il avait dit adieu à sa divine Mère, s'était éloigné de Nazareth, et avait marché dans la direction du midi jusqu'au delà de Jérusalem. Sa dernière étape avait été chez Lazare, dit une pieuse révélation. Il s'y était reposé dans la compagnie de cet ami de sa famille, et un soir, il avait quitté Béthanie, et il était parti nu-pieds, descendant vers le Jourdain. Parvenu à la chaîne de montagnes qui court de Jéricho, entre le levant et le midi, au delà du Jourdain, dans la direction de Madian, il gravit ce pic élevé, et, traversant une grotte spacieuse, un peu avant d'arriver au sommet, il s'y arrêta. Quatre siècles auparavant, la même grotte avait été habitée par un prophète. Élie s'y était caché aussi, et lorsqu'il en sortit pour prophétiser, personne ne put soupçonner d'où il venait. Cent cinquante ans avant Jésus-Christ, des Esséniens, au nombre d'environ vingt-cinq, y avaient aussi fait leur demeure.

Quitterons-nous Jéricho sans gravir la montagne sacrée? Allons et voyons!

Hélas! plus de traces du Christianisme. Nous ne retrouvons rien que des souvenirs. Sainte Hélène avait fait embellir la caverne témoin de la pénitence du Sauveur. Elle l'avait convertie en une chapelle très-pieuse. Mais la méchanceté des Arabes a tout détruit. Dès longtemps ils ont même brisé le sentier par lequel on y montait, « en sorte que, dit Sarcus dans son vieux français, il y a des endroits fort raides qu'on grimpe comme des chats, à cause qu'il n'y a d'autre voie que quelques trous dans le roc, qui servent de marches, ce qui fait hérisser les cheveux aux plus hardis ». En vain essaya-t-on plus tard de tendre au moins des cordes fixées à des crocs en fer pour aider l'ascension des pèlerins; les Arabes volèrent cordes et crampons. Rien n'est possible avec ces bandits. Il est souvent arrivé des accidents terribles. Des pèlerins ont glissé et se sont brisés dans une chute affreuse de rochers en rochers. Nos jeunes gens ne craignent rien ; ils s'élancent, et je ne suis pas sans quelque inquiétude en les voyant affronter le péril en riant. Une fois engagés, quelques hommes se repentent d'avoir trop présumé de leurs forces. On avance cependant. La bonne Providence veille sur les siens, et nous n'avons aucun malheur à déplorer.

« En ce temps-là, Jésus fut conduit par l'Esprit dans « le désert pour y être tenté par le diable. Et quand il « eut jeûné quarante jours et quarante nuits, il eut faim. »

Sans y attacher une trop grande importance, ne serait-il pas permis de faire ici une remarque sur le nombre des quarante jours employés par Notre-Seigneur à faire pénitence? Pourquoi quarante? D'après certains auteurs, ce chiffre aurait une signification mystérieuse. Moïse sur le Sinaï, Élie sur le mont Horeb, firent une retraite et un jeûne de quarante jours. Le déluge dura quarante jours; Joseph, en Égypte pleura quarante jours la mort de son père. Goliath, avant d'être terrassé par David, défia quarante jours durant, le peuple d'Israël. Quarante jours furent accordés à Ninive pour se convertir; la puissance des Juges dura quarante ans dans l'âge héroïque du peuple d'Israël. Les Hébreux s'étaient préparés, quarante ans, dans le désert, à entrer dans la Terre promise; l'humanité tout entière attendit quarante siècles la venue du Messie. Le Christ fut présenté au Temple quarante jours après sa naissance, et il monta glorieusement au ciel quarante jours après sa résurrection. Que signifie le choix de ce chiffre pour marquer des époques aussi solennelles? Je l'ignore, mais il paraît évidemment allégorique et nous aide à comprendre pourquoi l'Église a fixé à quarante les jours du carême.

Me demandera-t-on actuellement pourquoi cette attention de l'évangéliste à préciser, aussi exactement, le temps de ce jeûne, en indiquant non-seulement quarante jours, mais encore quarante nuits? Ceci tient à l'Orient, où un jeûne de quarante jours n'exclut pas les festins de nuit. J'en donnerai pour exemple le ramadan des Turcs.

L'époque fixée par le prophète est-elle venue, le canon se fait entendre le dernier jour de la lune à trois heures après midi. C'est l'annonce du grand jeûne.

Aussitôt le peuple, grands et petits, de se rejeter sur des mets de toute sorte préparés à l'avance et de se livrer à la joie d'un festin somptueux. La nuit s'écoule de la sorte; et le lendemain matin, dès qu'on peut distinguer un fil noir d'avec un fil blanc, il n'est plus permis de boire, ni de manger, ni même de fumer jusqu'au soleil couché. Ainsi en sera-t-il pendant quarante jours. Mais, chaque soir, les derniers rayons de lumière une fois éteints sur l'horizon, les muezzins poussent de grans cris au haut des minarets; et on reprend les pipes, et on se hâte de manger. On forme des groupes, on illumine les maisons, on se promène dans les rues, on crie, on chante, on se livre à tous les excès de la première nuit. Jamais on ne fait meilleure chère qu'alors, et si on demande à un Turc pourquoi cette prodigalité, ce luxe, ces festins, il vous répond gravement: C'est que je jeûne pour obéir à Mahomet.—A ce compte-là, je connais bien des hommes du monde en Europe qui jeûnent toute l'année.

Cette époque est un temps de paresse. On passe ses journées à dormir étendu sur des divans, entre deux repas. C'est aussi le moment favorable pour le crime, car le jeûne est une excuse à tout. Avez-vous été maltraité par un de ces jeûneurs prétendus, et l'avez-vous cité à comparaître devant le tribunal, le cadi vous répond : Il t'a maltraité, je le veux bien, mais que puis-je lui faire? Il jeûne, le pauvre homme ! Vois comme il est exténué. Pourrais-je le faire frapper? Il expirerait sous les coups. Va en paix. Il est bien assez puni par son jeûne. — Or, un jour, un chrétien ne s'étant pas contenté de cette raison, le juge, en habile coquin, le laissa pérorer quelque temps avec force, tandis que le musulman gardait un silence majestueux, et puis l'interrompant tout à coup : Tu as, lui dit-il, la poitrine bien forte pour parler ainsi. Tu ne jeûnes donc pas comme nous?—Et il le fit battre de verges pour n'avoir pas obéi à la loi de Mahomet.

Ainsi jeûnent les Turcs. Il était donc nécessaire pour les Orientaux que l'évangéliste précisât les quarante jours et les quarante nuits.

Mais que fit Notre-Seigneur pendant cette quarantaine célèbre? L'Évangile n'en dit rien, et nous devons recourir à la tradition, aux commentaires des docteurs et à de pieuses révélations.

Il paraît évident que les tourments de la faim et de la soif furent, au désert, les moindres épreuves du Fils de Dieu. Son humanité sainte y vit plus clairement toutes les peines et toutes les douleurs de son apostolat, de son agonie et de sa mort. Elle y fut dans un état perpétuel d'angoisse et de lutte, entre la résignation et l'horreur des souffrances.

Une sainte âme le vit, un jour, prosterné dans sa grotte. Les anges s'approchèrent de lui, s'inclinèrent, lui demandèrent avec respect si son intention était toujours de souffrir pour les hommes, et attendirent sa réponse affirmative. Alors ils lui présentèrent une grande croix. Ils étaient environ vingt-cinq. Cinq portaient la partie inférieure de la croix, trois la partie supérieure, trois le bras gauche, trois le bras droit, trois le morceau de bois où devaient reposer les pieds. Trois anges encore portaient une échelle, un autre une corbeille avec des cordes et des outils, d'autres une lance, un roseau, des verges des fouets, une couronne d'épines, des clous, et aussi les habits dont Jésus-Christ devait être revêtu par dérision ; enfin tous les instruments de torture de la passion.

Notre-Seigneur vit alors se présenter à ses yeux les péchés du monde entier depuis la chute originelle. Il vit tout ce qu'il aurait à souffrir pour cela ; et son âme fut désolée. En considérant la méchanceté des hommes et la volonté très-arrêtée de ceux qui ne voudraient pas profiter de sa passion, il était tenté de découragement et se disait : Ce peuple est trop pervers; dois-je tant souffrir pour de tels hommes? Mais sa charité et sa miséricorde infinies lui firent vaincre cette tentation.

« Je vis en ce moment, que Jésus conquit pour nous dans le désert tout ce qui nous est donné de consolation, d'encouragements, de secours, de victoires dans les luttes que nous avons à soutenir ; qu'il acheta tout ce qui peut rendre méritoires nos combats et nos triomphes ; qu'il prépara d'avance tout ce qui fait la valeur de nos mortifications et de nos jeûnes ; qu'enfin il offrit à Dieu le Père tous les travaux et toutes les souffrances qui l'attendaient, pour donner du prix aux travaux futurs, aux luttes spirituelles, aux efforts faits dans la prière par tous ceux qui croiraient en lui. Je vis aussi le trésor que Jésus amassait de la sorte pour l'Église, trésor qu'elle ouvre dans le temps du carême.

« Lorsque les quarante jours furent expirés, le démon

vint assaillir Notre-Seigneur par les trois tentations célèbres énumérées dans l'Évangile. »

D'abord il essaya de la plus grossière. Comme la faim et la soif tourmentaient douloureusement le Sauveur, Satan se transfigura en montagnard, grand et robuste, il gravit la montagne, et présenta deux pierres qui avaient la forme de deux pains et il dit : Si vous êtes le Fils de Dieu, cessez de souffrir ; changez ces pierres en pain, et mangez.

On trouve encore dans l'Arabie Pétrée, et particulièrement sur le mont de la quarantaine, des pierres rondes ressemblant à des pains ; sans doute le démon employa-t-il l'une de celles-là pour tenter Jésus-Christ.

Mais le Christ dédaigna d'exercer sa toute-puissance pour un objet aussi matériel ; et il repoussa le tentateur par ces mots : « L'homme ne vit pas seulement de pain, mais de toute parole qui sort de la bouche de Dieu ».

Satan se retira vaincu, mais non découragé. Il n'avait pas encore parcouru le cercle des faiblesses humaines. Il revint donc bientôt à la charge. Au côté septentrional du Temple, sur la pointe escarpée de la montagne où il était bâti, s'élevaient à une grande hauteur les créneaux de la tour Antonia. Assise sur la terrasse d'où l'on descend dans la vallée de Tyropéon, qui s'étend entre les monts Sion, Moriah et Acra, elle se dressait si fièrement dans les airs, que rien d'un côté ne pouvait arrêter la vue, et qu'on pouvait apercevoir au midi jusqu'à Hébron. C'était de là qu'on gardait le Temple ; c'était là qu'on conservait les vêtements du grand-prêtre pour le jour anniversaire de la fête des expiations ; c'était un ouvrage merveilleux, nous dit Josèphe, et qui n'avait point son égal sous le soleil ; car la vallée était si profonde, qu'on ne pouvait regarder en bas sans être pris de vertige. Mais Hérode sut encore trouver moyen d'y bâtir un portique d'une telle hardiesse, que celui qui montait sur les créneaux pour embrasser d'un seul coup d'œil les deux sommets, voyait tous les objets tourner autour de lui, avant d'avoir pu plonger ses regards au fond de la vallée. C'est de là que, plus tard, les Juifs, animés d'une rage satanique, précipitèrent l'apôtre saint Jacques. Le démon transporta Notre-Seigneur au point le plus élevé de cette tour, et il l'engagea à se précipiter en bas, lui assurant que, protégé d'en-Haut, il ne se ferait aucun mal. D'ailleurs, les anges n'avaient-ils pas reçu du Tout-Puissant l'ordre de le soutenir de leurs mains, de peur que son pied ne heurtât contre une pierre? Mais Jésus détourna les yeux et dit : « Tu ne tenteras pas le Seigneur ton Dieu ».

Alors l'esprit de ténèbres plaça Notre-Seigneur sur le sommet d'une haute montagne, et le laissa quelques instants contempler les magnificences de la nature. Et puis, comme s'il lui eût présenté un miroir magique, il lui montra tous les royaumes du monde et toutes les richesses de la terre, d'immenses pays avec les mers qui les baignent, leurs villes, leurs monarques dans tout l'éclat d'une pompe triomphale, entourés de brillants cortéges ou suivis d'armées innombrables ; les peuples se succédant avec leur caractère et leurs richesses distinctifs, leurs mœurs et leurs usages particuliers. Tout cela défilait et fascinait le regard. Lorsque Satan crut avoir suffisamment excité l'ambition du Fils de l'homme, il lui dit : Je te donnerai tout cela, si tu veux m'adorer. Mais Jésus détourna la tête en disant : « Retire-toi, Satan, car il est écrit : Tu adoreras le Seigneur ton Dieu, et tu ne serviras que lui seul ».

Les tentations sont remarquables par leur choix. L'astuce judicieuse du démon y bat en brèche l'être sensible, l'être moral, l'être spirituel, l'hommme tout entier. C'est la quintessence des ruses diaboliques pour la perte des hommes Les tentations charnelles sont le premier degré; vient ensuite la présomption; enfin l'orgueil, qui s'adresse à la région élevée de l'âme et la mine infailliblement, comme le ver précipite l'arbre immense dont il ronge la racine.

« Lorsque Satan se fut retiré définitivement sous le poids de sa honte et de sa triple défaite, je vis, dit la vision, une troupe d'anges s'approcher de Jésus et s'incliner devant lui. Ils le portèrent je ne sais de quelle manière comme sur leurs mains, et planant doucement avec lui près du rocher, ils le ramenèrent dans la grotte où il avait commencé son jeûne de quarante jours. Il y avait douze anges principaux avec d'autres troupes d'assistants qui formaient aussi un nombre déterminé : je ne sais plus bien s'ils étaient soixante-douze, mais je suis porté à le croire : car il y eut dans toute cette vision quelque chose qui me rappela les apôtres et les disciples. Il y eut alors dans la grotte comme une fête d'actions de grâces pour une victoire, et comme un festin solennel. Je vis la grotte tapissée intérieurement de feuilles de vigne par les anges : elle était ouverte, et une couronne triomphale en ornait la voûte.

« Les anges apportèrent aussi une table couverte d'aliments célestes. Cette table, petite au commencement, s'accrut et grandit rapidement. Les mets et les vases étaient semblables à ceux que je vois toujours sur les tables du ciel ! Je vis Jésus, les douze anges principaux, et les autres aussi en prendre leur part. On ne portait point les aliments à sa bouche, et pourtant on se les assimilait; l'essence des fruits passait dans ceux qui les prenaient, et il y avait réfection et participation. C'est quelque chose qu'il est impossible d'exprimer.

« A l'extrémité de la table se trouvait seul un grand calice lumineux, entouré de petites coupes : il était de la même forme que celui qui figura à l'institution de la sainte Cène, seulement il était plus grand et avait quelque chose de plus immatériel. Il y avait aussi une assiette avec de petits pains ronds très-minces. Je vis Jésus verser quelque chose du calice dans les coupes et y tremper des morceaux de pain : après quoi les anges les prirent et les emportèrent. Dans ce moment le tableau disparut et Jésus quitta la grotte et descendit vers le Jourdain. »

On comprend, à la vue de ces lieux, la dévotion des chrétiens qui se retiraient sur le mont de la Quarantaine pour vivre dans la solitude : où le silence, la mortification, le jeûne, la prière seraient-ils mieux inspirés? Écoutons Jacques de Vitry raconter, après la première Croisade, l'élan des âmes pieuses vers cette solitude bénie :

« Dès ce moment, l'Église d'Orient commença à reverdir et à fleurir ; on voyait s'accomplir en elle ce qui est écrit au Cantique des cantiques : « L'hiver est passé, les pluies ont cessé, les fleurs paraissent sur notre terre, le temps de travailler les arbres est venu ». Des diverses parties du monde, de toutes les tribus de Dieu, des hommes religieux, attirés par le parfum des Lieux saints, accouraient en masse dans la Palestine. Les églises antiques étaient restaurées ; on en construisait de nouvelles ; des couvents de religieux réguliers s'élevaient sur des emplacements bien choisis, fondés par les libéralités des princes et la charité des fidèles ; nulle part les ministres ne manquaient aux autels ; des hommes saints, renonçant au siècle, choisissaient à leur gré les lieux les plus convenables pour leur vie de dévotion ; les uns, à l'exemple du Sauveur, préféraient ce désert où Jésus, après son baptême, jeûna pendant quarante jours ; d'autres, en imitation du prophète Élie, vivaient solitaires sur le mont

Carmel, habitant de petites cellules au milieu des rochers; et, véritables abeilles du Seigneur, ils lui offraient dans leur sainte vie un miel d'une douceur toute spirituelle : *Dulcedinem spiritualem mellificantes.* »

Avant cette époque, la sainte montagne était déjà l'asile de nombreux solitaires. Évagre les visita en 440, et en raconte des choses merveilleuses. Leur vie se passait dans les veilles, le jeûne, la prière et le travail manuel. Quelques-uns s'enfermaient dans de petites cavernes, trop basses pour s'y tenir debout et trop courtes pour s'y étendre; et ce martyre se prolongeait jusqu'à la mort.

Une tradition touchante rattache à la grotte de la Quarantaine la réalisation de la parabole des dix vierges de l'Évangile.

D'après un usage très-ancien chez eux, les Juifs, les Perses, les Grecs et les Romains conduisaient les jeunes fiancées à la maison de leur époux au milieu d'un chœur de jeunes filles portant des flambeaux allumés, symboles de la pureté virginale. Jésus tira un jour de cette coutume un grand enseignement. Il instruisait les Juifs et leur disait : « Prenez garde d'être surpris par la mort au milieu d'une vie coupable. La mort fond sur les hommes comme le filet de l'oiseleur, qui s'abat tout à coup sur l'oiseau sans défiance. Veillez donc, et priez, de peur que vos cœurs ne s'appesantissent par l'excès des viandes et du vin, ou par les soucis de cette vie; car malheur à celui qui sera trouvé endormi le jour où la mort viendra le surprendre à la façon des voleurs », c'est-à-dire à l'improviste. Et comme toujours, pour rendre sa pensée plus claire, il ajouta une parabole.

« L'entrée du royaume du ciel, dit-il, est difficile comme

celle de ces dix vierges qui prirent un jour leur lampe pour aller au-devant de l'époux et de l'épouse et participer au festin des noces.

« Cinq d'entre elles étaient folles et cinq étaient sages.

« Les cinq folles, prenant leur lampe, n'emportèrent pas d'huile. Mais les sages avaient pris de l'huile dans un vase avec leur lampe.

« Et comme l'époux tardait à venir, elles sommeillèrent toutes et s'assoupirent.

« Or, vers minuit, un cri se fit entendre : Voici l'époux, sortez au-devant de lui.

« Alors toutes les vierges se levèrent et apprêtèrent leurs lampes. Et les folles dirent aux sages : Donnez-nous de votre huile, car nos lampes s'éteignent. — Mais les sages répondirent : De peur que nous n'en ayons pas assez pour vous et pour nous, allez plutôt à ceux qui en vendent, et achetez-en pour vous.

« Et pendant que les vierges folles allaient en acheter, voilà que l'époux arriva. Et celles qui étaient prêtes entrèrent avec lui dans la salle des noces, et la porte fut fermée.

« Or, à la fin, vinrent les autres vierges, disant : Seigneur, Seigneur, ouvrez-nous ! Mais l'époux répondit : Je vous le dis en vérité : je ne vous connais point.

« Puisque vous ne connaissez point l'heure de votre mort, ajouta le Sauveur, veillez et priez, de peur d'être surpris comme les vierges folles par l'ange des justices éternelles. »

Or, ce qui n'était dans la bouche du Christ qu'une allusion, dix jeunes chrétiennes voulurent le réaliser. Elles s'acheminèrent un jour vers le mont de la Quarantaine et s'enfermèrent chacune dans une caverne, veillant et priant comme des lampes sans cesse allumées devant l'Éternel. Quand l'une d'elles mourait, on murait la caverne qui devenait son tombeau, et une autre vierge venait s'établir dans une caverne voisine pour compléter le nombre de dix.

En face de cette montagne, on médite volontiers sur la mortification. Il semble qu'on la comprenne mieux.

Que le matérialiste, après un festin de roi, s'estime heureux de s'être assis à une bonne table, et que, les pieds sur les chenets, dans un fauteuil voluptueux, il suppute les moments qui le séparent encore d'une autre orgie; que l'ambitieux s'écrie : Périsse le monde, pourvu que je règne; que l'orgueilleux travaille à l'abaissement de tous, pour s'élever un piédestal sur les cadavres de ses rivaux; François de Borgia, duc de Candie, vice-roi de Catalogne, et ami de Charles-Quint, Louis de Gonzague, prince de Mantoue, marquis de Châtillon, allié aux empereurs d'Allemagne, leur jettent ce défi sublime : *Ad majora natus!* Dieu ne nous a pas faits princes pour une fin si méprisable. Nous sommes nés pour de plus hautes destinées! Et, brisant leur couronne, ils mortifient leur chair, et chantent avec l'Église : « Il est « juste et vraiment convenable que nous vous rendions « d'éternelles actions de grâces, à vous, Seigneur, qui, par « le jeûne imposé à notre corps, élevez notre esprit, ré« primez nos vices, et nous donnez les vertus qui obtiennent « une récompense infinie. » Or, à la dernière heure, les anges viennent et portent au ciel l'âme du prince devenu pauvre. Sardanapale, au contraire, fait régner le vice sur son trône. Au milieu d'une orgie, il est écrasé par la chute de son palais. « Et le riche mourut; et il fut enseveli dans l'enfer! »

XX

LE CHEMIN DE JÉRICHO.

Pour venir de Jérusalem ici, nous avons fait un grand détour, et des accidents de terrain multipliés nous ont empêchés de songer à quelle profondeur nous descendions. Aujourd'hui que nous revenons par le chemin direct, la raideur de la pente nous cause une vraie stupéfaction. Le chemin monte raide et dangereux. Après une heure, nous nous retournons étonnés d'être déjà si haut. Le coup d'œil est splendide, et le contraste frappant. Autour de nous l'aridité, des rocs à pic, des précipices, des abîmes hideux, mais un peu plus loin, la plaine verdoyante et une végétation luxuriante, assez semblable à celle qui séduisit le neveu d'Abraham et lui fit choisir ce lieu pour sa résidence.

Vraiment la Judée n'a point dégénéré, et les moindres efforts la rendraient encore digne du nom de Terre promise. Sa fertilité est prodigieuse, et si l'Occident lui envoyait ses colons et ses industries, il en retirerait des trésors. Les auteurs anciens ne tarissent pas d'éloges sur cette contrée de prédilection. « Les hommes y sont sains, et supportent de grandes fatigues, dit Tacite ; les pluies y sont rares et le sol fécond ; les productions semblables aux nôtres y abondent ; on y trouve de plus le baumier et le palmier. » Pline, à son tour, déclare les fruits de la Judée d'une qualité supérieure. Si de nombreuses erreurs n'avaient pas affaibli l'autorité de Strabon, nous pourrions rappeler les louanges qu'il donne au Liban, à la mer de Galilée, et aux bords enchanteurs du Jourdain. Virgile a chanté les palmiers de l'Idumée. Auguste faisait ses délices d'une espèce de dattes que lui offrait tous les ans son poëte Nicolas de Damas, et que sa gracieuse reconnaissance avait surnommées les Nicolaï. Galien, voyageant pour former sa jeunesse, crut devoir parcourir la Judée, comme un pays exceptionnellement favorisé. Pausanias parcourut la Palestine et admira les richesses de son territoire. Si nous en croyons Suidas et Étienne de Bysance, il fit pour la Phénicie et la Syrie ce qu'il avait fait pour la Grèce. Le géographe Solin, dans son Polyhistor, a vanté les produits de la Judée ; et pour terminer cette énumération des autorités païennes, nous citerons l'historien Ammien Marcellin, qui indique positivement la Judée parmi les contrées fertiles. Lors donc que l'ignorance de nos impies modernes a voulu nous la représenter comme un éternel amas de rocs stériles, le désir de conspuer les Livres saints les a fait mentir à l'histoire. Ils n'ont pas voulu comprendre que, si nous ne retrouvons pas aujourd'hui l'abondance et la vie dans les pâturages de Juda, la cause n'en est pas à la contrée elle-même, mais bien à l'ingratitude du peuple qui, à force d'abuser des bienfaits de Dieu, s'est fait éternellement maudire.

Chassez les Turcs, rendez aux chrétiens la liberté d'ensemencer les terres et d'y faire leurs récoltes, et vous verrez le sol se couvrir de moissons, de froment, d'orge et de riz, et produire, comme autrefois, le raisin, la figue, l'olive, l'amande, la grenade et le citron. On y recueillera encore le chanvre, le coton, le lin et le byssus; et des pâturages abondants continueront à y nourrir de nombreux troupeaux. Je crois, à la vérité, que les environs de Jérusalem ont dû toujours être pierreux, mais lorsqu'on voit aujourd'hui les habitants du Liban, au moyen de leurs petits murs en terrasse, soutenir la terre et couvrir de fleurs, de verdure et de fruits leurs montagnes osseuses, lorsqu'on pense à l'immense quantité d'eau qu'y amenaient les aqueducs de Salomon, on se fait aisément l'idée des mille agréments qui devaient embellir alors ces montagnes aujourd'hui dénudées.

Notre chemin, taillé en corniche et perpétuellement suspendu sur l'abîme, est loin d'être sûr. Nous sommes trop nombreux pour y courir un danger grave; mais tous les voyages ne se font pas en aussi grande compagnie; et ces défilés nombreux, et cette solitude inexorable, et ces gorges profondes livrent les petites caravanes à la merci des brigands. De tout temps il en fut de même ; et les traditions anciennes et les légendes modernes sont l'histoire non interrompue de crimes abominables. Cette ruine appelée Kalaat-el-Domm ou Kalàat-el-Ram-Hadrur, fut construite par les Croisés pour protéger la route contre les Bédouins. Avant les Croisés, les gouverneurs romains avaient aussi élevé un fort en cet endroit, et y entretenaient une garnison pour veiller à la sécurité des voyageurs. Saint Jérôme parle de la montée qui menait à ce fort et la nomme *Malaleh-Adummin* d'après l'Écriture (Jos., xv, 7), c'est-à-dire « montée de sang, parce qu'il y est versé beaucoup de sang par les voleurs ». La relation d'un voyage de Metz à Jérusalem, écrite au XIVe siècle, contient ce passage : « Nous allâmes, la première journée, coucher à onze lieues, en une ville où il y a un bon logis pour héberger les étrangers ; elle est proche d'une montagne sur laquelle il y a un château qui porte le nom de Terre-Rouge ». Les témoignages sont unanimes, à travers les siècles, pour constater les dangers qui hérissent cette route. Les noms de Terre-Rouge (Adummim, rouge comme du sang), Kalaat-el-Domm (château rouge de sang), évoquent de funèbres souvenirs et tiennent l'attention en éveil.

Le Sauveur choisit donc bien l'endroit, lorsqu'il plaça en ce lieu la parabole du Samaritain, magnifique leçon de charité donnée à tous les hommes.

« Sur ces entrefaites, un docteur de la loi voulut éprouver Jésus, et lui dit : Maître, que ferai-je pour posséder la vie éternelle ?

« Qu'est-ce qui est écrit dans la loi ? répondit Jésus.

« Il répliqua : Tu aimeras le Seigneur ton Dieu, de tout ton cœur, de toute ton âme, de tout ton esprit, de toutes tes forces, et tu aimeras ton prochain comme toi-même.

« Jésus répondit : Vous avez bien répondu : faites cela et vous vivrez.

« Mais lui, voulant se faire paraître juste, dit à Jésus : Et qui est mon prochain ?

« Jésus repartit :

« Un homme descendait de Jérusalem à Jéricho ; il rencontra des voleurs qui le dépouillèrent, le blessèrent et s'enfuirent, le laissant à demi mort. Or, il arriva qu'un prêtre descendait par le même chemin ; il vit le blessé et passa outre. Un lévite étant venu là, le vit aussi et passa de même. Mais un Samaritain, qui était en voyage, vint près de lui, et, le voyant, fut touché de compassion. Et, s'approchant il banda les plaies du blessé, y versa de l'huile et du vin, et le mettant sur son cheval, il le conduisit en une hôtellerie et prit soin de lui. Le lendemain, il donna deux deniers à l'hôte, en disant : Ayez soin de cet homme, et tout ce que vous dépenserez de plus, je vous le rendrai à mon retour. De ces trois, lequel vous semble avoir été le prochain de celui qui était tombé sous les coups des voleurs ? — Le docteur répondit : Celui qui a été compatissant. — Jésus répliqua : Allez et faites de même. »

On a voulu trouver dans cet écrit plus qu'une simple parabole. Le fait, dit-on, serait vrai, et le blessé frappé sur la route d'Adammin, aurait été transporté par le Samaritain dans l'hôtellerie de *Ran-Hadrur*. Cette opinion est très-plausible, et l'histoire, sinon vraie, au moins fort vraisemblable. Le Talmud nous dit en effet que douze mille prêtres, lévites et autres serviteurs du Temple demeuraient à Jéricho, la seconde ville de la Judée, et que douze autres mille résidaient à Jérusalem et dans les environs. Il y avait donc sur la route de Jéricho beaucoup de prêtres et de lévites qui allaient à Jérusalem pour y servir à leur tour, ou qui en revenaient. Mais, histoire ou fiction, que nous importe ? Elle est restée comme un magnifique enseignement de la plus belle des vertus, admirablement placé dans des lieux voués par la barbarie au meurtre et au pillage.

Nous franchîmes ces passages dangereux, et à vrai dire, nos appréhensions n'étaient pas grandes relativement à une attaque, nous étions assez nombreux pour résister avec succès, et le nombre est un argument victorieux pour les Arabes pillards. Nous ne craignions sérieusement que les catastrophes dont les occasions se multipliaient à chaque instant sous nos pieds. Le gouffre nous suivait et semblait nous attirer. Un seul faux pas du cheval, et le cavalier roulait avec sa monture au fond de l'abîme. La Providence, qui veillait sur nous, écarta le danger et nous sortîmes heureusement de ces gorges affreuses. Après quatre heures de marche, nous arrivâmes auprès de la fontaine des Apôtres, et le guide nous arrêta pour le déjeûner.

Quel souvenir se rattache à cette fontaine, je l'ignore : personne n'a jamais su me le dire. Sans doute, pendant leurs nombreuses tournées à la suite du Seigneur, les apôtres durent s'y arrêter avec lui, pour s'y désaltérer et s'y reposer ; et la tradition lui aura conservé un nom légué par la piété des premiers fidèles.

Elle est située dans un espace étroit, entre deux montagnes qui, à force de se rapprocher, semblent vouloir se confondre. L'air n'y arrive pas, et les torrents de chaleur qu'y verse le soleil, implacable comme toujours, en font un lieu de supplice. Le choix de la halte était étrange, mais, en voyage, il faut savoir accepter les caprices de son guide. Les œufs durs, les volailles, le fromage, tout fut consommé avec une rapidité fébrile, nous bûmes un peu d'eau de la fontaine et nous remontâmes à cheval pour sortir de cette fournaise ardente. Nous n'avions plus qu'une heure de route pour arriver à Jérusalem.

XXI

BÉTHANIE.

Le paysage est devenu plus riant; un peu de verdure repose la vue et rafraîchit le ton jusqu'ici brûlé du tableau. Nous gravissons avec plaisir le versant oriental de la montagne des Oliviers.

Tout à coup, du sein d'un bouquet de chênes verts, surgit un village caché jusque-là pour nous. Nous nous informons de son nom; un Turc répond : *El-Azarieh!* Plus de doute, c'est Béthanie, le séjour des amis de Jésus, l'hôtellerie sacrée où le bon Maître accepta l'hospitalité de Lazare. Arrêtons-nous! Une multitude d'enfants, à demi nus, se précipitent à la tête de nos montures dans l'espoir du bachich favori des Arabes; abandonnons-leur nos chevaux. Visitons les ruines du château de l'ami du Sauveur.

La vue de ces lieux si souvent fréquentés par Jésus, ces ruines, ce tombeau, l'aspect lointain de Jéricho, et les noms plusieurs fois répétés de Marthe, de Mar e et de Lazare parlent à nos âmes. Les sublimes récits de l'Évangile achèvent de produire en nous l'émotion.

Porro unum necessarium! Une seule chose est nécessaire! Cette parole fut prononcée ici. Pour recevoir Jésus dignement, Marthe bouleversait sa maison et préparait un festin. Sa sœur Marie, assise aux pieds du Maître, écoutait sa parole. Mais Marthe aurait voulu être aidée; elle se plaint au Seigneur, et Jésus lui répond : Marthe, vous perdez votre temps : pourquoi un festin? Un seul plat n'est-il pas suffisant au soutien de ce pauvre corps? Pas tant de soins aux affaires de ce monde. Une seule chose est nécessaire, je vous le répète : le salut de votre âme. Votre sœur Marie a donc bien choisi; nous ne saurions la priver d'un bien légitime.

Ici même, six jours avant la dernière pâque, Simon le lépreux eut l'honneur de recevoir Jésus-Christ à sa table. Lazare était du nombre des convives; Marthe servait; et Madeleine répandit sur les pieds du Sauveur un parfum dont toute la maison fut embaumée.

C'est de Béthanie que le divin Maître partit pour aller à Jérusalem lorsqu'il entra, le dimanche des Rameaux, aux acclamations du peuple, dans la cité de David. C'est à Béthanie qu'il passa les nuits de la dernière semaine de sa vie mortelle, allant le matin à la ville enthousiaste et bientôt ingrate, en revenant le soir, et durant le trajet, instruisant ses disciples par de sublimes et touchants entretiens.

Et nous étions à Béthanie! Tous ces souvenirs se dressaient devant nous, et nous nous sentions pénétrés par la douce affection qui entourait Jésus chez ses amis.

Lazare était riche. Il avait un grand état de maison, beaucoup de serviteurs et des propriétés considérables. Ses deux sœurs, Marthe et Marie Magdeleine jouissaient aussi d'une grande aisance; la première habitait Béthanie, Magdeleine vivait à Magdalum dans la licence et le scandale.

Lazare avait dix ans de plus que Jésus et connaissait depuis longtemps la sainte famille. Souvent il s'était joint à Joseph et à Marie pour les aider dans leurs aumônes ; il fit plus tard de grandes dépenses pour la communauté chrétienne. C'est lui qui remplissait la bourse de Judas pour le service de tous.

Lui, ses sœurs et ses amis ignoraient la divinité de Jésus. Ravis de ses vertus et de sa doctrine, ils comprenaient l'immensité du bien qu'il faisait à son pays et se dévouaient avec bonheur à un tel homme.

La sœur Catherine Emmerich raconte ainsi, dans ses révélations, la première visite du Sauveur à Béthanie:

« Jésus arriva dans la nuit. Lazare avait été, quelques jours auparavant, dans sa propriété de Jérusalem, située sur le penchant du Calvaire, près du côté occidental de la montagne de Sion ; mais il était de retour, car il avait su que Jésus allait arriver.

« Le château de Béthanie était la propriété personnelle de Marthe. Lazare y résidait volontiers, et alors le frère et la sœur y faisaient ménage ensemble.

« Ce jour-là donc, ils attendaient Jésus, et un repas était préparé. Marthe habitait un bâtiment situé sur l'un des côtés de la cour. Il y avait des hôtes dans la maison. Chez Marthe se trouvaient Séraphia (Véronique), Marie, mère de Marc, et une femme âgée, de Jérusalem. Elle avait quitté le Temple lorsque Marie y était entrée ; elle y serait restée volontiers, mais elle s'était mariée par suite d'une indication d'en-Haut. Chez Lazare s'étaient réunis Nicodème, Jean-Marc, un des fils de Siméon, et un vieillard, nommé Obed, frère ou neveu de la prophétesse Anne. Tous étaient secrètement les amis de Jésus, qu'ils connaissaient, soit par Jean-Baptiste, soit par des relations avec sa famille, soit par les prophéties de Siméon et d'Anne dans le Temple.

« Nicodème était un homme réfléchi, observateur, très-curieux, et qui fondait des espérances sur Jésus. Tous avaient reçu le baptême de Jean. Ils étaient venus sur l'invitation de Lazare. Nicodème, par la suite, servit Jésus et son œuvre, mais toujours en secret.

« Lazare avait envoyé des serviteurs sur la route au-devant de Jésus. A une demi-lieue environ de Béthanie, le vieux et fidèle domestique se prosterna à ses pieds, et lui dit : Je suis le serviteur de Lazare, si je trouve grâce devant vous, mon Seigneur, suivez-moi jusque chez lui. Jésus lui dit de se relever et le suivit. Il se montra très-amical pour cet homme, sans toutefois rien faire qui ne fût conforme à sa dignité. Cela même avait un charme irrésistible. On aimait l'homme et on sentait le Dieu. Le serviteur le conduisit dans un vestibule à l'entrée du château, près d'une fontaine. Tout était préparé pour le recevoir : on lui lava les pieds et on lui mit d'autres sandales épaisses, rembourrées et doublées de vert. Il les laissa ici et le jour du départ il mit une paire de fortes chaussures avec des courroies de cuir, qu'il continua à porter. Le serviteur exposa ensuite ses habits à l'air et les épousseta. Quand Jésus se fut lavé les pieds, Lazare vint avec ses amis, lui apportant des sorbets et quelques aliments. Il embrassa Lazare et salua les autres en leur donnant la main. Tous le servirent avec empressement et l'accompagnèrent à la maison : mais Lazare le mena d'abord à l'habitation de Marthe. Les femmes qui étaient là se prosternèrent, couvertes de leurs voiles : Jésus les releva et dit à Marthe, que sa mère viendrait ici pour l'y attendre à son retour du baptême.

« Ils se rendirent ensuite à la maison de Lazare, où ils prirent un repas. Il y avait un mouton rôti et des colombes, du miel, des petits pains, des fruits et des légumes verts. Les convives étaient placés à table deux à deux sur des bancs à dossiers, les femmes mangeaient dans une salle antérieure. Jésus pria avant le repas et bénit tous les mets; il était très-sérieux, et même triste. Il dit pendant le repas que des temps difficiles approchaient, qu'il allait entrer dans une voie laborieuse dont le terme serait douloureux. Il exhorta les convives à la persévérance puisqu'ils étaient ses amis; car ils devaient avoir beaucoup de souffrances à partager avec lui. Il parla d'une façon si touchante qu'ils en furent émus jusqu'aux larmes; mais ils ne le comprirent pas parfaitement, puisqu'ils ne savaient pas qu'il était Dieu.

« Après le repas, ils passèrent dans un oratoire, et Jésus fit une priére où il rendit grâces de ce que son temps était venu et de ce que sa mission commençait. Cette prière fut très-touchante, et tous versèrent des larmes. Les femmes étaient présentes, mais se tenaient en arrière. Jésus les bénit, et Lazare le conduisit au lieu où il devait prendre son repos. C'était une grande pièce où tous les hommes couchaient et avaient des compartiments séparés; tout y était mieux disposé que dans les maisons ordinaires. Le lit n'était pas roulé comme ailleurs; il avait plus de hauteur que les lits habituels, il était fixe, et il y avait au devant une balustrade décorée, avec des couvertures et des franges. Au mur auquel s'appuyait le lit, était suspendue une belle natte roulée, qu'on pouvait relever ou abaisser devant le lit et qui formait comme un toit oblique quand on voulait abriter la couche vide. Près du lit était une petite table servant d'escabeau, et il y avait dans le creux du mur un bassin avec un grand vase plein d'eau, et un autre vase plus petit pour puiser et verser. Une lampe était fixée en avant du mur, et un linge à essuyer y était suspendu. Lazare alluma la lampe, se prosterna devant Jésus qui le bénit encore, et ils se séparèrent.

« Le lendemain, Jésus n'alla pas dans la ville, mais il se promena dans les cours et les jardins du château. Il parlait et enseignait, tout en marchant d'une façon très-grave et très-touchante. Quelque affectueux qu'il fût, il restait toujours plein de dignité, et ne proférait pas une parole inutile. Tous l'aimaient et le suivaient, et cependant tous se sentaient intimidés. C'était Lazare qui en usait le plus familièrement avec lui : les autres étaient plus dominés par l'admiration, et se tenaient davantage sur la réserve.

« Vers une heure et demie, la sainte Vierge arriva, avec Jeanne Chusa, Léa, Marie Salomé et Marie de Cléophas. Un homme, qui allait en avant, annonça leur arrivée; alors Marthe, Séraphia, Marie, mère de Marc, et Suzanne allèrent, avec tout ce qui était nécessaire, les recevoir dans la salle située à l'entrée du château, où Jésus avait été accueilli la veille par Lazare. Elles se souhaitèrent la bienvenue; et on lava les pieds aux arrivantes; les saintes femmes mirent aussi d'autres habits et d'autres voiles. Elles étaient toutes vêtues de laine sans teinture, blanche, jaunâtre ou brune. Elles prirent une petite réfection et se rendirent à l'habitation de Marthe. Jésus et les hommes vinrent les saluer; Jésus alla à l'écart avec la sainte Vierge et s'entretint avec elle. Il lui dit d'un ton très-affectueux et très-grave que sa carrière publique allait commencer, qu'il se rendait au baptême de Jean, d'où il reviendrait la visiter; qu'il passerait encore quelque temps avec elle, mais qu'ensuite il irait au désert et y resterait quarante jours. Lorsque Marie l'entendit parler du désert, elle fut très-attristée et le pria instamment de ne pas aller dans cet affreux séjour pour y mourir d'inanition. Jésus lui répondit que dorénavant elle ne devait pas essayer de l'arrêter; qu'il ferait ce qu'il avait à faire; qu'il entrait dans une voie laborieuse; que ceux qui étaient avec lui devaient partager ses souffrances; que, pour lui, il allait maintenant où sa mission l'appelait et qu'elle devait faire le sacrifice de tous ses sentiments personnels; qu'il l'aimerait comme auparavant, mais qu'il appartenait maintenant à tous les hommes; qu'elle devait faire ce qu'il lui dirait, et que son Père céleste la récompenserait, car il fallait maintenant que la prédiction que Siméon lui avait faite, reçût son accomplissement et qu'un glaive traversât son âme..... — La sainte Vierge était très-sérieuse et très-attristée, mais elle était en même temps pleine de force et de résignation à la volonté de Dieu, car son Fils était très-saint et très-affectueux.

« Le soir, il y eut encore un grand repas dans la maison de Lazare; Simon le Pharisien et quelques autres Pharisiens avaient été invités. Les femmes mangèrent dans une pièce attenante, séparées seulement par un grillage, en sorte qu'elles pouvaient entendre l'enseignement de Jésus.

« Jésus parla de la foi, de l'espérance, de la charité et de l'obéissance; ceux qui voulaient le suivre, disait-il, ne devaient pas regarder derrière eux, mais faire ce qu'il enseignait, et supporter les souffrances qui viendraient les assaillir : quant à lui, il ne les abandonnerait pas. Il parla de nouveau de la voie pénible dans laquelle il entrait, dit comment il serait maltraité et persécuté, et combien tous ses amis souffriraient avec lui. Tous l'écoutèrent avec surprise et émotion, mais ils ne comprirent pas ce qu'il disait des grandes souffrances à endurer; leur foi manquait de simplicité ; ils s'imaginaient que c'était une façon de parler prophétique, qu'il ne fallait pas prendre à la lettre. Ses discours ne choquaient pas les Pharisiens, quoiqu'ils fussent plus prévenus que les autres ; mais cette fois il ne parla qu'avec une certaine réserve.

« Après le repas, Jésus prit un peu de repos ; puis il partit seul avec Lazare, dans la direction de Jéricho, pour aller au baptême. Au commencement, un serviteur de Lazare les accompagna avec une lanterne, car il faisait nuit. »

Nous ne suivrons pas Notre-Seigneur dans ce voyage ; nous savons comment il voulut commencer sa vie publique en recevant le baptême des mains de Jean-Baptiste. Nous terminerons ce récit par les réflexions de la sœur Emmerich au sujet de l'impression qu'il produisit sur les témoins de cette visite.

« Les amis de Lazare, Nicodème, le fils de Siméon, Jean-Marc, ne s'étaient guère entretenus avec Jésus pendant la journée d'hier, mais ils ne cessaient de parler entre eux de l'admiration que leur inspiraient toute sa personne, sa sagesse, les qualités qui le distinguaient comme homme et même son extérieur ; quand il n'était pas là, ou qu'ils marchaient derrière lui, ils se disaient les uns aux autres ; « Quel homme ! on n'en a jamais vu, on n'en verra jamais de semblable ; quelle gravité, quelle douceur, quelle sagesse, quelle pénétration quelle simplicité ! Je ne comprends pas entièrement ce qu'il dit et je ne puis pourtant m'empêcher de le croire parce qu'il le dit. On ne peut pas le regarder en face, il semble qu'il lit dans la pensée de chacun. Quelle taille ! quel port majestueux ! quelle vivacité ! sans qu'il y ait pourtant rien de précipité ! Quel homme il est devenu ! » Puis ils parlaient de son enfance, de son enseignement dans le Temple... Ils répétaient aussi ce qu'ils avaient entendu dire des dangers qu'il avait courus sur la mer Morte, lors de son premier voyage, et de la manière dont il avait secouru les mariniers ; aucun d'eux ne soupçonnait que celui dont ils parlaient était le Fils de Dieu ; ils le trouvaient supérieur à tous les autres hommes, ils l'honoraient ; et Jésus leur inspirait une crainte respectueuse, mais il n'était à leurs yeux qu'un homme merveilleux.

« Lorsqu'ils surent par le retour de Lazare que Notre-Seigneur ne reviendrait pas de quelque temps, ils retournèrent à Jérusalem ».

S'il est permis de croire à ces révélations, ce serait encore à Béthanie que se forma, parmi les saintes femmes, l'aimable complot qui fera dans la suite des siècles, l'éternel honneur de leur sexe.

« Ces pieuses femmes avaient appris avec peine combien Jésus et ses compagnons avaient à supporter de privations en voyage, et comment dans sa dernière excursion vers Tyr, il lui avait fallu tremper dans l'eau, pour pouvoir manger, les croûtes de pain desséchées que Saturnin avait recueillies pour lui, en demandant l'aumône. C'est pourquoi elles s'étaient offertes pour lui préparer des logements fournis de toutes les choses nécessaires, et Jésus avait accepté. Or, il était venu à Béthanie pour s'entendre avec elles sur ce qu'il y aurait à faire.

« On le pria donc d'indiquer les principaux points où il devait s'arrêter pendant ses voyages de prédication, et le nombre de disciples qu'il aurait avec lui, afin de calculer les gîtes et les provisions en conséquence. Jésus leur fit connaître alors la direction et les temps d'arrêt de ses voyages, et approximativement le nombre de ses disciples, On résolut de préparer une quinzaine d'hôtelleries, dont la direction serait livrée à des personnes de confiance, quelquefois à des parents, et cela dans tout le pays d'abord, puis en dehors de la Galilée, dans le Rhabul, en se dirigeant vers Tyr et au midi.

« Les saintes femmes examinèrent ensemble, de quel district et de quelle espèce de soins chacune d'elles aurait à se charger. Ainsi elles se partagèrent le choix des hommes de confiance, la fourniture des objets nécessaires, comme couvertures, vêtements, chaussures, leur nettoyage et leur réparation et le soin du pain et des autres provisions de bouche ; tout cela se fit avant et pendant le repas : Marthe était bien là à sa place.

« Après le repas, on devait tirer au sort la répartition des frais entre les pieuses femmes. Quand on fut sorti de table, Jésus, Lazare, les amis du Seigneur et les saintes femmes se réunirent en particulier dans une grande pièce voûtée. Jésus était assis d'un côté de la salle sur un siége élevé, les hommes se tenaient debout ou assis autour de lui : les femmes étaient assises à l'autre bout, sur une terrasse avec des degrés, recouvertes de tapis et de coussins. Jésus enseigna sur la miséricorde de Dieu envers son peuple, dit comment il avait envoyé les prophètes l'un après l'autre, comment tous avaient été méconnus et maltraités, comment ce peuple rejetait aussi le dernier temps de grâce, et ce qui adviendrait de lui. Après qu'il eut longtemps parlé sur ce sujet, quelques-uns lui dirent : « Seigneur, racontez-nous cela dans une belle parabole ». Alors Jésus raconta de nouveau la parabole du roi qui envoya son fils à sa vigne, après que tous ses serviteurs eurent été mis à mort par les vignerons infidèles, et comment ils firent aussi mourir le fils.

« A la fin de cette prédication, quelques-uns des hommes sortirent, et Jésus se promena de long en large dans la salle avec les autres : Marthe, qui allait et venait, s'approcha de lui et lui parla avec beaucoup d'anxiété de sa sœur Madeleine, d'après ce que Véronique lui avait rapporté d'elle.

« Pendant qu'il s'entretenait avec les hommes, les femmes assises jouaient à une sorte de loterie, avec des perles et des pierres précieuses, au profit de la bonne œuvre projetée en faveur de Jésus et de ses apôtres.

« Pendant le jeu, une perle de grand prix était tombée et s'était perdue. Les femmes la cherchèrent partout avec beaucoup de soin, et la retrouvèrent enfin à leur grand contentement. Alors Jésus vint à elles et leur raconta la parabole de la drachme perdue et retrouvée avec tant de joie ; puis, de leur perle égarée, il tira une nouvelle comparaison appliquée à Madeleine. Il l'appela une perle plus précieuse que bien d'autres, qui était tombée sur la terre et s'était perdue. « Avec quelle joie, dit-il, vous retrouverez cette perle précieuse ! » Alors les femmes, profondément émues, lui répondirent : « Ah ! Seigneur cette perle se retrouvera-t-elle ? » Et Jésus leur dit : « Il faut y mettre encore plus de diligence que la femme de la parabole ». Sur ce discours, toutes vivement touchées promirent de chercher Madeleine, mieux qu'elles n'avaient fait pour leur perle et de se réjouir bien davantage si elle se retrouvait. »

Ainsi se passaient les soirées de Béthanie, modèle des nombreuses assemblées de charité que nous trouvons, à travers les siècles, dans le monde chrétien.

Les traces de la piété des premiers fidèles sont ici fort

rares. Et cependant comme ils durent affectionner ces lieux, les plus aimables de tous après Nazareth et Bethléem ! Nous retrouverons à peine les restes d'un ancien édifice et les ruines d'une vieille tour. Autrefois, avant même les Croisades, trois églises s'élevaient sur les emplacements des maisons de Marthe et de Marie, de Simon le lépreux, et du tombeau de Lazare. Cette dernière était due à sainte Hélène. Plus tard la reine Mélisende y érigea une abbaye de Bénédictines dont sa sœur Yvette devint abbesse. Ce monastère, entouré de murs et de fossés, fut richement doté; on lui donna le territoire de Jéricho et ses dépendances ; enfin, on lui bâtit une succursale à Jérusalem, pour servir de refuge aux religieuses en temps de guerre.

Lazare de Béthanie devint le patron d'un ordre chevaleresque établi, disent plusieurs critiques, pendant le siége de Saint-Jean-d'Acre. Cet ordre était à la fois religieux et militaire. Tandis qu'une partie des chevaliers devaient repousser les infidèles par les armes, d'autres étaient chargés du service des léproseries, et une troisième classe, celle des prêtres, portait les secours spirituels aux malades.

Mais le fait immense, culminant, qui surpasse tous les autres à Béthanie, fut la résurrection de Lazare. Nous la raconterons au chapitre suivant.

XXII

LA RÉSURRECTION DE LAZARE. — RETOUR A JÉRUSALEM.

Jésus s'était retiré vers le Jourdain, pour se soustraire aux recherches des Juifs. Or, Lazare, de Béthanie, frère de Marie et de Marthe, était malade.

« Ses sœurs envoyèrent dire à Jésus : « Seigneur, voilà que celui que vous aimez est malade ». — Jésus, en effet, aimait beaucoup Marthe, Marie, sa sœur, et Lazare. Quand il apprit la maladie de celui-ci, il dit : « Cette maladie ne va point à la mort ; mais elle n'a été permise que pour la gloire de Dieu et afin que le Fils de Dieu fût glorifié ».

« Il demeura encore deux jours au lieu où il était (Bethabara) ; puis il dit à ses disciples : « Retournons en Judée ». Les disciples répondirent : « Maître, il n'y a qu'un moment les Juifs voulaient vous lapider et vous retournez là ? » Jésus reprit : « Le jour n'a-t-il pas douze heures ? »

« Il entendait par là que sa tâche n'était point à son

terme, que la douzième heure du jour n'avait point sonné pour lui, et que, son heure dernière n'étant pas venue, il n'avait rien à craindre des fureurs des Juifs.

« Il ajouta : « Notre ami Lazare dort ; mais je vais le réveiller ». Ses disciples, n'entendant point le vrai sens de ces paroles, s'en firent un argument contre la pensée qui rappelait leur Maître en deçà du Jourdain. « S'il dort, reprirent-ils, c'est bon signe ; il guérira. » Alors Jésus leur dit clairement : « Lazare est mort ; mais allons à lui ». Sur quoi Thomas, surnommé Didyme, persuadé que Jésus, en retournant en Judée, marchait à une mort certaine, dit aux autres disciples : « Et nous aussi, allons et mourons avec lui ».

« Jésus ajouta : « Je me réjouis à cause de vous, de ne m'être point trouvé là, quand Lazare est mort, car ce vous sera une raison de plus de croire en moi ».

« Jésus vint donc à Béthanie, distante de Jérusalem d'environ quinze stades, et il trouva que Lazare était depuis quatre jours dans le sépulcre.

« Beaucoup de Juifs étaient venus près de Marthe et de Marie pour les consoler de la mort de leur frère.

« Marthe, ayant appris que Jésus venait, alla au-devant de lui (Marie, sa sœur, était assise dans l'intérieur de la maison). Marthe dit à Jésus : « Seigneur, si vous eussiez été ici, mon frère ne serait pas mort. Toutefois, maintenant même, je sais que tout ce que vous demanderez à Dieu, Dieu vous le donnera. — Votre frère ressuscitera, lui dit Jésus. — Je sais, répondit Marthe, qu'il ressuscitera au dernier jour. » Jésus reprit : « Je suis la résurrection et la vie ; qui croit en moi, fût-il mort, vivra ; et quiconque vit et croit en moi ne mourra point pour l'éternité. Le croyez-vous ? » — « Oui, Seigneur, dit-elle, je crois que vous êtes le Christ, le fils du Dieu vivant, qui êtes en ce monde ».

« Puis, elle s'en alla, appela Marie en secret et lui dit : « Le Maître est là qui te demande ». Marie se leva en toute hâte et vint à Jésus, qui n'était point encore entré dans Béthanie, s'étant arrêté au lieu où Marthe l'avait rencontré. Les Juifs qui étaient dans la maison avec Marie pour la consoler, l'ayant vue se lever en hâte et sortir, la suivirent en disant : « Elle va au sépulcre pour y pleurer ».

« Marie, étant arrivée où était Jésus, tomba à ses pieds dès qu'elle l'aperçut et lui dit : « Seigneur, si vous aviez été ici, mon frère ne serait pas mort ». Jésus, lorsqu'il vit pleurer Marie et les Juifs qui étaient avec elle, frémit en son esprit, se troubla lui-même et dit : « Où l'avez-vous mis ? » — « Seigneur, répondirent-ils, venez et voyez. » Et Jésus pleura. Les Juifs dirent : « Voyez comme il l'aimait ! » Mais quelques-uns disaient : « Lui qui a ouvert les yeux de l'aveugle-né, ne pouvait-il pas faire que Lazare ne mourût point ? »

« Jésus, frémissant de nouveau en lui-même, vint au sépulcre ; c'était une grotte, et l'on avait posé une pierre par-dessus. Jésus dit : « Otez la pierre ». Marthe lui dit : « Seigneur, il sent déjà, car il y a quatre jours qu'il est là ». Jésus reprit : « Ne vous ai-je pas dit que, si vous croyez, vous verriez la gloire de Dieu ? »

« On enleva donc la pierre. Alors Jésus levant les yeux au ciel, dit ces paroles : « O Père, je vous rends grâce de ce que vous m'avez exaucé. Pour moi, je savais que vous m'exaucez toujours, mais j'ai dit ceci pour ce peuple qui m'environne, afin qu'il croie que vous m'avez envoyé ». Ayant dit cela, il cria d'une voix forte : « Lazare, sortez ». Et aussitôt le mort sortit, les mains et les pieds liés de bandelettes, et la face enveloppée d'un suaire. Jésus leur dit : « Déliez-le et laissez-le aller... »

« Beaucoup d'entre les Juifs, témoins de ce miracle, crurent en lui. Mais plusieurs allèrent trouver les Pharisiens et leur dirent ce qu'avait fait Jésus... »

Nous voulûmes descendre dans le sépulcre de Lazare. On nous amena le Bédouin qui en a la clef. Il portait d'une main une petite bougie peinte de toutes les couleurs, et tout allumée : il avait la clef dans l'autre main ; mais il n'ouvrait pas. — « Ouvre donc, lui dit-on enfin. — Combien me donnerez-vous ? répondit-il avec un sang-froid parfait. — Ouvre : tu seras content de nous ». — Et il n'ouvrait pas davantage. Il voulait vingt piastres. Nous luttâmes. Il modéra ses prétentions, et nous pûmes enfin descendre les vingt-quatre marches qui conduisent à la première chambre. L'escalier est raide et glissant, le caveau petit et mal tenu, une table pratiquée dans le roc vif, et probablement celle où reposait Lazare. Deux fois par an, les Franciscains y dressent un autel et célèbrent les saints Mystères sous la voûte où la mort fut vaincue. Nous interrogeâmes notre Bédouin sur la tradition du pays relativement à ce tombeau. Il nous raconta que Lazare était mort depuis quarante ans, que sa sœur habitait une des chambres du caveau, qu'un jour elle pria l'envoyé du Très-Haut pour son frère dont la perte déjà ancienne la rendait inconsolable, et que le grand prophète Jésus-Christ vint le ressusciter. — Nous payâmes grassement cette petite histoire, et nous remontâmes vers le chemin.

Avant de quitter Béthanie pour toujours, ne suivrons-nous pas les saints amis de Jésus dans leur carrière ? Ne nous demanderons-nous pas ce qu'ils devinrent après la passion de Notre-Seigneur, et pour quelles destinées le Maître rendit la vie à Lazare? Voici le résumé des traditions à leur égard.

Le Sauveur Jésus, avant de remonter à la droite de son Père, voulut voir une dernière fois ceux qu'il laissait dans ce monde, et se faire voir à eux. Il leur apparut à Jérusalem, tandis qu'ils prenaient leur repas ensemble, et mangea avec eux, voulant par cet acte de condescendance, leur manifester la vérité de sa chair. Marthe, Marie et Lazare se trouvèrent à cette réunion, la plus solennelle qui fût jamais; car elle était présidée par le Fils de Dieu, Dieu lui-même, et l'on voyait près de lui son auguste Mère, la Vierge Marie, les saints Apôtres dont il avait fait les colonnes de son Église, les saintes femmes et ses autres parents, devenus les premiers citoyens de son royaume sur la terre. Je laisse à penser quelles furent, durant cette dernière apparition du Sauveur, les sentiments de Lazare et de ses sœurs, comme ils devaient suivre Jésus-Christ de leurs regards, comme ils devaient recueillir toutes ses paroles, avec quelle sainte avidité ils devaient se presser sur ses pas, quand il conduisait cette sainte troupe sur le chemin de Béthanie, proche du lieu témoin de son agonie; quelles furent enfin leur joie et leur tristesse, quand ils le virent monter dans sa gloire, et se dérober sous un nuage éclatant!..... Rentrés à Jérusalem, ils se retirèrent au Cénacle, où ils persévérèrent dans la prière avec Marie et les autres disciples, jusqu'à la venue du Saint-Esprit. Quand la parole de Pierre, prince des apôtres, eut fait entrer dans le bercail de Jésus-Christ une multitude de Juifs et d'infidèles, ils fortifiaient, encourageaient ces nouveaux convertis dans la pratique des conseils évangéliques. Ils vendirent les grandes possessions qu'ils avaient à Béthanie de Judée, à Magdalum et à Béthanie de Galilée, et en déposèrent le prix aux pieds des apôtres.

Ainsi ils furent des premiers qui s'enrôlèrent sous l'étendard de la pauvreté, qui compta bientôt autant d'engagés volontaires que l'Église eut d'enfants.

Ils firent plus que de donner leurs biens : ils se donnèrent eux-mêmes. Marie devint la suivante dévouée de la sainte Vierge, en qui elle retrouvait l'image de Celui qui l'avait tant aimée ; elle l'accompagnait partout et la servait avec une indicible affection. Mais Jésus-Christ, qui avait marqué sa place dans la solitude, et qui l'appelait à être dans le Christianisme le premier et le plus illustre exemple de la vie cachée en Dieu, l'arracha aux doux entretiens de sa sainte Mère. Elle se fit recluse à Béthanie même, dans le vestibule du tombeau de Lazare. On croit qu'elle vécut là sept ans environ, ne s'occupant que de son divin Époux, dont l'image ne la quittait jamais, repassant dans sa mémoire les traits les plus touchants de sa miséricorde pour elle, la scène du pardon, celle des parfums versés, le repos qu'elle goûta à ses pieds, le Calvaire et la Croix, la vision près du sépulcre, et charmant par l'illusion de ces souvenirs la réalité de son veuvage.

Marthe lui apportait tous les jours, sans lui parler, le pain et l'eau qui devaient la nourrir ; car Marthe avait repris aussi sa vocation première. Elle se consumait pour les autres. Comme elle ne pouvait plus servir le divin Maître dans son Humanité sainte, elle le servait dans tous les chrétiens, se ressouvenant de cette parole consolante : « Ce que vous aurez fait au plus petit des miens, c'est à moi-même que vous l'aurez fait ».

Les chrétiens, de leur côté, avaient pour elle et pour sa sœur une vénération singulière, en mémoire de l'amour de prédilection dont le Fils de Dieu les avait honorées. Pour augmenter ce sentiment de respect, les apôtres remirent

Marie-Madeleine aux soins de saint Maximin, l'un des soixante-douze disciples ; ils confièrent Marthe, sa sœur, à saint Parménas, l'un des sept diacres. Ils voulurent de plus que la maison habitée par elles devînt un sanctuaire où l'on venait célébrer les saints Mystères. En sorte que le Fils de Dieu visitait encore, du sein de sa gloire, cette demeure où il avait trouvé tant de fois l'hospitalité, tandis qu'il était voyageur sur la terre et pauvre comme nous.

Le nouveau temple ne manquait pas d'adorateurs. Lazare s'était fait l'apôtre de sa patrie. Cet homme que la tradition nous représente comme un parfait imitateur du cœur de Jésus, car il était doux et humble comme son Maître, avait, par l'onction de sa parole et de sa sainteté, converti à la foi beaucoup de Juifs de Béthanie. Le troupeau formé, il en devint le pasteur ; il reçut la consécration épiscopale des mains des apôtres, dans la nouvelle basilique, qui avait été sa demeure.

Tout à coup la persécution s'éleva contre l'Église de Dieu ; on voulait l'étouffer dans ses commencements. Mais Dieu se servit de cette épreuve pour la propager, comme il se sert de la tempête pour secouer les grands arbres et jeter au loin leur semence. Lazare s'enfuit, emportant dans son cœur la parole de vie, et cherchant d'autres terres pour l'y faire fructifier. Il vint en Chypre où il fonda une chrétienté nouvelle. On ne sait combien de temps il la gouverna, ni à quelle époque il revint dans sa patrie.

Ce qu'il y a de certain, c'est qu'il n'y fit pas un long séjour ; l'orage, un instant apaisé, recommença avec plus de fureur. Jacques, frère de Jean, périt par le glaive ; saint Pierre fut jeté en prison ; les chrétiens furent traqués partout comme des bêtes fauves. Les uns se cachaient, les autres fuyaient ; ces derniers se réunissaient en certain nombre pour ne pas se priver, dans les douleurs et les misères de l'exil, des joies de la charité fraternelle. Or, il arriva qu'une de ces troupes héroïques fut prise par les persécuteurs et conduite vers la mer. Elle avait à sa tête Lazare, l'ami du Sauveur, Maximin et Parménas, dont nous avons parlé plus haut. Marie-Madeleine n'avait pas voulu se séparer de Maximin ; Marthe, de son côté, avait voulu suivre Parménas. Quand on fut au rivage, les Juifs jetèrent les confesseurs de Jésus-Christ dans une barque qui n'avait ni voiles, ni rames, et ils les livrèrent à la merci des flots. Ils étaient assurés de les envoyer ainsi à une mort certaine. Mais ne craignons rien ; Dieu qui a soutenu l'Arche sur les eaux et parmi les débris du déluge, veille sur eux et guide leur course. Où s'arrêtera leur voyage? Quelle contrée donnera asile à ces martyrs généreux qui perdent leur patrie pour l'amour du Christ ? C'est toi, heureuse Provence ; les voilà près de tes bords. Accueille avec bonheur ces envoyés de Dieu, qui t'apportent dans leur pauvreté le plus précieux des trésors, la connaissance du Christ et le royaume du ciel [1].

Nos saints voyageurs abordèrent à l'endroit où le Rhône se jette dans la mer. Après avoir invoqué Dieu qui est le Maître souverain de la terre, ils se partagèrent le pays qu'il venait de leur donner. Marseille et tout ce qui l'entoure échut à Lazare ; saint Maximin s'en vint à Aix avec Marie-Madeleine ; Marthe accompagna saint Parménas à Avignon. Elle emmenait avec elle sainte Marcelle, sa servante, femme d'une grande foi, la même qui s'écria un

[1] L'auteur de la présente Notice a suivi en cet endroit la tradition consignée dans le Bréviaire romain, un peu différente de celle que M. l'abbé Faillon regarde comme la plus probable et qui avait été adoptée par l'auteur sur la notice de sainte Madeleine. (Ire part., *Voyage au Sinaï*.)

jour devant la foule réunie autour de Jésus-Christ : « Heureuses les entrailles qui vous ont porté et le sein qui vous a allaité ! »

A Aix, tandis que saint Maximin prêchait, Marie priait. Car, ayant un jour choisi la meilleure part et l'ayant conquise aux pieds du Sauveur, il lui fut promis qu'elle ne lui serait jamais ôtée. De quelle merveille cette sombre retraite fut témoin ! Tous les jours les Anges y descendaient ; ils conversaient avec la servante de Dieu, et, l'arrachant à ce monde, ils la conduisaient proche du Ciel, tout près des chœurs célestes, dont elle pouvait suivre les ravissants cantiques. Ces révélations merveilleuses et cet avant-goût du ciel, au lieu d'apaiser son amour, ne faisaient que l'irriter. Elle était pressée du désir continuel de s'unir à Jésus-Christ ; elle versait tant de larmes à son souvenir, qu'elles avaient fini par creuser sur son visage d'ineffaçables sillons. Quelquefois le feu de la charité remplissait tellement son âme qu'elle sortait pour la communiquer au dehors. Les peuples accouraient autour d'elle ; ils ne pouvaient se lasser de contempler cette illustre Pénitente, qui avait vu de si près le Rédempteur des hommes, qui avait baisé ses pieds, qui l'avait revu dans la gloire de sa résurrection. Quand elle racontait, pour la gloire de son divin Maître, les miséricordes dont elle avait été l'objet, sa vue, ses pleurs, son éloquence brisaient les cœurs des plus durs.

Sainte Marthe, de son côté, prêchait l'Évangile aux peuples d'Arles et d'Avignon avec la même ferveur et le même succès : car le témoignage qu'elle rendait à Jésus-Christ par ses paroles, elle le confirmait par ses miracles. Au moyen de la prière et du signe de la croix, elle guérissait les aveugles, les lépreux, les paralytiques ; elle ressuscitait les morts. Il n'était guère de maladie ou de fléau qui fût rebelle à sa puissance. Qui ne connaît le célèbre miracle de la Tarasque ? C'était un dragon d'une longueur incroyable et d'une extraordinaire grosseur, qui désolait toute la contrée. Un jour, une multitude nombreuse étant venue vers la sainte et lui ayant promis de croire en Jésus-Christ si elle les délivrait, Marthe, sans autres armes que sa foi, s'en alla droit au lieu où reposait le monstre. Par un signe de croix elle apaisa sa férocité ; puis, détachant sa ceinture et la nouant au cou du serpent, elle le tira vers le peuple. Le peuple enhardi se rua sur lui et le mit en pièces, tandis qu'il restait immobile et patient comme un agneau, sous le frêle lien qui le tenait enchaîné. On tint parole et on crut en Jésus-Christ.

Le désert où fut bâti depuis Tarascon ayant été délivré de cet hôte terrible, Marthe s'y fit construire une demeure où elle pût se retirer désormais et vaquer librement à la prière. Oh ! comme ce lieu changea alors d'aspect ! Il devint comme un jardin agréable et délicieux, où l'on vit fleurir les plus belles vertus. La sainte y pratiqua les plus rudes exercices de la vie pénitente. Elle allait toujours nu-pieds ; sa tête était couverte d'une sorte de tiare, garnie à l'intérieur de poil de chameau ; sous la robe grossière dont elle était vêtue, elle portait un cilice et une ceinture remplie de nœuds, qu'elle serrait d'une manière si cruelle, qu'étant entrée dans les chairs, elle y engendra la corruption et les vers. Le soir, elle étendait une pauvre natte sur des sarments et des branches d'arbres ; c'était là son lit : une grosse pierre lui servait d'oreiller. Encore le sommeil qu'elle prenait était-il bien court : l'esprit tout possédé de Dieu, elle se perdait en lui dans ses oraisons, et laissait passer sans s'en apercevoir le temps du repos. Que ne peut la charité dans une âme qu'elle possède ? Ce genre de vie qui épouvante la nature, Marthe le continua l'espace de sept ans.

Mais ce qu'il y avait d'admirable, c'est qu'étant si dure pour elle, elle avait conservé toute sa bienveillance pour les autres. Il fallait voir la multitude des visiteurs qui venaient tous les jours lui demander la guérison du cœur ou celle de l'âme. Jamais personne ne fut rejeté par elle. Les pauvres avaient toujours place à sa table, et ils n'y manquaient jamais. Tandis qu'elle se nourrissait de fruits sauvages et de racines détrempées, elle leur préparait avec une délicatesse exquise et leur servait avec une foi joyeuse tout ce qu'elle avait de meilleur. Or, comme Dieu aime celui qui donne de bon cœur, il envoyait à Marthe, par la charité des riches, de quoi satisfaire son penchant pour ses pauvres bien-aimés qui lui rappelaient Jésus-Christ.

Le miracle perpétuel de cette vie d'héroïsme et de charité agissait encore plus puissamment sur les âmes que les guérisons et les prodiges de Marthe. De jeunes filles de noble naissance voulurent vivre avec elle et comme elle. Ce furent les premières fleurs de virginité écloses sur cette terre de Provence, où la douceur du climat et le voisinage de la mer avaient fait affluer le luxe et les vices du paganisme.

Cependant Dieu révéla à sa fidèle servante que la fin de sa vie approchait. De quelle joie son âme fut inondée à cette nouvelle ! Elle fit saluer Marie-Madeleine, lui demandant avec instance de la visiter avant sa mort. Marie le promit ; cependant elle devait elle-même précéder sa sœur au ciel. Elle appelait depuis longtemps le terme de son exil ; Dieu était touché de ses soupirs. Quand vint le moment de la délivrance, lorsqu'elle était près d'entrer en possession de son bonheur, son céleste époux, le Fils de Dieu, le Sauveur et Rédempteur des hommes lui apparut au milieu d'un concert d'anges. Il s'approcha d'elle et lui dit : « Venez, ma bien-aimée, je placerai mon trône en vous ; car le roi a désiré votre beauté ». En entendant cette voix bien connue, l'âme de la sainte se détacha de son corps, et elle suivit Jésus-Christ dans les cieux. Au même instant, Marthe, occupée à louer Dieu parmi ses souffrances, l'aperçut montant au ciel, entourée des chœurs des anges : « O ma très-heureuse sœur, s'écria-t-elle, que m'avez-vous fait? Voilà donc comme vous me visitez ! Jouirez-vous sans moi des embrassements du Seigneur Jésus ? Ah ! dans la gloire où vous allez, n'oubliez pas votre sœur ».

Dèslors, Marthe appela avec plus de ferveur la dissolution de son corps. La nuit du septième jour arriva. Les vierges restées près de la sainte s'étaient endormies. Soudain, un tourbillon de vent, passant avec violence, éteint le flambeau qui éclairait la cellule. La servante de Jésus-Christ fit le signe de la croix pour s'armer contre les embûches de l'esprit de ténèbres. Aussitôt, à la place de la lumière terrestre qui venait de s'éteindre, apparut une lumière toute céleste, et dans cette lumière la bienheureuse amante du Sauveur, Marie-Madeleine. « Salut, sainte sœur, dit-elle. — Salut, sœur bien-aimée, répondit Marthe. — Eh bien ! vous voyez que je vous visite avant votre mort. Voici venir votre Seigneur, qui vous rappellera bientôt de cette vallée de larmes. » — Ayant dit ces mots, elle courut au-devant du Seigneur, qui, après être entré et s'être approché de la mourante, lui dit avec un air doux : « Venez, sainte hôtesse de mon exil, venez recevoir la couronne ». Marthe voulut se lever, pensant que c'était là le dernier appel ; mais Jésus-Christ disparut, et elle comprit que c'était seulement l'annonce de son prochain départ.

Comme les heures lui parurent longues jusqu'au matin ! Quand vint le jour, elle demanda à ses filles de la porter hors de la cellule ; car elle savait que tous les chrétiens étaient accourus pour assister à sa mort. Rien de plus beau que cette dernière heure de sa vie. Après avoir pris quelque repos, regardant la multitude des fidèles, elle les supplia de hâter par leurs prières le moment de son passage. Et comme ils pleuraient, elle tourna ses regards vers le ciel, et s'adressa elle-même à Jésus-Christ, avec une vive confiance et les plaintes les plus touchantes. « Mon Seigneur et mon Rédempteur, disait-elle, vous qui avez voulu un jour recevoir mon hospitalité, pourquoi ces retards ? Quand viendrai-je et quand apparaîtrai-je devant votre face ? Depuis que vous m'avez parlé cette nuit, mon âme est en défaillance par le désir de vous posséder ; mes membres sont comme paralysés, mes os se sont desséchés jusqu'à la moëlle. Ne me confondez pas dans mon espoir ! mon Dieu, ne tardez pas ; hâtez-vous, Seigneur. » Afin d'adoucir au moins l'ennui de son attente, elle demanda à saint Parménas de lui faire le récit de la douloureuse Passion. Il arriva ce qu'elle avait espéré. La vue de tant de souffrances déchira son âme, et elle se mit à pleurer ; elle oublia son pèlerinage et fixa toute son attention sur la suite du récit. Quand Parménas dit ces mots : « Il remit son âme entre les mains de son Père, puis il expira » ; Marthe poussa un profond soupir et s'endormit dans le Seigneur.

Ainsi moururent les deux sœurs, consumées par le feu de la charité. Un martyre plus violent était réservé à Lazare. Il nous reste peu de détails certains sur son séjour en Provence. Il semble que la tradition, aussi bien que l'Évangile, ait voulu respecter l'humilité du saint ami de Jésus-Christ. Cependant l'éloge dont elle fait précéder l'histoire de son martyre, vaut à lui seul un long récit.

« Lazare donc, très-fidèle pasteur et vigilant gardien de

son troupeau, affermissait chaque jour de plus en plus la foi par la prédication du saint Évangile, enseignant de paroles et d'exemples les plus belles vertus. Doux et humble, riche en pauvreté, radieux de pureté, embrasé de charité, il fortifiait le troupeau du Seigneur. Enfin, l'empereur Domitien, étant monté sur le trône, commença à sévir contre les membres du Christ. Faisant connaître à ce sujet ses volontés aux gouverneurs des villes, il envoya à Marseille des courriers apportant l'ordre de forcer les chrétiens à sacrifier aux faux dieux.

« On découvrit que Lazare était évêque de cette ville ; on le fit venir, et on l'exhorta à sacrifier aux idoles. Lazare répondit : « J'ai pour ami véritable le Christ, Fils de Dieu, par qui j'ai été ressuscité une fois des liens de la mort et des entraves du tombeau. Je ne puis donc désormais en aucune manière l'abandonner pour sacrifier aux idoles et au démon. Je confesse, au contraire, que Jésus-Christ seul est vrai Dieu et vrai homme, qui a créé toutes choses et nous a rachetés par sa mort ».

« Ayant prouvé par cette réponse combien il était inébranlable dans la foi et l'amour du Christ, il fut dépouillé et frappé de verges. On le traîna ensuite vers la prison. Mais Notre-Seigneur Jésus-Christ, son ami veritable, le visita, le fortifia dans ses combats, l'invita même à venir dans son palais céleste, en lui disant : « Mon ami, montez plus haut. Il est temps que vous veniez vous asseoir à ma table, avec vos frères, mes apôtres et mes disciples ».

« Le troisième jour donc on l'amène devant les consuls ; on l'exhorte de nouveau à adorer Mars et à lui sacrifier. Mais le bienheureux Lazare confessa de nouveau sa foi en Jésus-Christ. La peine de mort fut prononcée ; il tendit la tête au bourreau, et s'endormit doucement dans le Seigneur, selon cette parole de Jésus-Christ : « Lazare, notre ami, repose ». (L. D.)

Tel fut le sort des trois amis de Jésus. Fils de la France, ne sommes-nous pas heureux de retrouver à Béthanie comme un souvenir de famille ? N'avons-nous pas à remercier le Sauveur de nous avoir légué ceux qu'il parut aimer davantage, après sa divine Mère et ses apôtres ?

Hélas ! il est tard ; le jour baisse ; il faut partir : rejoignons nos chevaux, et revenons enfin à Jérusalem. Tous les enfants du village sont attroupés. Comment nous défaire de leurs importunités ? C'est pire qu'un essaim d'abeilles. Tous prétendent être récompensés. L'un a tenu un côté de la bride, un autre l'autre côté. Un troisième s'est pendu à la queue. Un quatrième pèse sur l'étrier pour faciliter le mouvement du cavalier. Chacun plaide en son jargon. A peine à cheval, je lance au loin quelques demi-piastres sur lesquels se rue la gent avide. Mes compagnons en font autant ; et nous partons au galop.

Notre route est précisément celle du Sauveur lorsqu'il entra à Jérusalem avec une pompe triomphale. Il venait de ressusciter Lazare. Le fait avait été public. Le retentissement était immense. La foule se précipitait pour voir l'envoyé de Dieu qui commandait à la mort. On jetait ses habits sous ses pas pour former tapis, on jonchait la route de verdure et de fleurs, on lui présentait des palmes, on chantait hosanna au fils de David. Le peuple, livré à lui-même, est toujours reconnaissant et généreux. Mais la haine des hommes jaloux allait bientôt l'influencer ; et dans moins de huit jours, ce même peuple, surpris dans sa bonne foi, criera de toutes ses forces sous les fenêtres de Pilate : *Crucifigatur ! Qu'il soit crucifié !*

Autrefois, les Franciscains se rendaient à Bethphagé, petit village que nous rencontrâmes sur notre gauche, et reproduisaient les scènes de la marche de Jésus. Le Révérendissime disait, empruntant les paroles de l'Évangile : *Allez au village qui est devant vous, vous y trouverez une ânesse attachée et son ânon avec elle ; détachez-les et amenez-les moi. Si quelqu'un vous dit quelque chose, dites que le Seigneur en a besoin, et aussitôt on les laissera aller.* Les religieux exécutaient l'ordre et, une fois revenus, étendaient leur manteau sur le dos de l'animal. Le Révérendissime y montait et deux frères le conduisaient jusqu'à Jérusalem, au milieu d'une foule recueillie qui faisait retentir les échos de cantiques appropriés à la circonstance. L'Hosanna allait frapper le ciel, et les fidèles jonchaient la route de fleurs et de feuilles de palmier ou d'olivier. Souvenirs touchants auxquels il a fallu renoncer parce que la Terre-Sainte ne fournit plus assez pour satisfaire l'avidité des pachas turcs ; ces hommes si tolérants, au dire de quelques-uns, ont taxé le droit de cérémonie à un prix si raisonnable que les Pères, à bout de ressources, ont dû y renoncer.

Nous regardâmes avec effroi le lieu où fut maudit le figuier stérile ; et chacun fit involontairement et spontanément l'examen de sa conscience pour y chercher des fruits de salut. Bientôt la route s'inclina vers la vallée de Josaphat, nous descendîmes jusqu'au torrent de Cédron, et nous gravîmes les pentes opposées jusqu'à la porte de Saint-Étienne. Le soleil se couchait ; la trompette turque sonnait : on ramenait le pavillon ottoman : les portes de la ville se refermèrent sur nous.

Notre course en Judée est donc finie ! Cependant le saint pèlerinage est à peine commencé pour nous. Le Calvaire, le Saint-Sépulcre, les immenses souvenirs de la cité des rois de Juda, le mont Sion, Gethsémani, les hauteurs de l'Ascension, vont nous captiver. Empressons-nous ; et visitons Jérusalem !

FIN

TABLE

Voyage au Sinaï.

Voyage en Judée.

Arras, typ. Rousseau-Leroy, rue Saint-Maurice, 26.

www.ingramcontent.com/pod-product-compliance
Ingram Content Group UK Ltd.
Pitfield, Milton Keynes, MK11 3LW, UK
UKHW020150250726
13967UKWH00002B/984

9 782012 986954